普通高等教育工程管理类融媒体新形态系列教材

建设工程监理

主　编　项　勇　卢立宇　徐姣姣
副主编　陈泽友　魏　瑶　田兵权
参　编　夏　亮　张哲源　彭雪梅　伍慧敏
主　审　刘伊生

机械工业出版社

本书以工程项目监理基础知识和项目目标管理为主线，结合实例分析解读监理工程师对工程项目进行监督管理的活动，突出监理方以建设工程项目为对象的咨询服务职能的特点，结构新颖，方便读者不仅能够学习工程项目监理的专业基础知识，而且可以快速地根据实践过程中遇到的问题找到相对应的处理方式，实用性强。书中根据内容适度融入课程思政元素。

全书分为上篇和下篇共 14 章。上篇为建设工程监理基础知识，主要包括：建设工程监理制度、建设工程监理相关法律法规和规章、建设工程监理招标投标与合同管理、建设工程监理组织、监理规划与监理实施细则、建设工程监理的工作内容和主要方式；下篇为建设工程的目标监理，主要包括：监理机构的工程项目进度控制、监理机构的工程项目造价控制、监理机构的工程质量控制、监理机构的工程合同管理、工程项目信息及资料管理、设备采购与监造、监理机构的安全生产管理、监理单位的专项咨询服务。

书中每章前均设置了“本章学习目标”，章后附有一定量的思考题和二维码形式的客观题（微信扫描二维码可自行做题，提交后可查看答案），便于师生把握知识点，帮助学生巩固所学知识。

本书为高等院校工程管理、工程造价、土木工程等专业的教材，也可作为从事工程监理工作相关人员的业务学习用书，并可作为注册监理工程师执业考试的参考书，以及与土木工程专业有关业务人员的自学教材和参考书。

本书配有 PPT 电子课件、章后思考题答案、每章课后拓展习题、案例解读、模拟试题等教学资源，免费提供给选用本书作为教材的授课教师，需要者请登录机械工业出版社教育服务网（www.cmpedu.com）注册后下载。

图书在版编目（CIP）数据

建设工程监理/项勇，卢立宇，徐姣姣主编．—北京：机械工业出版社，2023.6
普通高等教育工程管理类融媒体新形态系列教材
ISBN 978-7-111-73178-8

Ⅰ．①建… Ⅱ．①项… ②卢… ③徐… Ⅲ．①建筑工程—施工监理—高等学校—教材 Ⅳ．①TU712

中国国家版本馆CIP数据核字（2023）第086987号

机械工业出版社（北京市百万庄大街 22 号 邮政编码 100037）
策划编辑：刘 涛　　责任编辑：刘 涛 舒 宜
责任校对：潘 蕊 张 薇　　封面设计：张 静
责任印制：邓 博
天津翔远印刷有限公司印刷
2023 年 7 月第 1 版第 1 次印刷
184mm × 260mm · 20.5 印张 · 493 千字
标准书号：ISBN 978-7-111-73178-8
定价：63.80 元

电话服务　　网络服务
客服电话：010-88361066　机 工 官 网：www.cmpbook.com
010-88379833　机 工 官 博：weibo.com/cmp1952
010-68326294　金 书 网：www.golden-book.com
封底无防伪标均为盗版　机工教育服务网：www.cmpedu.com

前　言

为了完善工程监理制度、更好地发挥监理作用，住房和城乡建设部在2017年7月印发了《关于促进工程监理行业转型升级创新发展的意见》，意见指出，建设工程监理制度的建立和实施，推动了工程建设组织实施方式的社会化、专业化，为工程质量安全提供了重要保障。

工程监理行业未来的发展趋势包括：逐步形成以市场化为基础、国际化为方向、信息化为支撑的工程监理服务市场体系；行业组织结构更趋优化，形成以主要从事施工现场监理服务的企业为主体，以提供全过程工程咨询服务的综合性企业为骨干，各类工程监理企业分工合理、竞争有序、协调发展的行业布局；监理行业核心竞争力显著增强，培育一批智力密集型、技术复合型、管理集约型的大型工程建设咨询服务企业。

工程监理企业根据建设单位的委托，客观、公正地执行监理任务，对承包单位实施监督。行业主管部门鼓励支持工程监理企业在为建设单位做好委托服务的同时，进一步拓展服务主体范围，积极为市场各方主体提供专业化服务。市场对工程监理单位提出了更高要求：应创新工程监理服务模式，在立足施工阶段监理的基础上，向“上下游”拓展服务领域，提供多元化“菜单式”咨询服务；应提高核心竞争力，积极拓展建筑信息模型（BIM）在工程监理服务中的应用，不断提高工程监理信息化水平；应抓住“一带一路”倡议的机遇，主动参与国际市场竞争，提升企业的国际竞争力。

基于监理行业未来的发展趋势和市场对工程监理企业的更高要求，编者在深入研究目前部分高校“建设工程监理”课程教学实际情况的基础上，结合当前的行业需求、人才培养目标编写了本书。本书从实用性和适用性出发，将工程监理专业人才应具备的管理方面的主要基础知识、专业实践素质与工程建造活动的特殊性相结合，在阐明相关原理与方法的基础上辅以大量的实例，系统介绍了工程建设过程中监督管理的相关理论与方法。

与目前已经出版的相关书籍相比，本书体现出以下特色：

1）结构新颖。教材分为上、下两篇，以基础知识和目标监理两条线进行编写，为高等院校工程管理和土木工程专业的学生以及从事工程监理工作的一线人员提供教学和参考用书。本书一改传统建设工程监理用书的讲解模式，不再按照工程项目监理的管理对象分章节，而是以工程项目监理基础知识和项目目标监理为主线安排框架思路，结构新颖，读者不仅能够学习工程项目监理的专业基础知识，而且可以快速地根据实践过程中遇到的问题找到相对应的处理方式。

2）结合实例分析解读监理工程师对工程项目进行监督管理的活动。本着适用性的原则，根据实践性的要求，用一定数量的实例解读各部分的内容，以便工程管理、土木工程和工程造价专业的学生对工程项目的目标监理基础知识的掌握和应用。

3）突出监理方以建设工程项目为对象的咨询服务职能的特点。建设工程项目参与主体涉及土木工程、线路管道和设备安装工程及装修工程的新建、扩建、改建和拆除等有关投资、建造和目标管理等一系列活动，这些活动的监督管理具有一定的特殊性，尤其是在项目实施阶段的目标管理方面。本书结合土木工程的特性介绍工程监理单位接受业主委托对项目目标管理的内容和方法，针对性较强，具有较强的实用价值。

本书结构体系完整，构架思路清晰，知识点分析详略得当；各章附有一定量的思考题，以帮助学生在学习过程中加深理解，巩固所学知识。

全书大纲由西华大学的项勇教授、卢立宇老师和四川工商学院的魏瑶老师提出并进行整理。各章具体内容分工如下：第1、2章由张哲源和夏亮编写；第3～5章由项勇和田兵权编写；第6～8章由徐姣姣和彭雪梅编写；第9章由魏瑶编写；第10、11章由陈泽友编写；第12～14章由卢立宇和伍慧敏编写。全书的整理和校核工作由徐姣姣负责，思考题的整理及答案校对由张哲源和彭雪梅负责。

在编写本书过程中，作者参考了部分国内学者的研究成果，在此深表谢意！

由于编写团队的水平和时间有限，书中难免会有不足之处，恳请读者批评指正，以便再版时修改和完善。

西华大学建筑与土木工程学院本教材编写团队

2022年8月

目　录

下篇　建设工程的目标监理

上 篇

建设工程监理基础知识

第1章 建设工程监理制度

本章学习目标

掌握建设工程监理的含义及性质；熟悉建设工程监理的法律地位和责任；掌握项目法人责任制、招标投标制和合同管理制。

1.1 建设工程监理概述

1. 建设工程监理的含义及性质

（1）建设工程监理的含义　建设工程监理是指工程监理单位受建设单位委托，根据法律法规、工程建设标准、勘察设计文件及合同，在施工阶段对建设工程质量、造价、进度进行控制，对合同、信息进行管理，对工程建设相关方关系进行协调，并履行建设工程安全生产管理法定职责的服务活动。

建设单位（业主、项目法人）是工程监理任务的委托方，工程监理单位是监理任务的受托方。工程监理单位在建设单位的委托授权范围内从事专业化服务活动。与国际上一般的工程咨询服务不同，工程监理是一项具有中国特色的工程建设管理制度，目前的工程监理不仅定位于工程施工阶段，而且法律法规将工程质量、安全生产管理方面的责任赋予工程监理单位。

建设工程监理的含义可从以下几方面理解：

1）建设工程监理的行为主体。《中华人民共和国建筑法》（2019年修正）（简称《建筑法》），第三十一条明确规定："实行监理的建筑工程，由建设单位委托具有相应资质条件的工程监理单位实施监理。"工程监理的行为主体是工程监理单位。

工程监理不同于政府主管部门的监督管理。后者属于行政性监督管理，其行为主体是政府主管部门。同样，建设单位自行管理、工程总承包单位或施工总承包单位对分包单位的监督管理都不是工程监理。

2）建设工程监理的实施前提。《建筑法》第三十一条明确规定："建设单位与其委托的工程监理单位应当订立书面委托监理合同。"这说明工程监理的实施需要建设单位的委托和授权。工程监理单位只有与建设单位以书面形式订立建设工程监理合同，明确监理工作的范围、内容、服务期限和酬金，以及双方义务、违约责任后，才能在规定的范围内实施监理。工程监理单位在委托监理的工程中拥有一定管理权限，是建设单位授权的结果。

3）建设工程监理的实施依据。建设工程监理的实施依据包括法律法规、工程建设标准、勘察设计文件及合同。

① 法律法规。包括：《建筑法》《中华人民共和国民法典》第三编　合同（简称《民法典》第三编　合同）、《中华人民共和国安全生产法》（简称《安全生产法》）、《中华人民共和国招标投标法》（2017 年修正）（简称《招标投标法》）、《建设工程质量管理条例》《建设工程安全生产管理条例》《中华人民共和国招标投标法实施条例》（简称《招标投标法实施条例》）等法律法规，以及地方性法规等。

② 工程建设标准。包括：有关工程技术标准、规范、规程及《建设工程监理规范》（GB/T 50319—2013）等。

③ 勘察设计文件及合同。包括：批准的初步设计文件、施工图设计文件，建设工程监理合同以及与所监理工程相关的施工合同、材料设备采购合同等。

4）建设工程监理的实施范围。建设工程监理定位于工程施工阶段，工程监理单位受建设单位委托，按照建设工程监理合同约定，在工程勘察、设计、保修等阶段提供的服务活动均为相关服务。工程监理单位可以拓展自身的经营范围，为建设单位提供投资决策综合性咨询、工程建设全过程咨询乃至全过程工程咨询。

5）建设工程监理的基本职责。建设工程监理是一项具有中国特色的工程建设管理制度。建设工程监理单位的基本职责是在建设单位委托授权范围内，通过合同管理和信息管理，以及协调工程建设相关方关系，控制建设工程质量、造价和进度三大目标，即“三控两管一协调”。此外，建设工程监理单位还需履行建设工程安全生产管理的法定职责，这是《建设工程安全生产管理条例》赋予建设工程监理单位的社会责任。

（2）建设工程监理的性质　建设工程监理的性质可概括为服务性、科学性、独立性和公平性四个方面。

1）服务性。工程建设中，建设工程监理人员利用自己的知识、技能和经验以及必要的试验、检测手段，为建设单位提供管理和技术服务。工程监理单位既不直接进行工程设计，也不直接进行工程施工；既不向建设单位承包工程造价，也不参与施工单位的利润分成。

建设工程监理单位的服务对象是建设单位，但不能完全取代建设单位的管理活动。建设工程监理单位不具有工程建设重大问题的决策权，只能在建设单位授权范围内采用规划、控制、协调等方法，控制建设工程质量、造价和进度，并履行建设工程安全生产管理的监理职责，协助建设单位在计划目标内完成工程建设任务。

2）科学性。科学性是由建设工程监理的基本任务决定的。工程监理单位以协助建设单位实现其投资目的为己任，力求在计划目标内完成工程建设任务。由于工程建设规模日趋庞大，建设环境日益复杂，功能需求及建设标准越来越高。新技术、新工艺、新材料、新设备不断涌现，工程建设参与单位越来越多，工程风险日渐增加，工程监理单位只有采用科学的思想、理论、方法和手段，才能驾驭工程建设。

为了满足建设工程监理的实际工作需求，工程监理单位应由组织管理能力强、工程建设经验丰富的人员担任领导；应有足够数量、有丰富管理经验和较强应变能力的监理工程师组成的骨干队伍；应有健全的管理制度、科学的管理方法和手段；应积累丰富的技术、经济资料和数据；应有科学的工作态度和严谨的工作作风，能够创造性地开展工作。

3）独立性。《建设工程监理规范》（GB/T 50319—2013）明确要求，工程监理单位应公平、独立、诚信、科学地开展建设工程监理与相关服务活动。独立是工程监理单位公平地实施监理的基本前提。为此，《建筑法》第三十四条规定："工程监理单位与被监理工程的承包单位以及建筑材料、建筑构配件和设备供应单位不得有隶属关系或者其他利害关系。"

按照独立性要求，工程监理单位应严格按照法律法规、工程建设标准、勘察设计文件、建设工程监理合同及有关建设工程合同等实施监理。在建设工程监理工作过程中，必须建立项目监理机构，按照自己的工作计划和程序，根据自己的判断，采用科学的方法和手段，独立地开展工作。

4）公平性。国际咨询工程师联合会（FIDIC）《土木工程施工合同条件》对（咨询）工程师要求"公平"（Fair）。（咨询）工程师不充当调解人或仲裁人的角色，只是接受业主委托负责进行施工合同管理。

我国工程监理单位受建设单位委托实施建设工程监理，需要公平地对待建设单位和施工单位。公平性是建设工程监理行业能够长期生存和发展的基本职业道德准则。特别是当建设单位与施工单位发生利益冲突或者矛盾时，工程监理单位应以事实为依据，以法律法规和有关合同为准绳，在维护建设单位合法权益的同时，不能损害施工单位的合法权益。例如，在调解建设单位与施工单位之间争议，处理费用索赔和工程延期、进行工程款支付控制及结算时，应尽量客观、公平地对待建设单位和施工单位。

2. 建设工程监理的法律地位和责任

（1）工程监理的法律地位

1）明确了强制实施监理的工程范围。《建筑法》第三十条规定："国家推行建筑工程监理制度。国务院可以规定实行强制监理的建筑工程的范围。"《建设工程质量管理条例》第十二条规定，五类工程必须实行监理：国家重点建设工程；大中型公用事业工程；成片开发建设的住宅小区工程；利用外国政府或者国际组织贷款、援助资金的工程；国家规定必须实行监理的其他工程。

《建设工程监理范围和规模标准规定》（建设部令第86号）细化了必须实行监理的工程范围和规模标准：

第一类：国家重点建设工程。根据《国家重点建设项目管理办法》，国家重点项目是指对国民经济和社会发展有重大影响的骨干项目，包括：

① 基础设施、基础产业和支柱产业中的大型项目。

② 高科技并能带动行业技术进步的项目。

③ 跨地区并对全国经济发展或者区域经济发展有重大影响的项目。

④ 对社会发展有重大影响的项目。

⑤ 其他骨干项目。

第二类：大中型公用事业工程，是指项目总投资额在3000万元以上的下列工程项目：

① 供水、供电、供气、供热等市政工程项目。

② 科技、教育、文化等项目。

③ 体育、旅游、商业等项目。

④ 卫生、社会福利等项目。

⑤ 其他公用事业项目。

第三类：成片开发建设的住宅小区工程。建筑面积在5万m^2以上的住宅建设工程必须实行监理；5万m^2以下的住宅建设工程，可以实行监理，具体范围和规模标准，由省、自治区、直辖市人民政府建设行政主管部门规定。

为保证住宅质量，对高层住宅及地基、结构复杂的多层住宅应当实行监理。

第四类：利用外国政府或者国际组织贷款、援助资金的工程，包括：

① 使用世界银行、亚洲开发银行等国际组织贷款资金的项目。

② 使用国外政府及其机构贷款资金的项目。

③ 使用国际组织或者国外政府援助资金的项目。

第五类：国家规定必须实行监理的其他工程，是指：

① 项目总投资额在3000万元以上关系社会公共利益、公众安全的下列基础设施项目：

A．煤炭、石油、化工、天然气、电力、新能源等项目。

B．铁路、公路、管道、水运、民航以及其他交通运输业等项目。

C．邮政、电信枢纽、通信、信息网络等项目。

D．防洪、灌溉、排涝、发电、引（供）水、滩涂治理、水资源保护、水土保持等水利建设项目。

E．道路、桥梁、地铁和轻轨交通、污水排放及处理、垃圾处理、地下管道、公共停车场等城市基础设施项目。

F．生态环境保护项目。

G．其他基础设施项目。

② 学校、影剧院、体育场馆项目。

2）明确了建设单位委托工程监理单位的职责。《建筑法》第三十一条规定："实行监理的建筑工程，由建设单位委托具有相应资质条件的工程监理单位监理。建设单位与其委托的工程监理单位应当订立书面委托监理合同。"

《建设工程质量管理条例》第十二条规定："实行监理的建设工程，建设单位应当委托具有相应资质等级的工程监理单位进行监理，也可以委托具有工程监理相应资质等级并与被监理工程的施工承包单位没有隶属关系或者其他利害关系的该工程的设计单位进行监理。"

3）明确了工程监理单位的职责。《建筑法》第三十四条规定："工程监理单位应当在其资质等级许可的监理范围内，承担工程监理业务。"《建设工程质量管理条例》第三十七条规定："工程监理单位应当选派具备相应资格的总监理工程师和监理工程师进驻施工现场。未经监理工程师签字，建筑材料、建筑构配件和设备不得在工程上使用或者安装，施工单位不得进行下一道工序的施工。未经总监理工程师签字，建设单位不拨付工程款，不进行竣工验收。"

《建设工程安全生产管理条例》第十四条规定："工程监理单位应当审查施工组织设计中的安全技术措施或者专项施工方案是否符合工程建设强制性标准。工程监理单位在实施监理过程中，发现存在安全事故隐患的，应当要求施工单位整改；情况严重的，应当要求施工单位暂时停止施工，并及时报告建设单位。施工单位拒不整改或者不停止施工的，工程监理单位应当及时向有关主管部门报告。"

4）明确了工程监理人员的职责。《建筑法》第三十二条规定："工程监理人员认为工程施工不符合工程设计要求、施工技术标准和合同约定的，有权要求建筑施工企业改正。工程监理人员发现工程设计不符合建筑工程质量标准或者合同约定的质量要求的，应当报告建设单位要求设计单位改正。”

《建设工程质量管理条例》第三十八条规定：“监理工程师应当按照工程监理规范的要求，采取旁站、巡视和平行检验等形式，对建设工程实施监理。”

（2）工程监理的法律责任

1）工程监理单位的法律责任。

①《建筑法》第三十五条规定：“工程监理单位不按照委托监理合同的约定履行监理义务，对应当监督检查的项目不检查或者不按照规定检查，给建设单位造成损失的，应当承担相应的赔偿责任。”《建筑法》第六十九条规定：“工程监理单位与建设单位或者建筑施工企业串通，弄虚作假、降低工程质量的，责令改正，处以罚款，降低资质等级或者吊销资质证书；有违法所得的，予以没收；造成损失的，承担连带赔偿责任；构成犯罪的，依法追究刑事责任。工程监理单位转让监理业务的，责令改正，没收违法所得，可以责令停业整顿，降低资质等级；情节严重的，吊销资质证书。”

②《建设工程质量管理条例》第六十条和第六十一条规定，工程监理单位有下列行为的，责令停止违法行为或改正，处合同约定的监理酬金 1 倍以上 2 倍以下的罚款，可以责令停业整顿，降低资质等级；情节严重的，吊销资质证书：

A. 超越本单位资质等级承揽工程的。

B. 允许其他单位或者个人以本单位名义承揽工程的。

《建设工程质量管理条例》第六十二条规定：“工程监理单位转让工程监理业务的，责令改正，没收违法所得，处合同约定的监理酬金 25% 以上 50% 以下的罚款；可以责令停业整顿，降低资质等级；情节严重的，吊销资质证书。”

《建设工程质量管理条例》第六十七条规定，工程监理单位有下列行为之一的，责令改正，处 50 万元以上 100 万元以下的罚款，降低资质等级或者吊销资质证书；有违法所得的，予以没收；造成损失的，承担连带赔偿责任：

A. 与建设单位或者施工单位串通，弄虚作假、降低工程质量的。

B. 将不合格的建设工程、建筑材料、建筑构配件和设备按照合格签字的。

《建设工程质量管理条例》第六十八条规定：“工程监理单位与被监理工程的施工承包单位以及建筑材料、建筑构配件和设备供应单位有隶属关系或者其他利害关系承担该项建设工程的监理业务的，责令改正，处 5 万元以上 10 万元以下的罚款，降低资质等级或者吊销资质证书；有违法所得的，予以没收。”

③《建设工程安全生产管理条例》第五十七条规定，工程监理单位有下列行为之一的，责令限期改正；逾期未改正的，责令停业整顿，并处 10 万元以上 30 万元以下的罚款；情节严重的，降低资质等级，直至吊销资质证书；造成重大安全事故，构成犯罪的，对直接责任人员，依照刑法有关规定追究刑事责任；造成损失的，依法承担赔偿责任：

A. 未对施工组织设计中的安全技术措施或者专项施工方案进行审查的。

B. 发现安全事故隐患未及时要求施工单位整改或者暂时停止施工的。

C. 施工单位拒不整改或者不停止施工，未及时向有关主管部门报告的。

D. 未依照法律、法规和工程建设强制性标准实施监理的。

④《中华人民共和国刑法》(以下简称《刑法》)第一百三十七条规定:“工程监理单位违反国家规定,降低工程质量标准,造成重大安全事故的,对直接责任人员,处五年以下有期徒刑或者拘役,并处罚金;后果特别严重的,处五年以上十年以下有期徒刑,并处罚金。”

2)监理工程师的法律责任。工程监理单位是订立工程监理合同的当事人。监理工程师一般要受聘于工程监理单位,代表工程监理单位从事建设工程监理工作。工程监理单位在履行工程监理合同时,是由具体的监理工程师来实现的。因此,如果监理工程师出现工作过错,其行为将被视为工程监理单位违约,应承担相应的违约责任。工程监理单位在承担违约赔偿责任后,有权在企业内部向有过错行为的监理工程师追偿损失。因此,由监理工程师个人过失引发的合同违约行为,监理工程师必然要与工程监理单位承担一定的连带责任。

《建设工程质量管理条例》第七十二条规定,监理工程师因过错造成质量事故的,责令停止执业1年;造成重大质量事故的,吊销执业资格证书,5年以内不予注册;情节特别恶劣的,终身不予注册。《建设工程质量管理条例》第七十四条规定:“工程监理单位违反国家规定,降低工程质量标准,造成重大安全事故,构成犯罪的,对直接责任人员依法追究刑事责任。”

《建设工程安全生产管理条例》第五十八条规定,注册监理工程师未执行法律、法规和工程建设强制性标准的,责令停止执业3个月以上1年以下;情节严重的,吊销执业资格证书,5年内不予注册;造成重大安全事故的,终身不予注册;构成犯罪的,依照刑法有关规定追究刑事责任。

1.2 建设工程监理相关制度

按照有关规定,我国工程建设应实行项目法人责任制、招标投标制和合同管理制,这些制度相互关联、相互支持共同构成了我国工程建设管理基本制度。

1. 项目法人责任制

为了建立投资约束机制,规范建设单位行为,对于经营性政府投资工程需实行项目法人责任制,由项目法人对项目的策划、资金筹措、建设实施、生产经营、债务偿还和资产的保值增值,实行全过程负责。项目法人责任制的内容是明确由项目法人承担投资风险,项目法人要对工程项目的建设及建设后的生产经营实行综合管理和全面负责。

(1)项目法人的设立　新上项目在项目建议书被批准后,应由项目投资方派代表组成项目法人筹备组,具体负责项目法人的筹建工作。有关单位在申报项目可行性研究报告时,须同时提出项目法人的组建方案,否则,其可行性研究报告将不予审批。在项目可行性研究报告被批准后,应正式成立项目法人。按有关规定确保资本金按时到位,并及时办理公司设立登记。项目公司可以是有限责任公司(包括国有独资公司),也可以是股份有限公司。

由原有企业负责建设的大中型基建项目,需新设立子公司的,要重新设立项目法人;只设分公司或分厂的,原企业法人即是项目法人,原企业法人应向分公司或分厂派遣专职管理人员,并实行专项考核。

(2)项目法人的职权

1)项目董事会的职权。项目董事会的职权有:负责筹措建设资金;审核、上报项目初步设计和概算文件；审核、上报年度投资计划并落实年度资金；提出项目开工报告；研究解决建设过程中出现的重大问题；负责提出项目竣工验收申请报告；审定偿还债务计划和生产经营方针，并负责按时偿还债务；聘任或解聘项目总经理，并根据总经理的提名，聘任或解聘其他高级管理人员。

2）项目总经理的职权。项目总经理的职权有：组织编制项目初步设计文件，对项目工艺流程、设备选型、建设标准、总图布置提出意见，提交董事会审查；组织工程设计、施工监理、施工队伍和设备材料采购的招标工作，编制和确定招标方案、标底和评标标准，评选和确定投标、中标单位；编制并组织实施项目年度投资计划、用款计划、建设进度计划；编制项目财务预算、决算；编制并组织实施归还贷款和其他债务计划；组织工程建设实施，负责控制工程投资、工期和质量；在项目建设过程中，在批准的概算范围内对单项工程的设计进行局部调整（凡引起生产性质、能力、产品品种和标准变化的设计调整以及概算调整，需经董事会决定并报原审批单位批准）；根据董事会授权处理项目实施中的重大紧急事件，并及时向董事会报告；负责生产准备工作和培训有关人员；负责组织项目试生产和单项工程预验收；拟订生产经营计划、企业内部机构设置、劳动定员定额方案及工资福利方案；组织项目后评价，提出项目后评价报告；按时向有关部门报送项目建设、生产信息和统计资料；提请董事会聘任或解聘项目高级管理人员。

（3）项目法人责任制与工程监理制的关系

1）项目法人责任制是实行工程监理制的必要条件。项目法人责任制的核心是要落实“谁投资，谁决策，谁承担风险”的基本原则。实行项目法人责任制，必然使项目法人面临一个重要问题：如何做好投资决策和风险承担工作。项目法人为了切实承担其职责，必然需要社会化、专业化机构为其提供服务。这种需求为工程监理的发展提供了坚实基础。

2）工程监理制是实行项目法人责任制的基本保障。实行工程监理制，项目法人可以依据自身需求和有关规定委托监理，在工程监理单位协助下，进行建设工程质量、造价、进度目标有效控制，从而为在计划目标内完成工程建设提供了基本保证。

2. 招标投标制

为了保护国家利益、社会公共利益，提高经济效益，保证工程项目质量，《招标投标法》规定，在中华人民共和国境内进行下列工程建设项目的勘察、设计、施工、监理以及与工程建设有关的重要设备、材料等的采购，必须进行招标：① 大型基础设施、公用事业等关系社会公共利益、公众安全的项目；② 全部或者部分使用国有资金投资或者国家融资的项目；③ 使用国际组织或者外国政府贷款、援助资金的项目。

（1）必须招标的工程项目　国家发展改革委相关文件明确了必须招标的工程范围。

1）必须招标的工程项目。根据《必须招标的工程项目规定》（国家发展改革委令第16号），下列工程必须招标：

第一类：全部或者部分使用国有资金投资或者国家融资的项目，包括：

① 使用预算资金200万元人民币以上，且该资金占投资额10%以上的项目。“预算资金”是指《中华人民共和国预算法》规定的预算资金，包括一般公共预算资金、政府性基金预算资金、国有资本经营预算资金、社会保险基金预算资金。

② 使用国有企业事业单位资金，且该资金占控股或者主导地位的项目。这里的“占控股或者主导地位”，参照《中华人民共和国公司法》（简称《公司法》）关于控股股东和实际

控制人的理解执行，即“其出资额占有限责任公司资本总额百分之五十以上或者其持有的股份占股份有限公司股本总额百分之五十以上的股东；出资额或者持有股份的比例虽然不足百分之五十，但依其出资额或者持有的股份所享有的表决权已足以对股东会、股东大会的决议产生重大影响的股东”；国有企业事业单位通过投资关系、协议或者其他安排，能够实际支配项目建设的，也属于占控股或者主导地位。

第二类：使用国际组织或者外国政府贷款、援助资金的项目，包括：

① 使用世界银行、亚洲开发银行等国际组织贷款、援助资金的项目。

② 使用外国政府及其机构贷款、援助资金的项目。

2）必须招标的基础设施和公用事业项目。根据《必须招标的基础设施和公用事业项目范围规定》(发改法规规〔2018〕843号)，不属于《必须招标的工程项目规定》第二条、第三条情形的大型基础设施、公用事业等关系社会公共利益、公众安全的项目，必须招标的具体范围包括：

① 煤炭、石油、天然气、电力、新能源等能源基础设施项目。

② 铁路、公路、管道、水运，以及公共航空和A1级通用机场等交通运输基础设施项目。

③ 电信枢纽、通信信息网络等通信基础设施项目。

④ 防洪、灌溉、排涝、引（供）水等水利基础设施项目。

⑤ 城市轨道交通等城建项目。

3）必须招标的单项合同估算价标准，根据《必须招标的工程项目规定》(国家发展改革委令第16号)，对于上述规定范围内的项目，其勘察、设计、施工、监理以及与工程建设有关的重要设备、材料等的采购达到下列标准之一的，必须进行招标：

① 施工单项合同估算价在400万元人民币以上。

② 重要设备、材料等货物的采购，单项合同估算价在200万元人民币以上。

③ 勘察、设计、监理等服务的采购，单项合同估算价在100万元人民币以上。

同一项目中可以合并进行的勘察、设计、施工、监理以及与工程建设有关的重要设备、材料等的采购，合同估算价合计达到上述规定标准的，必须进行招标。

4）必须招标的工程总承包项目。发包人依法对工程以及与工程建设有关的货物、服务全部或者部分实行总承包发包的，总承包中施工、货物、服务等各部分的估算价中，只要有一项达到相应标准，即施工部分估算价达到400万元以上，或者货物部分达到200万元以上，或者服务部分达到100万元以上，则整个总承包发包应当招标。

（2）招标投标制与工程监理制的关系

1）招标投标制是实行工程监理制的重要保证。对于法律法规规定必须招标的监理项目，建设单位需要按规定采用招标方式选择工程监理单位。通过工程监理招标，有利于建设单位优选高水平工程监理单位，确保工程监理效果。

2）工程监理制是落实招标投标制的重要手段。实行工程监理制，建设单位可以通过委托工程监理单位做好招标工作，优选施工单位和材料设备供应单位。

3. 合同管理制

工程建设是一个极为复杂的社会生产过程，由于现代社会化大生产和专业化分工，许多单位会参与工程建设，而各类合同则是维系各参与单位之间关系的纽带。

《民法典》(第三编　合同）明确了合同的订立、效力、履行、变更与转让、终止、违约责任等有关内容以及包括建设工程合同、委托合同在内的19类典型合同，为实行合同管理制提供了重要法律依据。

（1）工程项目合同体系　在工程项目合同体系中，建设单位和施工单位是两个最主要的节点。

1）建设单位的主要合同关系。为实现工程项目总目标，建设单位可通过签订合同将工程项目有关活动委托给相应的专业承包单位或专业服务机构，相应的合同有：工程承包（总承包、施工承包）合同、工程勘察合同、工程设计合同、材料设备采购合同、工程咨询（可行性研究、技术咨询、造价咨询）合同、工程监理合同、工程项目管理服务合同、工程保险合同、贷款合同等。

2）施工单位的主要合同关系。施工单位作为工程承包合同的履行者，可通过签订合同将工程承包合同中所确定的工程设计、施工、材料设备采购等部分任务委托给其他相关单位来完成，相应的合同有：工程分包合同、材料设备采购合同、运输合同、加工合同、租赁合同、劳务分包合同、保险合同等。

（2）合同管理制与工程监理制的关系

1）合同管理制是实行工程监理制的重要保证。建设单位委托监理时，需要与工程监理单位建立合同关系，明确双方的义务和责任。工程监理单位实施监理时，需要通过合同管理控制工程质量、造价和进度目标。合同管理制的实施，为工程监理单位开展合同管理工作提供了法律和制度支持。

2）工程监理制是落实合同管理制的重要保障。实行工程监理制，建设单位可以通过委托工程监理单位做好合同管理工作，更好地实现建设工程项目目标。

思考题

1．简述建设工程监理的含义。

2．简述建设工程监理的性质。

3．根据《建设工程质量管理条例》，简述强制实施监理的工程范围。

4．根据《建筑法》和《建设工程质量管理条例》，简述建设单位委托工程监理单位的职责。

5．根据《建筑法》和《建设工程安全生产管理条例》，简述工程监理单位的职责。

6．根据《建筑法》，简述工程监理的法律责任。

7．根据《建设工程安全生产管理条例》，简述工程监理单位被责令限期改正，逾期未改正的，责令停业整顿，并处10万元以上30万元以下的罚款的情形。

8．什么是项目法人责任制？简述项目法人责任制与工程监理制的关系。

9．什么是招标投标制？简述招标投标制与工程监理制的关系。

10．简述工程项目合同体系。

11．简述合同管理制与工程监理制的关系。

二维码形式客观题

微信扫描二维码，可自行做客观题，提交后可查看答案。

第1章
客观题

2

第2章 建设工程监理相关法律法规和规章

本章学习目标

熟悉建设工程监理相关法律法规体系；掌握《中华人民共和国建筑法》《中华人民共和国消防法》《中华人民共和国刑法》关于监理职责的规定；掌握《建设工程质量管理条例》和《建设工程安全生产管理条例》关于监理的规定；了解《民用建筑节能条例》关于监理的规定；掌握《危险性较大的分部分项工程安全管理规定》《建筑起重机械安全监督管理规定》关于监理的规定；熟悉《实施工程建设强制性标准监督规定》《建设工程消防设计审查验收管理暂行规定》关于监理的规定；了解《注册监理工程师管理规定》。

建设工程监理相关法律、行政法规、地方性法规、部门规章、地方政府规章及规范性文件是建设工程监理的法律依据和工作指南。

目前，与建设工程监理密切相关的法律有:《中华人民共和国建筑法》(2019修正)、《中华人民共和国民法典》(第三编　合同)、《中华人民共和国招标投标法》(2017修正)、《中华人民共和国安全生产法》(2021修正)、《中华人民共和国消防法》(2021修正)、《中华人民共和国刑法》等。

与建设工程监理密切相关的行政法规有:《建设工程质量管理条例》(国务院令第279号)(2019修正)、《建设工程安全生产管理条例》(国务院令第393号)、《中华人民共和国招标投标法实施条例》(国务院令第613号)(2019修正)、《生产安全事故报告和调查处理条例》(国务院令第493号)、《民用建筑节能条例》(国务院令第530号)等。

与建设工程监理密切相关的部门规章有:《必须招标的工程项目规定》(国家发展和改革委员会令第16号)、《实施工程建设强制性标准监督规定》(建设部令第81号)(2021修正)、《建设工程监理范围和规模标准规定》(建设部令第86号)、《注册监理工程师管理规定》(建设部令第147号)(2016修正)、《工程监理企业资质管理规定》(建设部令第158号)(2018修正)、《建筑起重机械安全监督管理规定》(建设部令第166号)、《危险性较大的分部分项工程安全管理规定》(住房和城乡建设部令第37号)(2019修正)和《建设工程消防设计审查验收管理暂行规定》(住房和城乡建设部令第51号)等。

2.1 建设工程监理相关法律法规体系

建设工程监理相关法律法规体系通常由法律、行政法规、地方性法规、部门规章、地方政府规章及规范性文件构成，如图 2-1 所示。

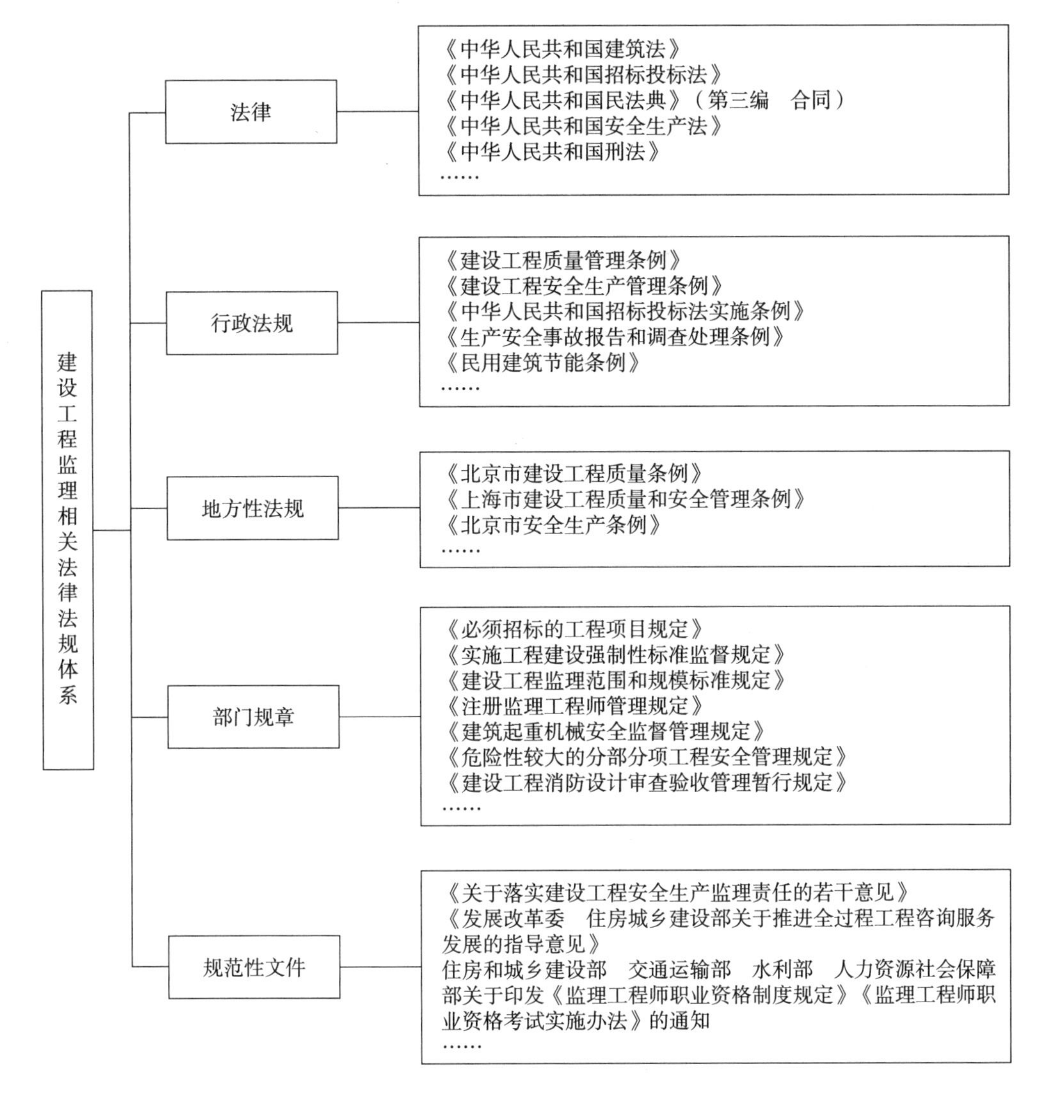

图 2-1　建设工程监理相关法律法规体系

（1）法律　法律是指由全国人民代表大会及其常务委员会通过，由国家主席签署主席令予以公布的法律规范，如《中华人民共和国建筑法》（2019 修正）。

（2）行政法规　行政法规是指国务院根据宪法和法律制定，由国务院总理签署国务院令予以公布的法律规范，如《建设工程安全生产管理条例》（国务院令第 393 号）。

（3）地方性法规　地方性法规是指在不同宪法、法律、行政法规相抵触的前提下，由省、自治区、直辖市人民代表大会及其常务委员会通过并发布的地方性法律规范，如《北京市建设工程质量条例》。

（4）部门规章　部门规章是指国务院各部门及具有行政管理职能的直属机构根据法律和行政法规制定，由部门首长签署命令予以公布的各项规章，或由国务院主管部门与国务院其他有关部门联合发布的各项规章，如《危险性较大的分部分项工程安全管理规定》（住房和城乡建设部令第 37 号）（2019 修正）。

（5）地方政府规章　地方政府规章是指省、自治区、直辖市和设区的市、自治州的人民政府根据法律、行政法规和本省、自治区、直辖市的地方性法规制定并发布的各项规章，如《北京市生产安全事故报告和调查处理办法》（北京市人民政府令第 217 号）。

（6）规范性文件　规范性文件是指除法律范畴（即宪法、法律、行政法规、地方性法规、自治条例、单行条例、国务院部门规章和地方政府规章）的立法性文件之外，由各级行政机关或者经法律、法规授权的具有管理公共事务职能的组织，在法定职权范围内依照法定程序制定并公开发布，在一定期限和范围内适用的行政文件，如《关于落实建设工程安全生产监理责任的若干意见》（建市〔2006〕248 号）、住房和城乡建设部　交通运输部　水利部　人力资源社会保障部关于印发《监理工程师职业资格制度规定》《监理工程师职业资格考试实施办法》的通知（建人规〔2020〕3 号）等。

2.2 建设工程监理相关法律

建设工程监理相关法律明确规定了监理单位、监理人员的职责和法律责任。目前，主要有《中华人民共和国建筑法》（2019 修正）、《中华人民共和国消防法》（2019 修正）、《中华人民共和国刑法》。

1.《中华人民共和国建筑法》相关规定

《中华人民共和国建筑法》，1997 年 11 月 1 日第八届全国人民代表大会常务委员会第二十八次会议通过，1997 年 11 月 1 日中华人民共和国主席令第九十一号公布，自 1998 年 3 月 1 日起施行。根据 2011 年 4 月 22 日第十一届全国人民代表大会常务委员会第二十次会议《关于修改〈中华人民共和国建筑法〉的决定》、2019 年 4 月 23 日第十三届全国人民代表大会常务委员会第十次会议《关于修改〈中华人民共和国建筑法〉等八部法律的决定》修正。

【监理单位及人员的职责】

第三十二条规定：建筑工程监理应当依照法律、行政法规及有关的技术标准、设计文件和建筑工程承包合同，对承包单位在施工质量、建设工期和建设资金使用等方面，代表建设单位实施监督。

工程监理人员认为工程施工不符合工程设计要求、施工技术标准和合同约定的，有权要求建筑施工企业改正。

工程监理人员发现工程设计不符合建筑工程质量标准或者合同约定的质量要求的，应当报告建设单位要求设计单位改正。

第三十四条规定：工程监理单位应当在其资质等级许可的监理范围内，承担工程监理业务。

工程监理单位应当根据建设单位的委托，客观、公正地执行监理任务。

工程监理单位与被监理工程的承包单位以及建筑材料、建筑构配件和设备供应单位不得有隶属关系或者其他利害关系。

工程监理单位不得转让工程监理业务。

【监理单位的法律责任】

第三十五条规定：工程监理单位不按照委托监理合同的约定履行监理义务，对应当监督检查的项目不检查或者不按照规定检查，给建设单位造成损失的，应当承担相应的赔偿责任。

工程监理单位与承包单位串通，为承包单位谋取非法利益，给建设单位造成损失的，应当与承包单位承担连带赔偿责任。

第六十九条规定：工程监理单位与建设单位或者建筑施工企业串通，弄虚作假、降低工程质量的，责令改正，处以罚款，降低资质等级或者吊销资质证书；有违法所得的，予以没收；造成损失的，承担连带赔偿责任；构成犯罪的，依法追究刑事责任。

工程监理单位转让监理业务的，责令改正，没收违法所得，可以责令停业整顿，降低资质等级；情节严重的，吊销资质证书。

2. 《中华人民共和国消防法》相关规定

1998 年 4 月 29 日第九届全国人民代表大会常务委员会第二次会议通过；2008 年 10 月 28 日第十一届全国人民代表大会常务委员会第五次会议第一次修订，2008 年 10 月 28 日中华人民共和国主席令第六号公布，自 2009 年 5 月 1 日起施行；依据 2019 年 4 月 23 日第十三届全国人民代表大会常务委员会第十次会议《全国人民代表大会常务委员会关于修改〈中华人民共和国建筑法〉等八部法律的决定》第二次修订；根据 2021 年 4 月 29 日第十三届全国人民代表大会常务委员会第二十八次会议通过的《全国人民代表大会常务委员会关于修改〈中华人民共和国道路交通安全法〉等八部法律的决定》第三次修正。

【监理单位的职责】

第九条规定：建设工程的消防设计、施工必须符合国家工程建设消防技术标准。建设、设计、施工、工程监理等单位依法对建设工程的消防设计、施工质量负责。

【监理单位的法律责任】

第五十九条规定：违反本法规定，有下列行为之一的，由住房和城乡建设主管部门责令改正或者停止施工，并处一万元以上十万元以下罚款：

1）建设单位要求建筑设计单位或者建筑施工企业降低消防技术标准设计、施工的。

2）建筑设计单位不按照消防技术标准强制性要求进行消防设计的。

3）建筑施工企业不按照消防设计文件和消防技术标准施工，降低消防施工质量的。

4）工程监理单位与建设单位或者建筑施工企业串通，弄虚作假，降低消防施工质量的。

3. 《中华人民共和国刑法》相关规定

《中华人民共和国刑法》，1979 年 7 月 1 日第五届全国人民代表大会第二次会议通过，1979 年 7 月 6 日全国人民代表大会常务委员会委员长令第五号公布，自 1980 年 1 月 12 起施行。2020 年 12 月 26 日第十三届全国人民代表大会常务委员会第二十四次会议通过，中华人民共和国主席令第六十六号公布中华人民共和国刑法修正案（十一）。

【监理单位及人员的法律责任】

第一百三十四条规定：在生产、作业中违反有关安全管理的规定，因而发生重大伤亡事故或者造成其他严重后果的，处三年以下有期徒刑或者拘役；情节特别恶劣的，处三年以上七年以下有期徒刑。

强令他人违章冒险作业，或者明知存在重大事故隐患而不排除，仍冒险组织作业，因而发生重大伤亡事故或者造成其他严重后果的，处五年以下有期徒刑或者拘役；情节特别恶劣的，处五年以上有期徒刑。

在生产、作业中违反有关安全管理的规定，有下列情形之一，具有发生重大伤亡事故或者其他严重后果的现实危险的，处一年以下有期徒刑、拘役或者管制：

1）关闭、破坏直接关系生产安全的监控、报警、防护、救生设备、设施，或者篡改、隐瞒、销毁其相关数据、信息的。

2）因存在重大事故隐患被依法责令停产停业，停止施工，停止使用有关设备、设施、场所或者立即采取排除危险的整改措施，而拒不执行的。

3）涉及安全生产的事项未经依法批准或者许可，擅自从事矿山开采、金属冶炼、建筑施工，以及危险物品生产、经营、储存等高度危险的生产作业活动的。

第一百三十七条规定：建设单位、设计单位、施工单位、工程监理单位违反国家规定，降低工程质量标准，造成重大生产安全事故的，对直接责任人员，处五年以下有期徒刑或者拘役，并处罚金；后果特别严重的，处五年以上十年以下有期徒刑，并处罚金。

2.3 建设工程监理相关行政法规

建设工程监理相关行政法规明确规定了监理单位、监理人员的职责和法律责任。目前，主要有《建设工程质量管理条例》（国务院令第 279 号）（2019 修正）、《建设工程安全生产管理条例》（国务院令第 393 号）、《民用建筑节能条例》（国务院令第 530 号）。

1. 《建设工程质量管理条例》相关规定

《建设工程质量管理条例》（国务院令第 279 号），2000 年 1 月 10 日国务院第 25 次常务会议通过，2000 年 1 月 30 日中华人民共和国国务院令第 279 号公布，自公布之日起施行。根据 2017 年 10 月 7 日国务院令第 687 号《国务院关于修改部分行政法规的决定》、2019 年 4 月 23 日国务院令第 714 号《国务院关于修改部分行政法规的决定》修正。

【监理单位及人员的职责】

第三条规定：工程监理单位依法对建设工程质量负责。

第三十四条规定：工程监理单位应当依法取得相应等级的资质证书，并在其资质等级许可的范围内承担工程监理业务。

禁止工程监理单位超越本单位资质等级许可的范围或者以其他工程监理单位的名义承担工程监理业务。禁止工程监理单位允许其他单位或者个人以本单位的名义承担工程监理业务。

工程监理单位不得转让工程监理业务。

第三十五条规定，工程监理单位与被监理工程的施工承包单位以及建筑材料、建筑构配件和设备供应单位有隶属关系或者其他利害关系的，不得承担该项建设工程的监理业务。

第三十六条规定：工程监理单位应当依照法律、法规以及有关技术标准、设计文件和建设工程承包合同，代表建设单位对施工质量实施监理，并对施工质量承担监理责任。

第三十七条规定：工程监理单位应当选派具备相应资格的总监理工程师和监理工程师进驻施工现场。

未经监理工程师签字，建筑材料、建筑构配件和设备不得在工程上使用或者安装，施工单位不得进行下一道工序的施工。未经总监理工程师签字，建设单位不拨付工程款，不进行竣工验收。

第三十八条规定：监理工程师应当按照工程监理规范的要求，采取旁站、巡视和平行检验等形式，对建设工程实施监理。

【监理单位及人员的法律责任】

第六十条规定：工程监理单位超越本单位资质等级承揽工程的，责令停止违法行为，对工程监理单位处合同约定的监理酬金 1 倍以上 2 倍以下的罚款；可以责令停业整顿，降低资质等级；情节严重的，吊销资质证书；有违法所得的，予以没收。

未取得资质证书承揽工程的，予以取缔，依照前款规定处以罚款；有违法所得的，予以没收。

以欺骗手段取得资质证书承揽工程的，吊销资质证书，依照本条第一款规定处以罚款；有违法所得的，予以没收。

第六十一条规定：工程监理单位允许其他单位或者个人以本单位名义承揽工程的，责令改正，没收违法所得，对工程监理单位处合同约定的监理酬金 1 倍以上 2 倍以下的罚款；可以责令停业整顿，降低资质等级；情节严重的，吊销资质证书。

第六十二条规定：工程监理单位转让工程监理业务的，责令改正，没收违法所得，处合同约定的监理酬金 25% 以上 50% 以下的罚款；可以责令停业整顿，降低资质等级；情节严重的，吊销资质证书。

第六十七条规定：工程监理单位有下列行为之一的，责令改正，处 50 万元以上 100 万元以下的罚款，降低资质等级或者吊销资质证书；有违法所得的，予以没收；造成损失的，承担连带赔偿责任：

1）与建设单位或者施工单位串通，弄虚作假、降低工程质量的。

2）将不合格的建设工程、建筑材料、建筑构配件和设备按照合格签字的。

第六十八条规定：工程监理单位与被监理工程的施工承包单位以及建筑材料、建筑构配件和设备供应单位有隶属关系或者其他利害关系承担该项建设工程的监理业务的，责令改正，处 5 万元以上 10 万元以下的罚款，降低资质等级或者吊销资质证书；有违法所得的，予以没收。

第七十二条规定：注册监理工程师因过错造成质量事故的，责令停止执业 1 年；造成重大质量事故的，吊销执业资格证书，5 年以内不予注册；情节特别恶劣的，终身不予注册。

第七十四条规定：工程监理单位违反国家规定，降低工程质量标准，造成重大安全事故，构成犯罪的，对直接责任人员依法追究刑事责任。

第七十七条规定：工程监理单位的工作人员因调动工作、退休等原因离开该单位后，被发现在该单位工作期间违反国家有关建设工程质量管理规定，造成重大工程质量事故的，仍应当依法追究法律责任。

2. 《建设工程安全生产管理条例》相关规定

《建设工程安全生产管理条例》（国务院令第 393 号），2003 年 11 月 12 日国务院第 28

次常务会议通过，2003 年 11 月 24 日中华人民共和国国务院令第 393 号公布，自 2004 年 2 月 1 日起施行。

【监理单位及人员的职责】

第四条规定：工程监理单位必须遵守安全生产法律、法规的规定，保证建设工程安全生产，依法承担建设工程安全生产责任。

第十四条规定：工程监理单位应当审查施工组织设计中的安全技术措施或者专项施工方案是否符合工程建设强制性标准。

工程监理单位在实施监理过程中，发现存在安全事故隐患的，应当要求施工单位整改；情况严重的，应当要求施工单位暂时停止施工，并及时报告建设单位。施工单位拒不整改或者不停止施工的，工程监理单位应当及时向有关主管部门报告。

工程监理单位和监理工程师应当按照法律、法规和工程建设强制性标准实施监理，并对建设工程安全生产承担监理责任。

【监理单位及人员的法律责任】

第五十七条规定：工程监理单位有下列行为之一的，责令限期改正；逾期未改正的，责令停业整顿，并处 10 万元以上 30 万元以下的罚款；情节严重的，降低资质等级，直至吊销资质证书；造成重大安全事故，构成犯罪的，对直接责任人员，依照刑法有关规定追究刑事责任；造成损失的，依法承担赔偿责任：

1）未对施工组织设计中的安全技术措施或者专项施工方案进行审查的。

2）发现安全事故隐患未及时要求施工单位整改或者暂时停止施工的。

3）施工单位拒不整改或者不停止施工，未及时向有关主管部门报告的。

4）未依照法律、法规和工程建设强制性标准实施监理的。

第五十八条规定：注册执业人员未执行法律、法规和工程建设强制性标准的，责令停止执业 3 个月以上 1 年以下；情节严重的，吊销执业资格证书，5 年内不予注册；造成重大安全事故的，终身不予注册；构成犯罪的，依照刑法有关规定追究刑事责任。

3. 《民用建筑节能条例》相关规定

《民用建筑节能条例》（国务院令第 530 号），2008 年 7 月 23 日国务院第 18 次常务会议通过，2008 年 8 月 1 日中华人民共和国国务院令第 530 号公布，自 2008 年 10 月 1 日起施行。

【监理单位及人员的职责】

第十五条规定：工程监理单位及其注册执业人员，应当按照民用建筑节能强制性标准进行监理。

第十六条规定：工程监理单位发现施工单位不按照民用建筑节能强制性标准施工的，应当要求施工单位改正；施工单位拒不改正的，工程监理单位应当及时报告建设单位，并向有关主管部门报告。

墙体、屋面的保温工程施工时，监理工程师应当按照工程监理规范的要求，采取旁站、巡视和平行检验等形式实施监理。

未经监理工程师签字，墙体材料、保温材料、门窗、采暖制冷系统和照明设备不得在建筑上使用或者安装，施工单位不得进行下一道工序的施工。

【监理单位及人员的法律责任】

第四十二条规定：工程监理单位有下列行为之一的，由县级以上地方人民政府建设主管部门责令限期改正；逾期未改正的，处 10 万元以上 30 万元以下的罚款；情节严重的，由颁发资质证书的部门责令停业整顿，降低资质等级或者吊销资质证书；造成损失的，依法承担赔偿责任：

1）未按照民用建筑节能强制性标准实施监理的。

2）墙体、屋面的保温工程施工时，未采取旁站、巡视和平行检验等形式实施监理的。

对不符合施工图设计文件要求的墙体材料、保温材料、门窗、采暖制冷系统和照明设备，按照符合施工图设计文件要求签字的，依照《建设工程质量管理条例》第六十七条的规定处罚。

第四十四条规定：注册执业人员未执行民用建筑节能强制性标准的，由县级以上人民政府建设主管部门责令停止执业 3 个月以上 1 年以下；情节严重的，由颁发资格证书的部门吊销执业资格证书，5 年内不予注册。

2.4 建设工程监理相关部门规章

建设工程监理相关部门规章明确规定了监理单位、监理人员的职责和法律责任。目前，主要有:《危险性较大的分部分项工程安全管理规定》(住房和城乡建设部令第 37 号)(2019 修正)、《建筑起重机械安全监督管理规定》(建设部令第 166 号)、《实施工程建设强制性标准监督规定》(建设部令第 81 号)(2021 修正)、《建设工程消防设计审查验收管理暂行规定》(住房和城乡建设部令第 51 号)、《注册监理工程师管理规定》(建设部令第 147 号)(2016 修正)。

1. 《危险性较大的分部分项工程安全管理规定》相关规定

《危险性较大的分部分项工程安全管理规定》(住房和城乡建设部令第 37 号)，2018 年 2 月 12 日经第 37 次部常务会议审议通过，2018 年 3 月 8 日住房和城乡建设部令第 37 号发布，自 2018 年 6 月 1 日起施行。2019 年 3 月 13 日根据《住房和城乡建设部关于修改部分部门规章的决定》(住房和城乡建设部令第 47 号)修正。

【监理单位及人员的职责】

第十八条规定：监理单位应当结合危大工程专项施工方案编制监理实施细则，并对危大工程施工实施专项巡视检查。

第十九条规定：监理单位发现施工单位未按照专项施工方案施工的，应当要求其进行整改；情节严重的，应当要求其暂停施工，并及时报告建设单位。施工单位拒不整改或者不停止施工的，监理单位应当及时报告建设单位和工程所在地住房城乡建设主管部门。

第二十一条规定：对于按照规定需要验收的危大工程，施工单位、监理单位应当组织相关人员进行验收。验收合格的，经施工单位项目技术负责人及总监理工程师签字确认后，方可进入下一道工序。

危大工程验收合格后，施工单位应当在施工现场明显位置设置验收标识牌，公示验收时间及责任人员。

第二十四条规定：监理单位应当建立危大工程安全管理档案。监理单位应当将监理实施细则、专项施工方案审查、专项巡视检查、验收及整改等相关资料纳入档案管理。

第十一条规定：专项施工方案应当由施工单位技术负责人审核签字、加盖单位公章，并由总监理工程师审查签字、加盖执业印章后方可实施。

第十二条规定：对于超过一定规模的危大工程，施工单位应当组织召开专家论证会对专项施工方案进行论证。实行施工总承包的，由施工总承包单位组织召开专家论证会。专家论证前专项施工方案应当通过施工单位审核和总监理工程师审查。

【监理单位及人员的法律责任】

第三十六条规定：监理单位有下列行为之一的，依照《中华人民共和国安全生产法》《建设工程安全生产管理条例》对单位进行处罚；对直接负责的主管人员和其他直接责任人员处 1000 元以上 5000 元以下的罚款：

1）总监理工程师未按照本规定审查危大工程专项施工方案的。

2）发现施工单位未按照专项施工方案实施，未要求其整改或者停工的。

3）施工单位拒不整改或者不停止施工时，未向建设单位和工程所在地住房城乡建设主管部门报告的。

第三十七条规定：监理单位有下列行为之一的，责令限期改正，并处 1 万元以上 3 万元以下的罚款；对直接负责的主管人员和其他直接责任人员处 1000 元以上 5000 元以下的罚款：

1）未按照本规定编制监理实施细则的。

2）未对危大工程施工实施专项巡视检查的。

3）未按照本规定参与组织危大工程验收的。

4）未按照本规定建立危大工程安全管理档案的。

2. 《建筑起重机械安全监督管理规定》相关规定

《建筑起重机械安全监督管理规定》（建设部令第 166 号），2008 年 1 月 8 日经建设部第 145 次常务会议讨论通过，2008 年 1 月 28 日建设部令第 166 号发布，自 2008 年 6 月 1 日起施行。

【监理单位的职责】

第二十二条规定：监理单位应当履行下列安全职责：

1）审核建筑起重机械特种设备制造许可证、产品合格证、制造监督检验证明、备案证明等文件。

2）审核建筑起重机械安装单位、使用单位的资质证书、安全生产许可证和特种作业人员的特种作业操作资格证书。

3）审核建筑起重机械安装、拆卸工程专项施工方案。

4）监督安装单位执行建筑起重机械安装、拆卸工程专项施工方案情况。

5）监督检查建筑起重机械的使用情况。

6）发现存在生产安全事故隐患的，应当要求安装单位、使用单位限期整改，对安装单位、使用单位拒不整改的，及时向建设单位报告。

【监理单位的法律责任】

第三十二条规定：监理单位未履行下列四项安全职责的，由县级以上地方人民政府建设主管部门责令限期改正，予以警告，并处以 5000 元以上 3 万元以下罚款。

1）审核建筑起重机械特种设备制造许可证、产品合格证、制造监督检验证明、备案证明等文件。

2）审核建筑起重机械安装单位、使用单位的资质证书、安全生产许可证和特种作业人员的特种作业操作资格证书。

3）监督安装单位执行建筑起重机械安装、拆卸工程专项施工方案情况。

4）监督检查建筑起重机械的使用情况。

3.《实施工程建设强制性标准监督规定》相关规定

《实施工程建设强制性标准监督规定》（建设部令第 81 号），2000 年 8 月 21 日经第二次部常务会议通过，2000 年 8 月 25 日建设部令第 81 号发布，自发布之日起施行。根据 2015 年 1 月 22 日住房和城乡建设部令第 23 号《关于修改〈市政公用设施抗灾设防管震规定〉等部门规章的决定》修正。经 2021 年 3 月 30 日《住房和城乡建设部关于修改〈建筑工程施工许可管理办法〉等三部规章的决定》（住房和城乡建设部令第 52 号）第二次修正。

【监理单位的法律责任】

第十九条规定：工程监理单位违反强制性标准规定，将不合格的建设工程以及建筑材料、建筑构配件和设备按照合格签字的，责令改正，处 50 万元以上 100 万元以下的罚款。降低资质等级或者吊销资质证书；有违法所得的，予以没收；造成损失的，承担连带赔偿责任。

第二十条规定：违反工程建设强制性标准造成工程质量、安全隐患或者工程质量安全事故的，按照《建设工程质量管理条例》《建设工程勘察设计管理条例》和《建设工程安全生产管理条例》的有关规定进行处罚。

4.《建设工程消防设计审查验收管理暂行规定》相关规定

《建设工程消防设计审查验收管理暂行规定》（住房和城乡建设部令第 51 号），2020 年 1 月 19 日经第 15 次部务会议审议通过，2020 年 4 月 1 日住房和城乡建设部令第 51 号公布，自 2020 年 6 月 1 日起施行。

【监理单位及人员的职责】

第八条规定：工程监理单位依法对建设工程消防设计、施工质量负主体责任。工程监理单位的从业人员依法对建设工程消防设计、施工质量承担相应的个人责任。

第十二条规定：工程监理单位应当履行下列消防设计、施工质量责任和义务：

1）按照建设工程法律法规、国家工程建设消防技术标准，以及经消防设计审查合格或者满足工程需要的消防设计文件实施工程监理。

2）在消防产品和具有防火性能要求的建筑材料、建筑构配件和设备使用、安装前核查产品质量证明文件，不得同意使用或者安装不合格的消防产品和防火性能不符合要求的建筑材料、建筑构配件和设备。

3）参加建设单位组织的建设工程竣工验收，对建设工程消防施工质量签章确认，并对建设工程消防施工质量承担监理责任。

【监理单位及人员的法律责任】

第三十八条规定：违反本规定的行为，依照《中华人民共和国建筑法》《中华人民共和国消防法》《建设工程质量管理条例》等法律法规给予处罚；构成犯罪的，依法追究刑事责任。

工程监理单位及其从业人员违反有关建设工程法律法规和国家工程建设消防技术标准，除依法给予处罚或者追究刑事责任外，还应当依法承担相应的民事责任。

5. 《注册监理工程师管理规定》相关规定

《注册监理工程师管理规定》（建设部令第 147 号），2005 年 12 月 31 日经建设部第 83 次常务会议讨论通过，2006 年 1 月 26 日建设部令第 147 号发布，自 2006 年 4 月 1 日起施行。根据 2016 年 9 月 13 日住房和城乡建设部令第 32 号《住房城乡建设部关于修改〈勘察设计注册工程师管理规定〉等 11 个部门规章的决定》修正。

【注册监理工程师权利】

第二十五条规定：注册监理工程师享有下列权利：

1）使用注册监理工程师称谓。

2）在规定范围内从事执业活动。

3）依据本人能力从事相应的执业活动。

4）保管和使用本人的注册证书和执业印章。

5）对本人执业活动进行解释和辩护。

6）接受继续教育。

7）获得相应的劳动报酬。

8）对侵犯本人权利的行为进行申诉。

【注册监理工程师义务】

第二十六条规定：注册监理工程师应当履行下列义务：

1）遵守法律、法规和有关管理规定。

2）履行管理职责，执行技术标准、规范和规程。

3）保证执业活动成果的质量，并承担相应责任。

4）接受继续教育，努力提高执业水准。

5）在本人执业活动所形成的工程监理文件上签字、加盖执业印章。

6）保守在执业中知悉的国家秘密和他人的商业、技术秘密。

7）不得涂改、倒卖、出租、出借或者以其他形式非法转让注册证书或者执业印章。

8）不得同时在两个或者两个以上单位受聘或者执业。

9）在规定的执业范围和聘用单位业务范围内从事执业活动。

10）协助注册管理机构完成相关工作。

【注册监理工程师的法律责任】

第三十一条规定：注册监理工程师在执业活动中有下列行为之一的，由县级以上地方人民政府住房城乡建设主管部门给予警告，责令其改正，没有违法所得的，处以 1 万元以下罚款，有违法所得的，处以违法所得 3 倍以下且不超过 3 万元的罚款；造成损失的，依法承担赔偿责任；构成犯罪的，依法追究刑事责任：

1）以个人名义承接业务的。

2）涂改、倒卖、出租、出借或者以其他形式非法转让注册证书或者执业印章的。

3）泄露执业中应当保守的秘密并造成严重后果的。

4）超出规定执业范围或者聘用单位业务范围从事执业活动的。

5）弄虚作假提供执业活动成果的。

6）同时受聘于两个或者两个以上的单位，从事执业活动的。

7）其他违反法律、法规、规章的行为。

说明：建设工程监理相关的地方性法规、地方政府规章及规范性文件也是建设工程监理的法律依据和工作指南。监理单位应根据工程所在地的实际，组织监理人员及时学习地方性法规、地方政府规章及规范性文件并掌握相关内容，避免监理人员在工作中违规而承担相应的法律责任。

思考题

1. 简述建设工程监理相关法律法规体系。
2. 根据《中华人民共和国消防法》，简述监理单位的职责和法律责任。
3. 根据《中华人民共和国刑法》，简述监理单位及人员的法律责任。
4. 根据《建设工程安全生产管理条例》，简述监理单位及人员的职责及法律责任。
5. 根据《危险性较大的分部分项工程安全管理规定》，简述监理单位及人员的职责及法律责任。
6. 根据《建筑起重机械安全监督管理规定》，简述监理单位的职责及法律责任。
7. 根据《实施工程建设强制性标准监督规定》，简述监理单位的法律责任。
8. 根据《建设工程消防设计审查验收管理暂行规定》，简述监理单位及人员的职责及法律责任。
9. 根据《注册监理工程师管理规定》，简述注册监理工程师的权利和义务。
10. 根据《注册监理工程师管理规定》，简述注册监理工程师的法律责任。

二维码形式客观题

微信扫描二维码，可自行做客观题，提交后可查看答案。

第 2 章
客观题

第3章 建设工程监理招标投标与合同管理

本章学习目标

熟悉建设工程监理招标方式和程序；熟悉建设工程监理评标内容和方法；掌握建设工程监理投标工作内容和策略；了解建设工程监理费用计取方法；熟悉建设工程监理合同订立和监理合同履行。

建设工程监理可由建设单位直接委托，也可通过招标方式委托，但法律法规规定招标的，建设单位必须通过招标方式委托。因此，建设工程监理招标投标是建设单位委托监理和工程监理单位承揽监理任务的主要方式。

建设工程监理合同管理是工程监理单位明确工程监理义务、履行工程监理职责的重要保证。

3.1 建设工程监理的招标程序和评标方法

1. 建设工程监理的招标方式和程序

（1）建设工程监理的招标方式　建设工程监理招标可分为公开招标和邀请招标两种方式。建设单位应根据法律法规、工程项目特点、工程监理单位的选择空间及工程实施的急迫程度等因素合理选择招标方式，并按规定程序向招标投标监督管理部门办理相关招标投标手续，接受相应的监督管理。

1）公开招标。公开招标是指建设单位以招标公告的方式邀请不特定工程监理单位参加投标，向其发售监理招标文件，按照招标文件规定的评标方法、标准，从符合投标资格要求的投标人中优选中标人，并与中标人签订建设工程监理合同的过程。

国有资金占控股或者主导地位等依法必须进行监理招标的项目，应当采用公开招标方式委托监理任务。公开招标属于非限制性竞争招标，其优点是能够充分体现招标信息公开性、招标程序规范性、投标竞争公平性，有助于打破垄断，实现公平竞争。公开招标可使建设单位有较大的选择范围，可在众多投标人中选择经验丰富、信誉良好、价格合理的工程监理单位，能够大大降低串标、围标、抬标和其他不正当交易的可能性。公开招标的缺点是准备招标、资格预审和评标的工作量大，因此招标时间长，招标费用较高。

2）邀请招标。邀请招标是指建设单位以投标邀请书方式邀请特定工程监理单位参加投标，向其发售招标文件，按照招标文件规定的评标方法、标准，从符合投标资格要求的投标人中优选中标人，并与中标人签订建设工程监理合同的过程。

邀请招标属于有限竞争性招标，也称为选择性招标。采用邀请招标方式，建设单位不需要发布招标公告，也不进行资格预审（但可组织必要的资格审查），使招标程序得到简化。这样，既可节约招标费用，又可缩短招标时间。邀请招标虽然能够邀请到有经验和资信可靠的工程监理单位投标，但由于限制了竞争范围，选择投标人的范围和投标人竞争的空间有限，可能会失去技术和报价方面有竞争力的投标者，失去理想中标人，达不到预期竞争效果。

（2）建设工程监理的招标程序　建设工程监理招标一般包括：招标准备，发出招标公告或投标邀请书，组织资格审查，编制和发售招标文件，组织现场踏勘，召开投标预备会，编制和递交投标文件，开标、评标和定标，签订建设工程监理合同等环节。

1）招标准备。建设工程监理招标准备工作包括：确定招标组织、明确招标范围和内容、编制招标方案等内容。

① 确定招标组织。建设单位自身具有组织招标的能力时，可自行组织监理招标，否则，应委托招标代理机构组织招标。建设单位委托招标代理进行监理招标时，应与招标代理机构签订招标代理书面合同，明确委托招标代理的内容、范围及双方义务和责任。

② 明确招标范围和内容。综合考虑工程特点、建设规模、复杂程度、建设单位自身管理水平等因素，明确建设工程监理招标范围和内容。

③ 编制招标方案。包括：划分监理标段、选择招标方式、选定合同类型及计价方式、确定投标人资格条件、安排招标工作进度等。

2）发出招标公告或投标邀请书。建设单位采用公开招标方式的，应当发布招标公告。招标公告必须通过一定的媒介进行传播。投标邀请书是指采用邀请招标方式的建设单位，向三个以上具备承担招标项目能力、资信良好的特定工程监理单位发出的参加投标的邀请。

招标公告与投标邀请书应当载明：建设单位的名称和地址、招标项目的性质、招标项目的数量、招标项目的实施地点、招标项目的实施时间、获取招标文件的办法等内容。

3）组织资格审查。为了保证潜在投标人能够公平地获取投标竞争的机会，确保投标人满足招标项目的资格条件，同时避免招标人和投标人不必要的资源浪费，招标人应组织审查监理投标人资格。资格审查分为资格预审和资格后审两种。

① 资格预审。资格预审是指在投标前，对申请参加投标的潜在投标人进行资质条件、业绩、信誉、技术、资金等多方面情况的审查。只有在资格预审中被认定为合格的潜在投标人（或投标人）才可以参加投标。资格预审的目的是排除不合格的投标人，进而降低招标人的招标成本，提高招标工作效率。

② 资格后审。资格后审是指在开标后，由评标委员会根据招标文件中规定的资格审查因素、方法和标准，对投标人资格进行的审查。

工程监理资格审查大多采用资格预审的方式进行。

4）编制和发售招标文件。

① 编制建设工程监理招标文件。招标文件既是投标人编制投标文件的依据，也是招标人与中标人签订建设工程监理合同的基础。招标文件一般应由以下内容组成：招标公告（或投标邀请书）、投标人须知、评标办法、合同条款及格式、委托人要求、投标文件格式。

② 发售监理招标文件。按照招标公告或投标邀请书规定的时间、地点发售招标文件。投标人对招标文件内容有异议者，可在规定时间内要求招标人澄清、说明或纠正。

5）组织现场踏勘。组织投标人进行现场踏勘的目的在于了解工程场地和周围环境情况，以获取认为有必要的信息。招标人可根据工程特点和招标文件规定，组织潜在投标人对工程实施现场的地形地质条件、周边和内部环境进行实地踏勘，并介绍有关情况。潜在投标人自行负责据此做出的判断和投标决策。

6）召开投标预备会。招标人按照招标文件规定的时间组织投标预备会，澄清、解答潜在投标人在阅读招标文件和现场踏勘后提出的疑问。所有澄清、解答都按照招标文件中约定的形式予以确认，并发给所有购买招标文件的潜在投标人。招标文件的书面澄清、解答属于招标文件的组成部分。招标人同时可以利用投标预备会对招标文件中有关重点、难点内容主动做出说明。

7）编制和递交投标文件。投标人应按照招标文件要求编制投标文件，对招标文件提出的实质性要求和条件做出实质性响应，按照招标文件规定的时间、地点、方式递交投标文件，并根据要求提交投标保证金。投标人在提交投标截止日期之前，可以撤回、补充或者修改已提交的投标文件，并书面通知招标人。补充、修改的内容为投标文件的组成部分。

8）开标、评标和定标。

① 开标。招标人应按招标文件规定的时间、地点主持开标，邀请所有投标人派代表参加。开标时间、开标过程应符合招标文件规定的开标要求和程序。

② 评标。评标由招标人依法组建的评标委员会负责。评标委员会应当熟悉、掌握招标项目的主要特点和需求，认真阅读、研究招标文件及其评标办法，按招标文件规定的评标办法进行评标，编写评标报告，并向招标人推荐中标候选人，或经招标人授权直接确定中标人。

③ 定标。招标人应按有关规定在招标投标监督部门指定的媒体或场所公示推荐的中标候选人，并根据相关法律法规和招标文件规定的定标原则和程序确定中标人，向中标人发出中标通知书，同时，将中标结果通知所有未中标的投标人，并在15日内按有关规定将监理招标投标情况书面报告提交给招标投标行政监督部门。

9）签订建设工程监理合同。招标人与中标人应当自发出中标通知书之日起30日内，依据中标通知书、招标文件中的合同构成文件签订建设工程监理合同。

2. 建设工程监理评标内容和方法

工程监理单位不承担建筑产品生产任务，只是受建设单位委托提供技术和管理咨询服务。建设工程监理招标属于服务类招标，其标的是无形的“监理服务”，因此建设单位在选择工程监理单位时最重要的原则是“基于能力的选择”，而不应将服务报价作为主要考虑因素，有时甚至不考虑建设工程监理服务报价，只考虑工程监理单位的服务能力。

（1）建设工程监理评标内容　工程监理评标办法中，通常会将下列要素作为评标内容：

1）工程监理单位的基本素质。包括：工程监理单位资质、技术及服务能力、社会信誉和企业诚信度，以及类似工程监理业绩和经验。

2）工程监理人员配备。工程监理人员的素质与能力直接影响建设工程监理工作，进而影响整个工程监理目标的实现。项目监理机构监理人员的数量和素质，特别是总监理工程师的综合能力和业绩是建设工程监理评标需要考虑的重要内容。对工程监理人员配备的评价内容具体包括：项目监理机构的组织形式是否合理，总监理工程师人选是否符合招标文件规定的资格及能力要求，监理人员的数量、专业配置是否符合工程专业特点要求，工程监理整体力量投入是否能满足工程需要，工程监理人员年龄结构是否合理，现场监理人员进退场计划是否与工程进展相协调等。

3）建设工程监理大纲。建设工程监理大纲是反映投标人技术、管理和服务综合水平的文件，反映了投标人对工程的分析和理解程度。评标时应重点评审建设工程监理大纲的全面性、针对性和科学性。

① 对建设工程监理大纲的评价主要包括内容是否全面，工作目标是否明确，组织机构是否健全，工作计划是否可行，质量、造价、进度控制措施是否全面、得当，安全生产管理、合同管理、信息管理等方法是否科学，以及项目监理机构的制度建设规划是否到位，监督机制是否健全等。

② 建设工程监理大纲中应对工程特点、监理重点与难点进行识别。在对招标工程进行透彻分析的基础上，结合自身工程经验，从工程质量、造价、进度控制及安全生产管理等方面确定监理工作的重点和难点，提出针对性措施和对策。

③ 除常规监理措施外，建设工程监理大纲中应对招标工程的关键工序及分部分项工程制定有针对性的监理措施；制定针对关键点、常见问题的预防措施；合理设置旁站清单和保障措施等。

4）试验检测仪器设备及其应用能力。重点评审投标人在投标文件中所列的设备、仪器、工具等能否满足建设工程监理要求。对于建设单位在现场另建试验、检测等中心的工程项目，应重点考查投标人评价分析、检验测量数据的能力。

5）建设工程监理费用报价。建设工程监理费用报价所对应的服务范围、服务内容、服务期限应与招标文件中的要求相一致。要重点评审监理费用报价水平和构成是否合理、完整，分析说明是否明确，监理服务费用的调整条件和办法是否符合招标文件要求等。

（2）建设工程监理评标方法　建设工程监理评标通常采用“综合评估法”，即通过衡量投标文件是否最大限度地满足招标文件中规定的各项评价标准，对技术、企业资信、服务报价等因素进行综合评价从而确定中标人。

综合评估法又称打分法、百分制计分评价法。在招标文件中通常明确规定需量化的评价因素及其权重，评标委员会根据投标文件内容和评分标准逐项进行分析记分、加权汇总，计算出各投标单位的综合评分，然后按照综合评分由高到低的顺序确定中标候选人或直接选定得分最高者为中标人。

综合评估法是我国各地广泛采用的评标方法，其特点是量化所有评标指标，由评标委员会专家分别打分，减少了评标过程中的相互干扰，增强了科学性和公正性。需要注意的是，评标因素指标的设置和评分标准分值或权重的分配，应能充分评价工程监理单位的整体素质和综合实力，体现评标的科学性和合理性。

3.2 建设工程监理投标的工作内容和策略

1. 建设工程监理投标的工作内容

建设工程监理投标是一项复杂的系统性工作，工程监理单位的投标工作内容包括：投标决策、投标策划、投标文件编制、参加开标及答辩、投标后评估等内容。

（1）建设工程监理单位的投标决策　工程监理单位要想中标获得建设工程监理任务并获得预期利润，就需要认真进行投标决策。投标决策主要包括两方面内容：一是决定是否参与竞标；二是如果参加投标，应采取什么样的投标策略。投标决策的正确与否，关系到工程监理单位能否中标及中标后经济效益的高低。

1）投标决策原则。投标决策活动要从工程特点与工程监理企业自身需求之间选择最佳结合点。为实现最优赢利目标，可以参考如下基本原则进行投标决策：

① 充分衡量自身人员和技术实力能否满足工程项目要求，且要根据工程监理单位自身实力、经验和外部资源等因素来确定是否参与竞标。

② 充分考虑国家政策、建设单位信誉、招标条件、资金落实情况等，保证中标后工程项目能顺利实施。

③ 工程监理单位应集中优势力量参与较大建设工程监理投标。

④ 对于竞争激烈、风险特别大或把握不大的工程项目，应主动放弃投标。

2）投标决策定量分析方法。常用的投标决策定量分析方法有综合评价法和决策树法。

① 综合评价法。综合评价法是指决策者决定是否参加某建设工程监理投标时，将影响其投标决策的主客观因素用某些具体指标表示出来，并定量地进行综合评价，以此作为投标决策依据。

A. 确定影响投标的评价指标。不同工程监理单位在决定是否参加某建设工程监理投标时所应考虑的因素是不同的，但都要考虑到企业人力资源、技术力量、投标成本、经验业绩、竞争对手实力、企业长远发展等多方面因素，考虑的指标一般有总监理工程师能力、监理团队配置、技术水平、合同支付条件、同类工程经验、可支配的资源条件、竞争对手数量和实力、竞争对手投标积极性、项目利润、社会影响、风险情况等。

B. 确定各项评价指标权重。上述各项指标对工程监理单位参加投标的影响程度是不同的，为了在评价中能反映各项指标的相对重要程度，应当对各项指标赋予不同权重。

C. 各项评价指标评分。针对具体工程项目，衡量各项评价指标水平，可划分为好、较好、一般、较差、差五个等级，各等级赋予定量数值并进行打分。

D. 计算综合评价总分。将各项评价指标权重与等级评分相乘后累加，即可求出建设工程监理投标机会总分。

E. 决定是否投标。将建设工程监理投标机会总分与过去其他投标情况进行比较或者与工程监理单位事先确定的可接受的最低分数比较，决定是否参加投标。

在实际操作过程中，投标考虑的因素集及其权重、等级可由工程监理单位投标决策机构组织企业经营、生产、人事等有投标经验的人员，以及外部专家进行综合分析、评估后确定。综合评价法也可用于工程监理单位对多个类似工程监理投标机会选择，综合评价分值最高者将作为优先投标对象。

② 决策树法。工程监理单位有时会同时收到多个不同或类似建设工程监理投标邀请书，而工程监理单位的资源是有限的，若不分重点地将资源平均分布到各个投标工程，则每一个工程中标的概率都很低。为此，工程监理单位应针对每项工程特点进行分析，比选不同方案，以期选出最佳投标对象。这种多项目多方案的选择，通常可以应用决策树法进行定量分析。

决策树分析法是适用于风险型决策分析的一种简便易行的实用方法，它的特点是用一种树状图表示决策过程，通过事件出现的概率和损益期望值的计算比较，帮助决策者对行动方案做出抉择。当工程监理单位不考虑竞争对手的情况（投标时往往事先不知道参与投标的竞争对手），仅根据自身实力决定某些工程是否投标及如何报价时，则是典型的风险型决策问题，适用于决策树法进行分析。

（2）建设工程监理投标策划　建设工程监理投标策划是指从总体上规划建设工程监理投标活动的目标、组织、任务分工等，通过严格的管理过程，提高投标效率和效果。

1）明确投标目标，决定资源投入。一旦决定投标，首先要明确投标目标，投标目标决定了企业层面对投标过程的资源支持力度。

2）成立投标小组并确定任务分工。投标小组要由有类似建设工程监理投标经验的项目负责人全面负责收集信息，协调资源，做出决策，并组织参与资格审查、购买标书、编写质疑文件、进行质疑和现场踏勘、编制投标文件、封标、开标和答辩、标后总结等；同时，需要落实各参与人员的任务和职责，做到界面清晰，人尽其职。

（3）建设工程监理投标文件编制　建设工程监理投标文件反映了工程监理单位的综合实力和完成监理任务的能力，是招标人选择工程监理单位的主要依据之一。投标文件编制质量的高低，直接关系到中标可能性的大小，因此，如何编制好工程监理投标文件是工程监理单位投标的首要任务。

1）投标文件编制原则。

① 响应招标文件，保证不被废标。建设工程监理投标文件编制的前提是按招标文件要求的条款和内容格式编制，在满足招标文件要求的基本条件下，尽可能精益求精，响应招标文件实质性条款，防止废标发生。

② 认真研究招标文件，深入领会招标文件意图。只有全部熟悉并领会招标文件各项条款要求，事先发现不理解或前后矛盾、表述不清的条款，通过标前答疑会解决所有发现的问题，防止因不熟悉招标文件导致“差之毫厘，失之千里”的后果发生。

③ 投标文件要内容详细、层次分明、重点突出。完整、规范的投标文件，应尽可能将投标人的想法、建议及自身实力叙述详细，做到内容深入而全面。为了尽可能让招标人或评标专家在很短的评标时间内了解投标文件的内容及投标单位的实力，就要在投标文件的编制上下功夫，做到层次分明，表达清楚，重点突出。投标文件体现的内容要针对招标文件评分办法的重点得分内容，如企业业绩、人员素质及监理大纲中建设工程目标控制要点等，要有意识地说明和标注，并在目录上专门列出或在包装时采用装饰手法等，力求起到加深印象的作用，这样做会起到事半功倍的效果。

2）投标文件编制依据。

① 国家及地方有关建设工程监理投标的法律法规及政策。必须以国家及地方有关建设工程监理投标的法律法规及政策为准绳编制建设工程监理投标文件，否则，可能会造成投标文件的内容与法律法规及政策抵触，甚至造成废标。

② 建设工程监理招标文件。建设工程监理投标文件必须对招标文件做出实质性响应，而且其内容尽可能与建设单位的意图或要求符合。越是能够贴切满足建设单位需求的投标文件，越会受到建设单位青睐，中标的概率也相对较高。

③ 企业现有的设备资源。编制建设工程监理投标文件时，必须考虑工程监理单位现有

的设备资源。要根据不同监理标的的具体情况进行统一调配，尽可能将工程监理单位现有可动用的设备资源编入建设工程监理投标文件，提高投标文件的竞争力。

④ 企业现有的人力及技术资源。工程监理单位现有的人力及技术资源主要表现为有精通所招标工程的专业技术人员和具有丰富经验的总监理工程师、专业监理工程师、监理员；有工程项目管理、设计及施工专业特长，能帮助建设单位协调解决各类工程技术难题的能力；拥有同类建设工程监理经验；在各专业有一定技术能力的合作伙伴，必要时可联合向建设单位提供咨询服务。此外，应当将工程监理单位内部现有的人力及技术资源优化组合后编入监理投标文件中，以便在评标时获得较高的技术标得分。

⑤ 企业现有的管理资源。建设单位判断工程监理单位是否能胜任建设工程监理任务，在很大程度上要看工程监理单位在日常管理中有何特长，类似建设工程监理经验如何，针对本工程有何具体管理措施等。为此，工程监理单位应当将其现有的管理资源充分在投标文件中展现，以获得建设单位的注意，从而最终获取中标。

3）监理大纲编制。建设工程监理投标文件的核心是反映监理服务水平高低的监理大纲，尤其是针对工程具体情况制定的监理对策，以及向建设单位提出的原则性建议等。

监理大纲一般应包括以下主要内容：

① 工程概述。根据建设单位提供和自己初步掌握的工程信息，对工程特征进行简要描述，主要包括：工程名称、工程内容及建设规模；工程结构或工艺特点；工程地点及自然条件概况；工程质量、造价和进度控制目标等。

② 监理依据和监理工作内容。

监理依据：法律法规及政策；工程建设标准（包括《建设工程监理规范》GB/T 50319—2013）、工程勘察设计文件、建设工程监理合同及相关建设工程合同等。

监理工作内容：一般包括质量控制、造价控制、进度控制、合同管理、信息管理、组织协调、安全生产管理的监理工作等。

③ 建设工程监理实施方案。建设工程监理实施方案是监理评标的重点。根据监理招标文件的要求，针对建设单位委托监理工程的特点，拟定监理工作的指导思想、工作计划；主要管理措施、技术措施以及控制要点；拟采用的监理方法和手段；监理工作的制度和流程；监理文件资料管理和工作表式；拟投入的资源等。建设单位一般会特别关注工程监理单位资源的投入：一方面是项目监理机构的设置和人员配备，包括监理人员（尤其是总监理工程师）的素质、监理人员的数量和专业配套情况；另一方面是监理设备配置，包括检测、办公、交通和通信等设备。

④ 建设工程监理难点、重点及合理化建议。建设工程监理难点、重点及合理化建议是整个投标文件的精髓。工程监理单位在熟悉招标文件和施工图的基础上，要按实际监理工作的开展和部署进行策划，既要全面涵盖“三控两管一协调”和安全生产管理职责的内容，又要有针对性地提出重点工作内容、分部分项工程控制措施和方法以及合理化建议，并说明采纳这些建议将会在工程质量、造价、进度等方面产生的效益。

4）编制投标文件注意事项。建设工程监理招标、评标注重对工程监理单位能力的选择。因此，工程监理单位在投标时应在体现监理能力方面下功夫，应着重解决下列问题：

① 投标文件应对招标文件内容做出实质性响应。

② 项目监理机构的设置应合理，要突出监理人员素质，尤其是总监理工程师人选，将

是建设单位重点考察的对象。

③ 应有类似建设工程监理经验。

④ 监理大纲能充分体现工程监理单位的技术、管理能力。

⑤ 监理服务报价应符合招标文件对报价的要求，以及工程监理成本利润测算。

⑥ 投标文件既要响应招标文件要求，又要巧妙回避建设单位的苛刻要求，还要避免为提高竞争力而盲目扩大监理工作范围，否则会给合同履行留下隐患。

（4）参加开标及答辩

1）参加开标。参加开标是工程监理单位需要认真准备的投标活动，应按时参加开标，避免废标情况发生。

2）答辩。招标项目要求现场答辩的，工程监理单位要充分做好答辩前的准备工作，强化工程监理人员答辩能力，提高答辩信心，积累相关经验，提升监理队伍的整体实力，包括仪表、自信心、表达力、知识储备等。平时要有计划地培训学习，逐步提高整体实战能力，并形成一整套可复制的模拟实战方案，这样才能实现专业技术与管理能力同步，做到精心准备与快速反应有机结合。答辩前，应拟定答辩的基本范围和纲领，细化到人和具体内容，组织演练，相互提问。此外，要了解对手，知己知彼、百战不殆，了解竞争对手的实力和拟定安排的总监理工程师及团队，完善自己的团队，发挥自身优势。在各组织成员配齐后，总监理工程师就可以担当答辩的组织者，以团队精神做好心理准备，调整每个人的情绪，以饱满的精神沉着应对。

（5）投标后评估　投标后评估是对投标全过程的分析和总结，对一个成熟的工程监理企业，无论建设工程监理投标成功与否，投标后评估不可缺少。投标后评估要全面评价投标决策是否正确，影响因素和环境条件是否分析全面，重点、难点和合理化建议是否有针对性，总监理工程师及项目监理机构成员人数、资历及组织机构设置是否合理，投标报价预测是否准确，参加开标和总监理工程师答辩准备是否充分，投标过程组织是否到位等。投标过程中任何导致成功与失败的细节都不能放过，这些细节是工程监理单位在随后投标过程中需要注意的问题。

2. 建设工程监理投标策略

建设工程监理投标策略合理制定和成功实施的关键在于对影响投标因素的深入分析、对招标文件的把握和深刻理解、对投标策略的针对性选择、对项目监理机构的合理设置、对合理化建议的重视以及对答辩的有效组织等环节。

（1）深入分析影响监理投标的因素　深入分析影响投标的因素是制定投标策略的前提；针对建设工程监理特点，结合我国监理行业现状，可将影响投标决策的因素大致分为“正常因素”和“非正常因素”两大类。其中，“非正常因素”主要是指受各种人为因素影响而出现的“假招标”“权力标”“陪标”“低价抢标”“保护性招标”等，这些均属于违法行为，应予以禁止。对于正常因素，根据其性质和作用，可归纳为以下四类：

1）分析建设单位（买方）。招标投标是一种买卖交易，在当今建筑市场属于买方市场的情况下，工程监理单位要想中标，分析建设单位（买方）因素是至关重要的。

① 分析建设单位对中标人的要求和建设单位提供的条件。目前，我国建设工程监理招标文件里都有综合评分标准及评分细则，集中反映了建设单位需求。工程监理单位应对照评分标准逐一进行自我测评，做到心中有数。特别要分析建设单位在评分细则中关于报价

的分值比重，这会影响工程监理单位的投标策略。

建设单位提供的条件在招标文件中均有详细说明，工程监理单位应认真分析，特别是建设单位的授权和监理费用的支付条件等。

② 分析建设单位对于工程建设资金的落实和筹措情况。

③ 分析建设单位领导层核心人物及下层管理人员资质、能力、水平、素质等，对核心人物的心理分析更为重要。

④ 如果在建设工程监理招标时，施工单位已经被选定，建设单位与施工单位的关系也是工程监理单位应关心的问题之一。

2）分析投标人（卖方）自身。

① 根据企业当前经营状况和长远经营目标，决定是否参加建设工程监理投标。如果企业经营管理不善或因政治经济环境变化，造成企业生存危机，就应考虑“生存型”投标，即使不盈利也要投标；如果企业希望开拓市场、进入新的地区（或领域），可以考虑“竞争型”投标，即使低盈利也可投标；如果企业经营状况很好，在某些地区也打开了局面，对建设单位有较好的品牌效应，信誉度较高时，可以采取“盈利型”投标，即使难度大，困难多一些，也可以参与竞争，以获取丰厚利润和社会经济效益。

② 根据自身能力，量力而行。就我国目前情况看，相当多的工程监理单位或多或少处于任务不饱满的状况，鉴于此，应尽可能积极参与投标，特别是接到建设单位邀请的项目。主要是基于以下四点：第一，参加投标项目多，中标机会就多；第二，经常参加投标，在公众面前出现的机会就多，起到了广告宣传作用；第三，通过参加投标，积累经验，掌握市场行情，收集信息，了解竞争对手惯用策略；第四，当建设单位邀请时，如果不参加（或不响应），有可能破坏信誉度，从而失去开拓市场的机会。

③ 采用联合体投标，可以扬长避短。在现代建筑规模越来越大、越来越复杂的情况下，企业再大也不可能是万能的，因此联合是必然的。这种情况下，就需要对联合体合作伙伴进行深入了解和分析。

3）分析竞争对手。

① 分析竞争对手的数量和实际竞争对手情况，以往同类工程投标竞争的结果，竞争对手的实力等。

② 分析竞争对手的投标积极性。如果竞争对手面临生存危机，势必采用“生存型”投标策略；如果竞争者是作为联合体投标，势必采用“盈利型”投标策略。总之，要分析竞争对手的发展目标、经营策略、技术实力、以往投标资料、社会形象及目前建设工程监理任务饱满度等，判断其投标积极性，进而调整自己的投标策略。

③ 了解竞争对手决策者情况。在分析竞争对手的同时，详细了解竞争对手决策者年龄、文化程度、心理状态、性格特点及其目标，从而可以推断其在投标过程中的应变能力和谈判技巧，根据其在建设单位心目中留下的印象，调整自己的投标策略和技巧。

4）分析环境和条件。

① 要分析施工单位。

② 要分析工程难易程度。

③ 要分析水文、气候、地形地貌等自然条件及工作环境的艰苦程度。

④ 要分析设计单位的水平和人员素质。

⑤ 要分析工程所在地社会文化环境，特别是当地政府与人民群众的态度等。

⑥ 要分析工程条件和环境风险。

项目监理机构设置、人员配备、交通和通信设备的购置、工作生活的安置以及所需费用列支，都离不开对上述环境和条件的分析。

（2）把握和深刻理解招标文件的精神　招标文件是建设单位对所需服务提出的要求，是工程监理单位编制投标文件的依据。因此，把握和深刻理解招标文件精神是制定投标策略的基础。工程监理单位只有详细研究招标文件，才能在编制投标文件中全面、最大限度、实质性地响应招标文件的要求。

在领取招标文件时，应根据招标文件目录仔细检查其是否有缺页、字迹模糊等情况。若有，应立即或在招标文件规定的时间内，向招标人换取完整无误的招标文件。

研究招标文件时，应先了解工程概况、工期、监理工作范围与内容、监理目标要求等。如果对招标文件有疑问需要解释，要按招标文件规定的时间和方式，及时向招标人提出询问。招标文件的书面修改也是招标文件的组成部分，投标单位也应予以重视。

（3）选择有针对性的监理投标策略　由于招标内容、投标人不同，所采取的投标策略也不相同，投标人可根据实际情况进行选择。

1）以信誉和口碑取胜。工程监理单位依靠其在行业和客户中长期形成的良好信誉和口碑，争取招标人的信任和支持，不参与价格竞争。这个策略适用于特大、具有代表性或有重大影响力的工程，这类工程的招标人注重工程监理单位的服务品质，对于价格因素不是很敏感。

2）以缩短工期等承诺取胜。工程监理单位如果对于某类工程的工期很有信心，可做出对于招标人有力的保证，靠此吸引招标人的注意。同时，工程监理单位需向招标人提出保证措施和惩罚性条款，确保承诺的可实施性。此策略适用于建设单位对工期等因素比较敏感的工程。

3）以附加服务取胜。目前，随着建设工程复杂程度加大，招标人对于前期配套、设计管理等外延的服务需求越来越强烈，但招标人限于工程概算的限制，可能没有额外的经费聘请能提供此类服务的项目管理单位。如果工程监理单位具有工程咨询、工程设计、招标代理、造价咨询及其他相关的资质，可在投标过程中向招标人推介此项优势。此策略适用于工程项目前期建设较为复杂，招标人组织结构不完善，专业人才和经验不足的工程。

4）适应长远发展的策略。此种策略的目的不在于当前招标工程上获利，而着眼于发展，争取将来的优势。如为了开辟新市场、参与某项有代表意义的工程等，在当前招标工程中以微利甚至无利价格参与竞争。

（4）充分重视项目监理机构的合理设置　充分重视项目监理机构的设置是实现监理投标策略的保证。由于监理服务性质的特殊性，监理服务的优劣不仅依赖于监理人员是否遵循规范化的监理程序和方法，更取决于监理人员的业务素质、经验，分析、判断和解决问题的能力以及风险意识。因此，招标人会特别注重项目监理机构的设置和人员配备情况。工程监理单位必须选派与工程要求相适应的总监理工程师，配备专业齐全、结构合理的现场监理人员。具体操作中应特别注意以下几点：

1）项目监理机构成员应满足招标文件中的要求。必要时可提交一份工程监理单位支撑本工程的专家名单。

2）项目监理机构人员名单应明确每一位监理人员的姓名、性别、年龄、专业、职称、拟派职务、资格等，并以横道图形式明确每一位监理人员拟派驻现场及退场时间。

3）总监理工程师应具备同类建设工程监理经验，有良好的组织协调能力。若工程项目复杂或者考虑特殊管理需求，可考虑配备总监理工程师代表。

4）对总监理工程师及其他监理人员的能力和经验介绍要尽量做到翔实，重点说明现有人员配备对完成建设工程监理任务的适应性和针对性等。

（5）重视提出合理化建议　招标人往往会比较关心投标人的此部分内容，借此了解投标人的专业技术能力、管理水平以及投标人对工程的熟悉程度和关注程度等，从而提升招标人对工程监理单位承担和完成监理任务的信心。因此，重视提出合理化建议是促进投标策略实现的有力措施。

（6）有效地组织项目监理团队答辩　项目监理团队答辩的关键是总监理工程师的答辩，而总监理工程师是否成功答辩已成为招标人和评标委员会选择工程监理单位的重要依据。因此，有效地组织总监理工程师及项目监理团队答辩已成为促进投标策略实现的有力措施，可以大大提升工程监理单位的中标率。

3. 建设工程监理费用计取方法

（1）按费率计费　此方法是按照工程规模大小和所委托的咨询工作繁简，以建设投资的一定百分比来计算。一般情况下，工程规模越大，建设投资越多，计算监理费的百分比越小。这种方法比较简便、科学，颇受业主和咨询单位欢迎，是行业中工程监理采用的计费方式之一。如美国按3%～4%计取，德国按5%计取（含工程设计方案费），日本按2.3%～4.5%计取（称设计监理费），东南亚多数国家按1%～3%计取。

（2）按人工时计费　此方法是根据合同项目执行时间（时间单位可以是小时，也可以是工作日或月），以补偿费加一定数额的补贴来计算监理费总额。单位时间的补偿费用一般以监理企业职员的基本工资为基础，再加上一定的管理费和利润（税前利润）。采用这种方法时，监理人员的差旅费、工作函电费、资料费，以及试验和检验费、交通和住宿费等均由业主另行支付。

这种方法主要适用于临时性、短期监理业务活动，或者不宜按建设投资百分比等方法计算监理费的情形。由于这种方法在一定程度上限制了监理单位潜在效益增加，因而会使单位时间计取的监理费比监理单位实际支出的费用要高得多。如美国工程监理服务采用按工时计费法时，一般以工程监理公司监理人员每小时雇佣成本的2.5～3倍作为计费标准。

（3）按服务内容计费　此方法是指在明确监理工作内容的基础上，业主与工程监理公司协商一致确定的固定监理费，或工程监理公司在投标时以固定价形式进行报价而形成的监理合同价格。当实际监理工作量有所增减时，一般也不调整监理费。例如，德国工程师协会法定计费委员会（AHO）制定的《建筑师与工程师服务费法定标准》（HOAI），将工程建设全过程划分为9个阶段，对各阶段的工程监理服务内容都有详细规定，并规定了相应的基本服务费用标准，取费必须在标准规定的最低额与最高额之间。

国内工程监理费用一般参考国家以往收费标准或以人工成本加酬金等方式计取。

3.3 建设工程监理合同管理

1. 建设工程监理合同订立

（1）建设工程监理合同的特点　建设工程监理合同是指委托人（建设单位）与监理人（工程监理单位）就委托的建设工程监理与相关服务内容签订的明确双方义务和责任的协议。其中，委托人是指委托建设工程监理与相关服务的一方，及其合法的继承人或受让人；监理人是指提供监理与相关服务的一方，及其合法的继承人。

建设工程监理合同是一种委托合同，除具有委托合同的共同特点外，还具有以下特点：

1）建设工程监理合同当事人双方应是具有民事权利能力和民事行为能力、具有法人资格的企事业单位及其他社会组织，个人在法律允许的范围内也可以成为合同当事人。接受委托的监理人必须是依法成立、具有工程监理资质的企业，其所承担的工程监理业务应与企业资质等级和业务范围相符合。

2）建设工程监理合同委托的工作内容必须符合法律法规、有关工程建设标准、勘察设计文件及合同。建设工程监理合同是以对建设工程项目目标实施控制并履行建设工程安全生产管理法定职责为主要内容，因此建设工程监理合同必须符合法律法规和有关工程建设标准，并与工程勘察设计文件、施工合同及材料设备采购合同相协调。

3）建设工程监理合同的标的是服务。工程建设实施阶段所签订的勘察设计合同、施工合同、物资采购合同、委托加工合同的标的是产生新的信息成果或物质成果，而监理合同的履行不产生物质成果，而是由监理工程师凭借自己的知识、经验、技能，为委托人所签订的施工合同、物资采购合同等的履行实施监督管理。

（2）建设工程监理合同的主要内容　工程监理合同的订立意味着委托关系的形成，委托人与监理人之间的关系将受到合同约束。工程监理合同应采用书面形式约定双方的义务和违约责任，且通常会参照国家推荐使用的示范文本。除住房和城乡建设部和国家工商行政管理总局发布的《建设工程监理合同（示范文本）》（GF-2012—0202）外，国家发展改革委等九部委联合发布的《标准监理招标文件》（2017 年版）中也明确了监理合同条款及格式。监理合同条款由通用合同条款和专用合同条款两部分组成，还以合同附件格式明确了合同协议书和履约保证金格式。

1）通用合同条款。通用合同条款包括：一般约定、委托人义务、委托人管理、监理人义务、监理要求、开始监理和完成监理、监理责任与保险、合同变更、合同价格与支付、不可抗力、违约、争议解决共计 12 个方面。

2）专用合同条款。专用合同条款是对通用合同条款的细化、完善、补充、修改或另行约定的条款。合同当事人可根据不同工程特点及具体情况，通过谈判、协商对相应通用合同条款进行修改、补充。

3）合同附件格式。合同附件格式是订立合同时采用的规范化文件，包括合同协议书和履约保证金格式。

① 合同协议书。合同协议书是合同组成文件中唯一需要委托人和监理人签字盖章的法律文书。合同协议书除明确规定对当事人双方有约束力的合同组成文件外，订立合同时需要明确填写的内容包括委托人和监理人名称、实施监理的项目名称、签约合同价、总监理

工程师、监理工作质量符合的标准和要求、监理人计划开始监理的日期和监理服务期限。

② 履约保证金格式。履约担保采用保函形式，履约保函标准格式主要有以下特点：

担保期限：自委托人与监理人签订的合同生效之日起，至委托人签发工程竣工验收证书之日起 28 天后失效。

担保方式：采用无条件担保方式，即持有履约保函的委托人认为监理人有严重违约情况时，即可凭保函要求担保人予以赔偿，不需监理人确认。在履约保函标准格式中，担保人承诺“在本担保有效期内，如果监理人不履行合同约定的义务或其履行不符合合同的约定，我方在收到你方以书面形式提出的在担保金额内的赔偿要求后，在 7 日内无条件支付”。

4）合同文件解释顺序。合同协议书与下列文件一起构成合同文件：① 中标通知书；② 投标函及投标函附录；③ 专用合同条款；④ 通用合同条款；⑤ 委托人要求；⑥ 监理报酬清单；⑦ 监理大纲；⑧ 其他合同文件。上述合同文件互相补充和解释。如果合同文件之间存在矛盾或不一致之处，以上述文件的排列顺序在先者为准。

2. 建设工程监理合同履行

（1）委托人主要义务

1）除专用合同条款另有约定外，委托人应在合同签订后 14 天内，将委托人代表的姓名、职务、联系方式、授权范围和授权期限书面通知监理人，由委托人代表在其授权范围和授权期限内，代表委托人行使权利、履行义务和处理合同履行中的具体事宜。委托人更换委托人代表的，应提前 14 天将更换人员的姓名、职务、联系方式、授权范围和授权期限书面通知监理人。

2）委托人应按约定的数量和期限将专用合同条款约定由委托人提供的文件（包括规范标准、承包合同、勘察文件、设计文件等）交给监理人。

3）委托人应在收到预付款支付申请后 28 天内，将预付款支付给监理人。

4）符合专用合同条款约定的开始监理条件的，委托人应提前 7 天向监理人发出开始监理通知。监理服务期限自开始监理通知中载明的开始监理日期起计算。

5）委托人应按合同约定向监理人发出指示，委托人的指示应盖有委托人单位章，并由委托人代表签字确认。在紧急情况下，委托人代表或其授权人员可以当场签发临时书面指示。委托人代表应在临时书面指示发出后 24 小时内发出书面确认函，逾期未发出书面确认函的，该临时书面指示应被视为委托人的正式指示。

6）委托人应在专用合同条款约定的时间内，对监理人书面提出的事项做出书面答复；逾期没有做出答复的，视为已获得委托人批准。

7）委托人应当及时接收监理人提交的监理文件。如无正当理由拒收的，视为委托人已接收监理文件。委托人接收监理文件时，应向监理人出具文件签收凭证，凭证内容包括文件名称、文件内容、文件形式、份数、提交和接收日期、提交人与接收人的亲笔签名等。

8）委托人应在收到中期支付或费用结算申请后的 28 天内，将应付款项支付给监理人。委托人未能在前述时间内完成审批或不予答复的，视为委托人同意中期支付或费用结算申请。委托人不按期支付的，按专用合同条款的约定支付逾期付款违约金。

9）委托人要求监理人进行外出考察、试验检测、专项咨询或专家评审时，相应费用不含在合同价格之中，由委托人另行支付。

10）监理人提出的合理化建议降低工程投资、缩短施工期限或者提高工程经济效益的，委托人应按专用合同条款约定给予奖励。

（2）监理人主要义务

1）监理工作内容。除专用合同条款另有约定外，监理工作内容包括：

① 收到工程设计文件后编制监理规划，并在第一次工地会议 7 天前报委托人。根据有关规定和监理工作需要，编制监理实施细则。

② 熟悉工程设计文件，并参加由委托人主持的图纸会审和设计交底会议。

③ 参加由委托人主持的第一次工地会议；主持监理例会并根据工程需要主持或参加专题会议。

④ 审查施工承包人提交的施工组织设计，重点审查其中的质量安全技术措施、专项施工方案与工程建设强制性标准的符合性。

⑤ 检查施工承包人工程质量、安全生产管理制度及组织机构和人员资格。

⑥ 检查施工承包人专职安全生产管理人员的配备情况。

⑦ 审查施工承包人提交的施工进度计划，核查施工承包人对施工进度计划的调整。

⑧ 检查施工承包人的实验室。

⑨ 审核施工分包人资质条件。

⑩ 查验施工承包人的施工测量放线成果。

⑪ 审查工程开工条件，对条件具备的签发开工令。

⑫ 审查施工承包人报送的工程材料、构配件、设备质量证明文件的有效性和符合性，并按规定对用于工程的材料采取平行检验或见证取样方式进行抽检。

⑬ 审核施工承包人提交的工程款支付申请，签发或出具工程款支付证书，并报委托人审核、批准。

⑭ 在巡视、旁站和检验过程中，发现工程质量、施工安全存在事故隐患的，要求施工承包人整改并报委托人。

⑮ 经委托人同意，签发工程暂停令和复工令。

⑯ 审查施工承包人提交的采用新材料、新工艺、新技术、新设备的论证材料及相关验收标准。

⑰ 验收隐蔽工程、分部分项工程。

⑱ 审查施工承包人提交的工程变更申请，协调处理施工进度调整、费用索赔、合同争议等事项。

⑲ 审查施工承包人提交的竣工验收申请，编写工程质量评估报告。

⑳ 参加工程竣工验收，签署竣工验收意见。

㉑ 审查施工承包人提交的竣工结算申请并报委托人。

㉒ 编制、整理工程监理归档文件并报委托人。

2）工程监理职责。

① 监理人应按合同协议书的约定指派总监理工程师，并在约定的期限内到职。监理人更换总监理工程师应事先征得委托人同意，并应在更换 14 天前将拟更换的总监理工程师的姓名和详细资料提交委托人。总监理工程师 2 天内不能履行职责的，应事先征得委托人同意，并委派代表代行其职责。

② 监理人为履行合同发出的一切函件均应盖有监理人单位章或由监理人授权的项目机构章，并由监理人的总监理工程师签字确认。按照专用合同条款约定，总监理工程师可以授权其下属人员履行其某项职责，但事先应将这些人员的姓名和授权范围书面通知委托人和承包人。

③ 监理人应在接到开始监理通知之日起 7 天内，向委托人提交监理项目机构以及人员安排的报告，其内容应包括项目机构设置、主要监理人员和作业人员的名单及资格条件。主要监理人员应相对稳定，更换主要监理人员的，应取得委托人的同意，并向委托人提交继任人员的资格、管理经验等资料。除专用合同条款另有约定外，主要监理人员包括总监理工程师、专业监理工程师等；其他人员包括各专业的监理员、资料员等。

④ 除专用合同条款另有约定外，建议监理人根据工程情况对监理责任进行保险，并在合同履行期间保持足额、有效。

⑤ 总监理工程师应当在办理工程质量监督手续前签署工程质量终身责任承诺书，连同法定代表人出具的授权书，报送工程质量监督机构备案。总监理工程师应当按照法律法规、有关技术标准、设计文件和工程承包合同进行监理，对施工质量承担监理责任。

⑥ 监理人应当根据法律、规范标准、合同约定和委托人要求实施和完成监理，并编制和移交监理文件。监理文件的深度应满足本阶段相应监理工作的规定要求，满足委托人下一步工作需要，并应符合国家和行业现行规定。

⑦ 合同履行中，监理人可对委托人要求提出合理化建议。合理化建议应以书面形式提交委托人。

⑧ 监理人应对施工承包人在缺陷责任期的质量缺陷修复进行监理。

（3）违约责任

1）委托人违约。在合同履行中发生下列情况之一的，属于委托人违约：

① 委托人未按合同约定支付监理报酬。

② 委托人原因造成监理停止。

③ 委托人无法履行或停止履行合同。

④ 委托人不履行合同约定的其他义务。

委托人发生违约情况时，监理人可向委托人发出暂停监理通知，要求其在限定期限内纠正；逾期仍不纠正的，监理人有权解除合同并向委托人发出解除合同通知。委托人应当承担由于违约所造成的费用增加、周期延误和监理人损失等。

2）监理人违约。在合同履行中发生下列情况之一的，属于监理人违约：

① 监理文件不符合规范标准及合同约定。

② 监理人转让监理工作。

③ 监理人未按合同约定实施监理并造成工程损失。

④ 监理人无法履行或停止履行合同。

⑤ 监理人不履行合同约定的其他义务。

监理人发生违约情况时，委托人可向监理人发出整改通知，要求其在限定期限内纠正；逾期仍不纠正的，委托人有权解除合同并向监理人发出解除合同通知。监理人应当承担由于违约所造成的费用增加、周期延误和委托人损失等。

思考题

1．简述建设工程监理招标方式和程序。
2．简述建设工程监理招标准备的工作内容。
3．如何进行建设工程监理招标开标、评标和定标工作？
4．简述建设工程监理评标的内容和方法。
5．简述建设工程监理投标的工作内容。
6．简述工程监理单位开展工程监理投标决策的原则。
7．工程监理单位如何进行监理投标策划？
8．工程监理单位如何分析影响监理投标的因素？
9．工程监理单位如何选择有针对性的监理投标策略？
10．简述建设工程监理合同的特点。
11．简述建设工程监理合同中监理人的主要工作内容。
12．简述监理合同中委托人和监理人的违约责任。

二维码形式客观题

微信扫描二维码，可自行做客观题，提交后可查看答案。

第3章
客观题

第4章 建设工程监理组织

本章学习目标

掌握建设工程监理的委托方式；熟悉建设工程监理实施程序和原则；熟悉项目监理机构的设立；掌握项目监理机构的组织形式；熟悉项目监理机构人员配备及职责分工。

工程监理单位接受建设单位委托后，应成立项目监理机构，并按照一定的原则、程序、方法和手段实施监理。

项目监理机构作为工程监理单位派驻施工现场履行建设工程监理合同的组织机构，需要根据建设工程监理合同约定的服务内容、服务期限，以及工程特点、规模、技术复杂程度、环境等因素设立，同时需要明确项目监理机构中各类人员的基本职责。

4.1 建设工程监理的委托方式及实施程序

1. 建设工程监理的委托方式

建设工程可采用工程平行承包、施工总承包、工程总承包等不同实施组织模式，相应地可选择不同的建设工程监理委托方式。

（1）工程平行承包模式下建设工程监理委托方式　工程平行承包模式是指建设单位将建设工程设计、施工及材料设备采购任务经分解后分别发包给若干设计单位、施工单位和材料设备供应单位，并分别与各承包单位签订合同的工程建设组织实施方式。工程平行承包模式中，各设计单位、施工单位、材料设备供应单位之间是平行关系见图 4-1。

采用工程平行承包模式，各承包单位在其承包范围内同时进行相关工作，有利于缩短工期、控制质量，也有利于建设单位在更广范围内选择施工单位。该模式的缺点是：合同数量多，会造成合同管理困难；工程造价控制难度大，表现为：一是工程总价不易确定，影响工程造价控制的实施；二是工程招标任务量大，需要控制多项合同价格，增加了工程造价控制难度；三是在施工过程中设计变更和修改较多，导致工程造价增加。

在工程平行承包模式下，工程监理委托方式有以下两种主要形式：

1）建设单位委托一家工程监理单位实施监理。这种委托方式要求被委托的工程监理单位具有较强的合同管理与组织协调能力，并能做好全面规划工作。工程监理单位的项目监理机构可以组建多个监理分支机构，对各施工单位分别实施监理。在建设工程监理过程中，总监理工程师应重点做好总体协调工作，加强横向联系，保证建设工程监理工作有效运行。工程平行承包模式下委托一家工程监理单位实施监理如图 4-2 所示（图中实线为合同关系，虚线为管理关系）。

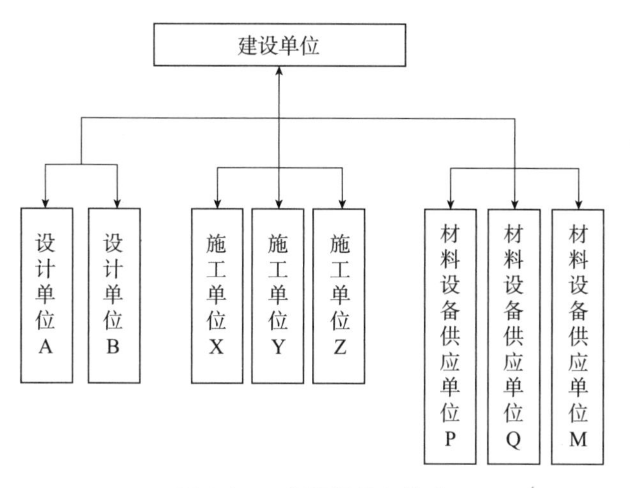

图 4-1　工程平行承包模式

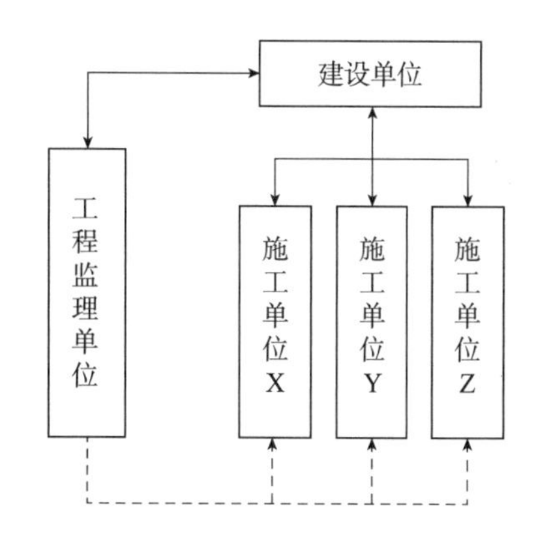

图 4-2　工程平行承包模式下委托一家工程监理单位实施监理

2）建设单位委托多家工程监理单位实施监理。建设单位委托多家工程监理单位针对不同施工单位实施监理，需要分别与多家工程监理单位签订建设工程监理合同，并协调各工程监理单位之间的相互协作与配合关系。采用这种委托方式，工程监理单位的监理对象相对单一，便于管理，但建设工程监理工作被肢解，各家工程监理单位各负其责，无法对建设工程进行总体规划与协调控制。工程平行承包模式下委托多家工程监理单位实施监理如图 4-3 所示（图中实线为合同关系，虚线为管理关系）。

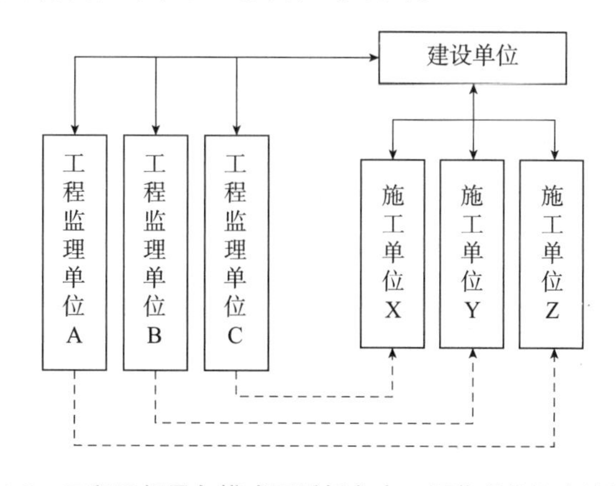

图 4-3　工程平行承包模式下委托多家工程监理单位实施监理

为了克服上述不足，在某些大、中型建设工程监理实践中，建设单位首先委托一家“总监理单位”，再由建设单位与“总监理单位”共同选择几家工程监理单位分别承担不同施工合同段监理任务，或由建设单位在已选定的几家工程监理单位中确定一家“总监理单位”。在建设工程监理工作中，“总监理单位”负责监理项目的总体规划和协调控制，管理其他各工程监理单位工作，可减轻建设单位的管理压力。工程平行承包模式下委托“总监理单位”实施监理如图 4-4 所示（图中实线为合同关系，虚线为管理关系）。

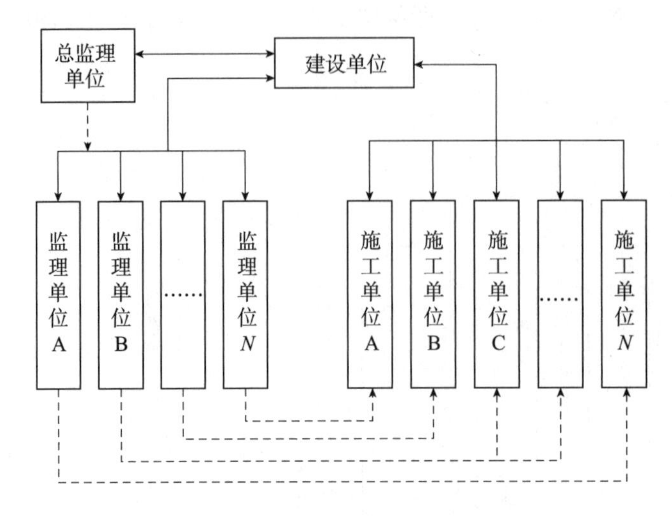

图 4-4　工程平行承包模式下委托“总监理单位”实施监理

（2）施工总承包模式下建设工程监理委托方式　施工总承包模式是指建设单位将全部施工任务发包给一家施工单位作为总承包单位，总承包单位可以将其部分任务分包给其他施工单位，形成一个施工总包合同及若干个分包合同的工程建设组织实施方式（见图 4-5）。

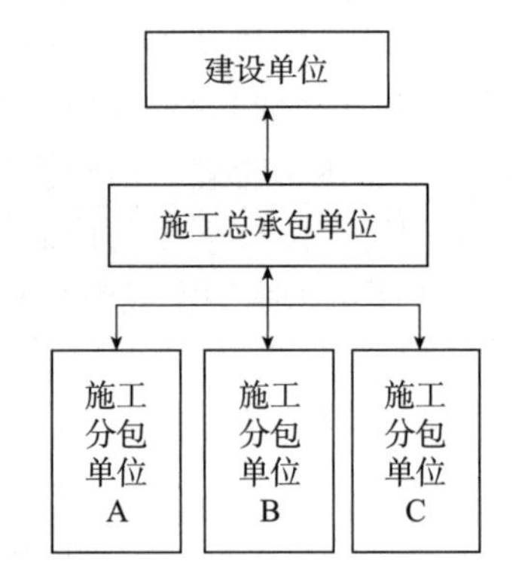

图 4-5　建设工程施工总承包模式

采用施工总承包模式，有利于建设工程的组织管理。施工总承包模式比工程平行承包模式的合同数量少，有利于建设单位的合同管理，减少协调工作量，可以发挥工程监理单位与施工总承包单位多层次协调的积极性；总包合同价可较早确定，有利于控制工程造价；既有施工分包单位的自控，又有施工总承包单位监督，还有工程监理单位的检查认可，有利于工程质量控制；施工总承包单位具有控制的积极性，施工分包单位之间也有相互制约的作用，有利于总体进度的协调控制。但该模式的缺点是：建设周期较长，施工总承包单位的报价可能偏高。

在施工总承包模式下，建设单位宜委托一家工程监理单位实施监理，这样有利于工程监理单位统筹考虑工程质量、造价、进度控制，合理进行总体规划协调，有利于实施建设工程监理工作。

虽然施工总承包单位对施工合同承担承包方的最终责任，但分包单位的资格、能力直接影响工程质量、进度等目标的实现，因此监理工程师必须做好对分包单位资格的审查、确认工作。

施工总承包模式下建设单位委托工程监理单位实施监理如图 4-6 所示（图中实线为合同关系，虚线为管理关系）。

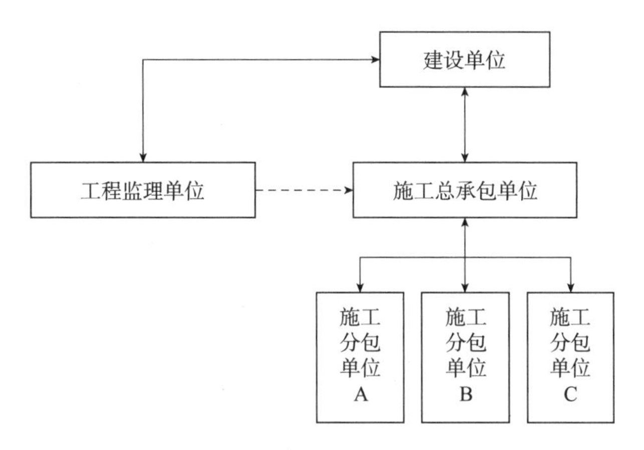

图 4-6　施工总承包模式下建设单位委托工程监理单位实施监理

（3）工程总承包模式下建设工程监理委托方式　工程总承包模式是指建设单位将工程设计、材料设备采购、施工（EPC）或设计、施工（DB）等工作全部发包给一家单位，由该承包单位对工程质量、安全、工期和造价等全面负责的工程建设组织实施方式。按这种模式发包的工程也称为“交钥匙工程”。工程总承包模式如图 4-7 所示。

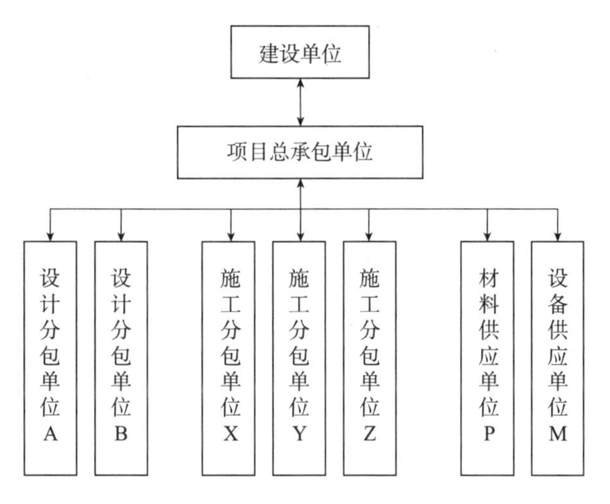

图 4-7　工程总承包模式

采用工程总承包模式，建设单位的合同关系简单，组织协调工作量小；由于工程设计与施工由一家承包单位统筹实施，一般能做到工程设计与施工的相互搭接，有利于控制工程进度，可缩短建设周期，也可从价值工程或全生命周期费用角度取得明显的经济效果，有利于工程造价控制。但该模式的缺点是：合同条款不易准确确定，容易造成合同争议。合同数量虽少，但合同管理难度较大，造成招标发包工作难度大；由于承包范围广，介入工程项目时间早，工程信息未知数较多，总承包单位要承担较大风险；由于有工程总承包能力的单位数量相对较少，建设单位的选择余地也相应减少；工程质量标准和功能要求不易做到全面、具体、准确，“他人控制”机制薄弱，使工程质量控制难度加大。

在工程总承包模式下，建设单位宜委托一家工程监理单位实施监理。在该委托方式下，监理工程师需具备较全面的知识，才能做好合同管理工作。工程总承包模式下委托工程监理单位实施监理如图 4-8 所示。

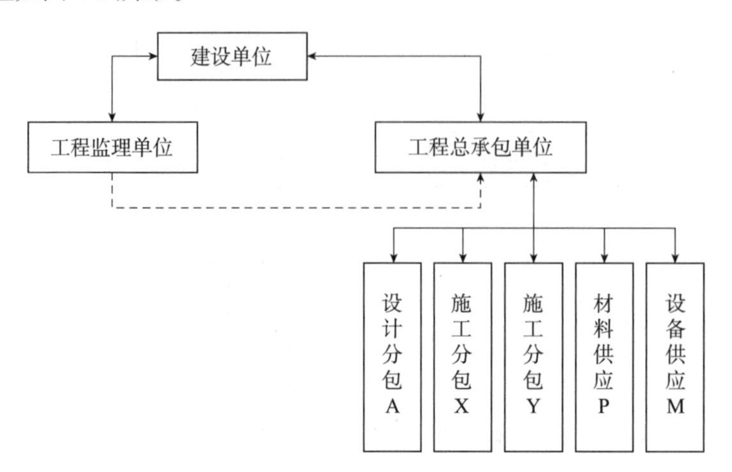

图 4-8 工程总承包模式下委托工程监理单位实施监理

2. 建设工程监理的实施程序和原则

（1）建设工程监理的实施程序

1）组建项目监理机构。工程监理单位在参与工程监理投标、承接工程监理任务时，根据建设工程规模、性质，以及建设单位对建设工程监理的要求，可选派符合总监理工程师任职资格要求的人员主持该项工作。在签订建设工程监理合同时，该主持人即可作为总监理工程师在工程监理合同中予以明确。

工程监理单位实施监理时，应在施工现场派驻项目监理机构，项目监理机构的组织形式和规模，可根据建设工程监理合同约定的服务内容、服务期限，以及工程特点、规模、技术复杂程度、环境等因素确定。

总监理工程师由工程监理单位法定代表人书面任命，负责履行建设工程监理合同，主持项目监理机构工作，是监理项目的总负责人，对内向工程监理单位负责，对外向建设单位负责。

总监理工程师应根据监理大纲和签订的建设工程监理合同确定项目监理机构人员及岗位职责，并在监理规划和具体实施计划执行中及时调整。

2）收集工程监理有关资料。项目监理机构应收集工程监理有关资料，作为开展监理工作的依据。这些资料包括：

① 反映工程项目特征的有关资料。主要包括：工程项目的批文，规划部门关于规划红线范围和设计条件的通知，土地管理部门关于准予用地的批文，批准的工程项目可行性研究报告或设计任务书，工程项目地形图，工程勘察成果文件，工程设计图及有关说明等。

② 反映当地工程建设政策、法规的有关资料。主要包括：关于工程建设报建程序的有关规定，当地关于拆迁工作的有关规定，当地关于建设工程监理的有关规定，当地关于工程建设招标投标的有关规定，当地关于工程造价管理的有关规定等。

③ 反映工程所在地区经济状况等建设条件的资料。主要包括：气象资料，工程地质及水文地质资料，与交通运输（包括铁路、公路、航运）有关的可提供的能力、时间及价格等的资料，与供水、供电、供热、供燃气、电信有关的可提供的容（用）量、价格等的资

料，勘察设计单位状况、土建、安装施工单位状况，建筑材料及构件、半成品的生产、供应情况，进口设备及材料的到货口岸、运输方式等。

④ 类似工程项目建设情况的有关资料。主要包括：类似工程项目投资方面的有关资料，类似工程项目建设工期方面的有关资料，类似工程项目的其他技术经济指标等。

3）编制监理规划及监理实施细则。监理规划是项目监理机构全面开展建设工程监理工作的指导性文件。监理实施细则是针对某一专业或某一方面建设工程监理工作的操作性文件。

4）规范化地开展监理工作。项目监理机构应按照建设工程监理合同约定，依据监理规划及监理实施细则规范化地开展建设工程监理工作。建设工程监理工作的规范化体现在以下几个方面：

① 工作的时序性。它是指工程监理各项工作都应按一定的逻辑顺序开展，使建设工程监理工作能有效地达到目的而不至于造成工作状态的无序和混乱。

② 职责分工的严密性。建设工程监理工作是由不同专业、不同层次的专家群体共同完成的，他们之间严密的职责分工是协调进行建设工程监理工作的前提和实现建设工程监理目标的重要保证。

③ 工作目标的确定性。在职责分工的基础上，每一项监理工作的具体目标都应确定，完成的时间也应有明确的限定，从而能通过书面资料对建设工程监理工作及其效果进行检查和考核。

5）参与工程竣工验收。建设工程施工完成后，项目监理机构应在正式验收前组织工程竣工预验收，在预验收中发现的问题，应及时与施工单位沟通，提出整改要求。项目监理机构应参加由建设单位组织的工程竣工验收，签署工程监理意见。

6）向建设单位提交建设工程监理文件资料。建设工程监理工作完成后，项目监理机构应向建设单位提交在监理合同文件中约定的建设工程监理文件资料。如果合同中未做明确规定，则一般应向建设单位提交工程变更资料、监理指令性文件、各类签证等文件资料。

7）进行监理工作总结。建设工程监理工作完成后，项目监理机构应及时从两个方面进行监理工作总结。

① 向建设单位提交的监理工作总结。主要内容包括：工程概况，项目监理机构，建设工程监理合同履行情况，监理工作成效，监理工作中发现的问题及其处理情况，监理任务或监理目标完成情况评价，由建设单位提供的供项目监理机构使用的办公用房、车辆、试验设施等的清单，表明建设工程监理工作终结的说明，其他说明和建议等。

② 向工程监理单位提交的监理工作总结。主要内容包括：建设工程监理工作的成效和经验，可以是采用某种监理技术、方法，或采用某种经济措施、组织措施，或如何处理好与建设单位、施工单位之间的关系，以及其他工程监理合同执行方面的成效和经验；建设工程监理工作中发现的问题、处理情况及改进建议。

（2）建设工程监理的实施原则　工程监理单位受建设单位委托实施建设工程监理时，应遵循以下基本原则。

1）公平、独立、诚信、科学原则。工程监理单位在实施建设工程监理与相关服务时，要公平地处理工作中出现的问题，独立地进行判断和行使职权，科学地为建设单位提供专业化服务，既要维护建设单位的合法权益，也不能损害其他有关单位的合法权益。建设单位与施工单位虽然都是独立运行的经济主体，但他们追求的经济目标有差异，各自的行为也有差别，工程监理单位应在按合同约定的权、责、利关系基础上，协调双方的一致性。独立是公平地开展监理活动的前提，诚信、科学是监理工作质量的根本保证。

2）权责一致原则。工程监理单位实施监理是受建设单位的委托授权并根据有关建设工程监理法律法规而进行的。这种权力的授予，除体现在建设单位与工程监理单位签订的建设工程监理合同之中外，还应体现在建设单位与施工单位签订的建设工程施工合同中。工程监理单位履行监理职责、承担监理责任，需要建设单位授予相应的权力。同样，由于总监理工程师是工程监理单位履行建设工程监理合同的全权代表，由总监理工程师代表工程监理单位履行建设工程监理职责、承担建设工程监理责任，因此工程监理单位应给予总监理工程师充分授权，体现权责一致原则。

3）总监理工程师负责制原则。总监理工程师负责制是指由总监理工程师全面负责建设工程监理工作，其内涵包括：

① 总监理工程师是建设工程监理工作的责任主体。总监理工程师是实现建设工程监理目标的最高责任者。责任是总监理工程师负责制的核心，它构成总监理工程师的工作压力和动力，也是确定总监理工程师权力和利益的依据。

② 总监理工程师是建设工程监理工作的权力主体。根据总监理工程师承担责任的要求，总监理工程师负责制体现了总监理工程师全面领导建设工程监理工作，包括组建项目监理机构，组织编制监理规划，组织实施监理活动，总结、评价监理工作等。

③ 总监理工程师是建设工程监理工作的利益主体。总监理工程师对社会公众利益负责，对建设单位投资效益负责，也对所监理项目的监理效益负责。

4）严格监理，热情服务原则。在处理工程监理单位与承包单位、建设单位与承包单位之间的利益关系时，一方面要坚持严格按合同办事、严格监理要求；另一方面要立场公正，为建设单位提供热情服务。

严格监理就是要求监理人员严格按照法规、政策、标准和合同控制工程项目目标，严格把关，依照规定的程序和制度，认真履行监理职责，建立良好的工作作风。

热情服务就是运用合理的技能，谨慎而勤奋地工作。工程监理单位应按照建设工程监理合同的要求，多方位、多层次地为建设单位提供良好的服务，维护建设单位的正当权益，但不顾施工单位的正当经济利益，一味向施工单位转嫁风险，也非明智之举。

5）综合效益原则。建设工程监理活动既要考虑建设单位的经济效益，也必须考虑经济效益与社会效益和环境效益的有机统一。建设工程监理活动虽经建设单位的委托和授权才得以进行，但工程监理单位首先应严格遵守工程建设管理有关法律、法规及标准，既要对建设单位负责，谋求最大的经济效益，又要对国家和社会负责，取得最佳的综合效益。只有在符合宏观经济效益、社会效益和环境效益的条件下，业主投资项目的微观经济效益才能得以实现。

6）预防为主原则。由于工程项目具有一次性、单件性等特点，在工程建设过程中存在很多风险，工程监理单位要有预见性，将重点放在“预控”上，防患于未然，在编制监理规划和监理实施细则以及实施监理过程中，要分析和预测可能发生的问题，制订相应对策和预控措施予以防范。

7）实事求是原则。在建设工程监理工作中，工程监理单位应尊重事实。项目监理机构的任何指令、判断应以事实为依据，有证明、检验、试验资料等。

4.2 项目监理机构及监理人员的职责

项目监理机构是工程监理单位在实施监理时，派驻施工现场负责履行建设工程监理合同的组织机构。在施工现场监理工作全部完成或建设工程监理合同终止时，项目监理机构可撤离施工现场。项目监理机构撤离施工现场前，应由监理单位书面通知建设单位，并办理相关移交手续。

1. 项目监理机构的设立

（1）项目监理机构设立的基本要求　设立项目监理机构应满足以下基本要求：

1）设立项目监理机构应遵循适应、精简、高效的原则，要有利于建设工程监理目标控制和合同管理，有利于建设工程监理职责的划分和监理人员的分工协作，有利于建设工程监理的科学决策和信息沟通。

2）项目监理机构的监理人员应由一名总监理工程师、若干名专业监理工程师和监理员组成，且专业配套，数量应满足监理工作和建设工程监理合同对监理工作深度及建设工程监理目标控制的要求，必要时可设总监理工程师代表。

项目监理机构可设总监理工程师代表的情形包括：

① 工程规模较大、专业较复杂，总监理工程师难以处理多个专业工程时，可按专业设置总监理工程师代表。

② 一个建设工程监理合同中包含多个相对独立的施工合同，可按施工合同段设置总监理工程师代表。

③ 工程规模较大、地域比较分散，可按工程地域设置总监理工程师代表。

除总监理工程师、专业监理工程师和监理员外，项目监理机构还可根据监理工作需要，配备文秘、翻译、司机和其他行政辅助人员。

项目监理机构应根据建设工程不同阶段的需要配备数量和专业满足要求的监理人员，有序安排相关监理人员进退场。

3）一名监理工程师可担任一项建设工程监理合同的总监理工程师。当需要同时担任多项建设工程监理合同的总监理工程师时，应经建设单位书面同意，且最多不得超过3项。

4）工程监理单位在更换、调整项目监理机构监理人员时，应做好交接工作，保持建设工程监理工作的连续性。工程监理单位在调换总监理工程师时，应征得建设单位书面同意；调换专业监理工程师时，总监理工程师应书面通知建设单位。

（2）项目监理机构设立步骤　工程监理单位在组建项目监理机构时，一般按以下步骤进行：

1）确定项目监理机构目标。建设工程监理目标是项目监理机构建立的前提，项目监理机构的建立应根据建设工程监理合同中确定的目标，制定总目标并明确划分项目监理机构的分解目标。

2）确定监理工作内容。根据监理目标和建设工程监理合同中规定的监理任务，明确列出监理工作内容，并进行分类归并及组合。监理工作的归并及组合应便于监理目标控制，并综合考虑工程组织管理模式、工程结构特点、合同工期要求、工程复杂程度、工程管理及技术特点，还应考虑工程监理单位自身的组织管理水平、监理人员数量、技术业务特点等。

3）设计项目监理机构组织结构。

① 选择组织结构形式。由于建设工程规模、性质、组织实施模式等不同，应选择适宜的项目监理机构组织形式，以适应监理工作需要。组织结构形式选择的基本原则是：有利于工程合同管理，有利于监理目标控制，有利于决策指挥，有利于信息沟通。

② 确定管理层次与管理跨度。管理层次是指组织的最高管理者到最基层实际工作人员之间等级层次的数量。管理层次可分为三个层次，即决策层、中间控制层和操作层。组织的最高管理者到最基层实际工作人员权责逐层递减，而人数却逐层递增。

项目监理机构中的三个层次：

决策层。主要是指总监理工程师、总监理工程师代表，根据建设工程监理合同的要求和监理活动内容进行科学化、程序化决策与管理。

中间控制层（协调层和执行层）。由各专业监理工程师组成，具体负责监理规划的落实，监理目标控制及合同实施的管理。

操作层。主要由监理员组成，具体负责监理活动的操作实施。

管理跨度是指一名上级管理人员直接管理的下级人数。管理跨度越大，领导者需要协调的工作量越大，管理难度也越大。为使组织结构能高效运行，必须确定合理的管理跨度。项目监理机构中管理跨度的确定应考虑监理人员的素质、管理活动的复杂性和相似性、监理业务的标准化程度、各规章制度的建立健全情况、建设工程的集中或分散情况等。

③ 设置项目监理机构部门。组织中各部门的合理设置对发挥组织效用十分重要。如果部门设置不合理，会造成控制、协调困难，也会造成人浮于事，浪费人力、物力、财力。管理部门设置要根据组织目标与工作内容确定，形成既有相互分工又有相互配合的组织机构。设置项目监理机构各职能部门时，应根据项目监理机构目标、可利用的人力和物力资源及合同结构情况，将质量控制、造价控制、进度控制、合同管理、信息管理及履行建设工程安全生产管理法定职责等监理工作内容按不同的职能形成相应管理部门。

④ 选派监理人员。根据监理工作任务，选择适当的监理人员，必要时可配备总监理工程师代表。监理人员的选择除应考虑个人素质外，还应考虑人员总体构成的合理性与协调性。

《建设工程监理规范》（GB/T 50319—2013）规定，总监理工程师由监理工程师担任；总监理工程师代表由具有工程类职业资格的人员（如：监理工程师、造价工程师、建造师、建筑师、注册结构工程师、注册岩土工程师、注册机电工程师等）担任，也可由具有中级及以上专业技术职称、3 年及以上工程实践经验并经监理业务培训的人员担任；专业监理工程师由具有工程类职业资格的人员担任，也可由具有中级及以上专业技术职称、2 年及以上工程实践经验并经监理业务培训的人员担任；监理员由具有中专及以上学历并经过监理业务培训的人员担任。

4）制定工作流程和信息流程。为使监理工作科学、有序地进行，应按监理工作的客观规律制定工作流程和信息流程，规范化地开展监理工作。图 4-9 所示为建设工程监理的工作程序。

图 4-9　建设工程监理的工作程序

2. 项目监理机构组织形式

项目监理机构组织形式是指项目监理机构具体采用的管理组织结构。应根据建设工程特点、建设工程组织管理模式及工程监理单位自身情况等选择适宜的项目监理机构组织形式。常用的项目监理机构组织形式有：直线制、职能制、直线职能制、矩阵制等。

（1）直线制组织形式　直线制组织形式的特点是项目监理机构中任何一个下级只接受唯一上级的指令。各级部门主管人员对各自所属部门的事务负责，项目监理机构中不再另设职能部门。

这种组织形式适用于能划分为若干个相对独立的子项目的大、中型建设工程。按子项目分解的直线制项目监理机构组织形式如图 4-10 所示，总监理工程师负责整个工程的规划、组织和指导，并负责整个工程范围内各方面的指挥协调工作；子项目监理组分别负责各子项目的目标控制，具体领导现场专业或专项监理机构的工作。

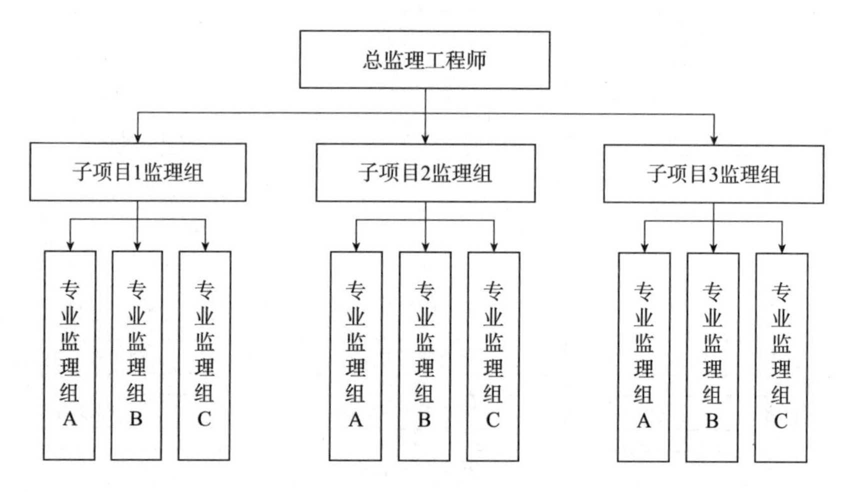

图 4-10　按子项目分解的直线制项目监理机构组织形式

如果建设单位将相关服务一并委托，项目监理机构的部门还可按不同的工程建设阶段分解设立直线制项目监理机构组织形式（见图 4-11）。

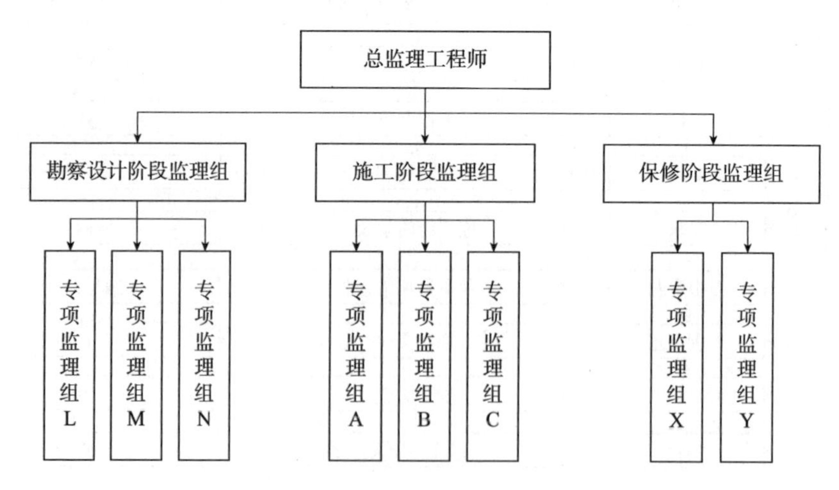

图 4-11　按工程建设阶段分解的直线制项目监理机构组织形式

对于小型建设工程，项目监理机构也可采用按专业内容分解的直线制项目监理机构组织形式（见图 4-12）。

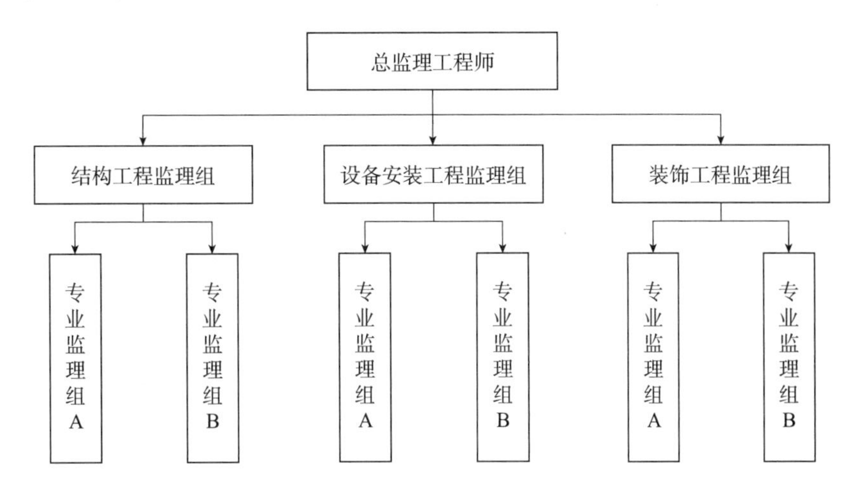

图 4-12　某工程直线制项目监理机构组织形式

直线制组织形式的主要优点是组织机构简单，权力集中，命令统一，职责分明，决策迅速，隶属关系明确；缺点是实行没有职能部门的“个人管理”，这就要求总监理工程师通晓各种业务和多种专业技能，成为“全能”式人物。

（2）职能制组织形式　职能制组织形式是在项目监理机构内设立一些职能部门，将相应的监理职责和权力交给职能部门，各职能部门在其职能范围内有权直接发布指令指挥下级。职能制组织形式一般适用于大中型建设工程（见图 4-13）。如果子项目规模较大时，也可以在子项目层设置职能部门（见图 4-14）。

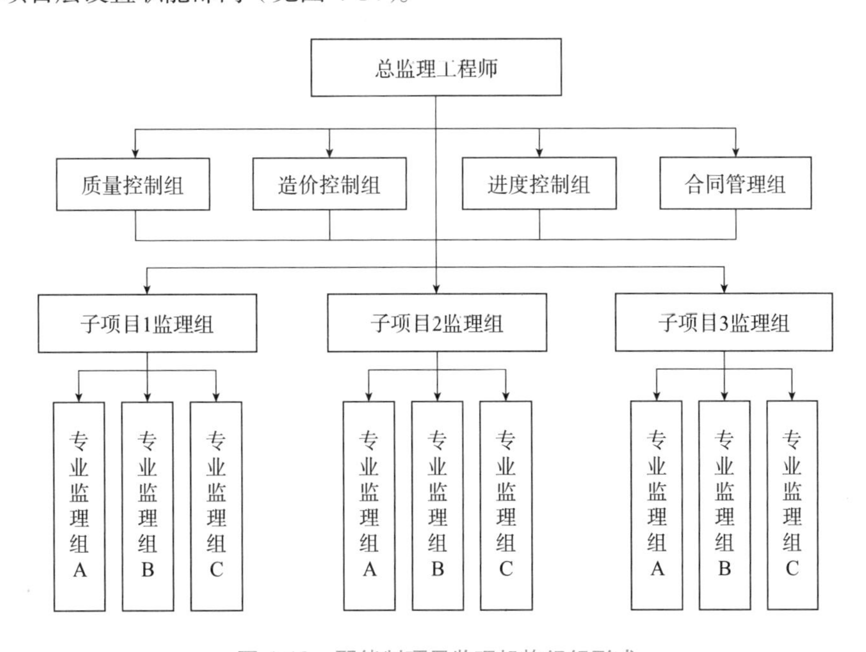

图 4-13　职能制项目监理机构组织形式

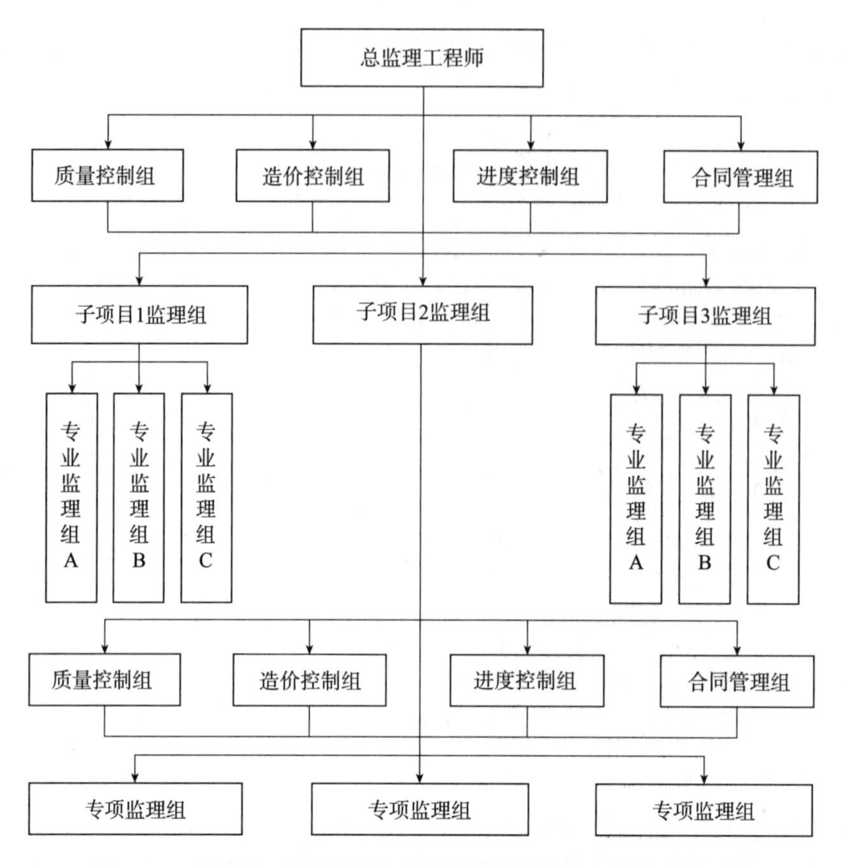

图 4-14 子项目 2 设立职能部门的职能制项目监理机构组织形式

职能组织形式的主要优点是加强了项目监理目标控制的职能化分工，可以发挥职能机构的专业管理作用，提高管理效率，减轻总监理工程师负担；缺点是由于下级人员受多头指挥，如果这些指令相互矛盾，会使下级在监理工作中无所适从。

（3）直线职能制组织形式　直线职能制组织形式是吸收直线制组织形式和职能制组织形式的优点而形成的一种组织形式。这种组织形式将管理部门和人员分为两类：一类是直线指挥部门的人员，拥有对下级实行指挥和发布命令的权力，并对该部门的工作全面负责；另一类是职能部门的人员，他是直线指挥人员的参谋，只能对下级部门进行业务指导，而不能对下级部门直接进行指挥和发布指令（见图 4-15）。

直线职能制组织形式既保持了直线制组织实行直线领导、统一指挥、职责分明的优点，又保持了职能制组织目标管理专业化的优点。缺点是职能部门与指挥部门易产生矛盾，信息传递路线长，不利于互通信息。

（4）矩阵制组织形式　矩阵制组织形式是由纵横两套管理系统组成的矩阵组织结构，一套是纵向职能系统，另一套是横向子项目系统（见图 4-16）。

这种组织形式的纵、横两套管理系统在监理工作中是相互融合关系。图中虚线所绘的交叉点表示两者协同以共同解决问题。如子项目 1 的质量验收是由子项目 1 监理组和质量控制组共同进行的。

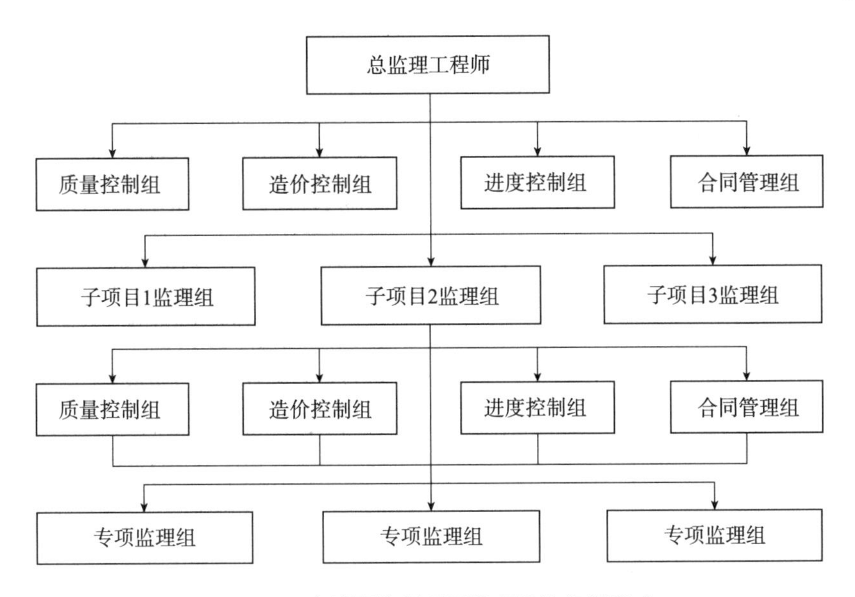

图 4-15　直线职能制项目监理机构组织形式

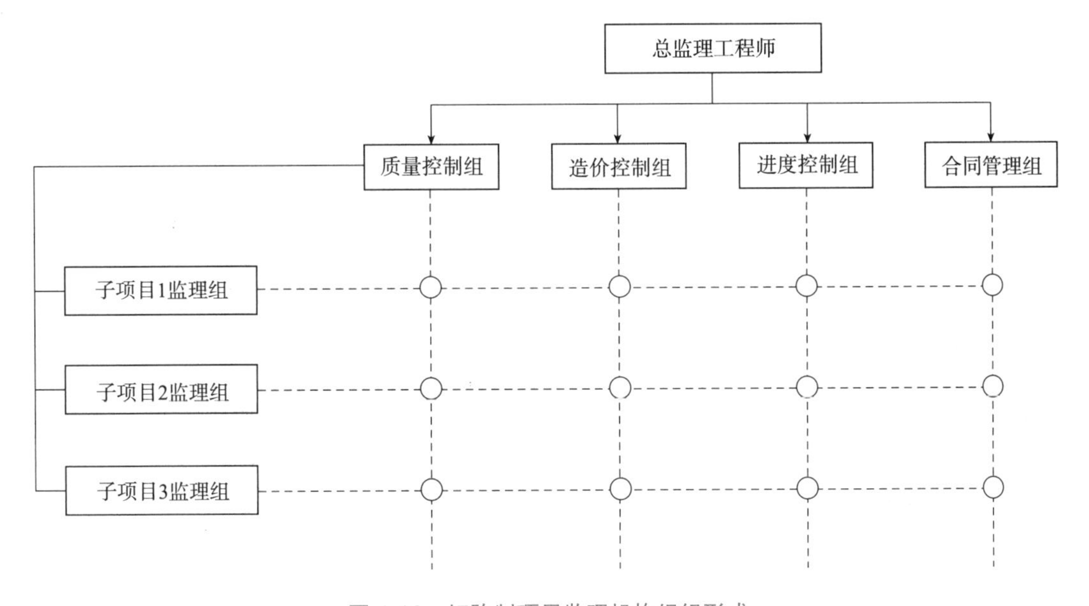

图 4-16　矩阵制项目监理机构组织形式

矩阵制组织形式的优点是加强了各职能部门的横向联系，具有较大的机动性和适应性，将上下左右集权与分权实行最优结合，有利于解决复杂问题，有利于监理人员业务能力的培养。缺点是纵横向协调工作量大，处理不当会造成扯皮现象，产生矛盾。

3. 项目监理机构的人员配备及职责分工

（1）项目监理机构的人员配备　项目监理机构中配备监理人员的数量和专业应根据监理的任务范围、内容、工作期限以及工程的类别、规模、技术复杂程度、工程环境等因素综合考虑，并应符合建设工程监理合同中对监理工作深度及建设工程监理目标控制的要求，能体现项目监理机构的整体素质。

1）项目监理机构人员结构。项目监理机构应具有合理的人员结构，包括以下两方面：

① 合理的专业结构。项目监理机构应由与所监理工程的性质（专业性强的生产项目或是民用项目）及建设单位对建设工程监理的要求（是否包含相关服务内容，对工程质量、造价、进度等多目标控制或是某一目标的控制）相适应的各专业人员组成，即各专业人员要配套，以满足项目各专业监理工作要求。

② 合理的技术职称结构。为了提高管理效率和经济性，应根据建设工程的特点和建设工程监理工作的需要，确定项目监理机构中监理人员的技术职称结构。合理的技术职称结构表现为具有高级职称、中级职称和初级职称的监理人员的人数比例与监理工作的要求相适应。

通常，工程勘察设计阶段的服务对人员职称要求更高些，具有高级职称及中级职称的人员在整个监理人员构成中应占绝大多数。施工阶段监理，可由较多的初级职称人员从事实际操作工作，如旁站、见证取样、检查工序施工结果、复核工程计量有关数据等。

2）项目监理机构监理人员数量的确定。

① 影响项目监理机构人员数量的主要因素。主要包括以下几方面：

A．工程建设强度。工程建设强度是指单位时间内投入的建设工程资金的数量，即

$$工程建设强度 = 投资 / 工期$$

其中，投资和工期是指工程监理单位所承担监理任务的工程的建设投资和工期。投资可按工程概算投资额或合同价计算，工期可根据进度总目标及其分目标计算。

显然，工程建设强度越大，需投入的监理人数越多。

B．建设工程复杂程度。通常，工程复杂程度涉及以下因素：设计活动、工程地点位置、气候条件、地形条件、工程地质、工程性质、工程结构类型、施工方法、工期要求、材料供应、工程分散程度等。

根据上述各项因素，可将工程分为若干工程复杂程度等级，不同等级的工程需要配备的监理人员数量有所不同。例如，可将工程复杂程度按五级划分：简单、一般、较复杂、复杂、很复杂。工程复杂程度定级可采用定量办法：对构成工程复杂程度的每一因素通过专家评估，根据工程实际情况给出相应权重，将各影响因素的评分加权平均后根据其值的大小确定该工程的复杂程度等级。例如，将工程复杂程度按 10 分制考虑，则平均分值 1～3 分、3～5 分、5～7 分、7～9 分者依次为简单工程、一般工程、较复杂工程和复杂工程，9 分以上为很复杂工程。

显然，简单工程需要的监理人员较少，而复杂工程需要的项目监理人员较多。

C．工程监理单位的业务水平。每个工程监理单位的业务水平和对某类工程的熟悉程度不完全相同，在监理人员素质、管理水平和监理设备手段等方面也存在差异，这都会直接影响监理效率的高低。高水平的监理单位可以投入较少的监理人力完成一个建设工程的监理工作，而一个经验不多或管理水平不高的监理单位则需投入较多的监理人力。因此，各监理单位应当根据自己的实际情况制定监理人员需要量定额。

D．项目监理机构的组织结构和任务职能分工。项目监理机构的组织结构情况关系到具体的监理人员配备，务必使项目监理机构任务职能分工的要求得到满足。必要时，还需要根据项目监理机构的职能分工对监理人员的配备做进一步调整。

有时，监理工作需要委托专业咨询机构或专业监测、检验机构进行，当然，项目监理

机构的监理人员数量可适当减少。

② 项目监理机构人员数量的确定方法。项目监理机构人员数量可按如下方法确定：

A. 项目监理机构人员需要量定额。根据监理工作内容和工程复杂程度等级，测定、编制项目监理机构监理人员需要量定额。

B. 确定工程建设强度。根据所承担的监理工程，确定工程建设强度。例如：某工程分为两个子项目，合同总价为 28000 万元人民币，其中子项目 1 合同价为 16000 万元人民币，子项目 2 合同价为 12000 万元人民币，合同工期为 30 个月。

工程建设强度 =28000/30 × 12=11200（万元人民币 / 年）=11.2（千万元人民币 / 年）

C. 确定工程复杂程度。按构成工程复杂程度的 10 个因素考虑，根据工程实际情况分别按 10 分制打分。

D. 根据工程复杂程度和工程建设强度套用监理人员需要量定额。从定额中可查到监理人员需要量为（人·年 / 千万元人民币）

监理工程师：0.50；监理员：1.60；行政文秘人员 0.35。

各类监理人员数量为

监理工程师：0.50 × 11.2=5.60（人），按 6 人考虑；

监理员：1.60 × 11.2=17.92（人），按 18 人考虑；

行政文秘人员：0.35 × 11.2=3.92（人），按 4 人考虑。

E. 根据实际情况确定监理人员数量。该工程项目监理机构直线制组织结构如图 4-17 所示。

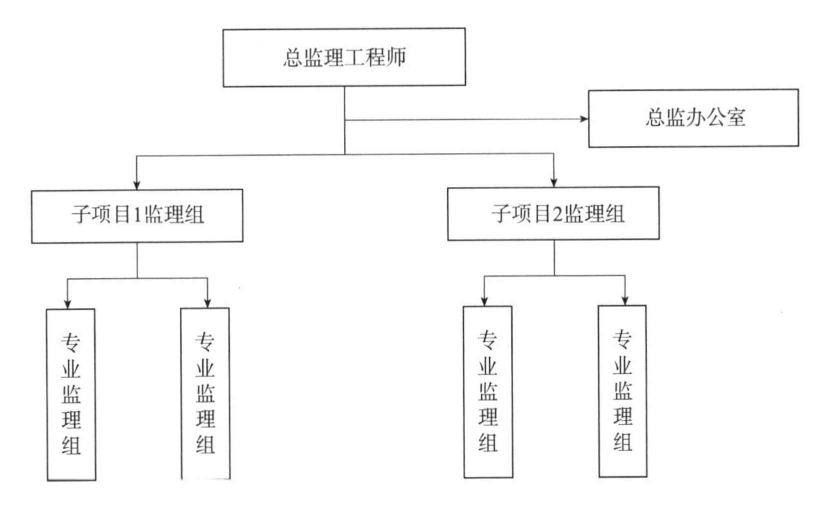

图 4-17 工程项目监理机构直线制组织结构

根据项目监理机构情况决定每个部门各类监理人员。

监理总部（包括总监理工程师、总监理工程师代表和总监理工程师办公室）：总监理工程师 1 人，总监理工程师代表 1 人，行政文秘人员 2 人。

子项目 1 监理组：专业监理工程师 2 人，监理员 10 人，行政文秘人员 1 人。

子项目 2 监理组：专业监理工程师 2 人，监理员 8 人，行政文秘人员 1 人。

项目监理机构监理人员数量和专业配备应随工程施工进展情况做相应调整，从而满足不同阶段监理工作的需要。

（2）项目监理机构各类人员基本职责 《建设工程监理规范》（GB/T 50319—2013）规定了总监理工程师、总监理工程师代表、专业监理工程师和监理员应履行的基本职责。

1）总监理工程师职责。总监理工程师是由工程监理单位法定代表人书面任命，负责履行建设工程监理合同、主持项目监理机构工作的注册监理工程师。总监理工程师应履行下列职责：

① 确定项目监理机构人员及其岗位职责。

② 组织编制监理规划，审批监理实施细则。

③ 根据工程进展及监理工作情况调配监理人员，检查监理人员工作。

④ 组织召开监理例会。

⑤ 组织审核分包单位资格。

⑥ 组织审查施工组织设计、（专项）施工方案。

⑦ 审查工程开复工报审表，签发工程开工令、暂停令和复工令。

⑧ 组织检查施工单位现场质量、安全生产管理体系的建立及运行情况。

⑨ 组织审核施工单位的付款申请，签发工程款支付证书，组织审核竣工结算。

⑩ 组织审查和处理工程变更。

⑪ 调解建设单位与施工单位的合同争议，处理工程索赔。

⑫ 组织验收分部工程，组织审查单位工程质量检验资料。

⑬ 审查施工单位的竣工申请，组织工程竣工预验收，组织编写工程质量评估报告，参与工程竣工验收。

⑭ 参与或配合工程质量安全事故的调查和处理。

⑮ 组织编写监理月报、监理工作总结，组织整理监理文件资料。

2）总监理工程师代表职责。总监理工程师代表是经工程监理单位法定代表人同意，由总监理工程师书面授权，代表总监理工程师行使其部分职责和权力，具有工程类注册执业资格或具有中级及以上专业技术职称、3 年及以上工程实践经验并经监理业务培训的人员。总监理工程师不得将下列工作委托给总监理工程师代表：

① 组织编制监理规划，审批监理实施细则。

② 根据工程进展及监理工作情况调配监理人员。

③ 组织审查施工组织设计、（专项）施工方案。

④ 签发工程开工令、暂停令和复工令。

⑤ 签发工程款支付证书，组织审核竣工结算。

⑥ 调解建设单位与施工单位的合同争议，处理工程索赔。

⑦ 审查施工单位的竣工申请，组织工程竣工预验收，组织编写工程质量评估报告，参与工程竣工验收。

⑧ 参与或配合工程质量安全事故的调查和处理。

3）专业监理工程师职责。专业监理工程师是由总监理工程师授权，负责实施某一专业或某一岗位的监理工作，有相应监理文件签发权，具有工程类注册执业资格或具有中级及以上专业技术职称、2 年及以上工程实践经验并经监理业务培训的人员。专业监理工程师应履行下列职责：

① 参与编制监理规划，负责编制监理实施细则。

② 审查施工单位提交的涉及本专业的报审文件，并向总监理工程师报告。

③ 参与审核分包单位资格。

④ 指导、检查监理员工作，定期向总监理工程师报告本专业监理工作实施情况。

⑤ 检查进场的工程材料、构配件、设备的质量。

⑥ 验收检验批、隐蔽工程、分项工程，参与验收分部工程。

⑦ 处置发现的质量问题和安全事故隐患。

⑧ 进行工程计量。

⑨ 参与工程变更的审查和处理。

⑩ 组织编写监理日志，参与编写监理月报。

⑪ 收集、汇总、参与整理监理文件资料。

⑫ 参与工程竣工预验收和竣工验收。

4）监理员职责。监理员是在专业监理工程师领导下从事工程检查、材料的见证取样、有关数据复核等具体监理工作的人员。监理员应履行下列职责：

① 检查施工单位投入工程的人力、主要设备的使用及运行状况。

② 进行见证取样。

③ 复核工程计量有关数据。

④ 检查工序施工结果。

⑤ 发现施工作业中的问题，及时指出并向专业监理工程师报告。

专业监理工程师和监理员的上述职责为其基本职责，在建设工程监理实施过程中，项目监理机构还应针对工程实际情况，明确各岗位专业监理工程师和监理员的职责分工。

思考题

1. 简述工程平行承包模式下建设工程监理委托方式的主要形式。
2. 简述施工总承包模式下建设工程监理的委托形式。
3. 简述工程监理单位开展监理工作的实施程序。
4. 简述工程监理单位开展监理工作的实施原则。
5. 简述工程项目监理机构设立的基本要求。
6. 简述项目监理机构可设总监理工程师代表的情形。
7. 简述项目监理机构的设立步骤。
8. 如何设计项目监理机构组织结构？
9. 简述项目监理机构的层次构成。
10. 如何理解项目的直线制监理组织形式？
11. 如何理解项目的职能制监理组织形式？
12. 如何理解项目的直线职能制监理组织形式？
13. 如何理解项目的矩阵制监理组织形式？

14．根据《建设工程监理规范》（GB/T 50319—2013），简述总监理工程师的职责。

15．根据《建设工程监理规范》（GB/T 50319—2013），简述专业监理工程师的职责。

二维码形式客观题

微信扫描二维码，可自行做客观题，提交后可查看答案。

第4章
客观题

第5章 监理规划与监理实施细则

本章学习目标

了解监理规划编写的依据和要求；掌握监理规划的主要内容；熟悉监理规划报审；了解监理实施细则编写的依据和要求；掌握监理实施细则的主要内容；了解监理实施细则报审。

监理规划是项目监理机构全面开展建设工程监理工作的指导性文件，监理实施细则是在监理规划的基础上，针对工程项目中某一专业或某一方面监理工作编制的操作性文件。监理规划和监理实施细则的内容全面具体，而且需要按程序报批后才能实施。

5.1 监理规划

1. 监理规划编写的依据和要求

（1）监理规划编写的依据

1）工程建设法律法规和标准。

① 国家层面工程建设有关法律、法规及政策。

② 工程所在地或所属部门颁布的工程建设相关法规、规章及政策。

③ 工程建设标准。

2）建设工程外部环境调查研究资料。

① 自然条件方面的资料。包括：建设工程所在地点的地质、水文、气象、地形以及自然灾害发生情况等方面的资料。

② 社会和经济条件方面的资料。包括：建设工程所在地人文环境、社会治安、建筑市场状况、相关单位（政府主管部门、勘察和设计单位、施工单位、材料设备供应单位、工程咨询和工程监理单位）、基础设施（交通设施、通信设施、公用设施、能源设施）、金融市场情况等方面的资料。

3）政府批准的工程建设文件。包括：

① 政府发展改革部门批准的可行性研究报告、立项批文。

② 政府规划土地、环保等部门确定的规划条件、土地使用条件、环境保护要求、市政管理规定。

4）建设工程监理合同文件。建设工程监理合同的相关条款和内容是编写监理规划的重要依据。工程监理投标书是建设工程监理合同文件的重要组成部分，工程监理单位在监理大纲中明确的内容均是监理规划的编制依据，主要包括项目监理组织计划，拟投入主要监理人员，工程质量、造价、进度控制方案，安全生产管理的监理工作，信息管理和合同管理方案，与工程建设相关单位之间关系的协调方法等。

5）建设工程合同。在编写监理规划时，也要考虑建设工程合同（特别是施工合同）中关于建设单位和施工单位义务和责任的内容，以及建设单位对于工程监理单位的授权。

6）建设单位要求。工程监理单位在不超出合同职责范围的前提下，工程监理单位应最大限度地满足建设单位的合理要求。

7）工程实施过程中输出的有关工程信息。主要包括：方案设计、初步设计、施工图设计、工程实施状况、工程招标投标情况、重大工程变更、外部环境变化等。

（2）监理规划编写的要求

1）监理规划的基本构成内容应当力求统一。监理规划在总体内容组成上应力求做到统一，这是监理工作规范化、制度化、科学化的要求。

监理规划基本构成内容主要取决于工程监理制度对工程监理单位的基本要求。根据建设工程监理的基本内涵，工程监理单位受建设单位委托，监理规划的基本构成内容应包括：项目监理组织及人员岗位职责，监理工作制度，工程质量、造价、进度控制，安全生产管理的监理工作，合同与信息管理，组织协调等。

就特定建设工程而言，监理规划应根据建设工程监理合同所确定的监理范围和深度编制，但其主要内容应力求体现上述内容。

2）监理规划的内容应具有针对性、指导性和可操作性。监理规划作为指导项目监理机构全面开展监理工作的纲领性文件，其内容应具有很强的针对性、指导性和可操作性。每个项目的监理规划既要考虑项目自身特点，又要根据项目监理机构的实际状况，在监理规划中应明确规定项目监理机构在工程实施过程中各个阶段的工作内容、工作人员、工作时间和地点、工作的具体方式方法等。只有这样，监理规划才能起到有效的指导作用，真正成为项目监理机构进行各项工作的依据。监理规划只要能够对有效实施建设工程监理做好指导工作，使项目监理机构能圆满完成所承担的建设工程监理任务，就是一份合格的监理规划。

3）监理规划应由总监理工程师组织编制。《建设工程监理规范》（GB/T 50319—2013）明确规定，总监理工程师组织专业监理工程师编制监理规划。要充分调动整个项目监理机构中专业监理工程师的积极性，广泛征求各专业监理工程师和其他监理人员的意见，并吸收水平较高的专业监理工程师共同参与编写。监理规划的编写还应听取建设单位的意见，以便能最大限度地满足其合理要求，使监理工作得到有关各方的理解和支持，为进一步做好监理服务奠定基础。

4）监理规划应把握工程项目运行脉搏。监理规划是针对具体工程项目编写的，而工程项目的动态性决定了监理规划的具体可变性。监理规划要随着工程进展进行不断的补充、修改和完善。在工程项目运行过程中，内外因素和条件不可避免地要发生变化，造成工程实际情况偏离计划，往往需要调整计划乃至目标，这就可能造成监理规划在内容上也要进行相应调整。

5）监理规划应有利于工程监理合同的履行。监理规划是针对特定的一个工程的监理范围和内容来编写的，而建设工程监理范围和内容是由工程监理合同明确的。项目监理机构应充分了解工程监理合同中建设单位、工程监理单位的义务和责任，对完成工程监理合同目标控制任务的主要影响因素进行分析，制定具体的措施和方法，确保工程监理合同的履行。

6）监理规划的表达方式应当标准化、格式化。监理规划的内容需要选择最有效的方式和方法来表示，图、表和简单的文字说明应当是基本方法。规范化、标准化是科学管理的标志之一。所以，编写监理规划应当对采用什么表格、图示以及哪些内容需要采用简单的文字说明做出统一规定。

7）监理规划的编制应充分考虑时效性。监理规划应在签订建设工程监理合同及收到工程设计文件后由总监理工程师组织编制，并应在召开第一次工地会议7天前报建设单位。监理规划报送前还应由监理单位技术负责人审核签字。因此，监理规划的编写还要留出必要的审查和修改时间。为此，应当对监理规划的编写时间事先做出明确规定，以免编写时间过长，从而耽误监理规划对监理工作的指导，使监理工作陷于被动和无序。

8）监理规划经审核批准后方可实施。监理规划在编写完成后需进行审核并经批准。监理单位的技术管理部门是内部审核单位，技术负责人应当签认，同时，还应当按工程监理合同约定提交给建设单位，由建设单位确认。

2. 监理规划的主要内容

《建设工程监理规范》（GB/T 50319—2013）明确规定，监理规划的内容包括：工程概况；监理工作的范围、内容、目标；监理工作依据；监理组织形式、人员配备及进退场计划、监理人员岗位职责；监理工作制度；工程质量控制；工程造价控制；工程进度控制；安全生产管理的监理工作；合同与信息管理；组织协调；监理工作设施。

（1）工程概况　工程概况包括：

1）工程项目名称。

2）工程项目建设地点。

3）工程项目组成及建设规模。

4）主要建筑结构类型。

5）工程概算投资额或建安工程造价。

6）工程项目计划工期，包括开工、竣工日期。

7）工程质量目标。

8）设计单位及施工单位名称、项目负责人。

9）工程项目结构图、组织关系图和合同结构图。

10）工程项目特点。

11）其他说明。

（2）监理工作的范围、内容和目标

1）监理工作的范围。工程监理单位所承担的建设工程监理任务可以是全部工程项目或单位工程或某专业工程，监理工作范围虽然已在建设工程监理合同中明确，但需要在监理规划中列明并进一步说明。

2）监理工作的内容。建设工程监理基本工作内容包括：工程质量、造价、进度三大目标控制，合同管理和信息管理，组织协调，以及履行建设工程安全生产管理的法定职责。监理规划中需要根据建设工程监理合同约定进一步细化监理工作内容。

3）监理工作目标。监理工作目标是指工程监理单位预期达到的工作目标。通常以建设工程质量、造价、进度三大目标的控制值来表示。

① 工程质量控制目标：工程质量合格及建设单位的其他要求。

② 工程造价控制目标：以某年预算为基价，静态投资额。

③ 工期控制目标：计划时间或者是起止时间。

在建设工程监理实际工作中，应进行工程质量、造价、进度目标的分解，运用动态控制原理对分解的目标进行跟踪检查，对实际值与计划值进行比较、分析和预测，发现问题时，及时采取组织、技术、经济和合同等措施进行纠偏和调整，以确保工程质量、造价、进度目标的实现。

（3）监理工作依据　依据《建设工程监理规范》（GB/T 50319—2013），实施建设工程监理的依据主要包括法律法规及工程建设标准、建设工程勘察设计文件、建设工程监理合同及其他合同文件等。编制特定工程的监理规划，不仅要以上述内容为依据，还要收集有关资料作为监理规划的编制依据，见表 5-1。

表 5-1　监理规划的编制依据

编制依据	文件资料名称	
反应工程特征的资料	勘察设计阶段监理相关服务	可行性研究报告或设计任务书 项目立项批文 规划红线范围 用地许可证 设计条件通知书 地形图
	施工阶段监理	设计图和施工说明书 地形图 施工合同及其他建设工程合同
反映建设单位对项目监理要求的资料	监理合同：反映监理工作范围和内容监理大纲、监理投标文件	
反映工程建设条件的资料	当地气象资料和工程地质及水文资料 当地建筑材料供应状况的资料 当地勘察设计和土建安装力量的资料 当地交通、能源和市政公用设施的资料 检测、监测、设备租赁等其他工程参建方的资料	
反映当地工程建设法规及政策方面的资料	工程建设程序 招标投标和工程监理制度 工程造价管理制度等 有关法律法规及政策	
工程建设法律、法规及标准	法律法规，部门规章，建设工程监理规范，勘察、设计、施工、质量评定、工程验收等方面的规范、规程、标准等	

（4）监理组织形式、人员配备及进退场计划、监理人员岗位职责

1）项目监理机构组织形式。工程监理单位派驻施工现场的项目监理机构的组织形式和

规模，应根据建设工程监理合同约定的服务内容、服务期限，以及工程特点、规模、技术复杂程度、环境等因素确定。

项目监理机构组织形式可用项目组织机构图来表示。在监理规划的组织机构图中可注明各相关部门所任职监理人员的姓名。

2）项目监理机构人员配备计划。项目监理机构监理人员应由总监理工程师、专业监理工程师和监理员组成，且专业配套、数量应满足建设工程监理工作的需要，必要时可设总监理工程师代表。

项目监理机构配备的监理人员应与监理投标文件或监理项目建议书的内容一致，并详细注明职称及专业等。要求填入真实到位人数，对于某些兼职监理人员，要说明参加本建设工程监理的确切时间，以便核查，以免名单开列数与实际数不相符而发生纠纷，这是监理工作中易出现的问题，必须避免。

3）项目监理人员岗位职责。项目监理机构监理人员分工及岗位职责应根据监理合同约定的监理工作范围和内容以及《建设工程监理规范》（GB/T 50319—2013）的规定，由总监理工程师安排和明确。总监理工程师应督促和考核监理人员职责的履行情况。必要时，可设总监理工程师代表，行使部分总监理工程师的岗位职责。

总监理工程师应根据项目监理机构监理人员的专业、技术水平、工作能力、实践经验等细化和落实相应的岗位职责。

（5）监理工作制度　为全面履行建设工程监理职责，确保建设工程监理服务质量，监理规划中应根据工程特点和工作重点明确相应的监理工作制度。主要包括：项目监理机构现场监理工作制度、项目监理机构内部工作制度及相关服务工作制度（必要时）。

1）项目监理机构现场监理工作制度。

① 图纸会审及设计交底制度。

② 施工组织设计审核制度。

③ 工程开工、复工审批制度。

④ 整改制度，包括签发监理通知单和工程暂停令等。

⑤ 平行检验、见证取样、巡视检查和旁站制度。

⑥ 工程材料、半成品质量检验制度。

⑦ 隐蔽工程验收、分项（部）工程质量验收制度。

⑧ 单位工程验收、单项工程验收制度。

⑨ 监理工作报告制度。

⑩ 安全生产监督检查制度。

⑪ 质量安全事故报告和处理制度。

⑫ 技术经济签证制度。

⑬ 工程变更处理制度。

⑭ 现场协调会及会议纪要签发制度。

⑮ 施工备忘录签发制度。

⑯ 工程款支付审核、签认制度。

⑰ 工程索赔审核、签认制度等。

2）项目监理机构内部工作制度。

① 项目监理机构工作会议制度，包括监理交底会议、监理例会、监理专题会、监理工作会议等。

② 项目监理机构人员岗位职责制度。

③ 对外行文审批制度。

④ 监理工作日志制度。

⑤ 监理周报、月报制度。

⑥ 技术、经济资料及档案管理制度。

⑦ 监理人员教育培训制度。

⑧ 监理人员考勤、业绩考核及奖惩制度。

3）相关服务工作制度。

① 项目立项阶段：包括可行性研究报告评审制度和工程估算审核制度等。

② 设计阶段：包括设计大纲、设计要求编写及审核制度，设计合同管理制度，设计方案评审办法，工程概算审核制度，施工图审核制度，设计费用支付签认制度，设计协调会制度等。

③ 施工招标阶段：包括招标管理制度，标底或招标控制价编制及审核制度，合同条件拟订及审核制度，组织招标实务有关规定等。

（6）工程质量控制　工程质量控制重点在于预防，即在既定目标的前提下，遵循质量控制原则，制定总体质量控制措施、专项工程预控方案及质量事故处理方案，具体包括：

1）工程质量控制目标描述。

① 施工质量控制目标。

② 材料质量控制目标。

③ 设备质量控制目标。

④ 设备安装质量控制目标。

⑤ 质量目标实现的风险分析。

2）工程质量控制主要任务。

① 审查施工单位现场的质量保证体系，包括：质量管理组织机构、管理制度及专职管理人员和特种作业人员的资格。

② 审查施工组织设计、（专项）施工方案。

③ 审查工程使用的新材料、新工艺、新技术、新设备的质量认证材料和相关验收标准的适用性。

④ 检查、复核施工控制测量成果及保护措施。

⑤ 审核分包单位资格，检查施工单位为工程提供服务的实验室。

⑥ 审查施工单位用于工程的材料、构配件、设备的质量证明文件，并按要求对用于工程的材料进行见证取样、平行检验，对施工质量进行平行检验。

⑦ 审查影响工程质量的计量设备的检查和检定报告。

⑧ 采用旁站、巡视检查、平行检验等方式对施工过程进行检查监督。

⑨ 对隐蔽工程、检验批、分项工程和分部工程进行验收。

⑩ 对质量缺陷、质量问题、质量事故及时进行处置和检查验收。

⑪ 对单位工程进行竣工验收，并组织工程竣工预验收。

⑫ 参加工程竣工验收，签署工程监理意见。

3）工程质量控制的工作流程与措施。

① 工程质量控制的工作流程。依据分解的目标编制质量控制工作流程图。

② 工程质量控制的具体措施。

A. 组织措施：建立健全项目监理机构，完善职责分工，制定有关质量监督制度，落实质量控制责任。

B. 技术措施：协助完善质量保证体系；严格事前、事中和事后的质量检查监督。

C. 经济措施及合同措施：严格质量检查和验收，不符合合同规定质量要求的，拒付工程款；达到建设单位特定质量目标要求的，按合同支付工程质量补偿金或奖金。

4）旁站方案。旁站方案应结合工程实际，明确需要旁站的主要施工过程及关键工序，以确保主要施工过程及关键工序施工质量处于受控状态。旁站方案的具体内容可包括：旁站基本工作范围、旁站人员主要职责、旁站基本工作要求、旁站流程等。

5）工程质量目标状况动态分析。工程质量目标控制范围应包括影响工程质量的五个要素，即要对人、材料、机械、方法和环境进行全面控制。工程质量是建设工程监理工作的核心，项目监理机构应根据建设工程施工的不同阶段进行工程质量控制目标状况动态分析，发现问题尽早采取措施予以解决，确保实现工程质量目标。

（7）工程造价控制　项目监理机构应全面了解工程施工合同文件、工程设计文件、施工进度计划等内容，熟悉合同价款的计价方式、施工投标报价及组成、工程预算等情况，明确工程造价控制的目标和要求，制定工程造价控制工作流程、方法和措施，以及针对工程特点确定工程造价控制的重点和目标值，将工程实际造价控制在计划造价范围内。

1）工程造价控制的目标分解。

① 按建设工程费用组成分解。

② 按年度、季度分解。

③ 按建设工程实施阶段分解。

2）工程造价控制的工作内容。

① 熟悉施工合同及约定的计价规则，复核、审查施工图预算。

② 定期进行工程计量、复核工程进度款申请，签署进度款付款签证。

③ 建立月完成工程量统计表，对实际完成量与计划完成量进行比较分析，发现偏差的，应提出调整建议，并报告建设单位。

④ 按程序进行竣工结算款审核，签署竣工结算款支付证书。

3）工程造价控制的主要方法。在工程造价目标分解的基础上，依据施工进度计划、施工合同等文件，编制资金使用计划，可列表编制，并运用动态控制原理，对工程造价进行动态分析、比较和控制。

工程造价动态比较的内容包括：

① 工程造价目标分解值与造价实际值的比较。

② 工程造价目标值的预测分析。

③ 工程造价目标实现的风险分析。

工程造价受诸多因素影响，尤其是工程变更、材料市场价格变化等因素，为有效控制工程造价，对工程造价目标实现的风险进行分析并采取相应防范性对策是十分必要的。项目监理机构宜根据工程特点、施工合同、工程设计文件及经过批准的施工组织设计对工程造价目标控制进行风险分析，从而提出防范性对策。

4）工程造价控制的工作流程与措施。

① 工程造价控制的工作流程。依据工程造价目标分解编制工程造价控制工作流程图（略）。

② 工程造价控制的具体措施。

组织措施：包括建立健全项目监理机构，完善职责分工及有关制度，落实工程造价控制责任。

技术措施：对材料、设备采购，通过质量价格比选，合理确定生产供应单位；通过审核施工组织设计和施工方案，使施工组织合理化。

经济措施：包括及时进行计划费用与实际费用的分析比较；对原设计或施工方案提出合理化建议并被采用，由此产生的投资节约按合同规定予以奖励。

合同措施：按合同条款支付工程款，防止过早、过量支付。减少施工单位的索赔，正确处理索赔事宜等。

（8）工程进度控制　项目监理机构应全面了解工程施工合同文件、施工进度计划等内容，明确施工进度控制的目标和要求，制定施工进度控制工作流程、方法和措施，针对工程特点确定工程进度控制的重点和目标值，将工程实际进度控制在计划工期范围内。

1）工程总进度目标分解。

① 年度、季度进度目标。

② 各阶段进度目标。

③ 各子项目进度目标。

2）工程进度控制的工作内容。

① 审查施工总进度计划和阶段性施工进度计划。

② 检查、督促施工进度计划的实施。

③ 进行进度目标实现的风险分析，制定进度控制的方法和措施。

④ 预测实际进度对工程总工期的影响，分析工期延误原因，制定对策和措施，并报告工程实际进展情况。

3）工程进度控制方法。加强施工进度计划的审查，督促施工单位制订和履行切实可行的施工计划。

运用动态控制原理进行进度控制。施工进度计划在实施过程中受各种因素的影响可能会出现偏差，项目监理机构应对施工进度计划的实施情况进行动态检查，对照施工实际进度和计划进度，判定实际进度是否出现偏差。在发现实际进度严重滞后且影响合同工期时，应签发监理通知单，召开专题会议，要求施工单位采取调整措施加快施工进度，并督促施工单位按调整后批准的施工进度计划实施。

① 工程进度动态比较的内容包括：工程进度目标分解值与进度实际值的比较；工程进度目标值的预测分析；工程进度控制工作流程与措施；工程进度控制工作流程图。

② 工程进度控制具体措施。

组织措施：落实进度控制的责任，建立进度控制协调制度。

技术措施：建立多级网络计划体系，监控施工单位的实施作业计划。

经济措施：对工期提前者实行奖励；对应急工程实行较高的计件单价；确保资金的及时供应等。

合同措施：按合同要求及时协调有关各方的进度，以确保建设工程的形象进度。

（9）安全生产管理的监理工作　项目监理机构应根据法律法规、工程建设强制性标准，履行建设工程安全生产管理的监理职责。项目监理机构应根据工程项目的实际情况，加强对施工组织设计中涉及安全技术措施的审核，加强对专项施工方案的审查和监督，加强对现场生产安全事故隐患的检查，发现问题及时处理，防止和避免生产安全事故的发生。

1）安全生产管理的监理工作目标。履行法律法规赋予工程监理单位的法定职责，尽可能防止和避免施工安全事故的发生。

2）安全生产管理的监理工作内容。

① 编制工程监理实施细则，落实相关监理人员。

② 审查施工单位现场安全生产规章制度的建立和实施情况。

③ 审查施工单位安全生产许可证及施工单位项目经理、专职安全生产管理人员和特种作业人员的资格，核查施工机械和设施的安全许可验收手续。

④ 审查施工单位提交的施工组织设计，重点审查其中的质量安全技术措施、专项施工方案与工程建设强制性标准的符合性。

⑤ 审查包括施工起重机械和整体提升脚手架、模板等自升式架设设施等在内的施工机械和设施的安全许可验收手续情况。

⑥ 巡视检查危险性较大的分部分项工程专项施工方案实施情况。

⑦ 对施工单位拒不整改或不停止施工时，应及时向有关主管部门报送监理报告。

3）专项施工方案的编制、审查和实施的监理要求。

① 专项施工方案编制要求。实行施工总承包的，专项施工方案应当由施工总承包单位组织编制，其中，起重机械安装拆卸工程、深基坑工程、附着式升降脚手架等专业工程实行分包的，其专项施工方案可由专业分包单位组织编制。实行施工总承包的，专项施工方案应当由施工总承包单位技术负责人及相关专业分包单位技术负责人签字。对于超过一定规模的危险性较大的分部分项工程专项方案应当由施工单位组织召开专家论证会。

② 专项施工方案监理审查要求：对编审程序进行符合性审查；对实质性内容进行符合性审查。

4）安全生产管理的监理方法和措施。

① 通过审查施工单位现场安全生产规章制度的建立和实施情况，督促施工单位落实安全技术措施和应急救援预案，加强风险防范意识，预防和避免事故发生。

② 通过项目监理机构安全管理责任风险分析，制订监理实施细则，落实监理人员，加强日常巡视和安全检查，发现事故隐患时，项目监理机构应当履行监理职责，采取会议、告知、通知、停工、报告等措施向施工单位管理人员指出，预防和避免事故发生。

（10）合同管理与信息管理

1）合同管理。合同管理主要是对建设单位与施工单位、材料设备供应单位等签订的合同进行管理，从合同执行等各个环节进行管理，督促合同双方履行合同，并维护合同订立双方的正当权益。

① 合同管理的主要工作内容：处理工程暂停及复工、工程变更、索赔及施工合同争议、

解除等事宜；处理施工合同终止的有关事宜。

② 合同结构。结合项目结构图和项目组织结构图，以合同结构图形式表示，并列出项目合同目录一览表。

③ 合同管理工作流程与措施：工作流程图、合同管理具体措施。

④ 合同执行状况的动态分析：对合同履约情况进行跟踪分析；对合同变更原因进行分析；对合同违约情况进行分析等。

⑤ 合同争议调解与索赔处理程序。

⑥ 合同管理表格。

2）信息管理。信息管理是建设工程监理的基础性工作，通过对建设工程形成的信息进行收集、整理、处理、存储、传递与运用，保证能够及时、准确地获取所需要的信息。具体工作包括监理文件资料的管理内容，监理文件资料的管理原则和要求，监理文件资料的管理制度和程序，监理文件资料的主要内容，监理文件资料的归档和移交等。

① 信息分类表见表 5-2。

表 5-2 信息分类表

序号	信息类别	信息名称	信息管理要求	责任人

② 信息管理工作流程与措施。

A. 工作流程图。图 5-1 所示为某建设工程信息管理工作流程图。

B. 信息管理具体措施（略）。

（11）组织协调 组织协调工作是指监理人员通过对项目监理机构内部人与人之间、机构与机构之间，以及监理组织与外部环境组织之间的工作进行调和，从而使工程参建各方相互理解、步调一致。具体包括编制工程项目组织管理框架，明确组织协调的范围和层次，制定项目监理机构内、外协调的范围、对象和内容，制定监理组织协调的原则、方法和措施，明确处理危机关系的基本要求等。

1）组织协调的范围和层次。

① 组织协调的范围：项目组织协调的范围包括建设单位、工程建设参与各方（政府管理部门）之间的关系。

② 组织协调的层次，包括：协调工程参与各方之间的关系、工程技术协调。

2）组织协调的主要工作。

① 项目监理机构的内部协调：总监理工程师牵头，做好项目监理机构内部人员之间的工作关系协调；明确监理人员分工及各自的岗位职责；建立信息沟通制度；及时交流信息、处理矛盾，建立良好的人际关系。

② 与工程建设有关单位的外部协调。

建设工程系统内的单位：进行建设工程系统内的单位协调重点分析，主要包括建设单位、设计单位、施工单位、材料和设备供应单位、资金提供单位等。

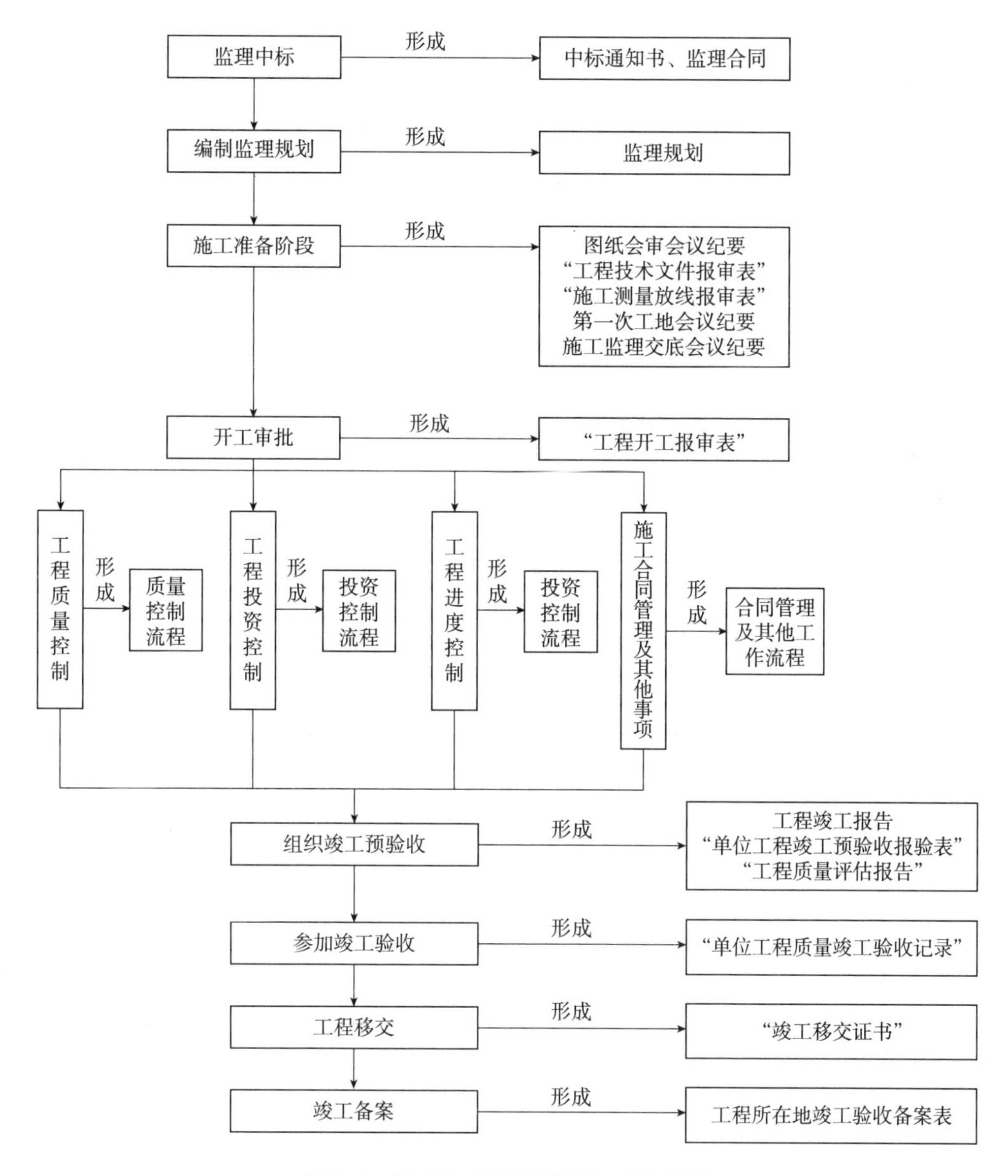

图 5-1　某建设工程信息管理工作流程图

建设工程系统外的单位：进行建设工程系统外的单位协调重点分析，主要包括政府建设行政主管机构、政府其他有关部门、工程毗邻单位、社会团体等。

3）组织协调方法和措施。

① 组织协调方法。

会议协调：监理例会、专题会议等方式。

交谈协调：面谈、电话、网络等方式。

书面协调：通知书、联系单、月报等方式。

访问协调：走访或约见等方式。

② 不同阶段组织协调措施。

开工前的协调，如第一次工地会议等；施工过程中协调；竣工验收阶段协调。

4）协调工作程序。

① 工程质量控制协调程序。

② 工程造价控制协调程序。

③ 工程进度控制协调程序。

④ 其他方面工作协调程序。

（12）监理设施

1）制定监理设施管理制度。

2）根据建设工程类别、规模、技术复杂程度、建设工程所在地的环境条件，按建设工程监理合同约定，配备满足监理工作需要的常规检测设备和工具。

3）落实场地、办公、交通、通信、生活等设施，配备必要的影像设备。

4）项目监理机构应将拥有的监理设备和工具（如计算机、设备、仪器、工具、照相机、摄像机等）列表，注明数量、型号和使用时间，并指定专人负责管理。

3. 监理规划报审

（1）监理规划报审程序　依据《建设工程监理规范》（GB/T 50319—2013），监理规划可在签订建设工程监理合同及收到工程设计文件后由总监理工程师组织编制，并应在召开第一次工地会议前报送建设单位。监理规划报审程序（包括时间节点安排、工作内容及负责人）见表 5-3。

表 5-3　监理规划报审程序

序号	时间节点安排	工作内容	负责人
1	签订监理合同及收到工程设计文件后	编制监理规划	总监理工程师组织 专业监理工程师参与
2	编制完成、总监理工程师签字后	监理规划审批	监理单位技术负责人审批
3	第一次工地会议前	报送建设单位	总监理工程师报送
4	设计文件、施工组织设计和施工方案等发生重大变化时	调整监理规划	总监理工程师组织 专业监理工程师参与
		重新审批监理规划	监理单位技术负责人审批

（2）监理规划的审核内容　监理规划在编写完成后需要进行审核并经报批。监理单位技术管理部门是内部审核单位，其技术负责人应当签认。监理规划审核的内容主要包括以下几方面：

1）监理范围、工作内容及监理目标的审核。依据监理招标文件和建设工程监理合同，审核是否理解建设单位的工程建设意图，监理范围、监理工作内容是否已包括全部委托的工作任务，监理目标是否与建设工程监理合同要求和建设意图相一致。

2）项目监理机构的审核。

① 组织机构方面。组织形式、管理模式等是否合理，是否已结合工程实施特点，是否能够与建设单位的组织关系和施工单位的组织关系相协调等。

② 人员配备方面。人员配备方案应从以下几个方面审查：派驻监理人员的专业满足程度；人员数量的满足程度；专业人员不足时采取的措施是否恰当；派驻现场人员计划表。

3）工作计划的审核。在工程进展中各个阶段的工作实施计划是否合理、可行，审查其在每个阶段中如何控制建设工程目标以及组织协调方法。

4）工程质量、造价、进度控制方法的审核。对三大目标控制方法和措施应重点审查，审查如何应用组织、技术、经济、合同措施保证目标实现，方法是否科学、合理、有效。

5）对安全生产管理监理工作内容的审核。主要是审核安全生产管理的监理工作内容是否明确；是否制定了相应的安全生产管理实施细则；是否建立了对施工组织设计、专项施工方案的审查制度；是否建立了对现场安全隐患的巡视检查制度；是否建立了安全生产管理状况的监理报告制度；是否制订了生产安全事故的应急预案等。

6）监理工作制度的审核。主要审查项目监理机构内、外工作制度是否健全、有效。

5.2 监理实施细则

1. 监理实施细则的编写依据和编写要求

监理实施细则是在监理规划的基础上，当落实了各专业监理责任和工作内容后，由专业监理工程师针对工程具体情况制订出更具实施性和操作性的业务文件，其作用是具体指导监理业务的实施。

（1）监理实施细则的编写依据 《建设工程监理规范》（GB/T 50319—2013）规定了监理实施细则的编写依据：

1）监理规划。

2）工程建设标准、工程设计文件。

3）施工组织设计、（专项）施工方案。

除《建设工程监理规范》（GB/T 50319—2013）中规定的相关依据，监理实施细则在编制过程中，还可以融入工程监理单位的规章制度和经认证发布的质量体系，以便使监理内容全面、完整，有效提高工程监理自身的工作质量。

（2）监理实施细则的编写要求 《建设工程监理规范》（GB/T 50319—2013）规定，采用新材料、新工艺、新技术、新设备的工程，以及专业性较强、危险性较大的分部分项工程，应编制监理实施细则。在工程规模较小、技术较为简单且有成熟监理经验和施工技术措施落实的情况下，可不必编制监理实施细则。

监理实施细则应符合监理规划的要求，并应结合工程专业特点，做到详细具体、具有可操作性。监理实施细则可随工程进展编制，但应在相应工程开始前由专业监理工程师编制完成，并经总监理工程师审批后实施。可根据建设工程实际情况及项目监理机构工作需要增加其他内容。当工程发生变化导致监理实施细则所确定的工作流程、方法和措施需要调整时，专业监理工程师应对监理实施细则进行补充、修改。

从监理实施细则目的角度，监理实施细则应满足以下三个方面要求：

1）内容全面。监理工作包括“三控两管一协调”与安全生产管理的监理工作，监理实施细则作为指导监理工作的操作性文件应涵盖这些内容。在编制监理实施细则前，专业监理工程师应依据建设工程监理合同和监理规划确定的监理范围和内容，结合需要编制监理实施细则的专业工程特点，对工程质量、造价、进度主要影响因素以及安全生产管理的监理工作的要求，制定内容细致、翔实的监理实施细则，确保建设工程监理目标的实现。

2）针对性强。监理实施细则应在相关依据的基础上，结合工程项目实际建设条件、环境、技术、设计、功能等进行编制，确保监理实施细则的针对性。为此，在编制监理实施细则前，各专业监理工程师应组织本专业监理人员熟悉本专业的设计文件、施工图和施工方案，结合工程特点，分析本专业监理工作的难点、重点及其主要影响因素，制定有针对性的组织、技术、经济和合同措施。同时，在监理工作实施过程中，监理实施细则要根据实际情况进行补充、修改和完善。

3）可操作性。监理实施细则应有可行的操作方法、措施，详细、明确的控制目标值和全面的监理工作计划。

2. 监理实施细则的主要内容

《建设工程监理规范》（GB/T 50319—2013）明确规定了监理实施细则应包含的内容，即专业工程特点、监理工作流程、监理工作要点，以及监理工作方法及措施。

（1）专业工程特点　专业工程特点应从专业工程施工的重点和难点、施工范围和施工顺序、施工工艺、施工工序等内容进行有针对性的阐述，体现为工程施工的特殊性、技术的复杂性，与其他专业的交叉和衔接以及各种环境约束条件。

例如，对于某拟建于古河道分布区域的工程，监理细则中专业工程特点部分阐述了工程地质情况、场地水文地质条件、存在的不良地质现象等；对于某房地产开发项目，监理细则中专业工程特点部分则主要明确了土方开挖与基坑支护工程特点等。

除专业工程外，新材料、新工艺、新技术以及对工程质量、造价、进度应加以重点控制等特殊要求也需要在监理实施细则中体现。

（2）监理工作流程　监理工作流程是结合工程相应专业制定的具有可操作性和可实施性的流程图。它不仅涉及最终产品的检查验收，还涉及施工中各个环节及中间产品的监督检查与验收。监理工作涉及的流程包括：开工审核工作流程、施工质量控制流程、进度控制流程、造价（工程量计量）控制流程、安全生产和文明施工监理流程、测量监理流程、施工组织设计审核工作流程、分包单位资格审核流程、建筑材料审核流程、技术审核流程、工程质量问题处理审核流程、旁站检查工作流程、隐蔽工程验收流程、工程变更处理流程、信息资料管理流程等。

某工程预制混凝土空心管桩工程监理工作流程如图 5-2 所示。

（3）监理工作要点　监理工作控制要点及目标值是对监理工作流程中工作内容的增加和补充，应将流程图设置的相关监理控制点和判断点进行详细而全面的描述。将监理工作目标和检查点的控制指标、数据和频率等阐明。

例如，某工程预制混凝土空心管桩工程监理工作要点如下：

1）预制桩进场检验：保证资料、外观检查（管桩壁厚、内外平整）。

2）压桩顺序：压桩宜按中间向四周，中间向两端，先长后短，先高后低的原则确定压桩顺序。

3）桩机就位：桩架龙口必须垂直。确保桩机桩架、桩身在同一轴线上，桩架要坚固、稳定，并有足够刚度。

4）桩位：放样后认真复核，控制吊桩就位准确。

5）桩垂直度：第一节管桩起吊就位插入地面时的垂直度用长条水准尺或两台经纬仪随时校正，垂直度偏差不得大于桩长的0.5%，必要时拔出重插，每次接桩应用长条水准尺测垂直度，偏差控制在 0.5% 内；在静压过程中，桩机桩架、桩身的中心线应重合，当桩身倾斜超过 0.8% 时，应找出原因并设法校正，当桩尖进入硬土层后，严禁用移动桩架等强行回扳的方法纠偏。

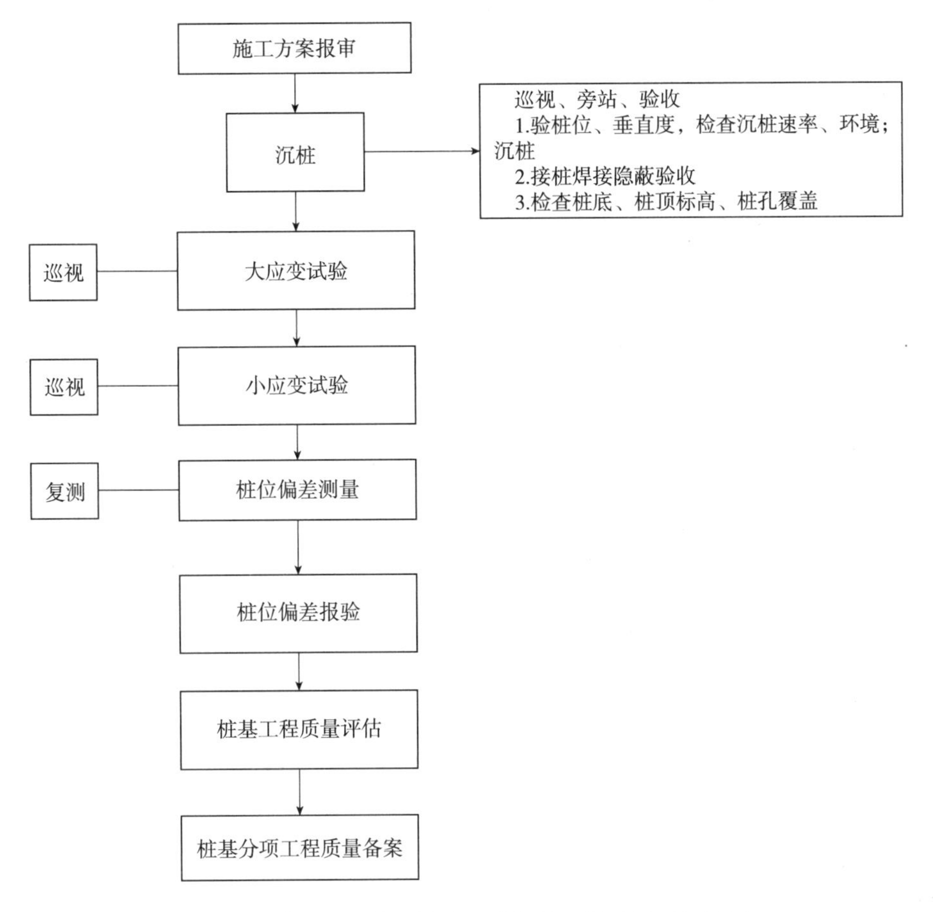

图 5-2　某工程预制混凝土空心管桩工程监理工作流程

6）沉桩前，施工单位应提交沉桩先后顺序和每日班沉桩数量。

7）管桩接头焊接：管桩入土部分桩头高出地面 0.5～1.0m 时接桩，接桩时，上节桩应对直，轴向错位不得大于 2mm。采用焊接接桩时，上下节桩之间的空隙用铁片填实焊牢，结合面的间隙不得大于 2mm。焊接坡口表面用铁刷子刷干净，露出金属光泽。焊接时宜先在坡口圆周上对称点焊 6 点，待上、下桩节固定后拆除导向箍再分层施焊。施焊宜由 2～3 名焊工对称进行，焊缝应连续饱满，焊接层数不少于 3 层，内层焊渣必须清理干净后方能施焊外一层，焊好的桩必须自然冷却 8min 后方可施打，严禁焊接后用水冷却即施打。

8）送桩：当桩顶打至地面需要送桩时，应测出桩垂直度并检查桩顶质量，合格后立即送桩，用送桩器将桩送入设计桩顶位置。送桩时，送桩器应保证与压入的桩垂直一致，送桩器下端与桩顶断面应平整接触，以免桩顶面受力不均匀而发生偏位或桩顶破碎。

9）截桩头：桩头截除应采用锯桩器截割，严禁用大锤横向敲击或强行扳拉截桩，截桩后桩顶标高偏差不得大于 10cm。

（4）监理工作方法及措施　监理规划中的方法是针对工程总体概括要求的方法和措施，

监理实施细则中的监理工作方法和措施是针对专业工程而言的，应更具体、更具有可操作性和可实施性。

1）监理工作方法。监理工程师通过旁站、巡视、见证取样、平行检测等监理方法，对专业工程进行全面监控，对每一个专业工程的监理实施细则而言，必须详尽阐明工作方法。

除上述四种常规方法外，监理工程师还可采用指令文件、监理通知、支付控制手段等方法实施监理。

2）监理工作措施。各专业工程的控制目标要有相应的监理措施以保证控制目标的实现。制定监理工作措施通常有两种方式。

① 根据措施实施内容不同，可将监理工作措施分为技术措施、经济措施、组织措施和合同措施。例如，某建筑工程钻孔灌注桩分项工程监理工作组织措施和技术措施。

组织措施：根据钻孔桩工艺和施工特点，对项目监理机构人员进行合理分工，现场专业监理人员分为两班（8 ：00—20 ：00 和 20 ：00—次日 8 ：00，每班 1 人），进行全程巡视、旁站、检查和验收。

技术措施：组织所有监理人员全面阅读设计图等技术文件，提出书面意见，参加设计交底，制定详细的监理实施细则。

详细审核施工单位提交的施工组织设计；严格审查施工单位现场质量管理体系的建立和实施。

研究分析钻孔桩施工质量风险点，合理确定质量控制关键点，包括：桩位控制、桩长控制、桩径控制、桩身质量控制和桩端施工质量控制。

② 根据措施实施时间不同，可将监理工作措施分为事前控制措施、事中控制措施及事后控制措施。

事前控制措施是指为预防发生差错或问题而提前采取的措施；事中控制措施是指监理工作过程中，为了及时获取工程实际状况信息，及时发现问题、解决问题而采取的措施；事后控制措施是指发现工程相关指标与控制目标或标准之间出现差异后而采取的纠偏措施。

3. 监理实施细则报审

（1）监理实施细则报审程序 《建设工程监理规范》（GB/T 50319—2013）规定，监理实施细则应在相应工程施工开始前由专业监理工程师编制，并应报监理工程师审批。监理实施细则报审程序见表 5-4。

表 5-4 监理实施细则报审程序

序号	节点	工作内容	负责人
1	相应工程施工前	编制监理实施细则	专业监理工程师编制
2		监理实施细则审批、批准	专业监理工程师送审，总监理工程师批准
3	工程施工过程中	若发生变化，监理实施细则中工作流程与方法措施调整	专业监理工程师调整，总监理工程师批准

（2）监理实施细则的审核内容 监理实施细则由专业监理工程师编制完成后，需要报总监理工程师批准后方能实施。监理实施细则审核的内容主要包括以下几方面：

1）编制依据、内容的审核。监理实施细则的编制是否符合监理规划的要求，是否符合专业工程相关的标准，是否符合设计文件的内容，与提供的技术资料是否相符合，是否与施工组织设计、(专项)施工方案使用的规范、标准、技术要求相一致。监理的目标、范围和内容是否与监理合同和监理规划相一致，编制的内容是否涵盖专业工程的特点、重点和难点，内容是否全面、翔实、可行，是否能确保监理工作质量等。

2)项目监理人员的审核。

① 组织方面。组织方式、管理模式是否合理，是否结合了专业工程的具体特点，是否便于监理工作的实施，制度、流程上是否能保证监理工作，是否与建设单位和施工单位相协调等。

② 人员配备方面。人员配备的专业满足程度、数量等是否满足监理工作的需要、专业人员不足时采取的措施是否恰当、是否有操作性较强的现场人员计划安排表等。

3)监理工作流程、监理工作要点的审核。监理工作流程是否完整、翔实，节点检查验收的内容和要求是否明确，监理工作流程是否与施工流程相衔接，监理工作要点是否明确、清晰，目标值控制点设置是否合理、可控等。

4)监理工作方法和措施的审核。监理工作方法是否科学、合理、有效，监理工作措施是否具有针对性、可操作性，是否安全可靠，能否确保监理目标的实现等。

5)监理工作制度的审核。针对专业工程监理，其内、外监理工作制度是否能有效保证监理工作的实施，监理记录、检查表格是否完备等。

思考题

1. 简述监理规划编写的依据。
2. 简述监理规划编写的要求。
3. 根据《建设工程监理规范》，简述监理规划的主要内容。
4. 简述监理规划的审核内容。
5. 哪些情况需要编写监理实施细则？简述编写监理实施细则应满足的要求。
6. 简述监理实施细则的主要内容。
7. 简述监理实施细则的审核内容。

二维码形式客观题

微信扫描二维码，可自行做客观题，提交后可查看答案。

第5章
客观题

第6章 建设工程监理的工作内容和主要方式

本章学习目标

掌握建设工程监理的工作内容中的目标控制、合同管理和安全生产管理；熟悉建设工程监理工作内容中的信息管理和组织协调；掌握审查、巡视和旁站工程监理方式；熟悉验收、见证取样和平行检验工程监理方式。

建设工程监理的主要工作内容是通过合同管理、信息管理和组织协调等手段，控制建设工程质量、造价和进度目标，并履行建设工程安全生产管理的法定职责。巡视、平行检验、旁站、见证取样则是建设工程监理的主要方式。

6.1 建设工程监理的工作内容

1. 目标控制

任何建设工程都有质量、造价、进度三大目标，三大目标构成了建设工程目标体系。工程监理单位受建设单位委托，需要协调处理三大目标之间的关系、确定与分解三大目标，并采取有效措施控制三大目标。

（1）建设工程三大目标之间的关系　建设工程质量、造价、进度三大目标之间相互关联，共同形成一个整体。从建设单位角度出发，往往希望建设工程的质量好、投资省、工期短（进度快），但在工程实践中，几乎不可能同时实现上述目标。确定和控制建设工程三大目标，需要统筹兼顾三大目标之间的密切联系，防止发生盲目追求单一目标而冲击或干扰其他目标，也不可分割三大目标。

1）三大目标之间的对立关系。在通常情况下，如果对工程质量有较高的要求，就需要投入较多的资金和花费较长的建设时间；如果要抢时间、争进度，以极短的时间完成建设工程，势必会增加投资或者使工程质量下降；如果要减少投资、节约费用，势必会考虑降低工程项目的功能要求和质量标准。这些表明，建设工程三大目标之间存在着矛盾和对立的一面。

2）三大目标之间的统一关系。在通常情况下，适当增加投资数量，为采取加快进度的措施提供经济条件，即可加快工程建设进度，缩短工期，使工程项目尽早动用，投资尽早收回，建设工程全生命周期经济效益得到提高；适当提高建设工程功能要求和质量标准，虽然会造成一次性投资的增加和建设工期的延长，但能够节约工程项目动用后的运行费和维修费，从而获得更好的投资效益；如果建设工程进度计划制订得既科学又合理，使工程进展具有连续性和均衡性，不但可以缩短建设工期，而且有可能获得较好的工程质量和降低工程造价。这些表明，建设工程三大目标之间存在着统一的一面。

（2）建设工程三大目标的确定与分解　控制建设工程三大目标，需要综合考虑建设工程项目三大目标之间的相互关系，在分析论证基础上明确建设工程项目质量、造价、进度总目标；需要从不同角度将建设工程总目标分解成若干分目标、子目标及可执行目标，从而形成“自上而下层层展开、自下而上层层保证”的目标体系，为建设工程三大目标动态控制奠定基础。

1）建设工程总目标的分析论证。建设工程总目标是建设工程目标控制的基本前提，也是建设工程监理成功与否的重要判据。确定建设工程总目标，需要根据建设工程投资方及利益相关者的需求，结合建设工程本身及所处环境特点进行综合论证。

分析论证建设工程总目标，应遵循下列基本原则：

① 确保建设工程质量目标符合工程建设强制性标准。工程建设强制性标准是有关人民生命财产安全、人体健康、环境保护和公众利益的技术要求，在追求建设工程质量、造价和进度目标之间最佳匹配关系时，应确保建设工程质量目标符合工程建设强制性标准。

② 定性分析与定量分析相结合。在建设工程目标系统中，质量目标通常采用定性分析方法，而造价、进度目标可采用定量分析方法。对于某一建设工程而言，采用不同的质量标准，会有不同的工程造价和工期，需要采用定性分析与定量分析相结合的方法综合论证建设工程三大目标。

③ 对于不同建设工程，三大目标可具有不同的优先等级。建设工程质量、造价、进度三大目标的优先顺序并非固定不变。由于每一建设工程的建设背景、复杂程度、投资方及利益相关者的需求等不同，决定了三大目标的重要性顺序不同。有的建设工程工期要求紧迫，有的建设工程资金紧张等，从而决定了三大目标在不同建设工程中具有不同的优先等级。

总之，建设工程三大目标之间密切联系、相互制约，需要应用多目标决策、多级递阶、动态规划等理论统筹考虑、分析论证，在“质量优、投资省、工期短”之间寻求最佳匹配。

2）建设工程总目标的逐级分解。为了有效地控制建设工程三大目标，需要逐级分解建设工程总目标，按工程参建单位、工程项目组成和时间进展等制定分目标、子目标及可执行目标，形成如图6-1所示的建设工程目标体系。在建设工程目标体系中，各级目标之间相互联系，上一级目标控制下一级目标，下一级目标保证上一级目标的实现，最终保证建设工程总目标的实现。

（3）建设工程三大目标控制的任务和措施

1）三大目标动态控制过程。建设工程目标体系构建后，建设工程监理工作的关键在于动态控制。为此，需要在建设工程实施过程中监测实施绩效，并将实施绩效与计划目标进行比较，采取有效措施纠正实施绩效与计划目标之间的偏差，力求使建设工程实现预定目标。建设工程目标体系的PDCA（Plan——计划；Do——执行；Check——检查；Action——纠偏）动态控制过程如图6-2所示。

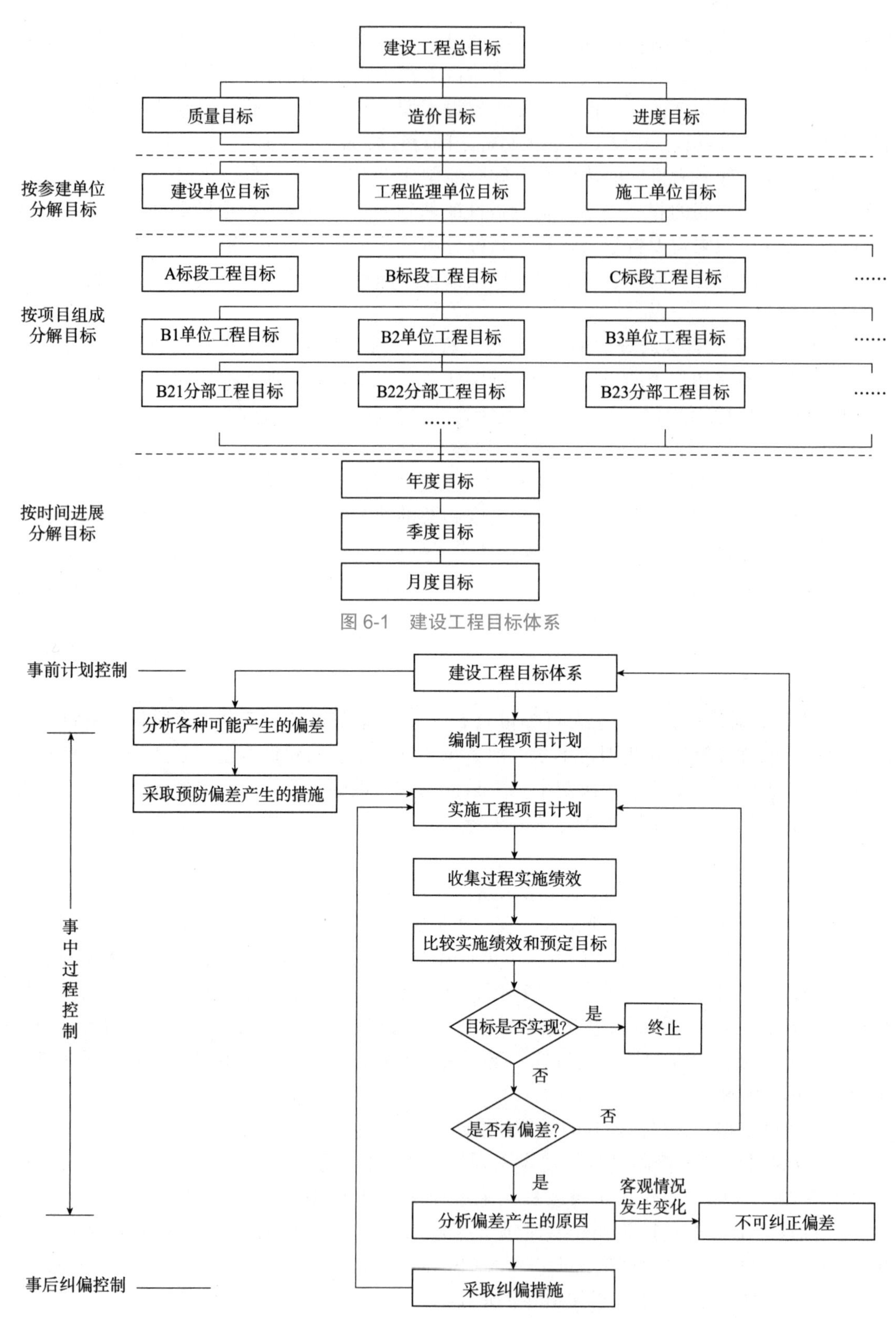

图 6-1　建设工程目标体系

图 6-2　建设工程目标体系的 PDCA 动态控制过程

2）三大目标控制任务。

① 建设工程质量控制任务。建设工程质量控制，就是通过采取有效措施，在满足工程造价和进度要求的前提下，实现预定的工程质量目标。

项目监理机构在建设工程施工阶段质量控制的主要任务是通过对施工投入、施工和安装过程、施工产出品（分项工程、分部工程、单位工程、单项工程等）进行全过程控制，以及对施工单位及其人员的资格、材料和设备、施工机械和机具、施工方案和方法、施工环境实施全面控制，以期按标准实现预定的施工质量目标。

为完成施工阶段质量控制任务，项目监理机构需要做好以下工作：协助建设单位做好施工现场准备工作，为施工单位提交合格的施工现场；审查确认施工总包单位及分包单位资格；检查工程材料、构配件、设备质量；检查施工机械和机具质量；审查施工组织设计和施工方案；检查施工单位的现场质量管理体系和管理环境；控制施工工艺过程质量；验收分部分项工程和隐蔽工程；处置工程质量问题、质量缺陷；协助处理工程质量事故；审核工程竣工图，组织工程预验收；参加工程竣工验收等。

② 建设工程造价控制任务。建设工程造价控制，就是通过采取有效措施，在满足工程质量和进度要求的前提下，力求使工程实际造价不超过预定造价目标。

项目监理机构在建设工程施工阶段造价控制的主要任务是通过工程计量、工程付款控制、工程变更费用控制、预防并处理好费用索赔、挖掘降低工程造价潜力等使工程实际费用支出不超过计划投资。

为完成施工阶段造价控制任务，项目监理机构需要做好以下工作：协助建设单位制订施工阶段资金使用计划，严格进行工程计量和付款控制；严格控制工程变更，力求减少工程变更费用；研究确定预防费用索赔的措施，以避免、减少施工索赔；及时处理施工索赔，并协助建设单位进行反索赔；协助建设单位按期提交合格施工现场，保质、保量、适时、适地提供由建设单位负责提供的工程材料和设备；审核施工单位提交的工程结算文件等。

③ 建设工程进度控制任务。建设工程进度控制，就是通过采取有效措施，在满足工程质量和造价要求的前提下，力求使工程实际工期不超过计划工期目标。

项目监理机构在建设工程施工阶段进度控制的主要任务是通过完善建设工程控制性进度计划、审查施工单位提交的进度计划、做好施工进度动态控制工作、协调各相关单位之间的关系、预防并处理好工期索赔，力求实际施工进度满足计划施工进度的要求。

为完成施工阶段进度控制任务，项目监理机构需要做好以下工作：完善建设工程控制性进度计划；审查施工单位提交的施工进度计划；协助建设单位编制和实施由建设单位负责供应的材料和设备供应进度计划；组织进度协调会议，协调有关各方关系；跟踪检查实际施工进度；研究制定预防工期索赔的措施，做好工程延期审批工作等。

3）三大目标控制措施。

① 组织措施。组织措施是其他各类措施的前提和保障。包括：建立健全实施动态控制的组织机构、规章制度和人员，明确各级目标控制人员的任务和职责分工，改善建设工程目标控制的工作流程；建立建设工程目标控制工作考评机制，加强各单位（部门）之间的沟通协作；加强动态控制过程中的激励措施，调动和发挥员工实现建设工程目标的积极性和创造性等。

② 技术措施。为了对建设工程目标实施有效控制，需要对多个可能的建设方案、施工

方案等进行技术可行性分析。为此，需要对各种技术数据进行审核、比较，需要对施工组织设计、施工方案等进行审查、论证等。此外，在整个建设工程实施过程中，还需要采用工程网络计划技术、信息化技术等实施动态控制。

③ 经济措施。无论是对建设工程造价目标实施控制，还是对建设工程质量、进度目标实施控制，都离不开经济措施。经济措施不仅是审核工程量、工程款支付申请及工程结算报告，还需要编制和实施资金使用计划，对工程变更方案进行技术经济分析等。通过投资偏差分析和未完工程投资预测，可发现一些可能引起未完工程投资增加的潜在问题，便于以主动控制为出发点，采取有效措施加以预防。

④ 合同措施。加强合同管理是控制建设工程目标的重要措施。建设工程总目标及分目标将反映在建设单位与工程参建主体所签订的合同之中。由此可见，通过选择合理的承发包模式和合同计价方式，选定满意的施工单位及材料设备供应单位，拟订完善的合同条款，并动态跟踪合同执行情况及处理好工程索赔等，是控制建设工程目标的重要合同措施。

2. 合同管理

根据《建设工程监理规范》(GB/T 50319—2013)，项目监理机构在处理工程暂停及复工、工程变更、工程索赔、施工合同争议与施工合同解除等方面的合同管理职责如下：

(1) 工程暂停及复工处理

1) 签发工程暂停令的情形。项目监理机构发现下列情况之一时，总监理工程师应及时签发工程暂停令：

① 建设单位要求暂停施工且工程需要暂停施工的。

② 施工单位未经批准擅自施工或拒绝项目监理机构管理的。

③ 施工单位未按审查通过的工程设计文件施工的。

④ 施工单位未按批准的施工组织设计、(专项) 施工方案施工或违反工程建设强制性标准的。

⑤ 施工存在重大质量、安全事故隐患或发生质量、安全事故的。

总监理工程师在签发工程暂停令时，可根据停工原因的影响范围和影响程度，确定停工范围。总监理工程师签发工程暂停令，应事先征得建设单位同意，在紧急情况下未能事先报告的，应在事后及时向建设单位做出书面报告。

2) 工程暂停相关事宜。暂停施工事件发生时，项目监理机构应如实记录所发生的情况。总监理工程师应会同有关各方按施工合同约定，处理因工程暂停引起的与工期、费用有关的问题。

因施工单位原因暂停施工时，项目监理机构应检查、验收施工单位的停工整改过程、结果。

3) 复工审批或指令。当暂停施工原因消失、具备复工条件时，施工单位提出复工申请的，项目监理机构应审查施工单位报送的复工报审表及有关材料，符合要求后，总监理工程师应及时签署审查意见，并应报建设单位批准后签发工程复工令；施工单位未提出复工申请的，总监理工程师应根据工程实际情况指令施工单位恢复施工。

(2) 工程变更处理

1) 施工单位提出的工程变更处理程序。项目监理机构可按下列程序处理施工单位提出的工程变更：

① 总监理工程师组织专业监理工程师审查施工单位提出的工程变更申请，提出审查意

见。对涉及工程设计文件修改的工程变更，应由建设单位转交原设计单位修改工程设计文件。必要时，项目监理机构应建议建设单位组织设计、施工等单位召开论证工程设计文件的修改方案的专题会议。

② 总监理工程师组织专业监理工程师对工程变更费用及工期影响做出评估。

③ 总监理工程师组织建设单位、施工单位等协商确定工程变更费用及工期变化，会签工程变更单。

④ 项目监理机构根据批准的工程变更文件监督施工单位实施工程变更。

2）建设单位要求的工程变更处理职责。项目监理机构可对建设单位要求的工程变更提出评估意见，并应督促施工单位按会签后的工程变更单组织施工。

（3）工程索赔处理　工程索赔包括费用索赔和工程延期申请。项目监理机构应及时收集、整理有关工程费用、施工进度的原始资料，为处理工程索赔提供证据。

项目监理机构应以法律法规、勘察设计文件、施工合同文件、工程建设标准、索赔事件的证据等为依据处理工程索赔。

1）费用索赔处理。项目监理机构应按《建设工程监理规范》（GB/T 50319—2013）规定的费用索赔处理程序和施工合同约定的时效期限处理施工单位提出的费用索赔。当施工单位的费用索赔要求与工程延期要求相关联时，项目监理机构可提出费用索赔和工程延期的综合处理意见，并应与建设单位和施工单位协商。

因施工单位原因造成建设单位损失，建设单位提出索赔时，项目监理机构应与建设单位和施工单位协商处理。

2）工程延期审批。项目监理机构应按《建设工程监理规范》（GB/T 50319—2013）规定的工程延期审批程序和施工合同约定的时效期限审批施工单位提出的工程延期申请。施工单位因工程延期提出费用索赔时，项目监理机构可按施工合同约定进行处理。

（4）施工合同争议与施工合同解除的处理

1）施工合同争议的处理。项目监理机构应按《建设工程监理规范》（GB/T 50319—2013）规定的程序处理施工合同争议。在处理施工合同争议过程中，对未达到施工合同约定的暂停履行合同条件的，应要求施工合同双方继续履行合同。

在施工合同争议的仲裁或诉讼过程中，项目监理机构应按仲裁机关或法院要求提供与争议有关的证据。

2）施工合同解除的处理。

① 因建设单位原因导致施工合同解除时，项目监理机构应按施工合同约定与建设单位和施工单位协商确定施工单位应得款项，并签发工程款支付证书。

② 因施工单位原因导致施工合同解除时，项目监理机构应按施工合同约定，确定施工单位应得款项或偿还建设单位的款项，与建设单位和施工单位协商后，书面提交施工单位应得款项或偿还建设单位款项的证明。

③ 因非建设单位、施工单位原因导致施工合同解除时，项目监理机构应按施工合同约定处理合同解除后的有关事宜。

3. 信息管理

建设工程信息管理是指对建设工程信息的收集、加工、整理、分发、检索、存储等一系列工作的总称。信息管理是建设工程监理的重要手段之一，及时掌握准确、完整的信息，可以使监理工程师卓有成效地完成建设工程监理与相关服务工作。信息管理工作的好坏，将直接影响建设工程监理与相关服务工作的成败。

建设工程信息管理贯穿工程建设全过程，其基本环节包括：信息的收集，信息的加工、整理、分发、检索和存储。

（1）建设工程信息的收集　在建设工程的不同进展阶段，会产生大量的信息。工程监理单位的介入阶段不同，决定了信息收集的内容不同。如果工程监理单位接受委托在建设工程决策阶段提供咨询服务，则需要收集与建设工程相关的市场、资源、自然环境、社会环境等方面的信息；如果是在建设工程设计阶段提供项目管理服务，则需要收集的信息有：工程项目可行性研究报告及前期相关文件资料，同类工程相关资料，拟建工程所在地信息，勘察、测量、设计单位相关信息，拟建工程所在地政府部门相关规定，拟建工程设计质量保证体系及进度计划等。如果是在建设工程施工招标阶段提供相关服务，则需要收集的信息有：工程立项审批文件，工程地质、水文地质勘查报告，工程设计及概算文件，施工图设计审批文件，工程所在地工程材料、构配件、设备、劳动力市场价格及变化规律，工程所在地工程建设标准及招标投标相关规定等。

在建设工程施工阶段，项目监理机构应从下列方面收集信息：

1）建设工程施工现场的地质、水文、测量、气象等数据，地上、地下管线，地下洞室，地上既有建筑物、构筑物及树木、道路，建筑红线，水、电、气管道的引入标志，地质勘查报告、地形测量图及标桩等环境信息。

2）施工机构组成及进场人员资格，施工现场质量及安全生产保证体系，施工组织设计及（专项）施工方案、施工进度计划，分包单位资格等信息。

3）进场设备的规格型号、保修记录，工程材料、构配件、设备的进场、保管、使用等信息。

4）施工项目管理机构管理程序，施工单位内部工程质量、成本、进度控制及安全生产管理的措施及实施效果，工序交接制度，事故处理程序，应急预案等信息。

5）施工中需要执行的国家、行业或地方工程建设标准，施工合同履行情况。

6）施工过程中发生的工程数据，如：地基验槽及处理记录、工序交接检查记录、隐蔽工程检查验收记录、分部分项工程检查验收记录等。

7）工程材料、构配件、设备质量证明资料及现场测试报告。

8）设备安装试运行及测试信息，如：电气接地电阻、绝缘电阻测试，管道通水、通气、通风试验，电梯施工试验，消防报警、自动喷淋系统联动试验等信息。

9）工程索赔相关信息，如：索赔处理程序、索赔处理依据、索赔证据等。

（2）建设工程信息的加工、整理、分发、检索和存储

1）信息的加工和整理。信息的加工和整理主要是指将所获得的数据和信息通过鉴别、选择、核对、合并、排序、更新、计算、汇总等，生成不同形式的数据和信息，目的是提供给各类管理人员使用。加工和整理数据和信息，往往需要按照不同的需求分层进行。

工程监理人员对于数据和信息的加工要从鉴别开始。一般而言，工程监理人员自己收集的数据和信息的可靠度较高，而对于施工单位报送的数据，就需要进行鉴别、选择、核对，对于动态数据需要及时更新。为了便于应用，还需要对收集来的数据和信息按照工程项目组成（单位工程、分部工程、分项工程等）、工程项目目标（质量、造价、进度）等进行汇总和组织。

科学的信息加工和整理，需要基于业务流程图和数据流程图，结合建设工程监理与相关服务业务工作绘制业务流程图和数据流程图，不仅是建设工程信息加工和整理的重要基础，而且是优化建设工程监理与相关服务业务处理过程、规范建设工程监理与相关服务行为的重要手段。

① 业务流程图。业务流程图是以图示形式表示业务处理过程。通过绘制业务流程图，可以发现业务流程的问题或不完善之处，进而可以优化业务处理过程。某项目监理机构的工程量处理业务流程图如图 6-3 所示。

② 数据流程图。数据流程图是根据业务流程图，将数据流程以图示形式表示出来。数据流程图的绘制应自上而下地层层细化。根据图 6-3 绘制的某项目监理机构的工程量处理数据流程图如图 6-4 所示。

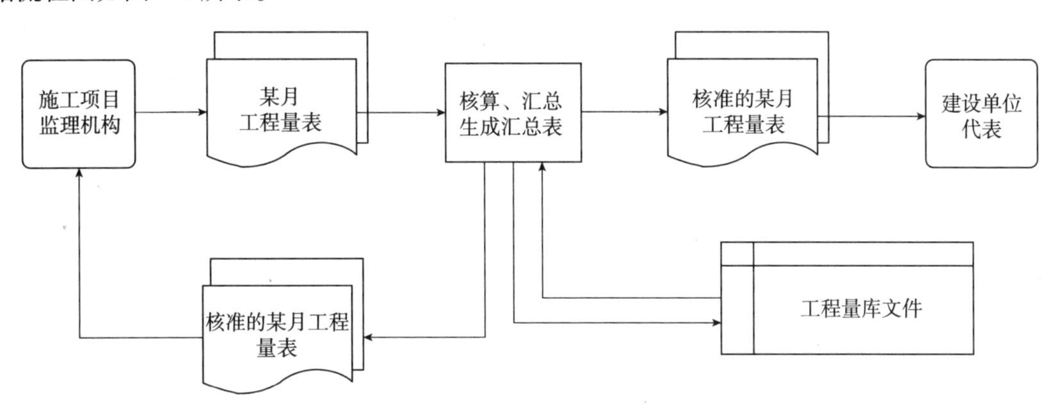

图 6-3　某项目监理机构的工程量处理业务流程图

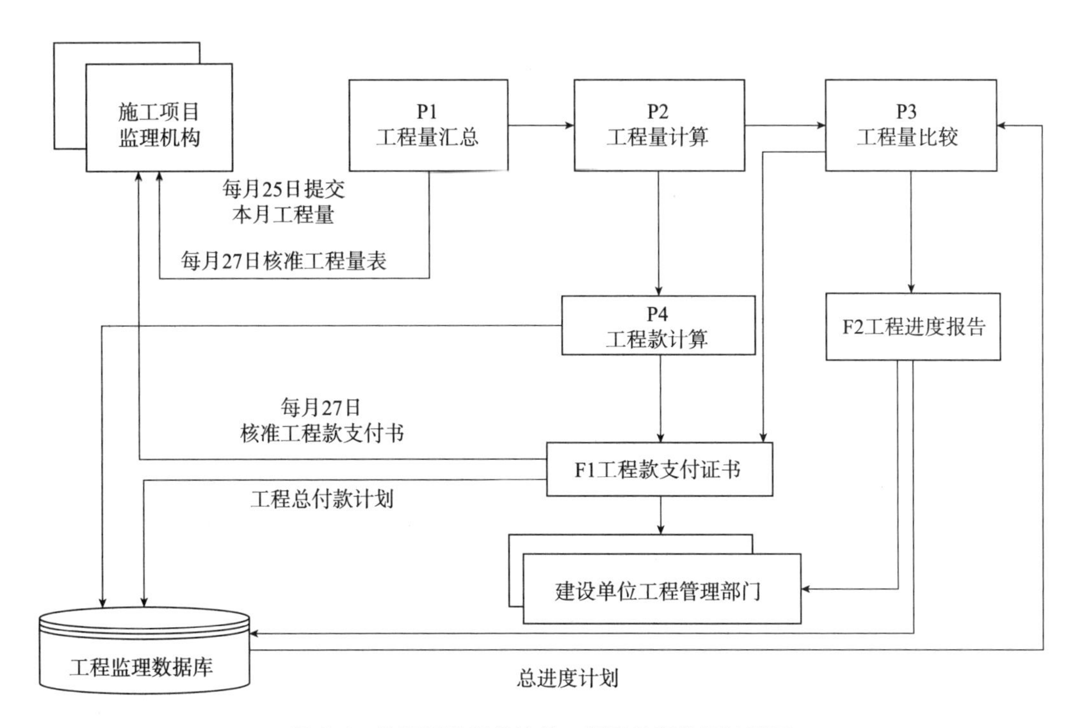

图 6-4　某项目监理机构的工程量处理数据流程图

2）信息的分发和检索。加工整理后的信息要及时提供给需要使用信息的部门和人员，信息的分发要根据需要来进行，信息的检索需要建立在一定的分级管理制度上。信息分发和检索的基本原则是：需要信息的部门和人员，有权在需要的第一时间方便地得到需要的信息。

① 信息分发。设计信息分发制度时需要考虑：了解信息使用部门和人员的使用目的、使用周期、使用频率、获得时间及信息的安全要求，决定信息分发的内容、数量、范围、数据来源，决定分发信息的数据结构、类型、精度和格式，决定提供信息的介质。

② 信息检索。设计信息检索时需要考虑：允许检索的范围，检索的密级划分，密码管理等；检索的信息能否及时、快速地提供，实现的手段；所检索信息的输出形式，能否根据关键词实现智能检索等。

3）信息的存储。存储信息需要建立统一数据库。需要根据建设工程实际，规范地组织数据文件。

① 按照工程进行组织，同一工程按照质量、造价、进度、合同等类别组织，各类信息再进一步根据具体情况进行细化。

② 工程参建各方要协调统一数据存储方式，数据文件名要规范化，要建立统一的编码体系。

③ 尽可能以网络数据库形式存储数据，减少数据冗余，保证数据的唯一性，并实现数据共享。

4. 组织协调

（1）项目监理机构组织协调内容　从系统工程角度看，项目监理机构组织协调内容可分为系统内部（项目监理机构）协调和系统外部协调两大类，系统外部协调又分为系统近外层协调和系统远外层协调。近外层和远外层的主要区别是建设单位与近外层关联单位之间有合同关系，与远外层关联单位之间没有合同关系。

1）项目监理机构内部的协调。

① 项目监理机构内部人际关系的协调。项目监理机构是由工程监理人员组成的工作体系，工作效率在很大程度上取决于人际关系的协调程度。总监理工程师应首先协调好人际关系，激励项目监理机构人员。

在人员安排上要量才录用。要根据项目监理机构中每个人的专长进行安排，做到人尽其才。工程监理人员的搭配要注意能力互补和性格互补，人员配置要尽可能少而精，避免能力不足和忙闲不均。

在工作分配上要职责分明。对项目监理机构中的每一个岗位，都要明确岗位目标和责任，应通过职位分析，使管理职能不重、不漏，做到事事有人管，人人有专责，同时明确岗位职权。

在绩效评价上要实事求是。要发扬民主作风，实事求是地评价工程监理人员的工作绩效，以免人员无功自傲或有功受屈，使每个人热爱自己的工作，并对工作充满信心和希望。

在矛盾调解上要恰到好处。人员之间的矛盾总是存在的，一旦出现矛盾，就要进行调解，要多听取项目监理机构成员的意见和建议，及时沟通，使工程监理人员始终处于团结、和谐、热情高涨的工作氛围之中。

② 项目监理机构内部组织关系的协调。项目监理机构是由若干部门（专业组）组成的

工作体系，每个专业组都有自己的目标和任务。如果每个专业组都从建设工程整体利益出发，理解和履行自己的职责，则整个建设工程就会处于有序的良性状态，否则，整个系统便处于无序的紊乱状态，导致功能失调，效率下降。为此，应从以下几方面协调项目监理机构内部组织关系：

在目标分解的基础上设置组织机构，根据工程特点及工程监理合同约定的工作内容，设置相应的管理部门。

明确规定每个部门的目标、职责和权限，最好以规章制度的形式做出明确规定。

事先约定各个部门在工作中的相互关系。工程建设中的许多工作是由多个部门共同完成的，其中有主办、牵头和协作、配合之分，事先约定，可避免误事、脱节等贻误工作现象的发生。

建立信息沟通制度。如采用工作例会、业务碰头会，发送会议纪要、工作流程图、信息传递卡等来沟通信息，这样有利于从局部了解全局，服从并适应全局需要。

及时消除工作中的矛盾或冲突。坚持民主作风，注意从心理学、行为科学角度激励各个成员的工作积极性；实行公开信息政策，让大家了解建设工程的实施情况、遇到的问题或危机；经常性地指导工作，与项目监理机构成员一起商讨遇到的问题，多倾听他们的意见、建议，鼓励大家同舟共济。

③ 项目监理机构内部需求关系的协调。建设工程监理实施中有人员需求、检测试验设备需求等，而资源是有限的，因此内部需求平衡至关重要。协调平衡需求关系需要从以下环节考虑：

对建设工程监理检测试验设备的平衡。建设工程监理开始实施时，要做好监理规划和监理实施细则的编写工作，合理配置建设工程监理资源，要注意期限的及时性、规格的明确性、数量的准确性、质量的规定性。

对建设工程监理人员的平衡。要抓住调度环节，注意与各专业监理工程师的配合。工程监理人员的安排必须考虑到工程进展情况，根据工程实际进展安排工程监理人员进退场计划，以保证建设工程监理目标的实现。

2）项目监理机构与建设单位的协调。

① 要理解建设工程总目标和建设单位的意图。对于未能参加工程项目决策过程的监理工程师，必须了解项目构思的基础、起因、出发点，否则，可能会对建设工程监理目标及任务有不完整、不准确的理解，从而给监理工作造成困难。

② 利用工作之便做好建设工程监理宣传工作，增进建设单位对建设工程监理的理解，特别是对建设工程管理各方职责及监理程序的理解；主动帮助建设单位处理工程建设中的事务性工作，以自己规范化、标准化、制度化的工作去影响和促进双方工作的协调一致。

③ 尊重建设单位，让建设单位投入工程建设全过程。尽管有预定目标，但建设工程实施必须执行建设单位指令，使建设单位满意。对建设单位提出的某些不适当要求，只要不属于原则问题，都可先执行，然后在适当时机、采取适当方式加以说明或解释；对于原则性问题，可采取书面报告等方式说明原委，尽量避免发生误解，以使建设工程顺利实施。

3）项目监理机构与施工单位的协调。项目监理机构对工程质量、造价、进度目标的控制，以及履行建设工程安全生产管理的法定职责，都是通过施工单位的工作来实现的，因此做好与施工单位的协调工作是项目监理机构组织协调工作的重要内容。

① 与施工单位的协调应注意以下问题：

A. 坚持原则，实事求是，严格按规范、规程办事，讲究科学态度。项目监理机构应强调各方面利益的一致性和建设工程总目标；应鼓励施工单位向其汇报建设工程实施状况、实施结果和遇到的困难和意见，以寻求对建设工程目标控制的有效解决办法。双方了解得越多、越深刻，建设工程监理工作中的对抗和争执就越少。

B. 协调不仅是方法、技术问题，还是语言艺术、感情交流和用权适度问题。有时尽管协调意见是正确的，但由于方式或表达不妥，反而会激化矛盾。高超的协调能力则往往能起到事半功倍的效果，令各方面都满意。

② 与施工单位的协调工作内容主要有：

A. 与施工项目经理关系的协调。施工项目经理及工程师最希望监理工程师能够公平、通情达理，指令明确而不含糊，并且能及时答复所询问的问题。项目监理机构既要懂得坚持原则，又要善于理解施工项目经理的意见，工作方法灵活，能够随时提出或愿意接受变通办法来解决问题。

B. 施工进度和质量问题的协调。由于工程施工进度和质量的影响因素错综复杂，因而施工进度和质量问题的协调工作也十分复杂。项目监理机构应采用科学的进度和质量控制方法，设计合理的奖罚机制及组织现场协调会议等协调工程施工进度和质量问题。

C. 对施工单位违约行为的处理。在工程施工过程中，项目监理机构对施工单位的某些违约行为进行处理是一件需要慎重而又难免的事情。当发现施工单位采用不适当的方法进行施工，或采用不符合质量要求的材料时，项目监理机构除立即制止外，还需要采取相应的处理措施。遇到这种情况，项目监理机构需要在其权限范围内采用恰当的方式及时做出协调处理。

D. 施工合同争议的协调。对于工程施工合同争议，项目监理机构应首先采用协商解决方式，协调建设单位与施工单位的关系。协商不成时，才由合同当事人申请调解，甚至申请仲裁或诉讼。遇到非常棘手的合同争议时，不妨暂时搁置等待时机，另谋良策。

E. 对分包单位的管理。项目监理机构虽然不直接与分包合同发生关系，但可对分包合同中的工程质量、进度进行直接跟踪监控，然后通过总承包单位进行调控、纠偏。分包单位在施工中发生的问题，由总承包单位负责协调处理。分包合同履行中发生的索赔问题，一般应由总承包单位负责，涉及总包合同中建设单位的义务和责任时，由总承包单位通过项目监理机构向建设单位提出索赔，由项目监理机构进行协调。

4）项目监理机构与设计单位的协调。工程监理单位与设计单位都是受建设单位委托进行工作的，两者之间没有合同关系，因此项目监理机构要与设计单位做好交流工作，需要建设单位的支持。

① 真诚尊重设计单位的意见，在设计交底和图纸会审时，要理解和掌握设计意图、技术要求、施工难点等，将标准过高、设计遗漏、图样差错等问题在施工之前解决；进行结构工程验收、专业工程验收、竣工验收等工作，要约请设计代表参加；发生质量事故时，要认真听取设计单位的处理意见等。

② 施工中发现设计问题，应及时按工作程序通过建设单位向设计单位提出，以免造成更大的直接损失；项目监理机构掌握比原设计更先进的新技术、新工艺、新材料、新结构、新设备时，可主动通过建设单位与设计单位沟通。

③ 注意信息传递的及时性和程序性。监理工作联系单、工程变更单等要按规定的程序进行传递。

5）项目监理机构与政府部门及其他单位的协调。建设工程实施过程中，政府部门、金融组织、社会团体、新闻媒介等也会起到一定的控制、监督、支持、帮助作用，如果这些关系协调得不好，建设工程的实施也可能严重受阻。

① 与政府部门的协调。包括：与工程质量监督机构的交流和协调，建设工程合同备案，协助建设单位在征地、拆迁安置等方面的工作争取得到政府有关部门的支持，现场消防设施的配置得到消防部门检查认可，现场环境污染防治得到环保部门认可等。

② 与社会团体、新闻媒介等的协调。建设单位和项目监理机构应把握机会，争取社会各界对建设工程的关心和支持。这是一种争取良好社会环境的远外层关系的协调，建设单位应起主导作用。如果建设单位确需将部分或全部远外层关系协调工作委托工程监理单位承担，则应在建设工程监理合同中明确委托的工作和相应报酬。

（2）项目监理机构组织协调方法　项目监理机构可采用以下方法进行组织协调：

1）会议协调法。会议协调法是建设工程监理中最常用的一种协调方法，包括第一次工地会议、监理例会、专题会议等。

① 第一次工地会议。第一次工地会议是建设工程尚未全面展开、总监理工程师下达开工令前，建设单位、工程监理单位和施工单位对各自人员及分工、开工准备、监理例会的要求等情况进行沟通和协调的会议，也是检查开工前各项准备工作是否就绪并明确监理程序的会议。第一次工地会议应由建设单位主持，监理单位、总承包单位授权代表参加，也可邀请分包单位代表参加，必要时可邀请有关设计单位人员参加。第一次工地会议上，总监理工程师应介绍监理工作的目标、范围和内容、项目监理机构及人员职责分工、监理工作程序、方法和措施等。

② 监理例会。监理例会是项目监理机构定期组织有关单位研究解决与监理相关问题的会议。监理例会应由总监理工程师或其授权的专业监理工程师主持召开，宜每周召开一次。参加人员包括：项目总监理工程师或总监理工程师代表、其他有关监理人员、施工项目经理、施工单位其他有关人员。需要时，也可邀请其他有关单位代表参加。

监理例会的主要内容应包括：

A．检查上次例会议定事项的落实情况，分析未完事项原因。

B．检查分析工程进度计划完成情况，提出下一阶段进度目标及其落实措施。

C．检查分析工程质量、施工安全管理状况，针对存在的问题提出改进措施。

D．检查工程量核定及工程款支付情况。

E．解决需要协调的有关事项。

F．其他有关事宜。

③ 专题会议。专题会议是由总监理工程师或其授权的专业监理工程师主持或参加的，为解决工程监理过程中的工程专项问题而不定期召开的会议。

2）交谈协调法。在建设工程监理实践中，并不是所有问题都需要开会来解决，有时可采用“交谈”的方法进行协调。交谈包括面对面交谈和电话、微信等形式交谈。

无论是内部协调还是外部协调，交谈协调法的使用频率都较高。由于交谈本身没有合同效力，而且具有方便、及时等特点，因此工程参建各方之间及项目监理机构内部都愿意采用这一方法进行协调。此外，相对于书面寻求协作而言，人们更难于拒绝面对面的请求。因此，采用交谈方式请求协作和帮助比采用书面方法实现的可能性要大。

3）书面协调法。当会议或者交谈不方便或不需要时，或者需要精确地表达自己的意见时，就会采用书面协调方法。书面协调法的特点是具有合同效力，一般常用于以下几种情况：

① 不需双方直接交流的书面报告、报表、指令和通知等。

② 需要以书面形式向各方提供详细信息和情况通报的报告、信函和备忘录等。

③ 事后对会议记录、交谈内容或口头指令的书面确认。

总之，组织协调是一种管理艺术和技巧，监理工程师尤其是总监理工程师需要掌握领导科学、心理学、行为科学方面的知识和技能，如激励、交际、表扬和批评的艺术、开会艺术、谈话艺术、谈判技巧等。只有这样，监理工程师才能进行有效的组织协调。

5. 安全生产管理

项目监理机构应根据法律法规、工程建设强制性标准，履行建设工程安全生产管理的监理职责，并应将安全生产管理的监理工作内容、方法和措施纳入监理规划及监理实施细则。

（1）施工单位安全生产管理体系的审查

1）审查施工单位的管理制度、人员资格及验收手续。项目监理机构应审查施工单位现场安全生产规章制度的建立和实施情况；审查施工单位安全生产许可证的符合性和有效性；审查施工单位项目经理、专职安全生产管理人员和特种作业人员的资格；核查施工机械和设施的安全许可验收手续。

施工单位在使用施工起重机械和整体提升脚手架、模板等自升式架设设施前，应当组织有关单位进行验收，也可以委托具有相应资质的检验检测机构进行验收；使用承租的机械设备和施工机具及配件的，由施工总承包单位、分包单位、出租单位和安装单位共同进行验收，验收合格的方可使用。

2）审查专项施工方案。项目监理机构应审查施工单位报审的专项施工方案，符合要求的，应由总监理工程师签认后报建设单位。超过一定规模的危险性较大的分部分项工程的专项施工方案，应检查施工单位组织专家进行论证、审查的情况，以及是否附具安全验算结果。

专项施工方案审查的基本内容包括：

① 编审程序应符合相关规定。专项施工方案由施工项目经理组织编制，经施工单位技术负责人签字后，才能报送项目监理机构审查。

② 安全技术措施应符合工程建设强制性标准。

（2）专项施工方案的监督实施及生产安全事故隐患的处理

1）专项施工方案的监督实施。项目监理机构应要求施工单位按已批准的专项施工方案组织施工。专项施工方案需要调整时，施工单位应按程序重新提交项目监理机构审查。

项目监理机构应巡视检查危险性较大的分部分项工程专项施工方案实施情况。发现未按专项施工方案实施时，应签发监理通知单，要求施工单位按专项施工方案实施。

2）生产安全事故隐患的处理。项目监理机构在实施监理过程中，发现工程存在生产安全事故隐患时，应签发监理通知单，要求施工单位整改；情况严重时，应签发工程暂停令，并应及时报告建设单位。施工单位拒不整改或不停止施工时，项目监理机构应及时向有关主管部门报送监理报告。

紧急情况下，项目监理机构可通过电话、传真或者电子邮件方式向有关主管部门报告，事后应形成监理报告。

6.2 建设工程监理的主要方式

建设工程监理主要方法包括：审查、巡视、旁站、验收、见证取样和平行检验等。

1. 审查

项目监理机构在实施监理过程中，应依据有关工程建设法律、法规、标准、工程设计文件、工程建设合同，对施工单位报送的有关工程建设的技术文件、报审或报验的相关资料等进行审查，并提出审查意见。符合要求后，施工单位才能实施相应的工作。审查是项目监理机构工作的主要方法之一。审查可分为程序性审查与实质性审查。

（1）程序性审查　程序性审查主要是对施工单位报送的有关工程建设的技术文件、报审或报验的相关资料等，从程序上是否符合要求、手续是否齐全、资料是否完整以及资料编制与审批人签字是否符合相关要求等方面进行查验。例如，对于施工单位报送的施工组织设计，要审查其编审程序是否符合相关规定、是否经施工单位的技术负责人审批签字等。

（2）实质性审查　实质性审查主要是对施工单位报送的有关工程建设的技术文件、报审或报验的相关资料等，从内容、方法、措施等是否符合法律、法规、标准、工程设计文件、工程建设合同等方面进行查验。如对施工组织设计，要审查其施工进度、施工方案及工程质量保证措施是否符合施工合同要求，资金、劳动力、材料、设备等资源供应计划是否满足工程施工需要，安全技术措施是否符合工程建设强制性标准，施工总平面布置是否科学合理等。

2. 巡视

巡视是指项目监理机构监理人员对施工现场进行定期或不定期的检查活动。巡视是项目监理机构工作的主要方法之一。项目监理机构应重点对工程施工质量及施工现场安全生产管理的情况进行巡视，并做好巡视检查记录。通过巡视检查及时发现施工过程中出现的质量安全问题，对不符合要求的及时督促施工单位整改，将问题消灭在萌芽状态。

（1）巡视应包括的主要内容

1）施工单位是否按工程设计文件、工程建设标准和批准的施工组织设计、（专项）施工方案施工。

2）使用的工程材料、构配件和设备是否合格。

3）施工现场管理人员，特别是施工质量与安全生产管理人员是否到位。

4）特种作业人员是否持证上岗。

（2）巡视检查的要点

1）施工作业人员。

① 施工现场管理人员，特别是施工质量与安全生产管理人员是否到位。

② 特种作业人员是否持证上岗，有无技术交底记录。

③ 施工作业人员的安全防护措施是否到位，如安全帽、安全带等。

2）施工机械设备。

① 施工机械设备的进场、安装、验收、使用是否符合相关规定。

② 施工机械设备安全防护装置是否齐全、灵敏、可靠，操作是否方便。

3）工程材料、构配件和设备。

① 工程材料、构配件和设备进场是否已按程序报验合格，并按有关规定进行检验。

② 施工现场有无使用不合格的工程材料、构配件和设备。

③ 工程材料、构配件和设备堆放是否符合施工组织设计要求。

4）主要施工方法。

① 主要施工方法是否按相关标准、（专项）施工方案实施。

② 主要施工方法是否正确，有无违规操作现象。

5）施工环境。

① 施工环境是否对工程质量安全造成影响，是否已采取相应措施。

② 基准控制点、基坑监测点的设置和保护是否符合要求，监测工作是否正常。

③ 季节性施工时，施工现场是否采取了相应的施工措施，如冬雨期施工等。

6）土方开挖工程。

① 土方开挖顺序、方法是否与设计工况一致，是否遵循“开槽支撑，先撑后挖，分层开挖，严禁超挖”的原则。

② 基坑周边堆放物料是否符合设计要求的地面荷载限值，是否存在生产安全事故隐患。

③ 挖土机械有无碰撞或损伤基坑支护结构、工程桩、降水井等现象。

④ 基坑周边及支护结构有无变形、异常现象。

7）砌体结构工程。

① 墙体拉结筋形式、规格、尺寸、位置是否符合设计要求。

② 砌筑砂浆的强度是否符合设计和规范要求。

③ 灰缝厚度及砂浆饱满度是否符合规范要求。

④ 墙体上需要预留的洞口、预埋有无遗漏。

8）钢筋工程。

① 钢筋表面是否清理干净，有无锈蚀或损伤。

② 钢筋规格、数量、位置、连接、搭接长度、锚固长度是否符合设计和规范要求。

③ 保证钢筋位置的措施是否到位。

④ 后浇带钢筋绑扎是否符合设计和规范要求。

⑤ 钢筋保护层厚度是否符合设计和规范要求。

9）混凝土工程。

① 混凝土浇筑和振捣是否按批准的施工方案实施。

② 混凝土强度试件取样与留置是否符合相关标准的要求。

③ 同条件混凝土强度试件是否按规定在施工现场养护。

④ 各部位混凝土强度是否符合设计和规范要求。

⑤ 混凝土结构的养护措施是否及时、可行、有效。

⑥ 混凝土强度是否达到允许在其上堆放物料、踩踏、安装模板及支架的要求。

⑦ 混凝土结构拆模后，外观质量、尺寸偏差是否符合设计和规范要求。

10）装配式混凝土工程。

① 预制构件的质量、标识是否符合设计和规范要求。

② 预制构件的外观质量、尺寸偏差和预留孔、预留洞、预埋件、预留插筋、键槽的位置是否符合设计和规范要求。

③ 后浇混凝土中钢筋安装、钢筋连接、预埋件安装是否符合设计和规范要求。

④ 预制构件的粗糙面或键槽是否符合设计要求。

⑤ 预制构件连接接缝处防水做法是否符合设计要求。

11）模板工程。

① 模板搭设和拆除是否按批准的专项施工方案实施。

② 模板板面是否清理干净、有无变形，拼缝是否严密，是否已涂刷隔离剂。

③ 混凝土浇筑时模板有无变形、漏浆，支架有无异常现象。

④ 模板拆除有无违规行为，模板吊运、堆放是否符合要求。

12）钢结构工程。

① 焊工是否持证上岗，是否在其合格证规定的范围内施焊。

② 施工工艺是否合理，是否符合相关标准和施工方案的要求。

③ 钢结构及零部件加工、安装是否符合设计和规范要求。

④ 钢结构涂料涂装质量是否符合相关标准的要求。

13）屋面工程。

① 基层施工是否平整、清理干净。

② 防水层施工顺序、施工工艺是否符合相关标准和施工方案的要求。

③ 防水层搭接部位、搭接宽度、细部处理是否符合设计和规范要求。

④ 屋面块材铺贴的质量是否符合相关标准的要求。

14）建筑装饰装修工程。

① 基层处理是否合格，施工工艺是否符合相关标准的要求。

② 需要进行隐蔽的部位是否已按程序报验合格。

③ 各专业之间工序穿插是否合理，有无相互污染现象。

④ 幕墙所采用的结构黏结材料是否符合设计和规范要求。

⑤ 是否按设计和规范要求使用安全玻璃。

⑥ 是否已采取成品保护措施。

15）设备安装工程。

① 设备安装是否按设计文件和批准的施工方案实施。

② 设备安装位置、尺寸、标高是否符合设计要求。

16）施工现场安全管理情况。

① 危大工程是否按批准的专项施工方案实施。

② 专职安全生产管理人员是否到岗履职。

③ 特种作业人员是否持证上岗。

④ 施工现场安全防护措施是否到位。

⑤ 施工临时用电是否符合临时用电施工组织设计及标准要求。

⑥ 施工现场安全警示标志设置是否符合相关要求。

（3）巡视发现的问题处理　项目监理机构对巡视检查发现的问题，应按其严重程度及时采取相应处理措施。

发现工程存在一般性质量安全隐患时，应及时向施工单位管理人员口头通知，要求其整改，并记录入监理日志。若施工单位未及时整改，应签发工作联系单，要求其整改。

发现工程存在质量安全事故隐患时，应签发监理通知单，要求施工单位整改；情况严重时，应签发工程暂停令，并及时报告建设单位。施工单位拒不整改或不停止施工时，应及时向有关主管部门报送监理报告。

3. 旁站

旁站是指项目监理机构对工程的关键部位或关键工序的施工质量进行的监督活动。旁站是项目监理机构工作的主要方法之一，是监督施工质量的重要手段，可以起到及时发现问题并采取措施，防止偷工减料，确保工程按施工方案施工。

根据建设部《关于印发〈房屋建筑工程施工旁站监理管理办法（试行）〉的通知》（建市〔2002〕189号）规定、工程特点和施工单位报送的施工组织设计，项目监理机构确定旁站的关键部位、关键工序，安排监理人员进行旁站，并应及时记录旁站情况。

（1）旁站工作要求

1）项目监理机构在编制监理规划时，应制订旁站方案，明确旁站的范围、内容、程序和旁站人员职责等。

2）项目监理机构应根据有关规定、工程特点和施工单位报送的施工组织设计，确定旁站的关键部位、关键工序，并书面通知施工单位。

3）施工单位应在需要旁站的关键部位、关键工序施工前24h，书面通知项目监理机构，项目监理机构应安排监理人员按旁站方案实施旁站。

4）旁站人员应熟悉设计文件，检查施工准备情况，包括施工单位质量管理人员到位情况、施工机械准备情况、施工材料准备情况。当施工准备符合要求后方可允许施工。

5）旁站人员应认真履行职责，检查施工单位是否按照设计文件、施工方案施工，检查施工过程中质量、安全保证措施的执行情况；及时发现和处理实施监理过程中出现的质量或生产安全事故隐患，并如实、准确地做好旁站记录。

6）实施旁站时，旁站人员发现施工单位有违反工程建设强制性标准行为的，或存在质量安全事故隐患的，有权责令施工单位立即整改；发现存在严重质量安全事故隐患的，应及时向总监理工程师报告，由总监理工程师签发工程暂停令或采取应急处理措施。

7）对需要旁站的关键部位、关键工序施工，凡是没有实施旁站或没有旁站记录的，专业监理工程师或总监理工程师不得在相应文件上签字。在工程竣工验收后，项目监理机构应将旁站记录存档备查。

8）旁站记录应按照“谁旁站谁记录”的原则，记录内容应真实、准确、及时，并与监理日志相符合。必要时应留有影像资料，记录旁站情况。

（2）旁站人员主要职责

1）检查施工单位施工现场质检人员到岗、特殊工种人员持证上岗以及施工机械、建筑材料准备情况。

2）在施工现场跟班监督关键部位、关键工序的施工执行施工方案以及工程建设强制性标准的情况。

3）核查进场建筑材料、构配件、设备和商品混凝土的质量检验报告等，并可在施工现场监督施工单位进行检验或者委托具有资格的第三方进行复验。

4）做好旁站记录和监理日志，保存旁站原始资料。

（3）旁站范围及内容　项目监理机构应根据有关规定、工程特点和施工单位报送的施工组织设计，确定需要旁站的关键部位、关键工序。通常应将影响工程主体结构安全的、完工后无法检测其质量的，或返工会造成较大损失的部位及其施工过程作为旁站的关键部位、关键工序。

按照有关规定，对下列建筑工程的关键部位、关键工序应实施旁站：

1）基础工程。包括土方回填，混凝土灌注桩浇筑，地下连续墙、土钉墙、后浇带及其他结构混凝土、防水混凝土浇筑，卷材防水层细部构造处理，钢结构安装。

2）主体结构工程。包括梁柱节点钢筋隐蔽过程、混凝土浇筑、预应力张拉、装配式结构安装、钢结构安装、网架结构安装、索膜安装。

3）防水工程施工。

4. 验收

验收是项目监理机构工作的主要方法之一，是工程质量控制的关键环节，包括工程施工过程质量验收和竣工质量验收。

工程质量验收是指工程施工质量在施工单位自行检查合格的基础上，由工程质量验收责任方组织，工程建设相关单位参加，对检验批、分项工程、分部工程、单位工程及其隐蔽工程的质量进行抽样检验，对技术文件进行审核，并根据设计文件和相关标准以书面形式对工程质量是否达到合格做出确认。

5. 见证取样

见证取样是指项目监理机构对施工单位进行的涉及结构安全的试块、试件及工程材料现场取样、封样、送检工作的监督活动。见证取样是项目监理机构工作的主要方法之一，是工程质量检测的重要环节，其真实性和代表性直接影响检测数据的公正性。

根据有关规定及工程建设相关标准的要求，对涉及结构安全的试块、试件和材料的质量检测应实行见证取样制度。项目监理机构应按规定配备足够的见证人员，负责见证取样和送检工作；见证取样检测项目、检测内容、取样方法应按有关规定及工程建设相关标准的要求确定。

6. 平行检验

平行检验是指项目监理机构在施工单位自检的同时，按有关规定、建设工程监理合同约定对同一检验项目进行的检测试验活动。平行检验的内容通常包括工程材料检验和工程实体量测（检查、检测）等。

由于工程类别不同，平行检验的范围和内容也不同。项目监理机构应根据工程特点、有关规定、专业要求以及建设工程监理合同约定的项目、数量、频率、费用等，对工程材料和施工质量进行平行检验。

需要说明的是：平行检验是项目监理机构工作的主要方法之一，是工程质量控制的重要手段。但目前对建筑工程项目平行检验的理解有不同的意见，在进行施工现场例行检查时，通常要查看项目监理机构平行检验的记录。平行检验是需要在建设工程监理合同中约定，是需要一定检验费用的，如果建设工程监理合同约定了平行检验的项目、数量、频率和费用，项目监理机构就应按照建设工程监理合同约定严格执行，即专款专用。如果建设工程监理合同没有约定平行检验的项目、数量和费用，项目监理机构应灵活掌握，可根据工程实际进行一些简易的平行检验，并形成记录。例如，专业监理工程师可采用回弹法对混凝土强度进行抽样检验；采用百格网对砌体结构的砂浆饱满度进行抽样检验等。

思考题

1. 简述建设工程监理工作中质量、造价和进度目标之间的关系。
2. 简述分析论证建设工程总目标应遵循的基本原则。
3. 简述监理机构进行建设工程项目三大目标控制要做好的工作。
4. 简述监理机构开展三大目标控制的主要措施。
5. 根据《建设工程监理规范》，简述总监理工程师签发工程暂停令的情形。
6. 简述项目监理机构处理施工单位提出的工程变更的程序。
7. 在建设工程施工阶段，项目监理机构应从哪些方面收集信息？
8. 如何理解项目监理机构与建设单位之间的协调？
9. 项目监理机构与施工单位之间的协调应注意哪些问题？
10. 如何理解项目监理机构与设计单位之间的协调？
11. 如何理解巡视监理方式？简述巡视的主要内容。
12. 如何理解旁站监理方式？简述旁站工作的要求。

二维码形式客观题

微信扫描二维码，可自行做客观题，提交后可查看答案。

第6章
客观题

下　篇

建设工程的目标监理

第7章 监理机构的工程项目进度控制

本章学习目标

熟悉工程进度控制的定义、基本原则和影响因素；了解进度控制的方法和流程；掌握施工准备阶段、施工实施阶段和工程竣工阶段进度控制的内容；了解施工进度计划的分类及组成；掌握施工进度计划的表示方法；了解施工进度计划审核的主要内容和审查程序；掌握施工进度计划的检查和调整；熟悉监理机构实施施工进度控制的措施。

7.1 工程进度控制概述

1. 工程进度控制的定义

1）建设工程进度控制，就是通过采取有效措施，在满足工程安全、质量和造价要求的前提下，使工程实际工期不超过计划工期目标，即依据施工合同工期要求，按照施工阶段的工作内容、工作程序、持续时间和衔接关系编制进度计划付诸实施的过程。

2）在计划实施的过程中经常检查实际进度是否按计划要求进行，对出现的偏差分析原因，采取纠正措施或调整、修改原计划，直到工程竣工，交付使用。进度控制的最终目的是确保项目进度目标的实现，建设项目进度控制的总目标是建设工期。

3）建设工程监理主要服务于工程的施工阶段。

4）项目监理机构在工程施工阶段进度控制的主要任务是：审查施工单位提交的进度计划、协助建设单位编制和实施由建设单位负责供应的材料和设备供应进度计划；做好施工进度动态控制工作、协调各相关单位之间的关系、预防并处理好工期索赔。

5）项目监理机构在工程施工阶段进度控制的重点是：资源配置计划的检查、进度检查、进度偏差原因分析与纠偏措施、阶段性计划的调整与修改、工期索赔处理。

2. 工程进度控制的基本原则

1）在确保工程安全（包括结构安全和施工现场安全）的原则下，控制工程进度。

2）在确保建设工程质量符合工程强制性标准的前提下，控制工程进度。

3）综合考虑建设工程质量、投资、进度三大目标之间的密切联系和相互制约的关系，需要多目标决策，努力在“质量优、投资省、工期短”之间寻求匹配。

4）按照施工合同规定的工期目标控制工程总进度计划，即在满足工程质量和造价要求的前提下，力求使工程实际工期不超过计划工期目标。

5）监理应监督、跟踪掌握施工现场的实际进度情况。

6）采用动态的控制方法，对工程进度主动控制。

3. 工程进度控制的影响因素

项目监理机构需要对影响进度的各种因素进行全面的分析，对进度要实施主动控制和动态控制，督促检查施工单位事前制定预防措施，事中采取有效方法，事后进行妥善补救，缩小实际进度与计划进度的偏差。

影响工程进度的因素有很多，主要有人为因素、技术因素、材料与构配件因素、机械设备因素、资金因素、岩土工程条件因素、气象因素、其他因素（社会因素、政治因素）等；按产生的根源和责任可以分成建设单位的因素、勘察设计单位的因素、施工单位的因素、监理单位的因素、其他因素，包括其他单位的因素（材料设备供应商因素、政府主管部门因素、检测单位因素）、社会因素和自然条件因素等。

（1）建设单位的因素

1）施工工期目标制订不合理。建设单位（特别是房地产商）常常为了自身利益盲目压缩工期。

2）项目报建及施工许可手续未及时办理，盲目违法开工。

3）建设单位提供的场地条件不能满足正常施工需要。

4）提供控制性坐标点、高程点资料不准确或错误。

5）边设计、边施工或施工过程中设计频繁修改、变更。

6）项目建设资金不足，不能按合同约定支付进度款。

7）施工承包合同争议引起的谈判、纠纷甚至仲裁或诉讼，例如：采用初步设计图招标导致的争议；招标文件中工程量清单漏项的处理；工作内容及工程量的增减、材料设备供应方式及供应价格的变化等。

8）甲方供材不及时、不合格，指定分包商等。

9）建设单位管理水平不高，工程管理人员流动频繁，导致施工问题不及时。

10）业主单位对监理授权不明确，致使监理人员不能发挥其管理作用。

（2）勘察设计单位的因素

1）勘察资料不准确、错误或遗漏，影响设计和岩土工程施工。

2）不能按设计合同的约定及时提供施工所需的图样；图样“缺、漏、碰、错”等质量问题多而严重，因设计原因导致工程变更量大。

3）因采用不成熟的新材料、新设备、新工艺或技术方案不当而修改设计。

4）与各专业设计院协调配合工作不及时、不到位，致使出现图样不配套的情况，造成施工中出现边施工、边修改的局面。

5）不能及时解决在施工过程出现的设计问题，不能按时参加各种验收工作。

（3）施工单位的因素

1）项目经理部配置的管理人员素质及数量不能满足施工需要，经验不足、管理水平低，工程组织管理混乱。施工作业计划不周，工序安排不合理，各专业、各工序间交接、配合产生矛盾，导致窝工和相关作业脱节。

2）恶意低价竞标或违法分包、转包造成的劳动力组织困难，施工作业人员素质及数量不能满足施工需要，尤其是特种作业人员资格、水平等不符合要求。

3）施工用机械设备配置不合理，不能根据施工现场情况及时调配施工机具。

4）施工单位采购的材料、构配件供应不及时，材料的数量、型号及技术参数错误，供货质量不合格。

5）总承包单位综合协调管理能力不足，导致各施工单位之间相互配合不及时、不到位。

6）承包商（分包商）自有资金不足或资金安排不合理，挪用项目资金，不能及时支付劳动力工薪及材料供应款。

7）施工单位不遵守政府主管部门规定或不执行业主、监理的正确指令造成停工或导致发生质量安全事故。

（4）监理单位的因素

1）项目监理机构配置的监理人员的数量、资格、专业能力、经验、健康状况以及职业素养等不能满足工程监理需要，导致管理协调力度不够，不能及时发现工程进度问题，不能及时审核施工单位报审的文件等，进而影响监理对工程进度的控制。

2）监理人员不规范执业行为影响。

（5）其他因素

1）政府主管部门手续办理程序较复杂、效率较低。

2）第三方监测、检测单位不能及时提供检测报告等或不规范执业。

3）恶劣气候（台风、暴雨、洪水）和地震、地质灾害等。

4）特殊地质条件影响，如地质断层、岩溶、流沙等。

5）战争遗留的弹药、地下文物的保护与处理。

6）重大政治活动、社会活动影响，如重大国际会议、体育运动会、高考与中考期间施工限制、市容整顿等限制，导致交通管制、交通中断，影响材料进场。

7）城市供水、供电、供气系统发生故障而停止供应。

7.2 监理机构实施进度控制的方法与流程

1. 进度控制的方法

（1）审核、批准　监理机构应及时审核施工单位报送的技术文件、报表和报告，并督促施工单位限期整改完善后批准实施。监理审批的进度文件主要有：

1）审批施工单位的开工、复工申请，下达开工令。

2）审核施工总进度计划、阶段性进度计划、年进度计划、季进度计划、月进度计划、周进度计划，以及审核进度调整计划。

3）审批复工报审表、工程延期申请表。

4）审批施工单位报送的有关进度报告，包括施工现场工程量签证、月工程量完成报审表、工程进度款申请表等。

（2）检查、分析和处理

1）进度控制的重点在于通过对进度计划实施过程的跟踪督促、检查分析，及时发现问题和解决问题，实现工程进度的动态管理。

2）检查进度计划执行的开始时间、完成时间、持续时间、各工序之间的衔接、完成的实物工作量，以及劳动力、材料设备的投入等，对比计划及时发现进度偏差，分析原因，提出进度调整的方案和措施，督促施工单位及时调整施工进度计划及劳动力、材料设备、资金等投入。

3）监理机构应定期或不定期地组织进度协调会，分析进度偏差的原因，提出纠偏措施，明确责任，督促各方及时解决影响工程进度控制的问题，确保进度计划的实现，并形成会议纪要，为事后处理索赔提供证据材料。

4）针对施工过程中存在影响进度计划实施的问题签发监理工程师通知单、监理工作联系单，督促施工单位、建设单位及设计单位及时整改或处理。

5）监理人员要定期或不定期地向建设单位报告工程进度情况，提醒需业主及时协调解决的事宜，降低工程延期和索赔的风险。

6）监理工程师应及时收集、整理有关工程进度方面的资料，包括会议纪要、监理指令、现场照片、天气记录等，以及业主、施工、设计等单位的文件，为公正、合理地处理工期、费用索赔提供证据。

2. 进度控制流程

监理方实施施工进度控制流程如图 7-1 所示。

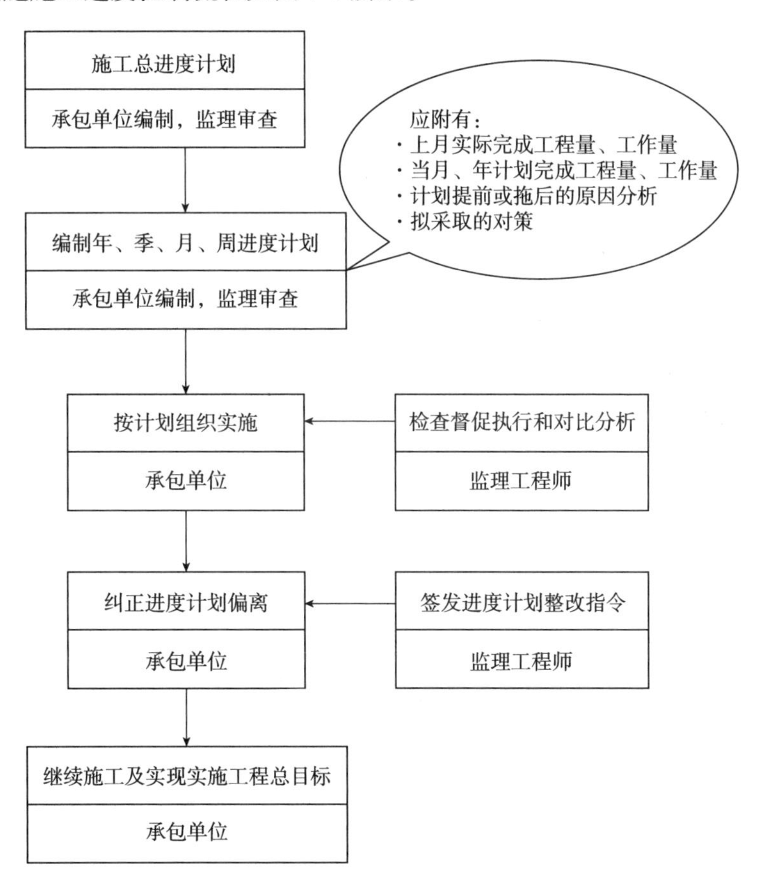

图 7-1　监理方实施施工进度控制流程

7.3 监理机构实施进度控制的内容

1. 施工准备阶段进度控制的内容

1）监理合同签订后，监理机构收集项目资料，了解工程概况、工程特点、难点，向建设单位提供有关工期的信息和咨询，协助其进行工期目标设定；协助建设单位与中标施工单位进行合同谈判，约定工期提前和工期延误的奖罚条款。

2）监理规划中应包含有施工进度控制方案，其主要内容有：

① 施工进度控制目标分解。

② 施工进度控制的主要工作内容。

③ 监理人员对进度控制的职责分工。

④ 进度控制工作流程。

⑤ 进度控制的方法（包括进度检查周期、数据采集方式、进度报表格式、统计分析方法等）。

⑥ 进度控制的具体措施（包括组织措施、技术措施、合同措施等）。

⑦ 施工进度控制目标实现的风险分析。

3）审核施工单位报送的场地施工总平面布置图，对影响施工进度的问题及时要求整改。

4）审核施工单位报送的施工总进度计划，提出合理的修改意见，经总监理工程师审核通过后报建设单位批准。

5）检查施工准备工作：提醒并协助建设单位按施工合同的要求及时提供施工条件；检查督促施工单位按合同要求完成施工准备工作：搭设临建，组织劳动力、原材料、施工机具进场，施工单位进行施工测量放线，项目监理机构应对承包单位报送的测量放线控制成果及保护措施进行检查。

6）熟悉工程设计文件，参加建设单位主持的图纸会审和设计交底会议。

7）参加由建设单位主持召开的第一次工地会议，进一步落实建设单位的工程开工准备情况以及施工单位的施工准备情况。

8）下达工程开工令：项目监理机构应严格审查施工单位报送的开工申请，核查开工准备情况，当施工单位的准备（如搭设临建、测量放线等）和建设单位提供的施工条件（如施工许可证的取得）满足要求时，总监理工程师应及时签发工程开工令，明确开工时间。一般的施工承包合同约定开工令发布时间就是合同工期的起算点。

2. 施工实施阶段进度控制的内容

1）审核施工单位报送的阶段性进度计划，包括年、季、月进度计划，分项工程进度计划，以及劳动力、原材料、施工机具进场计划等，阶段性进度计划应符合总进度计划目标的要求，要关注各分包工程进度计划之间的衔接。

2）监理工程师要加强现场巡视，及时了解并处理施工现场存在的影响进度计划执行的问题，督促施工单位及时整改，同时协调好影响进度的建设单位、设计单位等外部问题。

3）监理工程师应定期或不定期地对工程进度进行专项检查，及时核查施工单位提交的月度进度统计分析资料和报表，掌握施工进度计划的实施情况，监督施工进度计划的执行。

4）项目监理机构应定期或不定期地组织现场进度协调会，以解决施工中存在的进度问题和协调配合问题。在会议上检查分析工程进度，通报重大工程变更事项，解决各个施工单位之间以及建设单位与施工单位之间的协调配合问题，督促施工单位落实进度控制措施。

5）项目监理机构应及时组织工程验收，以保证后续工程的及时施工。

6）项目监理机构应及时核查施工单位申报的已完工程量及签发工程进度款支付凭证。

7）项目监理机构应及时整理工程进度资料，并做好监理记录，通过周报、月报或专题报告的形式，向建设单位汇报工程实际进展情况，提醒业主及时处理需要业主协调解决的问题。

8）由于施工单位自身的原因造成的进度拖延称为工期延误；由于非施工单位原因造成的进度拖延称为工程延期。监理工程师应按照合同的约定，公平、公正地处理工期延误和工程延期。

3. 工程竣工阶段进度控制的内容

1）项目监理机构应及时审核施工单位申报的初验申请，具备初验条件的，由总监理工程师组织业主、设计、监理、施工等参建单位对工程项目进行初验，并形成书面初验意见，跟踪施工单位按照初验意见进行整改。

2）工程初验合格后，项目监理机构应及时审批施工单位提交的竣工申请报告，并协助建设单位及时组织有关单位和部门进行竣工验收，争取项目早日投入使用。

3）对照施工总进度计划和实际进度，根据施工过程中有关工程进度问题的原始证据材料，依据施工合同条款，按时处理工期索赔。

4）及时整理工程进度资料，收集积累原始资料，就工期问题对施工单位的履约情况进行评价，为建设单位提供信息，处理合同纠纷。

5）工程进度资料应归类、编目、存档，以便在工程竣工后，归入竣工档案备查。

7.4 监理机构的施工进度计划审查

1. 施工进度计划的分类及组成

（1）施工进度计划的分类　工程施工进度计划一般分为三个不同层次，一是按施工承包合同工期控制编制的施工总进度计划；二是按单位工程或按分包单位划分的分目标计划：子项目进度计划和单体进度计划、分部分项工程进度计划等；三是按不同计划期制订的进度计划：年、季、月、周等计划。其中，分部分项工程进度计划、月（周）计划也称项目作业计划。

（2）施工进度计划的组成　一般情况下，施工单位报送的施工总进度计划包含在施工组织设计中，但为了便于进度计划的管理，建议要求施工单位单项编制、报审施工总进度计划。它的组成包括封面、编制说明、计划图等。封面必须由项目经理参与编制并签字、总工程师审批并签署，加盖施工单位法人章；文字编制说明包括编制依据、工期目标、项目划分、搭接关系、起止时间、资源需要量及供应平衡表（资金使用计划、劳动力计划、材料计划、机械计划等）、需要协调配合的条件、进度控制措施等；进度计划图可以用横道图或网络图表示。施工进度计划报审表应按《建设工程监理规范》附录 B.0.12 的要求填写。

2. 施工进度计划的表示方法

（1）横道图　横道图也称甘特图，由于其形象、直观，且易于编制和理解，因而被广泛应用于建设工程进度控制中。横道图表示方法能明确表示出各分项工作的划分、工作的开始时间和完成时间、工作的持续时间、工作之间的相互衔接关系，以及整个工程项目的开工时间、完工时间和总工期，但也存在以下缺点：

1）不能明确地反映各项工作之间错综复杂的关系，在计划实施时，当某些工作的进度提前或拖延时，不能很好地分析它对其他工作进度及总工期的影响程度。

2）不能直观显示影响工期的关键工作和关键线路。

3）不能反映出工作所具有的机动时间，无法进行最合理的组织和指挥。

4）不能反映工程费用与工期之间的关系，不便于缩短工期和降低成本。

5）对于大型工程项目，工艺关系复杂，横道图有一定的局限性，很难充分暴露矛盾，计划调整难度大，不利于工程进度的动态控制。

（2）网络图（网络计划） 网络计划技术诞生于20世纪50年代，为了更加有效地控制工程进度，进度计划需采用网络图表示，它可以弥补横道图计划的不足。

1）网络计划能明确表达各项工作之间的逻辑关系。

2）可以反映影响工期的关键工作和关键线路。

3）能明确各项工作的机动时间。

4）网络计划可以用计算机进行计算、分析处理（优化、调整）。

5）网络计划的缺点主要是不直观、明了。

（3）BIM技术 BIM技术是目前国际流行、国内正在推广的一种进度控制的技术，通过多维立体直观的方法对工程进度实施有效控制。

3. 施工进度计划审核的主要内容

1）编制和实施进度计划是施工单位的责任，施工单位将施工进度计划提交给项目监理机构审查，是为了听取项目监理机构的建设性意见。因此，监理工程师对施工进度计划的审查或批准，并不能解除施工单位对施工进度计划的任何责任和义务。监理工程师审查施工进度计划的主要目的是防止施工单位计划不当，为施工单位实施合同规定的进度目标提供帮助。

2）监理工程师要了解工程项目的规模、工程特点、结构复杂程度及难点，熟悉施工图，了解工程关键部位的质量要求和特殊工艺技术要求，依据合同条件，结合施工现场条件、施工队伍实力（资质、质量安全保证体系、管理水平和素质、劳动力来源、主要投入的机械设备等），全面分析施工单位报审的施工进度计划的可行性和合理性，提出合理的修改意见。监理工程师审核施工单位报送的施工进度计划的主要要求如下：

① 施工进度计划应符合施工合同中工期的约定。

② 阶段性施工进度计划应满足总进度控制目标的要求，阶段性进度计划是为了确保总进度计划的完成，阶段性进度计划更应具有可操作性。

③ 分包单位编制的进度计划应与总进度计划目标一致，总承包单位、分包单位编制的各单位（或单项）工程施工进度计划应协调一致，专业分包工程的衔接应合理，进度安排应符合工程项目建设总进度计划中总目标和分目标的要求。

④ 在施工进度计划中主要工程项目无遗漏或重复，应满足分批投入试运、分批动用的需要。

⑤ 施工顺序的安排应符合施工工艺的要求。

⑥ 施工人员、工程材料、施工机械等资源供应计划应满足施工进度计划的需要，特别是要确保施工高峰期的需要。

⑦ 施工进度计划应符合建设单位提供的资金、施工图、施工场地、物资等施工条件。

⑧ 施工进度计划的风险分析及控制措施等。

3）监理工程师在审查施工单位报审的施工总进度计划和阶段性施工进度计划时，如果发现问题，应以监理通知单的方式及时向施工单位提出书面修改意见，要求施工单位限期修改，并对施工单位修改后的进度计划重新进行审查，发现重大问题应及时向建设单位汇报。

4. 施工进度计划审查程序

1）督促施工单位在施工合同约定的时间内向项目监理机构提交施工进度计划。

2）施工单位向监理机构提交"施工进度计划报审表"及附件（上期进度计划完成情况及分析、本期进度计划及资源配置计划）后，由专业监理工程师进行审查、总监审批，并签署明确的审查意见后返还施工单位执行。必要时（如进度计划与总工期冲突、施工条件变化、建设单位对工期调整等）可组织相关单位召开专题会议分析研究，协调解决。

3）如果需要施工单位对进度计划修改或调整的，项目监理机构应在"施工进度计划报审表"中明确提出，并要求施工单位限期完成修改或调整后再报审。

4）施工总进度计划必须经总监理工程师审核签署并报建设单位批准后实施。

5）施工进度计划实施前，要求施工单位对进度计划进行交底、落实责任。

6）经批准的施工进度计划可以作为处理施工单位提出的工程延期或费用索赔的重要依据。

7.5 施工进度计划的检查与调整

1. 施工进度计划的检查

1）项目监理机构应以经审核批准的各类施工进度计划为依据对工程实际进度进行严格的检查，获取计划执行情况的各种信息。监理工程师主要通过现场巡视、专项检查、会议等方式检查施工进度计划的执行情况。

2）进度计划检查的主要内容有：

① 检查工作量的完成情况。如检查形象进度及里程碑，统计现场实际完成的实物工程量，如混凝土浇筑量、钢结构安装量、幕墙安装面积等，也可以统计完成的工程投资额。监理工程师应按合同要求及时组织对已完分部分项工程的验收，做好现场签证、工程计量工作。

② 检查工作时间的执行情况。如分项工程的工作起止时间、持续时间及工作效率是否满足进度计划的要求。

③ 检查资源的使用情况。如资源与进度的匹配情况，劳动力配备、材料供应、资金使用等实物工程量能否满足进度需要。

④ 检查上次检查提出问题的处理情况。

3）进度检查的时间间隔应视工程进度的实际情况确定，选择每月、半月或每周进行一次，特殊情况下，甚至可能进行每日进度检查。

4）监理单位应重点对周计划进行检查，以督促周计划的落实来保障月计划的实现。在每周监理例会上，承包单位应汇报周计划完成情况，如果进度滞后，应进行原因分析，提出需要协调的问题，制订本周计划，采取追赶进度的措施。会议上要检查上周例会决议事项的执行落实情况，建设单位、监理单位针对施工进度问题，对施工单位提出有关要求，评估进度措施的可行性，并及时协调施工单位需要解决影响进度的问题。周进度计划检查也可以由监理单位组织各参建单位每周监理例会前一天到施工现场实地对照检查，若发现问题，可在现场及时解决。

5）月进度计划检查由监理单位组织每月固定日到施工现场实地对照检查，或月末周例会检查当月计划完成情况，检查每月完成的实物工程量，并与计划完成工程量进行比较；检查每周例会决议事项的完成情况，采取措施的效果。分析偏差原因，采取针对性的措施进行控制。

6）监理单位检查发现实际进度严重滞后于计划进度且影响合同工期时，应签发监理通知单，要求施工单位采取调整措施加快施工进度。总监理工程师应向建设单位报告工期延误风险。

7）在周计划、月计划检查的基础上，督促并审核施工单位提交进度报告，它的主要内容有：实际进度与计划进度的对比；进度计划的实施问题及原因分析；进度执行对质量、安全和成本等的影响；采取的措施和对未来计划进度的预测；计划调整意见。

2. 施工进度计划的调整

1）监理工程师通过对现场实际施工进度检查，及时核查施工单位提交的月度进度统计分析资料和报表，分析施工中各种实际进度的数据，掌握施工进度计划的实施情况。

2）由于各种因素的影响，实际施工进度很难完全与计划进度一致。项目监理机构可采用前锋线比较法、S 曲线比较法和香蕉曲线比较法等比较分析工程施工实际进度与计划进度的偏差，分析造成进度偏差的原因，预测实际进度对工程总工期的影响，督促相关各方采取相应措施调整进度计划，力求总工期目标的实现，并应在监理月报中向建设单位报告工程实际进展情况。

3）如果实际进度偏差在可控范围内，进度偏差不在关键线路上，且偏差不影响后续工作和总工期，则原施工总进度计划可不做调整。但可能需要调整分项工程进度计划，督促施工单位采取措施及时纠正存在的偏差。

4）如果实际进度发生重大偏差，严重滞后于计划进度，进度偏差在关键线路上，导致合同总工期和重大里程碑工期滞后，原有计划不能适应实际情况时，为了确保进度控制目标的实现或需要确定新的计划目标，监理应要求施工单位必须对原有施工总进度计划进行调整，以形成新的进度计划，作为进度控制的新依据。

5）进度计划偏差的调整过程：发现进度偏差—分析产生偏差的原因—分析偏差对后续工作及总工期的影响—确定工期和后续工作的限制条件—采取措施调整进度计划—采取相应的组织、经济、技术措施实施调整后的进度计划。

6）进度计划调整原则：施工总进度计划一经审核批准，原则上不允许变更，尤其是总工期和重大里程碑工期不得做推迟调整。除非合同范围（工作内容、工程量增加）有较大的变更，或因不可抗力（如地震、洪水、战争、政策重大变更等）无法履行合同等，由施工单位提出调整施工总进度计划的申请，经监理单位审核、建设单位审批同意后执行。

7）进度计划调整的申报与审批

① 非关键线路上节点工期（包括一般里程碑工期）延误的调整，由施工单位提出分项进度计划或阶段性进度计划调整的申请，经项目监理机构审核通过，报建设单位审批后执行，或经专题会议通过后执行（形成会议纪要）。调整计划必须配有相应的保证措施。这种计划调整原则上不涉及工期和费用索赔。

② 总工期和重大里程碑工期调整，一般由施工单位提出调整计划申请，经项目监理机构审核通过，报建设单位审批后执行。总工期和重大里程碑工期调整一般按承包合同约定会涉及费用索赔，需要经过协商谈判，或签订补充协议。项目监理机构应重点关注论证计划调整后的各种保障措施的可行性。

8）进度计划调整的主要内容有：工作内容及工作量、起止时间、工作关系、资源供应、必要的目标调整、保障措施。

9）进度计划的调整，遵循增加关键线路资源投入、压缩增加费用最少的关键任务、压缩对质量和安全影响不大的工作，优化非关键线路、降低资源使用强度的原则，通过阶段动态调整，尽量实现总工期不变和总费用最优目标。

7.6 监理机构实施施工进度控制的措施

1. 组织措施

1）建立进度控制管理体系：根据项目规模及特点，在项目监理机构中设立专职或兼职进度控制人员，明确其进度职责分工，在总监理工程师的领导下负责整个项目的进度控制工作，按进度需要调配现场监理人员，确保不因监理的原因而影响施工进度。同时，在项目部建立包括业主、监理、施工、供货等单位的进度控制人员组成的进度控制小组，负责项目进度的管理与协调。

2）建立工程进度报告制度及进度信息沟通网络。

3）建立进度计划审核制度，制定程序，提高效率。

4）建立进度控制检查、分析制度。监理工程师主要通过现场巡视、专项检查、会议等方式检查施工进度计划的执行情况，核查施工人员的数量和专业配套，以及材料、机械设备等资源配置能否满足工程进度需要。获取各种信息，对比分析实际进度与计划的偏差，及时采取纠偏措施。

① 采用以周保月、以月保季、以季保年的循环方式，检查控制进度。重点对周计划进行检查，统计实物完成量，计算周计划完成百分数，并与月计划进行比较，发现进度滞后，分析原因并采取相应补救措施，调整本周形象进度目标，督促施工单位及时调整作业计划和资源配置，力争本周调整后的进度目标实现，确保月进度计划的完成。根据同样原理，检查控制月进度计划，以督促月计划的落实来保障季度计划目标，以控制季计划的落实来保障年度计划目标的实现，最终确保施工总工期目标的实现。

② 加强物资供应计划的检查与控制。要求施工单位制订与施工进度计划相匹配的材料物资供货计划，督促施工单位与材料物资供应商及时签订供应合同。监理工程师应对施工单位的材料物资采购供应计划进行动态管理，检查各施工单位的订货情况，并对进货质量严格把关，确保满足施工进度的需要。当出现下列情况时，应督促相关责任单位采取措施

处理：

A．资源供应出现中断，供应数量不足或供应时间不能满足要求时，应及时调整资源的需求计划。

B．由于工程变更引起资源需求的数量和品种变化时，应及时调整资源供应计划。

C．当发包人提供的资源供应进度发生变化不能满足施工进度要求时，应督促发包人执行原计划，并对造成的工期延误及经济损失进行赔偿。

5）建立进度协调会议制度。

① 根据影响进度事项的紧迫性、复杂性和严重程度等，可分别采取口头（电话）提醒、工作联系单，以及专题会议、专题报告等方式协调，其中专题会议协调效果明显。

② 监理主要通过定期、不定期召开进度协调会，及时协调解决影响进度的问题。对于中小型工程项目，一般通过召开监理例会来协调进度；而对于大型项目的进度控制，除监理例会外，还要召开进度专题协调会，在施工高峰期，工作量大、交叉作业、矛盾较多，每日召开碰头会及时协调解决存在的问题，督促参建各方采取措施确保进度。

③ 施工进度协调会议解决施工中遇到的影响进度的主要问题有：总包与各分包单位之间、分包单位之间的进度协调，工作面交接和成品保护问题，场地与公用设施利用中的矛盾问题，临时断水、断电、断路的影响问题，资源保障问题，外部条件配合问题，设计变更、材料定板、工程款支付等问题。

④ 进度专题协调会议都应及时形成会议纪要，作为进度检查监督及处理索赔的依据。

6）建立施工图会审、工程变更管理制度。

2. 技术措施

1）在监理规划中，制定进度控制工作细则，指导监理人员实施进度控制。

2）做好设计交底和图纸会审工作。设计图的质量不仅影响施工招标，还是施工进度控制的重要影响因素。监理工程师一方面要通过业主提醒设计单位按设计合同约定的进度和质量要求及时提供设计图，另一方面要督促做好设计交底和图纸会审工作，使业主代表、监理工程师、施工技术人员正确理解设计主导思想、了解设计构思和技术要求，了解设计对主要工程材料、构配件和设备的要求，以及质量、安全应特别注意的地方；总监理工程师应组织监理人员熟悉工程设计文件，认真审查图样，并提出存在的问题；敦促承包商重视图纸会审工作，安排技术人员认真熟悉图样，了解工程关键部位的质量要求，并关注其对应的进度措施，及时发现设计图的“缺、漏、碰、错”的问题，避免施工过程中因设计图质量问题而出现大量设计变更，造成施工中出现边施工、边修改设计的局面，减少其拖延进度的可能。

3）认真审核承包商提交的进度计划，全面分析施工进度计划的可行性，提出合理的修改意见，并要求施工单位限期修改。要求施工单位在进度计划实施前进行交底、落实责任。使承包商能在合理的状态下施工。

4）监理应重视对施工组织设计和专项施工方案的审查、论证，督促承包商优化施工总平面布置和施工技术方案，采用新材料、新工艺、新技术，依靠先进的施工技术、方法，提高劳动生产率，加快施工进度。

5）采用网络计划技术、BIM技术等科学方法，对建设工程进度实施动态控制。科学合理配置人、材、物，控制好工序交接，组织流水施工，实行平行、立体交叉作业，保证作业连续、均衡、有节奏，缩短作业时间，减少技术间隔。

6）督促施工单位制定特殊条件下的施工措施，如夜间施工、雨期施工等。

3. 经济措施

1）及时办理工程预付款及工程进度款支付手续。监理工程师要及时核定施工单位的中期完成工作量（包括现场签证、质量验收），加快工程进度款的审核，确保不因监理的原因影响进度款的支付进而影响工程进度，并督促业主对进度款的审批，确保工程进度款能按合同约定程序和时间及时拨付。支付工程进度款后督促施工单位确保满足施工现场资金使用需要，防止备料款或进度款挪作他用。

2）制定分阶段目标工期奖罚措施。依据施工合同的约定及经批准的进度计划，明确各阶段工期目标，设置若干控制性里程碑（如基础、±0.00、主体结构封顶、外脚手架拆除、砌筑、水电安装及调试、精装修工程、室外等工程等）。制定工程进度分阶段工期目标考核奖罚措施。如果承包商未能在相应里程碑目标前完成施工任务，则按延误的天数、相应比例和额度进行罚款，从应付的工程进度款扣取，当然，如果承包商主动采取赶工措施，按期完成了下一个里程碑目标，则退还前期罚款；如承包商能提前完成里程碑目标，则按相应提前天数、相应比例和额度进行奖励，并与当期进度款同时支付，但如果未能实现下一个里程碑目标（调整后），则在当期进度款中扣除前期奖励费用，而且应按相应约定进行处罚。

3）支付非承包商原因的赶工费用。施工过程中出现非承包商原因（业主原因、设计原因、不可抗力等）导致工程进度严重滞后，如果业主确定不能调整项目总工期目标，只能压缩后期分阶段进度工期，这样必然倒排工期，要求施工单位赶工。在施工技术和施工组织上采取相应措施，如在可能的情况下，缩短工艺时间、减少技术间歇期（如提高混凝土早期强度等），组织立体交叉作业、水平流水施工、增加工作班次等，施工单位因赶工而增加劳动力、机械设备投入，提升材料性能等，导致施工单位成本增加。监理工程师应及时审核施工单位申报的费用，协调业主按期支付赶工费用，有关工期索赔则执行合同约定条款。

4）设立总工期奖罚措施。在施工承包合同中，设立总工期奖罚条款，约定总工期提前或滞后的具体经济奖罚额度及支付条款，以激励施工单位实现项目总工期目标。

5）加强工期索赔管理，公正、合理地处理工期延误及工程延期。

① 工期延误：当因施工单位原因出现工程进度滞后时，监理工程师有权要求施工单位采取有效措施加快施工进度，但如果施工单位拒绝整改或整改不力，导致工程延误，影响工程按期竣工时，监理工程师应要求施工单位修改进度计划，经监理单位、业主审核批准，施工单位按调整后进度计划组织施工。

② 审核批准调整后的进度计划，目的是指导后期合理施工，并不能解除施工单位应承担的工期延误责任，业主有权按合同约定向施工单位提出工期索赔（经济赔偿）。需要说明的是，即使施工单位在后期施工中采取加快进度的措施（如增加劳动力、机械设备等），并按合同工期竣工，也不能向业主申请赶工费用，当然，业主也不能提出工期索赔。

③ 工程延期：监理工程师应重视非施工单位原因产生的工程延期，强化预控，提醒并协助建设单位采取措施及时解决影响工期的问题。监理机构应根据合同约定，及时处理施工单位提出的工期索赔，协调业主与施工单位的争议，核定工期和费用索赔。经监理工程

师核准的工程延期时间应纳入合同工期，作为合同工期的一部分，即调整后的合同总工期应等于原定的合同工期加上项目监理机构批准的工程延期时间。常见情况有：

A．建设单位未能按专用条款的约定提供图样及开工条件。

B．建设单位的资金及内部审批工作效率的影响，未能按合同约定的日期支付工程预付款、进度款。

C．建设单位或设计单位频繁提出工程变更而导致返工或工程量增加。

D．建设单位负责供应的材料、设备供货不及时，数量、型号、技术参数与实际所需不符，货物产品质量不合格；材料设备定板滞后。

E．一周内非承包商原因停水、停电、停气造成停工累计超过 8h。

F．恶劣的气候条件、自然灾害等不可抗力等。

4. 合同措施

1）选择适合工程项目的承发包模式，合理确定项目总工期目标。

2）积极参与工程施工合同的谈判，设定工程进度目标（包括总进度目标和各单项工程进度目标）的经济奖罚条款；同时，设定防止施工用位违法分包和转包工程的具体惩处条款，包括终止承包合同约定。

3）加强合同管理，保证合同中进度目标的实现。严格按合同的条件对施工进度进行阶段性检查，及时提醒合同双方应履行的责任和义务，及时协调合同执行中的分歧，有效地促进施工单位按期完成合同任务。

4）严格控制合同变更。

5）加强风险管理。在合同专用条款中对进度控制风险，特别是恶劣天气、岩土工程条件、节假日、城市道路交通管制等具体情况进行约定，目的是督促施工单位尽可能采取预控措施，同时，提醒业主及时提供条件，减少进度控制风险，避免合同执行中的争议。

思考题

1．如何理解建设工程进度控制的定义？
2．简述工程进度控制的基本原则。
3．监理机构如何实施进度控制的检查、分析和处理？
4．简述监理规划中施工进度控制方案的内容。
5．简述监理机构在工程竣工阶段进度控制的内容。
6．简述用横道图和网络图表示施工进度计划的优、缺点。
7．简述监理审核施工单位报送的施工进度计划的主要内容。
8．简述项目监理机构对进度计划检查的主要内容。
9．如何进行进度计划调整的申报与审批？
10．简述监理机构实施施工进度控制的组织措施。
11．简述监理机构实施施工进度控制的技术措施。
12．简述监理机构实施施工进度控制的经济措施。
13．简述监理机构实施施工进度控制的合同措施。

二维码形式客观题

微信扫描二维码，可自行做客观题，提交后可查看答案。

第7章
客观题

第 8 章 监理机构的工程项目造价控制

本章学习目标

熟悉工程造价控制的内容及程序；掌握监理机构的工程预付款审查；掌握监理机构的工程计量审查；掌握监理机构的工程进度款支付审查；掌握工程变更价款审查；熟悉现场签证管理；熟悉分部分项工程费与相关费用审查；掌握索赔费用审查；掌握竣工结算款审查。

8.1 工程造价控制的内容及程序

1. 工程造价控制的主要内容

施工阶段工程造价涉及面广、影响因素众多、动态性突出，是工程造价控制的关键环节。施工阶段中工程造价控制具体工作内容包括：付款控制、变更控制、价格审核、竣工结算等。

1）对验收合格的工程及时进行计量和定期签发工程款支付证书。

2）对实际完成量与计划完成量进行比较分析，发现偏差的，督促施工单位采取有效措施进行纠偏，并向建设单位报告。

3）按规定处理工程变更申请。

4）及时收集、整理有关工程费用、工期的原始资料，为处理索赔事件提供证据。

5）按规定程序处理施工单位费用索赔申请。

6）按规定程序处理工期延期及其他方面的申请。

7）按合同约定规定及时对施工单位报送的竣工结算工程量或竣工结算进行审核。

8）协助建设单位处理投标清单外和新增项目的价格确定等事宜。

2. 各参建单位造价控制职责

（1）施工单位造价控制职责

1）按施工合同规定、技术规范、建设单位批准的施工图、设计变更、工程签证等，对已完成工程进行计量，并按规定填报工程进度款支付申请表。

2）按施工合同规定及时提供合法、完整、准确、详细的造价控制资料。

3）材料设备供应商及分包单位进度款由总包单位统一填报工程进度款报审表。

4）按规定及时向监理单位申报工程计量与支付申请。

5）建立计量支付、设计变更、工程签证、清单外新增项目单价、清单内主材变更单价换算、乙供材料设备清单及定价等台账。

（2）监理单位造价控制职责

1）合同价款是施工阶段工程造价控制的目标。建设初期需要对合同价款按设计图或合同进行层层分解，拟定分阶段控制目标。

2）资金使用计划的编制。对照施工单位的施工组织设计和进度计划，编制与进度计划一致的资金使用计划，便于建设单位筹措资金，也可以避免不及时付款而引起施工索赔，可以尽可能地缩短资金占用时间，从而提高资金的利用率。

3）按施工合同规定，在规定的时限内审核签认施工单位报送的计量支付资料。

4）审核计量支付资料的真实性、完整性、准确性，若施工单位提供的资料不真实、不完整、不准确和不详细，应及时要求施工单位进行更正、补充和完善，对达不到计量支付要求的项目不得计量，及时要求施工单位对计量支付资料补充完善。

5）审核当期完成的工程范围和工程内容及工程量，监督施工单位严格执行施工合同的相关规定，防止出现超计、超付，出具工程款支付证书。

6）建立计量支付、设计变更、工程签证、已标价工程量清单外新增项目单价、已标价工程量清单内主材变更单价换算、乙供材料设备清单及定价等台账，确保台账的各项资料的及时、完整和准确。

7）收集、整理工程造价管理资料，并归档。

（3）建设单位职责

1）审批工程计量与支付申请。

2）组织施工单位、监理单位对工程变更增减工程造价进行核对并确认。

3）组织对新增项目和已标价工程量清单外项目及工程变更项目需定价的乙供材料设备价格进行核对并确认。

4）建立各类工程造价控制台账，定期组织施工单位、监理单位进行核对和确认。

3. 工程造价控制流程

工程造价控制流程如图 8-1 所示。

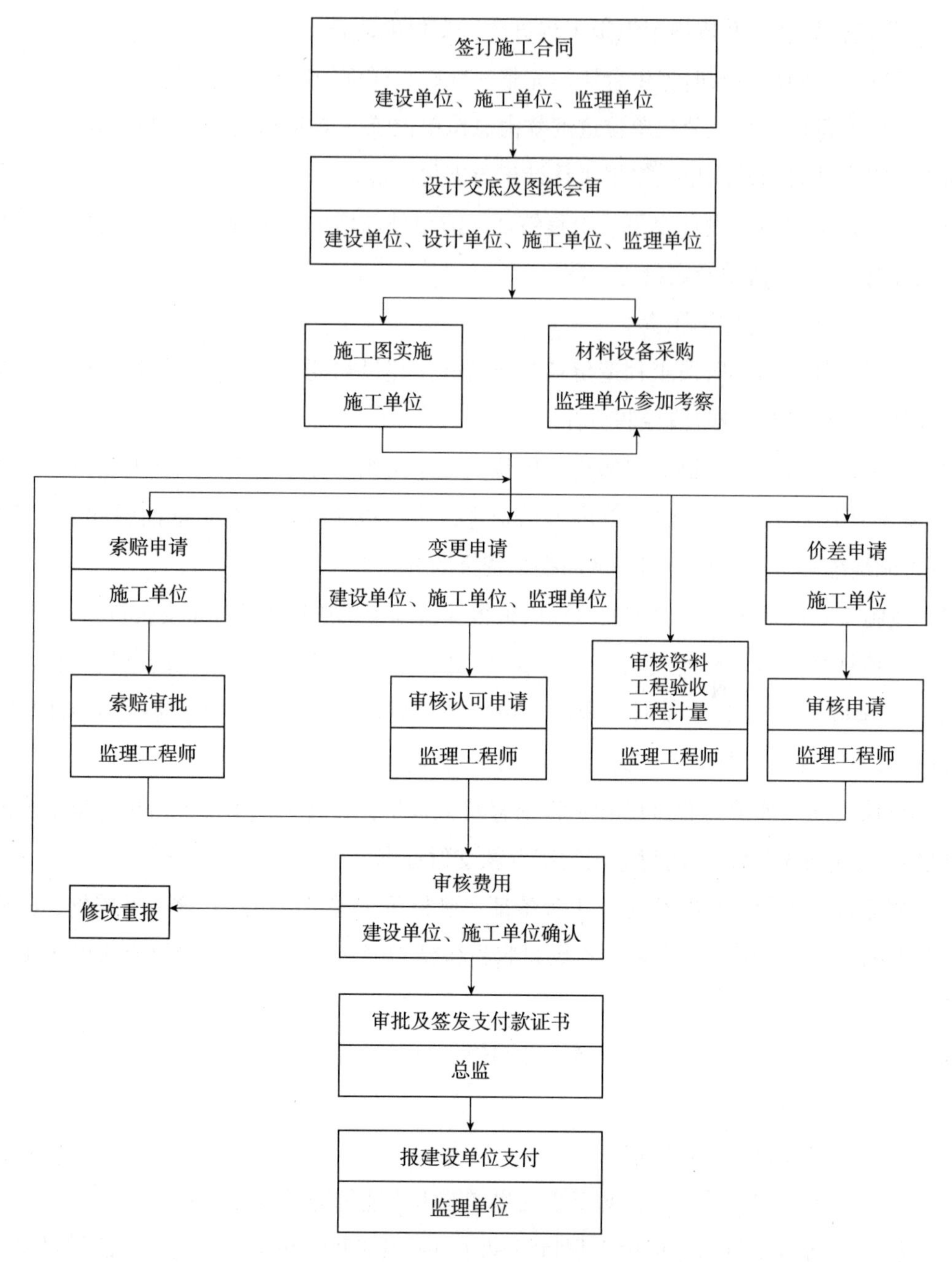

图 8-1　工程造价控制流程

8.2　监理机构的工程预付款审查

1. 工程预付款及其支付

1）工程预付款又称材料备料款或材料预付款。它是建设单位为了帮助施工单位解决工程施工前期资金紧张的困难而提前给付的一笔款项。工程是否实行预付款，取决于工程性质、承包工程量的大小以及建设单位在招标投标文件、合同文件中的规定。

2）工程实行工程预付款的，合同双方应根据合同通用条款及价款结算办法的有关规定，在合同专用条款中约定并履行。一般建筑工程不应超过工作量（包括水、电、暖）的30%；安装工程不应超过工作量的10%。

3）实际工作中应注意按合同专用条款执行，包括预付款的金额、履约担保、支付时间和方式及抵扣方式等。具体如下：

① 预付款的金额，预付款以合同金额扣除暂列金额（预留金）和安全防护、文明施工措施费的约定比例支付。安全防护、文明施工措施费的预付款通常另有具体约定。

② 由施工单位提交履约担保（银行保函、担保公司担保、担保金等形式）。

③ 工程预付款分期支付，如当提交履约担保、建设单位通知进场后先支付约定金额的50%；当项目具备施工条件，施工单位按监理工程师及建设单位指令进场完成再支付约定金额的50%。

4）当合同没有约定时，按照财政部、建设部印发的《建设工程价款结算暂行办法》（财建〔2004〕369号）的规定办理：

① 工程预付款的额度：包工包料工程的预付款按合同约定拨付，原则上预付比例不低于合同金额的10%，且不高于合同金额的30%，重大工程项目按年度工程计划逐年预付。实行工程量清单计价的工程，实体性消耗和非实体性消耗部分应在合同中分别约定预付款比例（或金额）。

② 工程预付款的支付时间：在具备施工条件的前提下，建设单位应在双方签订合同后的1个月内或不迟于约定的开工日期前的7天内预付工程款，建设单位不按约定预付，施工单位应在预付时间到期后10天内向建设单位发出要求预付的通知，建设单位收到通知后仍不按要求预付，施工单位可在发出通知14天后停止施工，建设单位应从约定应付之日起向施工单位支付应付款的利息（利率按同期银行贷款利率计），并承担违约责任。

③ 凡是没有签订合同或不具备施工条件的工程，建设单位不得预付工程款，不得以预付款为名转移资金。

2. 安全文明施工费及其支付

安全文明施工费的内容和范围，应以国家和工程所在地省级建设行政主管部门的规定为准。当合同没有约定时，按照《建设工程工程量清单计价规范》规定支付。

1）建设单位应在工程开工后的28天内预付不低于当年施工进度计划的安全文明施工费总额的60%，其余部分应按照提前安排的原则进行分解，并应与进度款同期支付。

2）建设单位没有按时支付安全文明施工费的，施工单位可催告建设单位支付；建设单位在付款期满后的7天内仍未支付的，若发生生产安全事故，建设单位应承担相应责任。

3）施工单位应对安全文明施工费专款专用，在财务账目中单独列项备查，不得挪作他用，否则建设单位有权要求其限期改正；逾期未改正的，造成的损失和（或）延误的工期由施工单位承担。

3. 总承包服务费及其支付

总承包服务费是指总承包人为配合协调发包人进行的专业工程分包，发包人自行采购的设备、材料等进行保管以及施工现场管理、竣工资料汇总整理等服务所需的费用。《建设工程工程量清单计价规范》的规定如下：

建设单位应在工程开工后的28天内向施工单位预付总承包服务费的20%，分包进场后，其余部分与进度款同期支付。

建设单位未按合同约定向施工单位支付总承包服务费，总承包施工单位可不履行总包服务义务，由此造成的损失（如有）由建设单位承担。

4. 工程预付款的抵扣

工程预付款属于预付性质。施工的后期所需材料储备逐步减少，需要以抵充工程价款的方式陆续扣还。预付的工程款在施工合同中应约定扣回方式、时间和比例。常用的扣回方式有以下几种：

（1）在施工单位完成金额累计达到合同总额双方约定的一定比例后，采用等比例或等额的方式分期扣回。实际操作中根据工程实际情况处理，如有些工程的工期较短、工程造价较低，就无须分期扣回；有些工程工期较长，如跨年度施工，预付备料款可以不扣或少扣，并于次年按应预付备料款调整，多退少补。具体地说，对于跨年度工程，当预计次年承包工程价值大于或相当于当年承包工程价值时，可以不扣回当年的预付备料款；如小于当年承包工程价值时，应按实际承包工程价值进行调整，在当年扣回部分预付备料款，并将未扣回部分转入次年，直到竣工年度，再按上述办法扣回。

（2）从未完施工工程尚需的主要材料及构件的价值相当于工程预付款数额时起扣，从每次中间结算工程价款中，按材料及构件的比例抵扣工程预付款，至竣工之前全部扣清。起扣点的计算公式为

$$T = P - M / N$$

式中 T——起扣点，即工程预付款开始扣回时的累计完成工作量金额；

P——承包工程价款总额；

M——工程预付款数额；

N——主要材料所占比例。

8.3 监理机构的工程计量审查

1. 工程计量的依据

1）合同文件。

2）工程量清单及技术规范中相应的计量支付说明。

3）质量合格证书、设计图及说明。

4）工程变更通知及其修订的工程量清单。

5）技术规范、规程。

6）招标投标文件。

7）有关计量的补充协议。

8）会议纪要。

9）索赔及金额审批表等。

2. 工程计量的原则

1）可以计量的工程量必须是经验收确认合格的工程；隐蔽工程在覆盖前计量应得到确认。

2）可以计量的工程量应为合同义务过程中实际完成的工程量。

3）合同清单外合格的工程量纳入计量前必须办理有关审批手续。

4）如发现工程量清单中漏项、工程量计算偏差以及工程变更引起工程量的增减变化时，应据实调整，正确计量。

3. 现场签证、工程变更的计量

1）现场签证计量是工程造价控制工作的关键。对于非承包商自身原因引起的工程量变化以及费用增减，监理工程师应及时办理现场工程量签证。如果工程质量未达到规定要求或由于自身原因造成返工的工程量，监理工程师不予计量。监理工程师必须杜绝不必要的签证，避免重复支付。

2）工程变更是指因设计图的错、漏、碰、缺，或因对某些部位设计调整及修改，或因施工现场无法实现设计图意图而不得不按现场条件组织施工实施等的事件。工程变更包括设计变更、进度计划变更、施工条件变更、工程量变更以及原招标文件和工程量清单中未包括的“新增工程”。其内容包括：

① 增加或减少合同中任何一项工作内容。

② 增加或减少合同中关键项目的工程量超过专用合同条款规定的百分比。

③ 取消合同中任何一项工作（但被取消的工作不能转由建设单位或其他承包单位实施）。

④ 改变合同中任何一项工作的标准或性质。

⑤ 改变的工程有关部分的标高、基线、位置或尺寸。

⑥ 改变合同中任何一项工程的完工日期或改变已批准的施工顺序。

⑦ 追加为完成工程所需的任何额外工作。

4. 项目监理机构对工程量审查的重点内容

1）核查工程量清单中开列的工程量与设计提供的工程量是否一致。

2）若发现工程量清单中有缺项、漏项和工程量偏差，提醒施工单位履行合同义务，按设计图中的工程量调整。在施工前召开专题会，按施工合同中有关调整的约定，对缺项和漏项的工程量以新增工程量给予解决。

3）审查土方工程量。按照《房屋建筑与装饰工程工程量计算规范》规定计算土方工程量。例如，建筑物场地厚度≤±300mm 的挖、填、运、找平为平整场地列项，厚度>±300mm 的竖向布置挖土或山坡切土应按挖一般土方列项。又如，沟槽、基坑、一般土方的划分为：底宽≤7m 且底长>3 倍底宽为沟槽；底长≤3 倍底宽且底面积≤150m^2 为基坑；超出上述范围则为一般土方。为此，应严格按合同约定的计算规则，正确计算平整场地、挖地槽、挖地坑、挖土方等工程量。

4）审查打桩工程量。各种桩径和桩长计算是否正确；桩长如果需要接桩时，接头数计算是否正确。分清是摩擦桩还是端承桩，设计中的端承桩的桩长大部分是估算值，实际施工后，实际终孔是按实际地质条件来决定，因此绝大部分该类桩实际长度是与设计图示长度不一致的，结算时应看清设计图的要求及单价分析。

5）审查砖石工程量。墙基和墙身的划分是否符合计算规则。不同厚度的内、外墙是否分别计算，应扣除的门窗洞口及埋入墙体各种钢筋混凝土梁、桩等是否已扣除。不同砂浆强度等级的墙和按立方米或按平方米计算的墙，有无混淆、错算或漏算。

6）审查混凝土及钢筋混凝土工程量。不同混凝土类别、不同等级是否分别计算：毛石混凝土、其他混凝土不同的基础设计是否分别计算；现浇与预制构件是否分别计算；现浇梁、主梁与次梁及各种构件计算是否符合计算规则，有无重算或漏算；有筋与无筋构件是否按设计规定分别计算。混凝土及钢筋混凝土按设计图示尺寸以体积计算。不扣除构件内钢筋、预埋铁件所占体积。

7）审查金属结构工程量。不同钢材品种、规格是否分别计算；按设计图示尺寸以质量计算。金属构件制作工程量多数以吨为单位，按设计图示尺寸以质量计算，不扣除孔眼的质量，焊条、铆钉、螺栓等不需另增加质量。在计算时，型钢按图示尺寸求出长度，再乘以每米的质量；钢板要求算出面积，再乘以每平方米的质量。

8）审查屋面及防水工程量。斜屋面与水平屋面是否分别计算；区分以长度计算还是以展开面积计算。

9）审查门窗工程量。门窗是否分不同种类，按门、窗洞口面积计算；区分以樘计量，还是按设计图示数量计算以平方米计量。

10）审查水暖工程量。室内外排水管道、暖气管道的划分是否符合规定；各种管道的程度、口径是否按设计和定额计算；室内给水管道不应扣除阀门、接头零件所占的长度，但应扣除卫生设备（浴盆、卫生盆、冲洗水箱、沐浴器等）本身所附带的管道长度，审查是否符合要求，有无重算；室内排水工程采用承插铸铁管，不应扣除异形管及检查口所占长度，室外排水管是否已扣除了检查井与连接所占的长度；暖气片的数量是否与设计一致。

11）审查电气照明工程量。灯具的种类、型号、数量是否一致；线路的敷设方法、线材品种等，是否达到设计标准，工程量计算是否正确。

12）审查设备及其安装工程量。设备的种类、规格、数量是否与设计相符，工程量计算是否正确，有无把不需安装的设备作为安装的设备计算安装工程费用。

5. 工程量的确认

工程量应当按照相关工程的现行国家计量规范规定的工程量计算规则计算。

工程计量可选择按月或按工程形象进度分段计量，具体计量周期在合同中约定。因承包人原因造成的超范围施工或返工的工程量，发包人不予计量。

施工单位应按合同约定，向建设单位或项目监理机构递交已完工程量报告。建设单位或项目监理机构应在合同约定的审核时限按设计图核实已完工程量。已完工程量报告应附上历次计量报表、计算过程明细表、钢筋抽料表、隐蔽工程质量确认等支持性材料。

6. 建立月完成工程量和工作量统计表

建立统计表的目的是便于及时对实际完成量与计划完成量进行比较、分析，判定工程造价是否超差，如果超差则需进行原因分析，制定调整措施，并通过监理月报向建设单位报告。监理人员应在工程开始后，按不同的施工合同根据月支付工程款分别建立台账，做好完成工程量和工作量的统计分析工作。

8.4 监理机构的工程进度款支付审查

1. 工程进度款支付程序

工程进度款支付通常是根据施工实际进度完成的合格工程量，按施工合同约定由施工单位申报，经总监批准后由建设单位支付。其程序是：

1）施工单位依据施工合同工程计量与支付的约定条款，及时向项目监理机构申报计量与支付申请。

2）专业监理工程师对施工单位在工程款支付报审表中提交的工程量和支付金额进行复核，确定实际完成的工程量，提出到期应支付给施工单位的金额，并提出相应的支持性材料。

3）总监对专业监理工程师的审查意见进行审核，签认后报建设单位审批。

4）总监根据建设单位的审批意见，向施工单位签发工程款支付证书。

2. 工程进度款支付要求

1）工程款支付报审表可按合同约定或《建设工程监理规范》表 B.0.11、《建设工程工程量清单计价规范》附录 K 合同价款支付申请（核准）表的要求填写；工程款支付证书可按合同约定或《建设工程监理规范》表 A.0.8、《建设工程工程量清单计价规范》附录 K 合同价款支付申请（核准）表的要求填写。

2）申请工程计量与支付进度款的支持性材料，要列明支持材料明细清单。支持性材料包括由施工单位编制的工程量计算书（含钢筋抽料表）、根据合同约定的施工进度计划、签约合同价和工程量等因素按月进行分解，编制支付分解表等，均应报送项目监理机构计算或确认。

3）项目监理机构应建立月完成工程量统计表，对实际完成量与计划完成量进行比较分析，发现偏差的，提出调整建议，并在监理月报中向建设单位报告。

4）工程款支付证书一式四份，由施工单位填报，监理单位、造价咨询单位复核签章后，转交建设单位在规定的时限内进行审核支付，审核完成的工程进度款报表交建设单位、监理单位、造价咨询单位、施工单位各存一份。

5）进度款支付申请包括（但不限于）内容：

① 累计已完成的合同价款。

② 累计已实际支付的合同价款。

③ 本周期合计完成的合同价款。

A. 本周期已完成单价项目的金额。

B. 本周期应支付的总价项目的金额。

C. 本周期已完成的计日工价款。

D. 本周期应支付的安全文明施工费。

E. 本周期应增加的金额。

④ 本周期合计应扣减的金额。

A. 本周期应扣回的预付款。

B. 本周期应扣减的金额。

⑤ 本周期实际应支付的合同价款。

6）建设单位签发进度款支付证书或临时进度款支付证书，不表明建设单位已同意、批准或接受了施工单位完成的相应部分的工作。

7）进度付款的修正：在对已签发的进度款支付证书进行阶段汇总和复核中发现错误、遗漏或重复的，建设单位和施工单位均有权提出修正申请。经建设单位和施工单位同意修正的，应在本次到期的进度付款中支付或扣除。

8）建设单位应将合同价款支付至合同协议书中约定的施工单位账户。

3. 质量保证金（尾款）的预留

工程项目的发承包双方在工程合同中约定，从应付合同价款中预留，用以保证承包人在缺陷责任期内履行缺陷修复义务的金额。有关质量保证金（尾款）应如何扣留，有以下三种方式：

1）在支付工程进度款时逐次扣留，在此情形下，质量保证金（尾款）的计算基数不包括预付款的支付、扣回以及价格调整的金额。

2）工程竣工结算时一次性扣留质量保证金（尾款）。

3）双方约定的其他扣留方式。

除专用合同条款另有约定外，质量保证金（尾款）的扣留原则上采用上述第 1）种方式，建设单位累计扣留的质量保证金不得超过结算合同价格的 5%，如施工单位在建设单位签发竣工付款证书后 28 天内提交质量保证金保函，建设单位应同时退还扣留的作为质量保证金的工程价款。

按《建设工程工程量清单计价规范》第 11.5 条，有以下三种规定：

1）施工单位未按照法律法规有关规定和合同约定履行质量保修义务的，建设单位有权从质量保证金中扣留用于质量保修的各项支出。

2）建设单位应按照合同约定的质量保修金比例从每个支付期应支付给施工单位的进度款或结算款中扣留，直到扣留的金额达到质量保证金的金额为止。

3）在保修责任期终止后的 14 天内，建设单位应将剩余的质量保证金返还给施工单位。剩余质量保证金的返还，并不能免除施工单位按照合同约定应承担的质量保修责任和应履行的质量保修义务。

4. FIDIC 施工条件下建筑安装工程的支付

（1）工程量清单内的支付

1）清单内有具体工程内容、数量、单价的项目，即一般项目。

2）工程数量或工程内容或工程单价不具体的项目：暂定金、暂定数量、计日工等。

3）间接用于工程的项目：履约保证金、工程保险金等。

（2）工程量清单以外的支付

1）动员预付款支付与扣回。

2）材料设备预付款支付与扣回。

3）价格调整支付。

4）工程变更费用支付。

5）索赔金额支付。

6）违约金支付。

7）迟付款利息支付。

8）扣留保留金。

9）合同中止支付。

10）地方政府支付。

（3）工程尾款的最终支付程序

1）工程缺陷责任终止后，施工单位提出最终支付申请。

2）工程师对最终支付申请进行审查的主要内容如下：

① 申请最终支付的总说明。

② 申请最终支付的计算方法。

③ 最终应支付施工单位款项总额。

④ 最终的结算单包括各项支付款项的汇总表和详细表。

⑤ 最终凭证，包括计算图表、竣工图等施工技术资料，与支付有关的审批文件、票据、中间计量、中期支付证书等。

3）确认最终支付的项目与数量，签发最终支付证明。

8.5 工程变更价款审查

1. 工程变更的内容

所谓工程变更是指因设计图的错、漏、碰、缺，或因对某些部位设计调整及修改，或因施工现场无法实现设计图意图而不得不按现场条件组织施工实施等的事件。工程变更包括设计变更、进度计划变更、施工条件变更、工程量变更以及原招标文件和工程量清单中未包括的“新增工程”，内容包括：

1）增加或减少合同中任何一项工作内容。

2）增加或减少合同中关键项目的工程量超过专用合同条款规定的百分比。

3）取消合同中任何一项工作。

4）改变合同中任何一项工作的标准或性质。

5）改变的工程有关部分的标高、基线、位置或尺寸。

6）改变合同中任何一项工程的完工日期或改变已批准的施工顺序。

7）追加为完成工程所需的任何额外工作。

2. 工程变更产生的原因

由于建设工程施工阶段条件复杂，影响的因素较多，工程变更是难以避免的，它产生的主要原因包括：

1）发包方的原因造成的工程变更。如发包方要求对设计的修改、工程的缩短以及增加合同以外的“新增工程”等。

2）监理工程师的原因造成的工程变更。工程师可以根据工程的需要对施工工期、施工顺序等提出工程变更。

3）设计方的原因造成的工程变更。如由于设计深度不够、质量粗糙等导致不能按图施工，不得不进行的设计变更。

4）自然原因造成的工程变更。如不利的地质条件变化、存在地下管线及障碍物、特殊异常的天气条件以及不可抗力的自然灾害的发生导致的设计变更、附加工作、工期的延误和灾后的修复工程等。

5）施工单位原因造成的工程变更。一般情况下，施工单位不得对原工程设计进行变更，但施工中施工单位提出的合理化建议，经工程师同意后，可以对原工程设计或施工组织进行变更。

3. 工程变更的程序

由于工程变更会带来工程造价和工期的变化，为了有效地控制工程造价，无论任何一方提出工程变更，均需由项目监理机构确认并签发工程变更指令。项目监理机构确认工程变更的一般步骤是：提出工程变更—分析提出的工程变更对项目目标的影响—分析有关的合同条款和会议、通信记录—向建设单位提交变更评估报告（初步确定处理变更所需的费用、时间范围和质量要求）—确认工程变更。

（1）建设单位、设计单位提出的工程变更　施工中建设单位、设计单位需对原工程设计进行变更，根据《建设工程施工合同（示范文本）》的规定，应提前 14 天以书面形式向施工单位发出变更通知。变更超过原设计标准或批准的建设规模时，须经原规划管理部门和其他有关部门重新审查批准，并由原设计单位提供变更的相应图样和说明。建设单位同意上述事项后，施工单位根据监理工程师的变更通知要求进行变更。因变更导致合同价款的增减及造成施工单位的损失，由建设单位承担，延误的工期相应顺延。

合同履行中建设单位要求变更合同工期、工程质量标准等实质性变更，在做出变更之前，建设单位与施工单位应签订补充协议书，作为施工合同的补充文件。

1）建设单位、设计单位提出工程变更意向的，应附必要的设计图及其说明等资料。施工单位应在收到变更意向书后的约定时间内，向项目监理机构书面提交包括拟实施变更工作的计划、措施、竣工时间、修改内容和所需金额等在内的实施方案。建设单位应在收到实施方案后的约定时间内予以答复；同意施工单位提交的实施方案的，项目监理机构应在收到实施方案后约定时间内发出变更指令。

2）若施工单位收到建设单位、设计单位提出的变更意向书后认为难以实施此项变更的，应立即通知项目监理机构，说明原因并附详细依据。项目监理机构与合同双方当事人协商后确定撤销、改变或不改变原变更意向书。

（2）施工单位提出的工程变更程序

1）总监理工程师组织专业监理工程师审查施工单位提出的工程变更申请，提出审查意见。

2）对涉及工程设计文件修改的工程变更，应由建设单位转交原设计单位修改工程设计文件。必要时，项目监理机构应建议建设单位组织设计、施工等单位召开专题会议，论证工程设计文件的修改方案。

3）总监理工程师组织专业监理工程师对工程变更费用及工期影响做出评估。

4）总监理工程师组织建设单位、施工单位等协商确定工程变更费用及工期变化，会签工程变更单。工程变更单按合同约定的“工程变更单”或《建设工程监理规范》表 C. 0.2 的要求填写。

5）项目监理机构根据批准的工程变更文件监督施工单位实施工程变更。

（3）由施工条件引起的工程变更原因　施工条件的变更，往往是指在施工中遇到的现场条件同招标文件中描述的现场条件有本质的差异，或遇到未能预见的不利自然条件（不包括不利的气候条件），使施工单位向建设单位提出施工单价和施工时间的变更要求。例如，基础开挖时发现招标文件未载明的流沙或淤泥层、地下管线或障碍物、隧洞开挖中发现新的断裂层等。施工单位在施工中遇到这类情况时，要及时向工程师报告。施工条件的变更往往比较复杂，需要特别重视，否则会由此引起索赔的发生。

4. 工程变更导致合同价款和工期的调整

工程变更应按照施工合同相应条款的约定确定变更的工程价款；影响工期的，工期应相应调整。但由于下列原因引起的变更，施工单位无权要求任何额外或附加的费用，工期不予以顺延。

1）为了便于组织施工而采取的技术措施变更或临时工程变更。

2）为了施工安全、避免干扰等原因而采取的技术措施变更或临时工程变更。

3）因施工单位违约、过错或施工单位引起的其他变更。

5. 工程变更后合同价款的确定

（1）工程变更后合同价款的确定程序　工程变更后合同价款的确定程序如图 8-2 所示。

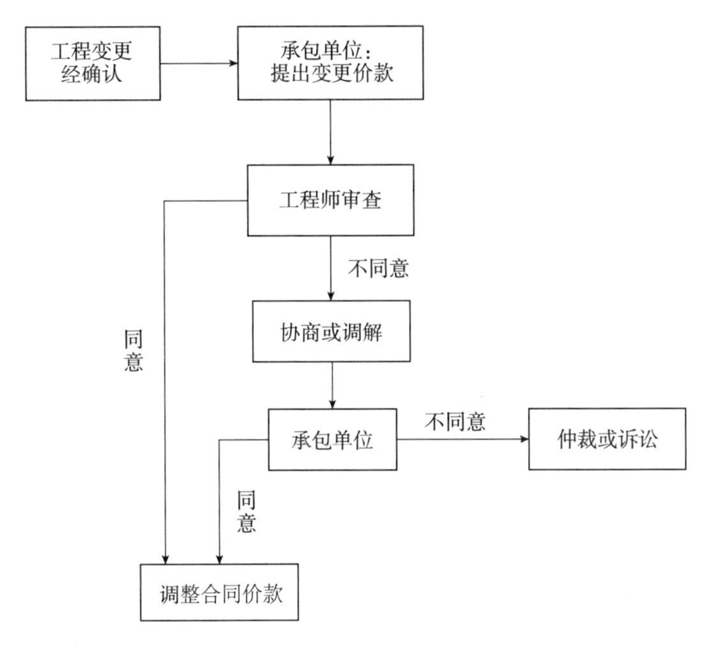

图 8-2　工程变更后合同价款的确定程序

（2）工程变更后合同价款的确定原则

1）施工中发生工程变更，施工单位按照经建设单位认可的变更设计文件进行变更施工。其中，政府投资项目重大变更，需按基本建设程序报批后方可施工。

2）施工单位在工程变更确定后约定时间内，提出变更工程价款的报告，经监理工程师确认建设单位审核同意后调整合同价款。

3）施工单位在确定变更后约定时间内不向监理工程师提出变更工程价款报告，建设单位可根据所掌握的资料决定是否调整合同价款和调整的具体金额。重大工程变更涉及工程价款变更报告和确认的时限由双方协商确定。

4）收到变更工程价款报告一方，应在收到之日起约定时间内予以确认或提出协商意见，自变更工程价款报告送达之日起约定时间内，对方未确认也未提出协商意见的，视为变更工程价款报告已被确认。

5）处理工程变更价款问题时应注意以下几点：

① 建设单位不同意施工单位提出的变更价款报告，可以协商或提请有关部门调解。协商或调解不成的，双方可以采用仲裁或向人民法院起诉的方式解决。

② 建设单位确认增加的工程变更价款作为追加合同价款，与工程进度款同期支付。

③ 因施工单位自身原因导致的工程变更，施工单位无权要求追加合同价款。

（3）工程变更后合同价款的确定方法

1）一般规定。

① 合同中已有适用于变更工程的价格，按合同已有的价格变更合同价款。

② 合同中只有类似于变更工程的价格，可以参照此类价格变更合同价款。

③ 合同中没有适用或类似于变更工程的价格，由施工单位或建设单位提出适当的变更价格，经对方确认后执行。如双方不能达成一致，双方可提请工程所在地工程造价管理机构进行咨询或按合同约定的争议或纠纷解决程序办理。

2）已标价工程量清单项目或其工程数量发生变化。因工程变更引起已标价工程量清单项目或其工程数量发生变化，《建设工程工程量清单计价规范》规定下列调整：

① 已标价工程量清单中有适用于变更工程项目的，应采用该项目的单价。但当工程变更导致该清单项目的工程数量发生变化，且工程量偏差超过 15% 时，调整的原则为：当工程量增加 15% 以上时，其增加部分的工程量的综合单价应予调低；当工程量减少 15% 以上时，减少后剩余部分的工程量的综合单价应予调高。

② 已标价工程量清单中没有适用但有类似于变更工程项目的，可在合理范围内参照类似项目的单价。

③ 已标价工程量清单中没有适用也没有类似于变更工程项目的，应由施工单位根据变更工程资料、计量规则和计价办法、工程造价管理机构发布的信息价格和施工单位报价浮动率提出变更工程项目的单价，报发包人确认后调整。

招标工程：施工单位报价浮动率 =（1- 中标价 / 招标控制价）× 100%

非招标工程：施工单位报价浮动率 =（1- 报价值 / 施工图预算）× 100%

④ 已标价工程量清单中没有适用也没有类似于变更工程项目，且工程造价管理机构发布的信息价格缺价的，应由施工单位根据变更工程资料、计量规则、计价办法和通过市场调查等取得有合法依据的市场价格提出变更工程项目的单价，并应报建设单位确认后调整。

3）工程变更引起施工方案改变。因工程变更引起施工方案改变并使措施项目发生变化时，《建设工程工程量清单计价规范》规定下列调整：

① 安全文明施工费应按照实际发生变化的措施项目调整，不得浮动。

② 采用单价计算的措施项目费，应按照实际发生变化的措施项目按照前述标价工程量清单项目的规定确定单价。

③ 按总价（或系数）计算的措施项目费，按照实际发生变化的措施项目调整，但应考虑施工单位报价浮动因素。

4）协商单价和价格。协商单价和价格是基于合同中没有或者有但不合适的情况而采取的一种方法。施工单位按照招标投标文件及施工合同精神编制单价分析表，经过协商定价，达成一致后可构成新增工程价格。

（4）特殊情况下的工程变更处理

1）工程变更的连锁影响。工程变更可能会引起本合同工程或部分工程的施工组织和进度计划发生实质性变动，以致影响本项目和其他项目的单价或总价，这就是工程变更的连锁影响。就进度而言，如果关键线路上的工程发生变更，只有影响总工期时（即关键线路发生了改变）才能认为对进度产生实质性的影响。对于某些被取消的工程项目，由于摊销在该项目上的费用也随之被取消，这部分费用只能摊销到其他项目单价或总价之中。对于连锁影响，施工单位应有权要求调整受影响项目的单价或总价。

2）可以调整合同单价的原则。具备以下条件时，允许对某一项施工工作规定的费率或价格加以调整：

① 此项施工工作实际测量的工程量与工程量表或其他报表中规定的工程量相比，产生的变动大于合同约定的比例。

② 该项施工工作规定的具体费率与变更工程量的乘积超过了合同约定的合同款额的比例。

③ 由此施工工作工程量的变更直接造成该项工作每单位工程量费用的变动超过合同约定的比例。

3）删减原定工作后对施工单位的补偿。建设单位发布删减工作的变更指示后施工单位不再实施部分工作，合同价格中包括的直接费用部分没有受到损害，但摊销在该部分的间接费、税金和利润实际上不能合理回收。因此，施工单位可以就该部分损失向项目监理机构发出通知并提供具体的证明资料，项目监理机构与合同双方协商后确定一笔补偿金额，加入合同价内。

（5）工程变更的控制　工程变更的控制是施工阶段控制工程造价的重要内容之一。一般情况下，由于工程变更都会带来合同价的调整，而合同价的调整又是双方利益的焦点。合理地处理工程变更可以减少不必要的纠纷、保证合同的顺利实施，也有利于保护施工双方的利益。工程变更分为主动变更和被动变更。主动变更是指为了改善项目功能、加快建设速度、提高工程质量、降低工程造价而提出的变更。被动变更是指为了纠正人为的失误和自然条件的影响而不得不进行的设计工期等的变更。工程变更控制是指为实现建设项目的目标而对工程变更进行的分析、评价以保证工程变更的合理性。工程变更控制的意义在于能够有效控制不合理变更和工程造价（见图 8-3）。

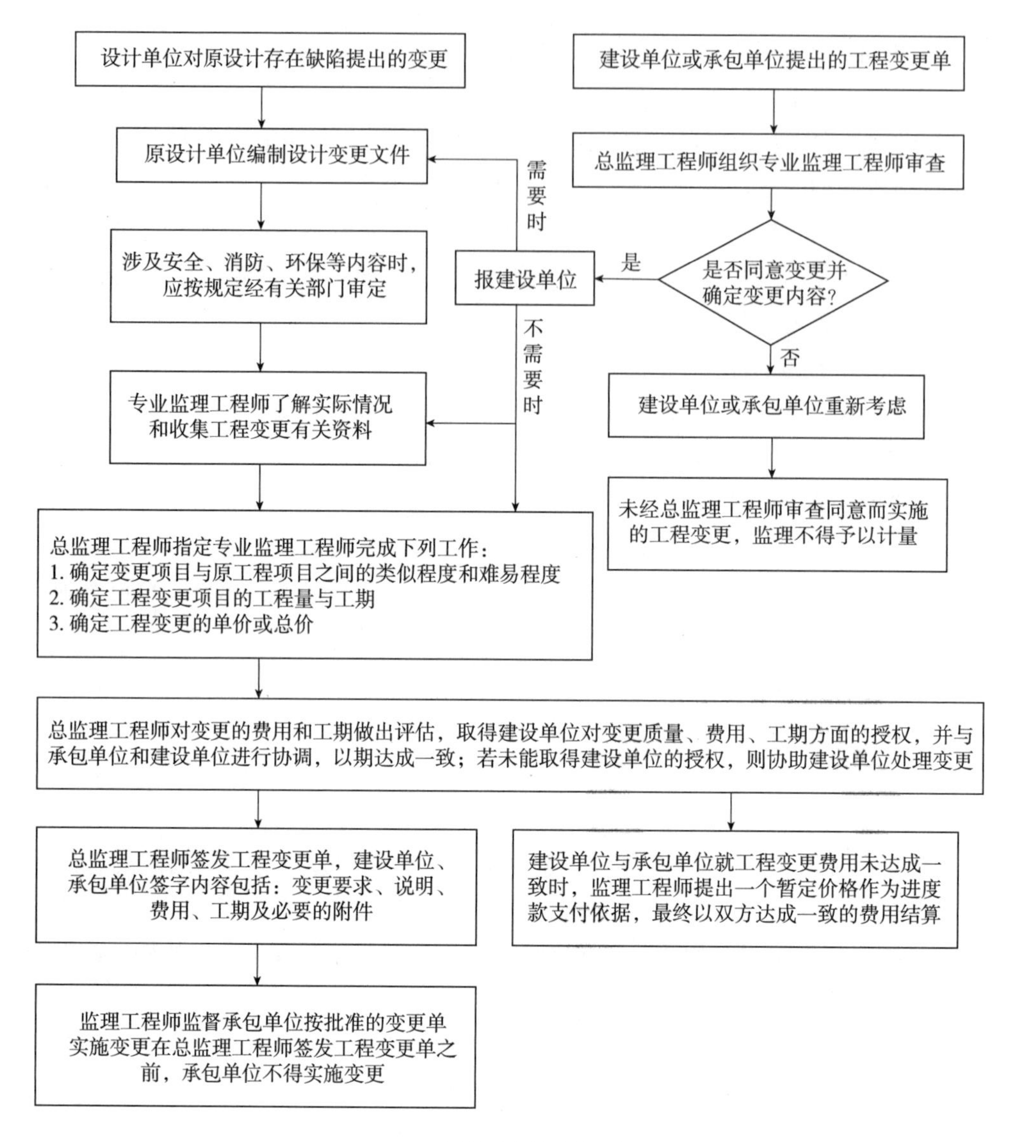

图 8-3　工程变更处理流程图

8.6 现场签证管理

1. 现场签证定义

现场签证是按照施工承包合同约定，由承发包双方代表就施工过程中涉及承包合同价款之外的责任事件所做的签认证明，即正式施工图上没有的、竣工图上不能反映的、施工过程需耗费的人力、材料、机械设备等事件的事实。

2. 现场签证情形

1）施工单位需完成合同价款以外的、非施工单位责任事件等的施工项目。

2）由于施工生产的特殊性，在施工过程中往往会出现一些与合同工程或合同约定不一致或未约定的事项。

3）施工单位应在现场签证事件发生之前向项目监理机构提出工程现场签证要求或意向。现场签证是工程建设期间的各种因素和条件发生变化的真实记录，也是发包方和承包方在施工合同价款以外施工中的工程量、工程做法等发生变化的实际记录，是工程管理阶段重要的组成部分，它对工程造价产生着重要影响。

4）现场签证有多种情形，一般包括以下几种：

① 发包人的口头指令，需要承包人将其提出，由发包人转换成书面签证。

② 发包人的书面通知如涉及工程实施，需要承包人就完成此通知需要的人工、材料、机械设备等内容向发包人提出，取得发包人的签证确认。

③ 合同工程招标工程量清单中已有，但施工中发现与其不符，如土方类别等，需要承包人及时向发包人提出签证确认，以便调整合同价款。

④ 由于发包人原因，未按合同约定提供场地、材料、设备或停水、停电等造成承包人停工，需要承包人及时向发包人提出签证确认，以便计算索赔费用。

⑤ 合同中约定的人工、材料等价格由于市场变化，需要承包人及时向发包人提出人工工日、采购材料数量及单价，以取得发包人的签证确认。

3. 现场签证的范围

现场签证的范围一般包括：

1）适用于施工合同范围以外零星工程的确认。

2）在工程施工过程中发生变更后需要现场确认的工程量。

3）非承包人原因导致的人工、设备窝工及有关损失。

4）符合合同约定的非承包人原因引起的工程量或费用增减。

5）确认修改施工方案引起的工程量或费用增减。

6）工程变更导致的工程措施费增减等。

4. 现场签证的程序

1）承包人应发包人要求完成合同以外的零星项目、非承包人责任事件等工作的，发包人应及时以书面形式向承包人发出指令，并应提供所需的相关资料；承包人在收到指令后，应及时向发包人提出现场签证要求。

2）承包人应在收到发包人指令后的 7 天内向发包人提交现场签证报告，发包人应在收到现场签证报告后的 48 小时内对报告内容进行核实，予以确认或提出修改意见。发包人在收到承包人现场签证报告后的 48 小时内未确认也未提出修改意见的，应视为承包人提交的现场签证报告已被发包人认可。

3）现场签证的工作如已有相应的计日工单价，现场签证中应列明完成该类项目所需的人工、材料、工程设备和施工机械台班的数量。如果现场签证的工作没有相应的计日工单价，应在现场签证报告中列明完成该签证工作所需的人工、材料设备和施工机械台班的数量及单价。

4）合同工程发生现场签证事项，未经发包人签证确认，承包人便擅自施工的，除非征得发包人书面同意，否则发生的费用应由承包人承担。

5）现场签证工作完成后的 7 天内，承包人应按照现场签证内容计算价款，报送发包人确认后，作为增加合同价款，与进度款同期支付。

6）在施工过程中，当发现合同工程内容因场地条件、地质水文、发包人要求等不一致时，承包人应提供所需的相关资料，并提交发包人签证认可，作为合同价款调整的依据。

5. 现场签证的计价

1）现场签证事件内容合同有相应单价或合同中有适用单价的项目时，合同双方当事人仅在现场签证报告中列明完成该类项目所需的人工、材料、工程设备和施工设备机械台班的数量。现场签证事件内容没有相应单价或合同中没有适用单价的项目，合同双方当事人在现场签证报告中应列明完成这类项目所需的人工、材料、工程设备和施工设备机械台班的数量和单价。

2）现场签证费用的计价方式有两种：

① 第一种是完成合同以外的零星工作时，可按计日工单价计算。此时提交现场签证费用申请时，应包括下列证明材料：

A. 工作名称、内容和数量。

B. 投入该工作所有人员的姓名、工种、级别和耗用工时。

C. 投入该工作的材料类别和数量。

D. 投入该工作的施工设备型号、台数和耗用台时。

E. 项目监理机构要求提交的其他资料和凭证。

② 第二种是完成其他非承包人责任引起的事件，应按合同约定计算。由于现场签证种类繁多，发承包双方在施工过程中来往信函就责任事件的证明均可视为现场签证，但不是所有的现场签证均可马上算出价款，有的需要经过索赔程序，这时的现场签证仅是索赔的依据，此外，有的现场签证根本不涉及价款。

6. 现场签证价款的确定

合同履行期间，出现现场签证事件的，合同双方当事人就应及时对现场签证内容所涉及合同价款的调整事项进行平等协商和确定（除专用条款另有约定外，执行工程变更价款确定程序及办法），并作为追加合同价款，按合同约定支付。

7. 现场签证工作的实施

施工单位应在建设单位确认现场签证报告后，按照现场签证报告的内容（或总监理工程师发出的工作指令）及时组织实施相关工作。否则，由此引起的损失或延误由施工单位承担。在现场签证工作的实施中要做好以下工作。

（1）熟悉合同条款　例如：某保障性住房建设项目，约定了不因修改施工方案而调整费用，同时约定工程变更在 ±10% 内不予增减工程措施费等。又如：某开发商项目，在合同专用条款约定现场签证工作必须遵守以下七大原则：

1）量价分离的原则。工程量签证要尽可能做到详细。不能笼统、含糊其辞，凡明确计算工程量的内容，只能签证工程量而不能签证人工工日和机械台班数量。

2）实事求是的原则。未经核实不能盲目签证，内容要与实际相符。以证据为准、真实合法，做到有事实依据支持，例如采取现场拍照或录像留底，各方签字确认等方式。

3）现场跟踪原则。为了加强管理，凡是费用超过万元的签证，在费用发生之前，施工单位应与项目监理机构以及造价审核人员一同到现场察看。

4）废料回收原则。凡是拆除中发生的材料或设备需要回收的（不回收的需建设单位注明），应签明回收单位，并有回收单位出具回收证明。

5）及时处理原则。因建设工程周期性长，若待到工程结算时间太长，应避免只靠回忆来进行签证，应该在变更发生之际及时处理。现场签证在施工中应随发生、随签证，应当做到一次一签证，一事一签证，及时确认。

6）检查重复原则。现场签证内容是否与合同内容重复，避免无效签证的发生。

7）计费方式原则。计费方式参照主合同计费方式，主合同中没有计费方式的采用协商处理或仲裁方式处理。

（2）进行现场签证时要关注的问题

1）竣工图能体现变更时，设计变更与施工图、竣工图共同构成结算依据，不再单独办理签证。

2）时效性问题。应关注变更签证的时效性，避免时隔多日才补办手续，导致现场签证内容与实际不符。例如，遇到地下障碍物及建好需拆除并影响造价的工程，必须及时办理签证确认。

3）签证的规范性。现场签证一般情况下需要建设单位、监理单位、施工单位三方共同签字、盖章才能生效。缺少任何一方都属于不规范的签证，不能作为结算的依据。现场签证必须是书面形式，手续要齐全。

4）凡合同清单内或定额中或相关计价文件有明确规定的项目不得签证。必须清楚综合单价的项目特征描述及其组价要素构成（综合单价分析）。

5）现场签证内容应明确，项目要清楚，数量要准确，单价要合理。应在合同中约定的，不能以签证形式出现。例如：人工浮动工资、议价项目、材料价格，当合同中没约定的，应由建设单位、施工单位协商以补充协议的形式约定。

6）应在施工组织方案中审批的，列入措施费的，不能做签证处理。例如：临建的布局、塔式起重机的台数、挖土方式、钢筋搭接方式等，这些都应在施工组织方案中严格审查，不能随便做工程签证。

7）土方开挖时的签证：开挖地基后，如发现古墓、管道、电缆、防空洞等障碍物时，应会同建设单位、项目监理机构做好签证，能以图表示的尽量绘图，否则，用书面表示清楚。

8）工程开工后的签证：工程设计变更给施工单位造成损失，如施工图有误，或开工后设计变更，而施工单位已开工或下料造成的人工、材料、机械费用的损失。

9）工程工期（进度）签证是指项目实施过程中分部分项的实际施工进度、主要材料、设备进退场时间及由于建设单位原因导致的延期开工、暂停施工等，及时办理了签证，可以避免事后扯皮。

8.7 分部分项工程费与相关费用审查

1. 审查分部分项工程费

分部分项工程费是构成工程造价的主要费用部分，一般占工程总造价的 70%～80%。利用综合单价法计算分部分项工程费需要解决的两个核心问题，即审查各分部分项工程的工程量及其综合单价。

（1）分部分项工程工程量的审查　招标文件中的工程量清单标明的工程量是招标人编制招标控制价和投标人投标报价的共同基础，是工程量清单编制人按施工图和清单工程量计算规则得到的工程净量。但该工程量通常不能作为施工单位在履行合同义务中的应予完成的实际和准确的工程量，进行结算时的工程量应按发、承包双方在合同中约定应予计量且实际完成的，以实体工程量为准。

（2）综合单价的审查　综合单价应由完成工程量清单中一个规定计量单位项目所需的人工费、材料费、施工机械使用费、企业管理费和利润以及一定范围内的风险费用构成。综合单价的计算通常采用定额组价的方法，即以计价定额为基础进行组合计算。《建筑工程工程量清单计价规范》与定额的工程量计算规则、计量单位、工程内容不尽相同，其综合单价的计算步骤如下：

1）确定组合定额子目。

2）计算定额工程量。

3）测算人、材、机消耗量。

4）确定人、材、机单价。

5）计算清单项目的直接工程费：直接工程费 =∑ 计价工程量 ×（∑ 人工消耗量 × 人工单价 +∑ 材料消耗量 × 材料单价 +∑ 台班消耗量 × 台班单价）。

6）计算清单项目的管理费和利润：管理费 = 直接工程费 × 管理费费率；利润 =（直接工程费 + 管理费）× 利润率。

7）计算清单项目的综合单价：综合单价 =（直接工程费 + 管理费 + 利润）/ 清单工程量。

2. 施工措施费审查的基本内容

措施项目清单应根据相关工程现行国家计量规范的规定编制并应根据拟建工程的实际情况列项。这一部分费用一般占工程总造价的 10%～20%。措施项目是相对于工程实体的分部分项工程项目而言的，是实际施工中必须发生的施工准备和施工过程中技术、生活、安全、环境保护等方面的非工程实体项目的总称。按照《建设工程工程量清单计价规范》，该项费用主要包括以下几点：

1）安全文明施工费（含环境保护、文明施工、安全施工、临时设施）。

2）夜间施工费、非夜间施工照明。

3）二次搬运费。

4）冬雨期施工费。

5）大型机械设备进出场及安拆费。

6）施工排水费。

7）施工降水费。

8）地上、地下设施，建筑物的临时保护设施费。

9）已完工程及设备保护费。

10）脚手架搭拆。

11）高层施工增加及其他措施项目。

3. 安全文明施工费审查的基本内容

安全文明施工费（含环境保护、文明施工、安全施工、临时设施）必须专款专用，不得作为竞争性费用。为防止施工单位在工程施工过程中挪作他用，项目监理机构应对此专门审查。按照《建设工程工程量清单计价规范》，安全文明施工费列为一般措施项目，其工作内容及包含范围主要有以下几点：

（1）环境保护　现场施工机械设备降低噪声、防扰民措施费用；水泥和其他易飞扬细颗粒建筑材料密闭存放或采取覆盖措施等费用；工程防扬尘洒水费用；土石方、建渣外运车辆冲洗、防洒漏等费用；现场污染源的控制、生活垃圾清理外运、场地排水排污措施的费用；其他环境保护措施费用。

（2）文明施工　“五牌一图”的费用；现场围挡的墙面美化（包括内外粉刷、刷白、标语等）、压顶装饰费用；现场厕所便槽刷白、贴面砖，水泥砂浆地面或地砖费用，建筑物内临时便溺设施费用；其他施工现场临时设施的装饰装修、美化措施费用；现场生活卫生设施费用；符合卫生要求的饮水设备、淋浴、消毒等设施费用；生活用洁净燃料费用：防煤气中毒、防蚊虫叮咬等措施费用；施工现场操作场地的硬化费用；现场绿化费用、治安综合治理费用；现场配备医药保健器材、物品费用和急救人员培训费用；用于现场工人的防暑降温费、电风扇、空调等设备及用电费用；其他文明施工措施费用。

（3）安全施工　安全资料、特殊作业专项方案的编制，安全施工标志的购置及安全宣传的费用；“三宝”（安全帽、安全带、安全网）、“四口”（楼梯口、电梯井口、通道口：预留洞口），“五临边”（阳台围边、楼板围边、屋面围边、槽坑围边、卸料平台两侧），水平防护架、垂直防护架、外架封闭等防护的费用；施工安全用电的费用，包括配电箱三级；配电、两级保护装置要求、外电防护措施；起重机、塔式起重机等起重设备（含井架、门架）及外用电梯的安全防护措施（含警示标志）费用及卸料平台的临边防护、层间安全门、防护棚等设施费用；建筑工地起重机械的检验检测费用；施工机具防护棚及其围栏的安全保护设施费用；施工安全防护通道的费用；工人的安全防护用品、用具购置费用；消防设施与消防器材的配置费用；电气保护、安全照明设施费；其他安全防护措施费用。

（4）临时设施　施工现场采用彩色、定型钢板，砖、混凝土砌块等围挡的安砌、维修、拆除费或摊销费；施工现场临时建筑物、构筑物的搭设、维修、拆除或摊销的费用，如临时宿舍、办公室，食堂、厨房、厕所、诊疗所、临时文化福利用房、临时仓库、加工场、搅拌台、临时简易水塔、水池等。施工现场临时设施的搭设、维修、拆除或摊销的费用，如临时供水管道、临时供电管线、小型临时设施等；施工现场规定范围内临时简易造路铺设，临时排水沟、排水设施安砌、维修、拆除的费用；其他临时设施费搭设、维修拆除或摊销的费用。

4. 规费审查的基本内容

规费就是指政府和有关权力部门规定必须缴纳的费用，不得作为竞争性费用。内容如下：

1）工程排污费，它是指施工现场按规定必须缴纳的工程排污费。

2）社会保险费（“五险”，包括养老保险费、失业保险费、医疗保险费、生育保险费、工伤保险费）。

① 养老保险费，它是指企业按规定标准为职工缴纳的基本养老保险费。

② 失业保险费，它是指企业按照国家规定标准为职工缴纳的失业保险费。

③ 医疗保险费，它是指企业按照规定标准为职工缴纳的基本医疗保险费。

④ 生育保险费，它是指企业应当按照国家规定缴纳的生育保险费。

⑤ 工伤保险，它是指企业应当为全部职工或者雇工缴纳的工伤保险费。

3）住房公积金，它是指企业按规定标准为职工缴纳的住房公积金。

8.8 索赔费用审查

施工索赔是指在施工合同履行过程中对不应由自己承担责任的情况所造成的损失，向合同另一方提出的费用及工期补偿的行为。

1. 施工单位向建设单位索赔的程序

按《建设工程施工合同（示范文本）》（GF—2017—0201）第 19.1 条的规定，施工单位可按以下程序向建设单位提出索赔：

1）施工单位应在知道或应当知道索赔事件发生后 28 天内，向项目监理机构递交索赔意向通知书，并说明发生索赔事件的事由；施工单位未在前述 28 天内发出索赔意向通知书的，丧失要求追加付款和（或）延长工期的权利。

2）施工单位应在发出索赔意向通知书后 28 天内，向项目监理机构正式递交索赔报告；索赔报告应详细说明索赔理由以及要求追加的付款金额和（或）延长的工期，并附必要的记录和证明材料。

3）索赔事件具有持续影响的，施工单位应按合理时间间隔继续递交延续索赔通知，说明持续影响的实际情况和记录，列出累计的追加付款金额和（或）工期延长天数。

4）在索赔事件影响结束后 28 天内，施工单位应向项目监理机构递交最终索赔报告，说明最终要求索赔的追加付款金额和（或）延长的工期，并附必要的记录和证明材料。

2. 项目监理机构对施工单位索赔的处理

按照《建设工程施工合同（示范文本）》（GF—2017—0201）第 19.2 条的规定，项目监理机构按以下程序处理施工单位向建设单位提出的索赔：

1）项目监理机构应在收到索赔报告后 14 天内完成审查并报送建设单位。项目监理机构对索赔报告存在异议的，有权要求施工单位提交全部原始记录副本。

2）建设单位应在项目监理机构收到索赔报告或有关索赔的进一步证明材料后的 28 天内，通过项目监理机构向施工单位出具经建设单位签认的索赔处理结果。建设单位逾期未回复的，则视为认可施工单位的索赔要求。

3）施工单位接受索赔处理结果的，建设单位可从应支付给施工单位的合同价款中扣除赔付的金额或延长缺陷责任期；施工单位不接受索赔处理结果的，按照《建设工程施工合同（示范文本）》（GF—2017—0201）第 20 条（争议解决）的约定处理。

3. 费用索赔的处理程序

按照《建设工程监理规范》的规定，项目监理机构可按下列程序处理施工单位向建设单位提出的费用索赔：

1）受理施工单位在施工合同约定的期限内提交的费用索赔意向通知书。

2）收集与索赔有关的资料。

3）受理施工单位在施工合同约定的期限内提交的费用索赔报审表。

4）审查费用索赔报审表。需要施工单位进一步提交详细资料时，应在施工合同约定的期限内发出通知。

5）与建设单位和施工单位协商一致后，在施工合同约定的期限内签发费用索赔报审表，并报建设单位。

6）当施工单位的费用索赔要求与工程延期要求相关联时，项目监理机构可提出费用索赔和工程延期的综合处理意见，并应与建设单位和施工单位协商。

4. 索赔意向通知书

在工程实施过程中发生索赔事件后，或者施工单位发现索赔机会后，首先提出索赔意向通知书，这是施工单位致项目监理机构和建设单位的信函，即在合同约定时间内向对方表明索赔愿望、要求或者申明保留索赔权利，这是施工索赔工作程序的第一步。索赔意向通知书应包括以下主要内容：

1）说明索赔事件的发生时间、地点、简单事实情况描述和发展动态。

2）索赔依据和理由。

3）索赔事件的不利影响等。

索赔意向通知书应按《建设工程监理规范》表 C. 0.3 的要求填写，并加上附件：索赔事件资料。

5. 项目监理机构处理索赔的资料

项目监理机构处理索赔的过程中，应收集与索赔有关的资料，主要有以下几项：

1）索赔事件发生过程的详细原始资料。

2）合同约定的原则和证据。

3）索赔事件的原因、责任的分析材料。

4）核查索赔事件发生工作量（施工单位、监理单位、建设单位三方共同确认）。

5）索赔费用计算方法与必备的举证材料。

6. 索赔报告的审查

项目监理机构收到正式的索赔报告后，要认真地进行研究、分析和审核。首先，研究施工单位提供的索赔证据是否充分，并核查施工同期记录，对索赔事件进行分析和审核；其次，依据合同条款，划清责任界限。

索赔报告是索赔材料的正文，其结构一般包含三个主要部分。首先是报告的标题，应概括索赔的核心内容；其次是事实与理由，这部分应该叙述客观事实，合理引用合同规定，建立事实与损失之间的因果关系，说明索赔的合理、合法性；最后是损失计算与要求赔偿金额或工期，这部分只需列举各项明细数据及汇总数据即可。

索赔报告审查的基本内容：

1）索赔事件是否真实、证据是否确凿。索赔针对的事件必须实事求是，有确凿的证据，令对方无可推卸和辩驳。对事件叙述要清楚明确，不应使用“可能”“也许”等估计猜测性语言。

2）计算索赔费用是否合理、准确。要将计算的依据、方法、结果详细说明、列出。

3）责任分析是否清楚。一般索赔所针对的事件都是由非施工单位责任而引起的，因此，在索赔申请报告中必须明确对方负全部责任，而不得用含糊的语言。

4）是否说明事件的不可预见性和突发性。索赔报告应说明施工单位对它不可能有准备，也无法预防，并且施工单位为了避免和减轻该事件的影响和损失已尽了最大的努力，采取了能够采取的措施。

5）是否明确阐述由于干扰事件的影响，使施工单位的施工受到严重干扰，并为此增加了支出，拖延了工期，表明干扰事件与索赔有直接的因果关系。

6）索赔报告中所列举事实、理由、影响等的证明文件和证据是否充分、可靠。

7）索赔报告中计算书明细是否详尽，这是证实索赔金额的真实性而设置的，为了简明可以大量运用图表。

7. 索赔费用的审查

（1）审查索赔费用成立的条件　项目监理机构批准施工单位费用索赔应同时满足下列条件：

1）施工单位在施工合同约定的期限内提出费用索赔。

2）索赔事件是因非施工单位原因造成的，且符合施工合同约定。

3）索赔事件造成施工单位直接经济损失。

（2）审查索赔费用主要包括的项目

1）人工费：索赔费用中的人工费主要是指完成合同之外的额外工作所花费的人工费用，由于非承包商责任的工效降低所增加的人工费用，超过法定工作时间的加班费用，法定的人工费增长以及非承包商责任造成的工程延误导致的人员窝工费等。

2）材料费：由于索赔事项材料实际用量超过计划用量而增加的材料费，由于客观原因材料价格大幅度上涨，由于非承包商责任造成的工程延误导致的材料价格上涨，由于非承包商原因致使材料运杂费、材料采购与储存费用的上涨等。

3）施工机械使用费：由于完成额外工作增加的机械使用费，非承包商责任致使的工效降低而增加的机械使用费，由于建设单位或监理工程师原因造成的机械停工的窝工费。机械台班窝工费的计算，如果是租赁设备，一般按实际台班租金加上每台班分摊的机械调进调出费计算；如果是承包商自有设备，一般按台班折旧费计算，而不能按全部台班费计算，因为台班费中包括了设备使用费。

4）工地管理费：承包商完成额外工程、索赔事项工作以及工期延长、延误期间的工地管理费，包括管理人员工资、办公费、通信费、交通费等。在确定分析索赔款时，有时把工地管理费具体分为可变部分和固定部分。所谓可变部分是指在延期过程中可以调到其他工程部位（或其他工程项目）上去的部分人员和设施；所谓固定部分是指施工期间不易调动的那部分人员或设施。

5）利息。利息的索赔通常发生于下列情况：

① 建设单位拖延支付工程进度款或索赔款，给承包商造成较严重的经济损失，承包商因而提出拖延付款的利息索赔。

② 由于工程变更和工期延误增加投资的利息。

③ 施工过程中建设单位错误扣款的利息。

利息的具体利率可采用以下三类情况：

① 按当时银行贷款利率。

② 按当时的银行透支利率。

③ 按合同双方协议的利率。

6）总部管理费：工程延误期间所增加的管理费。一般包括总部管理人员工资、办公费用、财务管理费用、通信费用等。这项索赔款的计算，目前没有统一的方法。在国际工程施工索赔中，常用的总部管理费的计算方法有以下几种：

① 按照投标书中总部管理费的比例（6%～8%）计算。总部管理费 = 合同中总部管理费比率（%）×（直接费索赔款额 + 工地管理费索赔款额等）。

② 按照公司总部统一规定的管理费比率计算。总部管理费 = 公司管理费比率（%）×（直接费索赔款额 + 工地管理费索赔款额等）。

7）分包费用：索赔款中的分包费用是指分包商的索赔款项，一般也包括人工费、材料费、施工机械使用费等。分包商的索赔款额应如数列入总承包商的索赔款总额以内。

8）利润：对于不同性质的索赔，取得利润索赔的成功率是不同的。一般来说，由于工程范围的变更和施工条件变化引起的索赔，施工单位是可以列入利润的；由于建设单位的原因终止或放弃合同，施工单位除有权获得已完成的工程款以外，还应得到原定比例的利润。而对于工程延误的索赔，由于利润通常是包括在每项实施的工程内容的价格之内的，而延误工期并未影响削减某些项目的实施，而导致利润减少；所以，一般项目监理机构很难同意在延误的费用索赔中加进利润损失。索赔利润的款额计算通常与原报价单中的利润百分率保持一致，即在索赔款直接费的基础上，乘以原报价单中的利润率，作为该项索赔款中的利润额。

（3）审查索赔费用不包括的项目 需要注意的是，施工索赔中以下几项费用是不允许索赔的：

1）施工单位对索赔事项的发生原因负有责任的有关费用。

2）施工单位对索赔事项未采取减轻措施，因而扩大的损失费用。

3）施工单位进行索赔工作的准备费用。

4）索赔款在索赔处理期间的利息。

5）工程有关的保险费用。

（4）审查索赔费用的计算方法

1）分项法：该方法是按每个索赔事件所引起损失的费用项目分别分析计算索赔值的一种方法。这一方法是在明确责任的前提下，将需索赔的费用分项列出，并提供相应的工程记录、收据、发票等证据资料，这样可以在较短时间内给以分析、核实，确定索赔费用，顺利解决索赔事宜。在实际中，绝大多数工程的索赔都采用分项法计算。分项法计算通常分三步：

① 分析每个或每类索赔事件所影响的费用项目，不得有遗漏。这些费用项目通常应与合同报价中的费用项目一致。

② 计算每个费用项目受索赔事件影响后的数值，通过与合同价中的费用值进行比较即可得到该项费用的索赔值。

③ 将各费用项目的索赔值汇总，得到总费用索赔值。分项法中索赔费用主要包括该项工程施工过程中所发生的额外人工费、材料费、施工机械使用费、相应的管理费，以及应得的间接费和利润等。由于分项法所依据的是实际发生的成本记录或单据，所以在施工过程中，对第一手资料的收集整理就显得非常重要。

2）总费用法：又称总成本法，是指当发生多次索赔事件以后，重新计算出该工程的实际总费用，再从这个实际总费用中减去投标报价时的估算总费用，计算出索赔余额，具体公式是：索赔金额 = 实际总费用 − 投标报价估算总费用。采用总费用法进行索赔时应注意如下几点：

① 采用这个方法，往往是由于施工过程中受到严重干扰，造成多个索赔事件混杂在一起，导致难以准确地进行分项记录和收集资料、证据，也不容易分项计算出具体的损失费用，只得采用总费用法进行索赔。

② 施工单位报价必须合理，不能是采取低价中标策略后过低的标价。

③ 该方法要求必须出具足够的证据，证明其全部费用的合理性，否则其索赔款额将不容易被接受。

有些人对采用总费用法计算索赔费用持批评态度，因为实际发生的总费用中可能包括了施工单位的原因（如施工组织不善、浪费材料等），而增加了的费用，同时投标报价估算的总费用由于投标人想中标而过低。所以这种方法只有在难以按分项法计算索赔费用时才使用。

3）修正总费用法：修正的总费用法是对总费用法的改进，即在总费用计算原则的基础上，去掉一些不合理的因素，使其更合理。修正的内容如下：

① 将计算索赔款的时段局限于受到外界影响的时间，而不是整个施工期。

② 只计算受影响时段内的某项工作所受影响的损失，而不是计算该时段内所有施工工作所受的损失。

③ 与该项工作无关的费用不列入总费用中。

④ 对投标报价费用重新进行核算：将受影响时段内该项工作的实际单价乘以实际完成的该项工作的工作量，得出调整后的报价费用。按修正后的总费用计算索赔金额的公式如下：

索赔金额＝某项工作调整后的实际总费用－该项工作的报价

用修正的总费用法与总费用法相比，有了实质性的改进，它已相当准确地反映出实际增加的费用。

8. 索赔审查报告的编写

按照《建设工程监理规范》的规定，施工单位在递交费用索赔报审表B. 0. 13时，应附上索赔金额计算以及证明材料。当总监理工程师签发索赔报审表时可附“索赔审查报告”作为支持材料。

“索赔审查报告”内容包括受理索赔的日期，索赔要求、索赔过程，确认的索赔理由及合同依据，批准的索赔额及其计算方法等。

9. 解决工程价款结算争议的规定

（1）工程垫资的处理 《最高人民法院关于审理建设工程施工合同纠纷案件适用法律问题的解释（一）》（法释〔2020〕25号）第二十五条规定，当事人对垫资和垫资利息有约定，承包人请求按照约定返还垫资及其利息的，人民法院应予支持，但是约定的利息计算标准高于垫资时的同类贷款利率或者同期贷款市场报价利率的部分除外。

当事人对垫资没有约定的，按照工程欠款处理。当事人对垫资利息没有约定，承包人请求支付利息的，人民法院不予支持。

（2）欠付工程款的利息支付 《最高人民法院关于审理建设工程施工合同纠纷案件适用法律问题的解释（一）》第二十六、二十七条规定：当事人对欠付工程价款利息计付标准有约定的，按照约定处理；没有约定的，按同期同类贷款利率或者同期贷款市场报价利率计息。

利息从应付工程价款之日开始计付。当事人对付款时间没有约定或者约定不明的，下列时间视为应付款时间：

1）建设工程已实际交付的，为交付之日。

2）建设工程没有交付的，为提交竣工结算文件之日。

3）建设工程未交付，工程价款也未结算的，为当事人起诉之日。

（3）对工程量有争议的确认　《最高人民法院关于审理建设工程施工合同纠纷案件适用法律问题的解释（一）》第二十条规定，当事人对工程量有争议的，按照施工过程中形成的签证书面文件确认。承包人能够证明发包人同意其施工，但未能提供签证文件证明工程量发生的，可以按照当事人提供的其他证据确认实际发生的工程量。

（4）视为发包人认可承包人的单方面结算价　《最高人民法院关于审理建设工程施工合同纠纷案件适用法律问题的解释（一）》第二十一条规定，当事人约定，发包人收到竣工结算文件后，在约定期限内不予答复，视为认可竣工结算文件的，按照约定处理。承包人请求按照竣工结算文件结算工程价款的，人民法院应予支持。

（5）对黑白合同的效力问题　《最高人民法院关于审理建设工程施工合同纠纷案件适用法律问题的解释（一）》第二十二条规定，当事人签订的建设工程施工合同与招标文件、投标文件、中标通知书载明的工程范围、建设工期、工程质量、工程价款不一致的，一方当事人请求将招标文件、投标文件、中标通知书作为结算工程价款的依据的，人民法院应予支持。

从目前法律的操作来看，黑白合同肯定是不合法的，如果双方发生合同纠纷，生效的一般都是白合同，即备案以后的合同，私下的承诺应该是无效的。

8.9 竣工结算款审查

1. 竣工结算文件的提交与确认

1）合同竣工验收申请的同时向发包人提交竣工结算文件。施工单位未在规定的时间内提交竣工结算文件，经建设单位催促后 14 天内仍未提交或没有明确答复，建设单位有权根据已有资料编制竣工结算文件，作为办理竣工结算和支付结算款的依据，施工单位应予以认可。

2）建设单位应在收到施工单位提交的竣工结算文件后的 28 天内审核完毕。建设单位经核实，认为施工单位还应进一步补充资料和修改结算文件，应在上述时限内向施工单位提出核实意见，施工单位在收到核实意见后的 14 天内按照建设单位提出的合理要求补充资料，修改竣工结算文件，并再次提交给建设单位复核后批准。双方对复核结果无异议的，应在 7 天内在竣工结算文件上签字确认，竣工结算办理完毕。工程完工后，施工单位应在经建设单位和施工单位双方确认的合同工程期中价款结算的基础上汇总编制完成竣工结算文件，应在提交竣工验收申请的同时向建设单位提交竣工结算文件。

3）建设单位在收到施工单位竣工结算文件后的 28 天内，不审核竣工结算或未提出审核意见的，视为对提交的竣工结算文件已被认可，竣工结算办理完毕。施工单位在收到建设单位提出的核实意见后的 28 天内，不确认也未提出异议的，视为对提出的核实意见已被认可，竣工结算办理完毕。

4）建设单位委托工程造价咨询人审核竣工结算的，工程造价咨询人应在 28 天内审核完毕，审核结论与施工单位竣工结算文件不一致的，应提交给施工单位复核，施工单位应在 14 天内将同意审核结论或不同意见的说明提交工程造价咨询人，工程造价咨询人收到施工单位提出的异议后，应再次复核，复核无异议的，按《建设工程工程量清单计价规范》第 11.1.3 条 1 款规定办理，复核后仍有异议的，按《建设工程工程量清单计价规范》第 11.1.3 条 2 款规定办理。施工单位逾期未提出书面异议，视为工程造价咨询人审核的竣工结算文件已经被承包人认可。

5）对建设单位或工程造价咨询单位指派的专业人员与施工单位指派的专业人员经核对后无异议并签名确认的竣工结算文件，除非双方能提出具体、详细的不同意见，建设单位和施工单位都应在竣工结算文件上签名确认，若建设单位拒不签认的，施工单位可不提供竣工验收备案资料，并有权拒绝与建设单位或其上级部门委托的工程造价咨询人员重新核对竣工结算文件。

6）施工单位未及时提交竣工结算文件的，建设单位要求交付竣工工程，应当交付竣工工程；建设单位不要求交付竣工工程，施工单位承担照管所建工程的责任。

7）建设单位与施工单位双方或一方对工程造价咨询人员出具的竣工结算文件有异议时，可向当地工程造价管理机构投诉，申请对其进行执业质量鉴定。工程造价管理机构受理投诉后，应当组织专家对投诉的竣工结算文件进行质量鉴定，并得出鉴定意见。

8）竣工结算办理完毕，发包人应将竣工结算书报送工程所在地（或有该工程管辖权的行建设单位管部门）工程造价管理机构备案，竣工结算书作为工程竣工验收备案、交付使用的必备文件。

2. 竣工结算审查程序

项目监理机构应按下列程序进行竣工结算款审核：

1）专业监理工程师审查施工单位提交的竣工结算款支付申请，提出审查意见。

2）总监对专业监理工程师的审查意见进行审核，签认后报建设单位审批，同时抄送施工单位，并就工程竣工结算事宜与建设单位、施工单位协商；达成一致意见的，根据建设单位审批意见向施工单位签发竣工结算款支付证书；不能达成一致意见的，应按施工合同约定处理。

3）工程竣工结算款支付报审表可按合同约定或《建设工程监理规范》表 B.0.11、《建设工程工程量清单计价规范》附录 K 合同价款支付申请（核准）表的要求填写；工程款支付证书可按合同约定或《建设工程监理规范》表 A.0.8、《建设工程工程量清单计价规范》附录 K 合同价款支付申请（核准）表的要求填写。

3. 竣工结算款审查的内容

竣工结算款（合同价格）为发、承包双方依据国家有关法律、法规和标准规定，按照合同约定确定的，包括在履行合同过程中按合同约定进行的工程变更、索赔和合同价款调整，是承包人按合同约定完成了全部承包工作后，发包人应付给承包人的合同总金额。经审查核定的工程竣工结算是核定建设工程造价的依据，也是建设项目验收后编制竣工决算和核定新增固定资产价值的依据。

1）核对合同条款。核对竣工工程内容是否符合合同条件、是否竣工验收合格。只有按合同要求完成全部工程并验收合格的才能列入竣工结算。如果有甩项，则应由合同当事人签订甩项竣工协议，并在甩项竣工协议中应明确，合同当事人按照《建设工程施工合同（示范文本）》（GF—2017—0201）第 14.1 款（竣工结算申请）及 14.2 款（竣工结算审核）的约定，对已完合格工程进行结算，并支付相应合同价款。

2）根据合同类型，采用不同的审查方法，如总价合同、单价合同，成本加酬金合同等不同合同类型。在工程竣工结算进行审核中，若发现合同开口或有漏洞，应请建设单位与施工单位认真研究，明确其结算方法。

3）核对递交程序和资料的完备性。工程竣工结算资料的递交手续、程序应合法，具有法律效力；同时应具备完整性、真实性和相符性。项目监理机构应重视组织有相关单位参加的第一次结算交底会议。

4）检查隐蔽验收记录。所有隐蔽工程均需进行验收确认；实行工程监理的项目应经项目监理机构检查确认。手续完整，工程量与竣工图或施工记录一致，方可列入结算。

5）核实工程变更、现场签证、索赔、项目特征描述等按照合同约定可调整合同价款的事项。设计修改变更应由原设计单位出具设计变更通知单和修改图，设计、校审人员签字并加盖公章，经建设单位和项目监理机构审查同意；重大设计变更应经原审批部门审批，否则不应列入结算。按《建设工程工程量计价清单规范》规定，以下事项发生，发承包双方应当按照合同约定调整合同价款：法律法规变化、工程变更、项目特征不符、工程量清单缺项、工程量偏差、计日工、物价变化、暂估价、不可抗力、提前竣工（赶工补偿）、误期赔偿、索赔、现场签证、暂列金额、发承包双方约定的其他调整事项。

6）核实工程量。竣工结算的工程量应依据竣工图、设计变更等进行核算，并按合同约定的计算规则核实工程量。

7）严格执行单价。结算单价应按合同文件约定的计价定额与计价原则执行。

8）注意各项费用计取。先审核各项费率、价格指数或换算系数是否正确，价差调整计算是否符合要求，再核实特殊费用和计算程序。要注意各项费用的计取基数，如安装工程间接费等是以人工费为基数。

9）防止各种计算误差。工程竣工结算子目多、篇幅大，往往有计算误差，应认真核算，防止因计算误差多计或少算。

4. 竣工结算款的计算审查

工程量清单计价法通常采用单价合同的合同计价方式，竣工结算价款的计算公式如下：

$$工程项目竣工结算价 =\sum 单项工程竣工结算价$$

$$单项工程竣工结算价 =\sum 单位工程竣工结算价$$

单位工程竣工结算价 = 分部分项工程费 + 措施项目费 + 其他项目费 + 规费 + 税金

（1）分部分项工程费的计算　分部分项工程费应依据发、承包双方确认的工程量、合同约定的综合单价计算。如发生调整的，以发、承包双方确认的综合单价计算。

（2）措施项目费的计算　措施项目费应依据合同中约定的项目和金额计算，如合同中规定采用综合单价计价的项目。索赔费用的金额应依据发、承包双方确认的索赔事项和确认的金额。

（3）其他项目费的计算　办理竣工结算时，其他项目费的计算应按以下要求进行：

1）计日工的费用应按发包人实际签证确认的数量和合同约定的措施项目，应依据发、承包双方确认的工程量和综合单价计算，规定采用“项”计价的措施项目，应依据合同定的措施项目和金额或发、承包双方确认调整后的措施项目费金额计算。发生调整的，以发、承包双方确认调整的金额计算。措施项目费中的安全文明施工费应按照国家或省级、行业建设主管部门的规定计算、承包双方依据合同约定对总承包服务费进行调整的，应按调整后的金额计算。

2）当暂估价中的材料是招标采购的，其单价按中标价在综合单价中调整。当暂估价中的材料为非招标采购的，其单价按发、承包双方最终确认的单价在综合单价中调整。当暂估价中的专业工程是招标采购的，其金额按中标价计算。当暂估价中的专业工程为非招标采购的，其金额按发、承包双方与分包人最终确认的金额计算。

3）总承包服务费应依据合同约定的金额计算。

4）索赔事件产生的费用在办理竣工结算时应在其他项目费中按相应单价计算。

5）现场签证发生的费用在办理竣工结算时应在其他项目费中反映。现场签证费用金额依据发、承包双方签证资料确认的金额计算。

6）合同价款中的暂列金额在用于各项价款调整、索赔与现场签证后，若有余额，则余额归发包人，若出现差额，则由发包人补足并反映在相应的工程价款中。

7）规费和税金的计算。办理竣工结算时，规费和税金应按照合同约定、按国家或省级、行业建设主管部门规定的计取标准计算。

8）单位工程竣工结算汇总内容可按《建设工程工程量清单计价规范》中计价表里的表 -07 编制（“营改增”后按合同文件及有关计价文件调整）。

5. 竣工结算款支付

1）除专用合同条款另有约定外，有关竣工结算款支付按《建设工程工程量清单计价规范》规定，施工单位应根据办理的竣工结算文件，向建设单位提交竣工结算款支付申请。该申请应包括下列内容：

① 竣工结算合同价款总额。

② 累计已实际支付的合同价款。

③ 应预留的质量保证金。

④ 应支付的竣工付款金额。

2）建设单位应在收到施工单位提交竣工结算款支付申请后 7 天内予以核实，向施工单位签发竣工结算支付证书。

3）建设单位签发竣工结算支付证书后的 14 天内，按照竣工结算支付证书列明的金额向施工单位支付结算款。

4）建设单位未按照《建设工程工程量清单计价规范》第 12.2.3 条规定支付竣工结算款的，施工单位可催告建设单位支付，并有权获得延迟支付的利息。竣工结算支付证书签发后或者在收到承包人提交的竣工结算款支付申请后的 56 天内仍未支付的，除法律另有规定外，施工单位可与建设单位协商将该工程折价，也可直接向人民法院申请将该工程依法拍卖。施工单位就该工程折价或拍卖的价款优先受偿。

思考题

1. 简述施工阶段工程造价控制的主要内容。
2. 简述项目监理机构对工程量审查的重点内容。
3. 简述工程进度款支付的一般程序。
4. 简述工程变更产生的原因。
5. 简述监理机构确认工程变更的一般步骤。
6. 简述施工单位提出工程变更的程序。
7. 简述工程变更后合同价款的确定原则。
8. 什么是现场签证？现场签证有哪些情形？
9. 简述现场签证的范围和程序。
10. 简述合同专用条款约定现场签证遵循的原则和应注意的问题。
11. 根据《建设工程监理规范》，简述监理机构处理施工单位向建设单位提出费用索赔的程序。
12. 简述项目监理机构处理索赔的资料和索赔报告的审查的内容。
13. 简述项目监理机构进行竣工结算审查的程序。
14. 简述项目监理机构对竣工结算款审查的内容。

二维码形式客观题

微信扫描二维码，可自行做客观题，提交后可查看答案。

第 8 章
客观题

9

第9章 监理机构的工程质量控制

本章学习目标

熟悉施工控制测量成果的检查复核；了解计量设备的核查；熟悉新材料、新工艺、新技术、新设备的审查；熟悉原材料、构配件及设备的看样定板；熟悉工程材料、构配件及设备的进场验收；熟悉工程材料、构配件及设备的见证取样送检；了解工程质量专项检测；了解施工质量样板引路；掌握施工质量验收；掌握建筑工程专项验收和备案；掌握工程质量问题或事故处理。

9.1 施工控制测量成果的检查复核

1. 常见的施工控制测量的检查复核种类

1）民用建筑工程的测量复核　建筑物定位测量、场地平整测量、基础施工测量（如基础放线、土方开挖线位和槽底标高、桩位、桩顶标高等）、楼层轴线检测、结构层平面和楼层标高的复核、垂直度检测、建筑物沉降观测等。

2）高层建筑工程测量复核　建筑场地控制测量、基础以上的平面与高程控制、建筑物垂直度检测、建筑物施工过程中沉降变形观测等。

3）工业建筑工程测量复核　厂房控制网测量、桩基施工测量、柱模轴线与高程检测、厂房结构安装定位检测、动力设备基础与预埋螺栓检测。

4）管线工程测量复核　管网或输配电线路定位测量、地下管线施工检测、架空管线施工检测、多管线交汇点高程检测、线路纵横断面高程抽测、线路坡度检测等。

2. 施工控制测量成果的检查复核监理工作内容

1）复核施工单位测量人员的资格证书及测量设备检定证书。

2）检查、复核平面控制网、高程控制网和临时水准点的测量成果及控制桩的保护措施。

3）专业监理工程师应审核施工单位的测量依据、测量人员资格和测量成果是否符合规范及标准要求，符合要求的，予以签认。

3. 施工控制测量前期准备工作的检查复核

1）施工测量准备工作应包括：施工图审核、测量定位依据、交接与检测、测量方案的编制与数据准备、测量仪器和工具检验校正、施工场地测量等内容。

2）施工单位应编制测量方案，并由施工单位技术负责人审核确认后，由专业监理工程师审批后执行。

3）测量前，督促施工单位向项目监理机构申报“工程测试器具（设备）配置核查表”，由专业监理工程师对其申报的测量仪器及附属设备器具的合格证、检定（校准）证书的有效期进行核查评价，并签署核查结论，符合要求的方可用于施工测量。

4）核查施工单位专职测量人员的岗位证书。

5）核查施工单位是否准备好不同测量内容所用的测量记录表。

4. 建设工程规划测量放线、移交及保护

1）建设单位在取得《建设工程规划许可证》后和开工前，应向当地规划部门申请规划放线、验线，规划部门对提出的放线坐标桩点内容进行核定并签署意见。

2）建设单位必须委托经规划部门认可的具有城市规划测量资质的单位依照项目规划设计批准文件（放线手册）在施工现场实地规划测量放线（一般定位桩点不少于三个，水准点数量不应少于两个）。

3）建设单位自查放样点，并按照施工图自行放样轴线，在开工前通知测量单位和规划部门在施工现场由测量单位现场检测、采集放样点坐标，三方现场办理交桩手续并签名确认。

4）规划测量放线（平面控制点或建筑红线桩点）是建筑物定位的依据，监理单位协助建设单位认真做好成果资料与现场点位或桩位的交接工作，并妥善做好点位或桩位的保护措施。

5）开工前建设单位应会同项目监理机构向施工单位提供测量定位点的依据点、位置、数据，并按规定向施工单位办理移交手续。

6）施工单位应对建设单位移交的控制桩进行复核，检查测量用的原始点是否被破坏，复核达到测量精度要求后，移交各方在“测量控制桩移交与复核记录”上签字认可。如果测量控制桩是政府主管部门的直接移交的规划放线成果，应征得建设单位的签字确认。

5. 施工过程测量放线成果的检查复核

（1）建筑测量施工控制网（建筑方格网）的检查复核

1）建筑测量施工控制网建立的要求：建筑施工测量控制网一般布置成正方形或矩形的格网（称建筑方格网），当建立方格网有困难时，采用导线网作为施工控制网。设计和施工放样的建筑坐标系（也称施工坐标系）的坐标轴与建筑主轴线一致或平行。

2）专业监理工程师审查、复核建筑施工测量控制网（建筑方格网）可按下面步骤进行：

① 审查建筑方格网的布置情况：审查建筑方格网的布置是否根据建筑设计总平面图上各建筑物和构筑物布设，并结合现场的地形情况拟定的；布置方格网时，是否将方格网的主轴线布设在整个场地的中部，并与总平面上所设计的主要建筑物的基本轴线平行；方格网的转折角是否严格成 90°；方格网边长的相对精度视工程要求而定，一般为 1/20000～1/10000；控制点用桩的位置应选在不受施工影响并能长期保存处。

② 重点复核建筑方格网的主轴线：主轴线的定位是否根据测量控制点来测设的，对计算结果要认真进行复核、对照。

③ 在主轴线测定以后，专业监理工程师可详细测设复核方格网。根据主轴线四个端点通过交会定出方格四个角点（可用混凝土桩标定），构成“田”字形的各个格点作为基本点，再以基本点为基础，按角度交会方法或导线测量方法测设复核方格网中所有角点（可用木桩或混凝土桩标定）。

④ 复核后能达到测量精度要求后，有关各方在“施工控制网复测记录”上签字认可。

（2）场地平整测量成果的检查复核

1）场地平整测量是施工单位在施工前实测场地地形，按竖向规划进行场地平整，测设场地控制网和对建筑物放线的一项工作。

2）场地平整测量需要在现场测设方格网。

3）监理人员主要复核施工单位测设的方格网及各方格点的标高，并在测设图上签署意见。施工单位在平整场地时，据此计算填土与挖土的土方量，作为该土方工程结算的依据。

（3）建筑施工测量定位放线成果的检查复核

1）建筑施工测量定位放线包括基础施工测量定位放线和建筑主体施工测量定位放线。

2）基础施工测量定位放线：主要工作有基槽挖土的放线和抄平、基础施工的放线和抄平。对于基槽挖土，主要检查控制基槽开挖深度，一般可在基槽挖到一定深度后，用水准仪在壁上每隔2～3m和拐角处设置一些水平的小木桩（水平桩：标高误差控制在±10mm），作为清理槽底和铺设垫层的依据。待土方挖完后，根据控制桩复核基槽宽度和标高，合格后，允许施工单位进行垫层施工。基础施工在轴线投设时，如建筑物精度要求较高，应用经纬仪投点，再按设计尺寸要求进行复核，可直接在模板定出标高控制线，专业监理工程师应根据水准点进行复核。

3）建筑主体施工测量定位放线成果的检查复核：

① 施工测量的方法是否有针对性及符合规范要求和所用的仪器是否适用、匹配。

② 主体建筑的平面控制网布设于地坪层（底层），其形式一般为一个矩形或若干个矩形，且布设于建筑物内部，以便逐层向上投影，控制各层的细部（墙、柱、电梯井筒、楼梯等）的施工放样。平面控制点一般为埋设于地坪层地面混凝土上面的一块小铁板，上面画十字线，交点上冲一小孔，代表点位中心。监理工程师应先检查平面控制点点位的选择是否与建筑物的结构相适应。检查要点有：矩形控制网的各边应与建筑轴线平行；建筑物内部的细部结构（主要是柱和承重墙）不妨碍控制点之间的通视；控制点向上层作垂直投影时，要在各层楼板上设置垂准孔。然后对平面控制网进行复核并测设，一般平面控制网的距离测量精度不应低于1/10000，矩形角度测设的误差不应大于±10°，同时要求施工单位注意在结构和外墙施工期间妥善保护控制点。

③ 主体建筑施工的高程控制网为建筑场地内的一组水准点。待建筑物基础和地坪层建造完成后，在墙上或柱上从水准点测设“一米标高线”（标高为+1.000m）或“半米标高线”（标高为+0.500m），作为向上各层测设设计高程之用。监理工程师应首先检查建筑场地内的一组水准点数量（不少于3个），然后复核测设“一米标高线”或“半米标高线”是否符合要求。

④ 在主体建筑施工中，无论是平面控制点的垂直投影，还是高程传递，对所使用的仪器设备均有一定要求，专业监理工程师应予以控制：垂准仪可以用于各种层次的平面控制点的垂直投影。如用经纬仪（加装直角目镜）作控制点的垂直投影，一般用于 10 层以下的建筑物。高程传递一般可采用钢卷尺垂直丈量法和全站仪天顶测距法进行，对于精度要求高的高层、超高层建筑应使用全站仪进行高程传递。各种仪器使用技术要求应符合《工程测量通用规范》（GB 55018—2021）的规定。

⑤ 主体建筑结构细部（外墙、承重墙、立柱、电梯井筒、梁、楼板、楼梯等及各种预埋件）测设很重要，特别是复杂的平面结构，专业监理工程师应重点进行控制：首先应审查施工单位编制的测量方案（是否经过计算），再检查它的实施情况。同时，专业监理工程师通过计算制定相应监理实施控制细则，再予以复核、测设，一般对每层建筑结构细部可根据平面控制点用经纬仪和钢卷尺极坐标法、距离会交法、直角坐标法等复核测设平面位置，根据一米标高线用水准仪复核测设标高。

4）审查、复核后达到测量精度要求后各方共同在“工程施工定位放线测量记录”上签字认可。

（4）建筑工程变形测量成果的检查复核

1）建筑工程变形观测点的设置要求：

① 建筑物沉降观测是建筑工程施工阶段变形观测的重点。建筑物的沉降观测是根据基准点进行的。沉降观测的基准点是 2～3 个埋设于建筑沉降影响范围以外的水准点，与城市水准点连测后，获得基准点的高程，它们之间的高差应经常用水准测量检核，以确定高程的稳定性。

② 基准点与沉降观测点不能相距太远，一般应在 100m 范围以内。在变形观测的建筑物上埋设沉降观测点，观测点一般沿建筑外围均匀布设，埋在荷载有变化的部位、平面形状改变处、沉降缝两侧。有代表性的支柱和基础上，应加设沉降观测点。

③ 在沉降观测中，观测时间、方法和精度要求应严格参照《工程测量通用规范》（GB 55018—2021）标准有关条款要求，为了保证水准测量的精度，观测时，视线长度一般不得超过 50m，前、后视距离要尽量相等。

2）沉降观测成果的检查复核：

① 检查观测点的数量和位置是否全面反映建筑物的沉降情况。

② 审查施工单位沉降观测的实施方案包括：使用的测量设备和精度控制、施工阶段沉降观测的周期和观测时间。对于一般建筑，可在基础完工后或地下室砌完后开始观测；对于大型、高层建筑，可在基础垫层或基础底部完成后开始观测。观测次数与间隔时间应视地基与加荷情况而定。民用建筑可每加高 1～5 层观测一次；工业建筑可按不同施工阶段（如回填基坑、安装柱子和屋架、砌筑墙体、设备安装等）分别进行观测。如果建筑物均匀增高，应至少在增加荷载的 25%、50%、75% 和 100% 时各测一次。施工过程中如果暂时停工，在停工及重新开工时应各观测一次，停工期间，可每隔 2～3 个月观测一次。

③ 检查基准点、沉降观测点的布设是否符合规定要求。观测点应便于立水准尺、观测点能够长期保存和不容易受到破坏。

④ 对施工单位每次沉降观测的数据进行检查复核并签署监理意见。

（5）工程竣工测量成果的检查复核

1）工程竣工测量内容：在施工过程中，可能由于种种原因，使建（构）筑物竣工后的位置与原设计位置不完全一致，所以需要进行竣工测量。竣工测量的内容主要有：

① 工业厂房及一般建筑物：测定各房角坐标、几何尺寸，各种管线进出口的位置和高程，室内地坪及房角标高，并附注房屋结构层数、面积和竣工时间。

② 地下管线：测定检修井、转折点、起终点的坐标，井盖、井底、沟槽和管顶等的高程，附注管道及检修井的编号、名称、管径、管材、间距、坡度和流向。

③ 架空管线：测定转折点、结点、交叉点和支点的坐标，支架间距、基础面标高等。

④ 交通线路：测定线路起终点、转折点和交叉点的坐标，路面、人行道、绿化带界线等。

⑤ 特种构筑物：测定沉淀池的外形和四角坐标、圆形构筑物的中心坐标、基础面标高、构筑物的高度或深度等。

2）工程竣工测量的监理复核：

① 检查工程竣工测量是否全面反映建（构）筑物竣工后的位置。

② 注意竣工测量不但测量地面的地物和地貌，还要测量地下各种隐蔽工程，竣工测量的精度一般应该符合竣工图的解析精度。

③ 对施工单位工程竣工测量数据进行检查复核并签署监理意见。

9.2 计量设备的核查

1. 计量设备的管理和使用

1）计量设备是指施工中使用的衡器、量具、计量装置等设备。

2）施工单位应按有关规定定期对计量设备进行检查、检定，确保计量设备的精确性和可靠性。专业监理工程师应审查施工单位定期提交的计量设备的检查和检定报告。

3）使用人员必须认真学习仪器说明书，熟悉各部分性能、操作方法和日常保养知识，了解各种仪器使用时必须具备的外部环境条件。仪器精度与性能应符合合同条件及规范要求。

4）根据国家《计量法》的有关规定，计量器具应在检定周期规定的时间范围内使用，超过检定周期不得使用，必须重新检定。

5）新购仪器、工具，在使用前应到国家法定计量技术检定机构检定。

6）测量仪器和量具的使用应按有关操作规程进行作业，并应精心保管，加强维护保养，使其保持良好状态。

7）测量仪器使用时，应采取有效措施，达到其要求的环境条件，条件不具备时，不得架立、使用仪器。仪器架立后人员应专心守护，不得擅自离开。

8）测量仪器转站，严禁将带支架的仪器横扛在肩上。经纬仪、光电测距仪转站必须装箱搬运，行走困难地段所有仪器必须装箱护行搬运。测量收工必须按说明书规定擦拭仪器装箱。携带仪器乘车必须将仪器箱放在座位上，或专人怀抱，不得无人监管任其受振。

9）项目经理部的测量队应建立仪器总台账、仪器使用及检定台账，并制订仪器设备周期检定计划。

10）仪器档案由项目档案室或测量队保存原件，复印件随仪器装箱。

11）仪器使用者负责使用期间的仪器保管，应防止受潮和丢失。

12）测量仪器应做到专人使用、专人保管。不得私自外借他人使用。

2. 计量设备的检定规定

根据《中华人民共和国计量法实施细则》（2022 年修正本）和国家质量监督检验检疫总局（现国家市场监督管理总局）发布的《计量器具检定周期确定原则和方法》（JJF 1139—2005），各种计量器具都有相应的检定规程，在检定规程中规定了检定周期。对于强检器具，其检定周期一般都不会超过一年，有的严格规定不超过半年。属于强制检定的工作计量器具，未按规定申请强制检定或经检定不合格的，或超周期的，不得使用。

1）检查测量仪器的检定和检校：测量所用的仪器和钢尺，必须根据国家的《中华人民共和国计量法实施细则》（2022 年修正本）规定，在使用前 7～10 天，送当地计量器具检定部门进行检定。检定合格，方可使用。承包人应向计量工程师提交检定合格证的复印件。

2）经纬仪和水准仪的检定和检效：根据《光学经纬仪》（JJG 414—2011）和《水准仪检定规程》（JJG 425—2003）的规定，经纬仪和水准仪的检定周期根据使用情况，前者为 1～3 年，后者为 1～2 年。在该检定周期内，每 2～3 月还需对主要轴线关系进行检校，以保证观测精确度。

3）钢尺的检定：根据《标准钢卷尺检定规程》（JJG 741—2022）规定，钢尺的检定周期为一年。对于精度要求较高的工程，如建筑红线、定位轴线测量、大型工矿建筑、公共建筑、高层建筑，一般应使用 I 级钢尺。

4）建筑工程检测器具及其他计量器具的有效使用期，可查看所使用的计量器具的检定证书。

5）应定期检定的计量器具：

① 直尺、钢尺、盒尺、测距仪、水准仪、游标深度尺。

② 砝码、天平、地秤、电子秤、搅拌站的计量系统。

③ 实验室的量器、容器。

④ 密度计。

⑤ 煤气表、水表、压力表、风压表、氧气表等。

⑥ 液体流量计、气体流量计、蒸汽流量计等。

⑦ 单相电度表、三相电度表、分时记度电度表。

⑧ 绝缘电阻测量仪、接地电阻测量仪等。

⑨ 其他需要检定的器具。

3. 不合格计量设备的判定

判定为不合格的计量设备必须停止使用，隔离存放，并做明显标记。只有排除不合格原因，并经再次检定确认合格后，方可使用。下列情况应判定为不合格：

1）已经损坏。

2）过载或误操作。

3）显示不正常。

4）功能出现了可疑。

5）超过了规定的周检确认时间间隔。

6）仪表封缄的完整性已被破坏。

4. 计量设备的核查程序

1）计量设备使用前，施工单位应向项目监理机构申报“工程测试器具（设备）配置核查表”，由专业监理工程师对其申报的计量设备的合格证、检定（校准）证书的有效期进行核查评价，并签署核查结论，符合要求的方可用于施工。

2）专业监理工程师督促施工单位建立计量设备管理制度和仪器总台账、仪器使用及检定台账。

3）专业监理工程师检查施工单位计量设备使用情况，不合格设备不得在施工中使用。

4）项目监理机构应建立监理计量设备使用、检定台账和制订检定计划，并按时做好检定工作。

9.3 新材料、新工艺、新技术、新设备的审查

1. 新技术、新材料试验论证的专家审定和监理审查

1）建设工程勘察、设计文件中规定采用的新技术、新材料，可能影响建设工程质量和安全，又没有国家技术标准的，应当由国家认可的检测机构进行试验、论证，出具检测报告，并经国务院有关部门或者省、自治区、直辖市人民政府有关部门组织的建设工程技术专家委员会审定后，方可使用。

2）当设计、施工中采用目前尚未经过国家、地方、行业组织评审、鉴定的新材料、新工艺、新技术、新设备时，工程监理单位应要求进行相关试验、论证并出具试验、检测报告，协助建设单位组织专家评审。

3）工程监理单位对设计单位提出的新材料、新工艺、新技术、新设备进行审查、报审备案时，需注意以下几个方面：

① 审查设计中的新材料、新工艺、新技术、新设备是否受到当前施工条件和施工机械设备能力以及安全施工等因素限制。若有，则组织设计单位、施工单位以及相关专家共同研讨，提出可实施的解决方案。

② 凡涉及新材料、新工艺、新技术、新设备的设计内容宜提前向有关部门报审，避免影响后续验收等工作推进。

2. 采用不符合工程建设强制性标准的新技术、新工艺、新材料的行政许可

1）当工程中采用不符合工程强制性标准的新技术、新工艺、新材料时，必须按建设部《关于印发〈“采用不符合工程建设强制性标准的新技术、新工艺、新材料核准”行政许可实施细则〉的通知》文件执行。对工程中拟采用不符合工程建设强制性标准的新技术、新工艺、新材料时，应当由该工程的建设单位依法取得行政许可，并按照行政许可决定的要求实施。

2）所称“不符合工程建设强制性标准”是指与现行工程建设强制性标准不一致的情况，或直接涉及建设工程质量安全、人身健康、生命财产安全、环境保护、能源资源节约和合理利用以及其他社会公共利益，且工程建设强制性标准没有规定又没有现行工程建设国家标准、行业标准和地方标准可依的情况。

3）项目监理机构应协助建设单位对“采用不符合工程建设强制性标准的新技术、新工

艺、新材料核准”行政许可（简称“三新核准”）事项的申请、办理与监督管理。未取得“三新核准”的不得在工程中采用。

3. 关于禁止适用落后和淘汰工艺技术的规定

根据住房和城乡建设部在 2021 年发布的《房屋建筑和市政基础设施工程危及生产安全施工工艺、设备和材料淘汰目录（第一批）》的公告，目录共淘汰 22 项施工工艺、设备和材料，其中，竹（木）脚手架和现场简易制作钢筋保护层垫块工艺被禁止，门式钢管支撑架被限制。该公告发布之日起 9 个月后，全面停止在新开工项目中使用该目录所列禁止类施工工艺、设备和材料；发布之日起 6 个月后，新开工项目不得在限制条件和范围内使用该目录所列限制类施工工艺、设备和材料。

9.4 原材料、构配件及设备的看样定板

1. 供应商资质审查

1）若招标文件中建设单位推荐了主要材料设备品牌或生产厂家的目录，核查施工单位投标文件（技术标或经济标主要材料设备汇总一览表）是否从招标文件推荐品牌中选取投标评标。施工单位进场后，所选择和申报的材料设备品牌应严格符合招标文件、投标文件的约定。

2）若招标文件、投标文件对材料设备品牌和生产厂家均未约定，要求施工单位提供企业合格供应商名录，施工单位应在合格供应商名录内选择至少三家品牌报建设单位、监理单位和设计单位择优选择，并进行看样定板和资料评审，防止随意采购，以保证产品质量。

3）材料进场第一次申报资料，需提供生产厂家资质文件及供应商资质文件资料。对提供复印件的资料，应注明用于工程的具体数量、工程部位和复印人的姓名、复印日期、施工单位红图章。当质保书上有多种材料时，应指明用于本工程的材料品种、规格和批号等。

4）必要时可对材料供应商进行考察，出具书面考察意见。

5）进场材料应提供质保资料，质保资料各类证书要求：

① 需取得《全国工业产品生产许可证》的产品目录，详见国家质量监督检验检疫总局《关于公布实行生产许可证制度管理的产品目录的公告》（2012 年第 181 号）的附件《实行生产许可证制度管理的产品目录》。

② 需取得《中国国家强制性产品认证证书》（3C 认证证书）的产品目录，详见国家市场监督管理总局《市场监管总局关于优化强制性产品认证目录的公告》（2020 年第 18 号）的附件：强制性产品认证目录描述与界定表（2020 年修订）。

③ 消防产品目录详见《关于印发消防产品目录（2015 年修订本）的通知》（公消〔2015〕4 号），实行强制认证的消防产品的认证规则详见中华人民共和国国家认证认可监督管理委员会《认监委关于发布消防产品强制性产品认证实施规则的公告》（2020 年第 26 号），实行强制认证的消防产品的目录详见国家市场监管总局《市场监管总局关于优化强制性产品认证目录的公告》（2020 年第 18 号）的附件：强制性产品认证目录描述与界定表（2020 年修订）中第十二类，消防产品。

④ 人民防空专用设备生产安装企业和产品实行目录管理，相关生产企业和产品必须满足《人民防空专用设备生产安装管理暂行办法》（国人防〔2014〕438 号）的要求。

⑤ 在民用机场内为保证航空器飞行和地面运行安全，用于航空器地面保障、航空运输服务等作业的各种专用设备，需取得中国民用航空总局颁发的《民用机场专用设备使用许可证》，具体范围详见《民用机场专用设备使用管理规定》（中国民航总局令第 150 号）。

2. 乙供材料、设备的看样定板

（1）乙供材料、设备看样定板的职责划分

1）建设单位职责：负责组织乙供材料、设备看样工作，最终审批乙供材料、设备合格供应商品牌及价格。建设单位工程部负责组织乙供材料、设备看样定板工作，是该项工作归口管理部门。对乙供材料、设备的资质审查、订货、生产、进场质量检验、安装、调试及工地现场的乙供材料封板材料专用房的管理和保管负全责，并对口联系第三方检测单位对现场乙供材料、设备进行抽检并对不合格品做出处理；建设单位技术部参加乙供材料、设备看样定板工作，负责审查乙供材料、设备型号、规格、技术性能是否满足设计图及使用功能要求，对有可能在看样定板中出现的设计变更应严格审查把关，在完善设计变更审批手续后方可进行下一步的乙供材料、设备确认工作流程；建设单位采购合同部门、结算造价部门负责按新增、换算单价管理流程对需重新确定价格的乙供材料、设备进行定价，参加需重新定价的乙供材料看样定板的审批。

2）设计单位职责：参加乙供材料、设备看样定板工作，负责提供乙供材料、设备规格型号、外观等技术性能指标，对设计技术标准把关。

3）监理单位职责：协助工程管理部组织具体工作，负责初步审核乙供材料、设备申报资料及施工过程中乙供材料、设备进场见证检验及质量监控工作。

4）施工单位职责：作为乙供材料、设备管理的责任主体，负责按合同文件、设计图及本管理办法规定要求申报乙供材料、设备，对乙供材料、设备按计划采购、使用及质量负全责。如果施工单位未按建设单位下达的计划要求申报或连续三次申报均未能通过审批，建设单位将直接组织设计单位、监理单位确定乙供材料、设备供应商和样板，施工单位必须无条件接受，未经评审通过的乙供材料、设备不得用于工程施工，否则，由此造成的一切后果由施工单位承担。

5）乙供材料、设备管理的责任主体为施工单位，监理单位承担监理责任。

（2）乙供材料、设备看样定板的管理机构

1）为确保乙供材料、设备管理工作的有序推进，切实保证乙供材料、设备的质量，在充分发挥重点办各职能部门管理作用的前提下，建立两级乙供材料、设备管理机构。

2）乙供材料、设备管理工作领导小组（以下简称“领导小组”）：一般由建设单位分管领导任组长，成员由技术、招标采购合同、工程管理、结算造价、监察审计等部门负责人组成。领导小组对乙供材料、设备管理工作进行全面指导、监督，并负责对影响整体工程质量、造价及景观的乙供材料、设备和相对合同文件有重大调整的乙供材料、设备进行审批。

3）乙供材料、设备管理工作组（以下简称“工作组”）：一般由建设单位委派的项目负责人任组长，组员由建设单位分管所在项目的技术、招标采购合同、工程管理、结算造价、监察审计等项目负责人和设计单位、监理单位相关负责人员组成。乙供材料、设备管理工作组负责对非影响工程整体质量、造价及景观和未对合同文件有重大调整的乙供材料、设备进行审批。

4）工程管理部作为牵头部门，组织建设单位相关部门参加乙供材料、设备审批。对于影响建筑效果、使用功能、涉及重点部位、关键设备等乙供材料、设备，由建设单位工程管理部门组织看样定板工作，技术、招标采购合同、工程管理、结算造价、监察审计等部门参加；对于涉及需要重新确定价格的乙供材料、设备，由建设单位工程管理、结算造价、采购合同部门审批；对于其余乙供材料、设备，由建设单位工程管理部、技术部组织审批。

5）乙供材料、设备管理工作组的职责如下：

① 按要求对施工单位上报材料的供应商进行符合性、强制性标准审查。

② 对乙供材料、设备的标准、规格、型号、系列是否满足设计要求及与投标时相比是否有变化进行审查。

③ 对乙供材料、设备看样定板中是否需要进行设计变更进行审核。

④ 对乙供材料、设备看样定板中是否需要进行重新定价进行审核。

⑤ 对符合要求的乙供材料、设备进行定板及封板。组织施工单位进行对装饰装修效果有重大影响的乙供材料、设备（如外立面、重点区域等）的样板区（段）的施工，由工作组或工作领导小组实行定板及封板。

⑥ 必要时组织相关各方开展市场调查，考察乙供材料、设备生产企业或供应商等工作。

（3）乙供材料、设备看样定板工作程序

1）乙供材料、设备选定原则：同一类型的材料（特别是设备）在施工单位投标时，可不限于选用同一档次的一个合格品牌。对于乙供材料、设备，应采用投标选用品牌。若改变投标品牌，应按以下顺序优先采用：招标文件推荐品牌、国家免检产品，并按规定程序和流程进行申报，并获批准后方可使用。

2）乙供材料、设备看样定板计划、资料

① 施工单位在收到施工图（含设计变更）后按合同约定限期内向监理单位及乙供材料、设备管理工作组上报乙供材料、设备看样定板计划并附“乙供材料、设备清单明细表”。

② 对所有乙供材料、设备，施工单位必须按照施工图设计质量标准要求并结合投标文件，按每一种乙供材料、设备分别填写“乙供材料、设备选用、变更审批表”并附材料样板（对装修装饰效果有重大影响，先进行样板间、段的施工）和各材料供应商资料。

③ 各材料供应商需提供的资料（包括但不限于以下条款）：

A. 产品质量检测报告（提供复印件，要求清晰，必要时要求提供原件），要求两年内的检测报告（建议是产品的检验报告或地市级以上政府监督抽查报告）；检测机构必须具有 CMA 或 CNAL 认证。

B. 涉及消防、要求具有防火性能等级的产品必须提供消防检测报告书（提供复印件，要求清晰，必要时提供原件）。

C. 要求强制性认证的产品一定要有认证证书（提供复印件，要求清晰）。

D. 要求许可生产的产品需获得生产许可证（提供复印件，要求清晰）。

E. 涉及环保要求的产品需提供环保认证证书及相关检测报告（复印件，必要时提供原件）。

F. 由材料供货厂家提供供货承诺及联系人信息。

G. 作为代理商则需提供生产厂家授权委托书。

H. 企业信誉证明。

I. 计划使用产品名目，产品质量、技术要求。

J．近三年内相同产品在重大工程的业绩。

K．产品的使用说明、安装指导、调试、服务承诺及供货保证措施。

L．材料报价（需确定材料价格时密封提交财务审价部）。

M．本工程将用材料或设备的总量。

注：A～F 为必须提供资料；G～M 为尽量提供的支持证明资料。

（4）乙供材料、设备看样定板具体流程　每一种乙供材料、设备均应按表 9-1 进行特性判定和分类，然后视情况进入不同的流程。

表 9-1　乙供材料、设备特性及流程选择表

判别标准	乙供材料、设备特性	乙供材料、设备流程选择
是否符合招标文件推荐品牌		
是否符合投标品牌		
是否涉及设计变更		
是否涉及重新定价		
是否涉及装饰、装修或建筑效果的重大改变		

直接选用投标品牌招标文件中已有推荐品牌时：

1）直接选用投标品牌看样定板流程，如图 9-1 所示。

2）选用投标品牌以外但属于招标文件推荐品牌。施工单位选用投标品牌以外的招标文件推荐品牌时，应书面说明原因，并且附上原投标品牌厂家不能供货书面说明原件。如属投标品牌厂家漫天要价、延误交货、付款条件严重偏离市场行为、质量低劣等违约责任，经建设单位及监理核查，将视情节轻重，对投标品牌厂家予以警告、限期改正，直至取消招标文件推荐品牌资格。如果属于施工单位一再压价，价格低于投标品牌厂家成本价或不按合同支付材料款，造成投标品牌厂家无法正常生产，工作组经核查属实，则不同意更换品牌，由此造成工期延误由施工单位承担合同责任。如果经工作组核查，确因投标品牌厂家生产供货能力有限，无法满足工期要求，可批准增加招标文件推荐品牌，但施工单位应按合同约定承担更换增加品牌的相应责任。招标文件推荐品牌内的更换审批由工作组组长负责，必要时报领导小组审批。审批同意后按直接选用投标品牌审批程序执行。

3）选用招标文件推荐品牌以外的材料、设备。原则上不允许采用招标文件推荐品牌以外的材料、设备，必须更换时除按上述"选用投标品牌以外但属于招标文件推荐品牌"要求进行处理外，必须保证所更换品牌质量不低于投标品牌，材料价格不高于投标承诺价，更换的品牌必须由工作组组长审批（必要时报领导小组审批）之后方可进行下一步的乙供材料、设备确认工作。

招标文件无推荐品牌时：

1）施工单位直接选用投标品牌的，按上述条款执行。

2）施工单位在投标时已报有投标品牌但实际选用非投标品牌的，按上述条款执行。

3）由施工单位自行申报 3～5 家品牌，且每家必须分别填写"乙供材料、设备选用 / 变更审批表"并提按要求的样板及资料，按上述程序执行，在封板时由乙供材料、设备管理工作组择优选择其中一家。

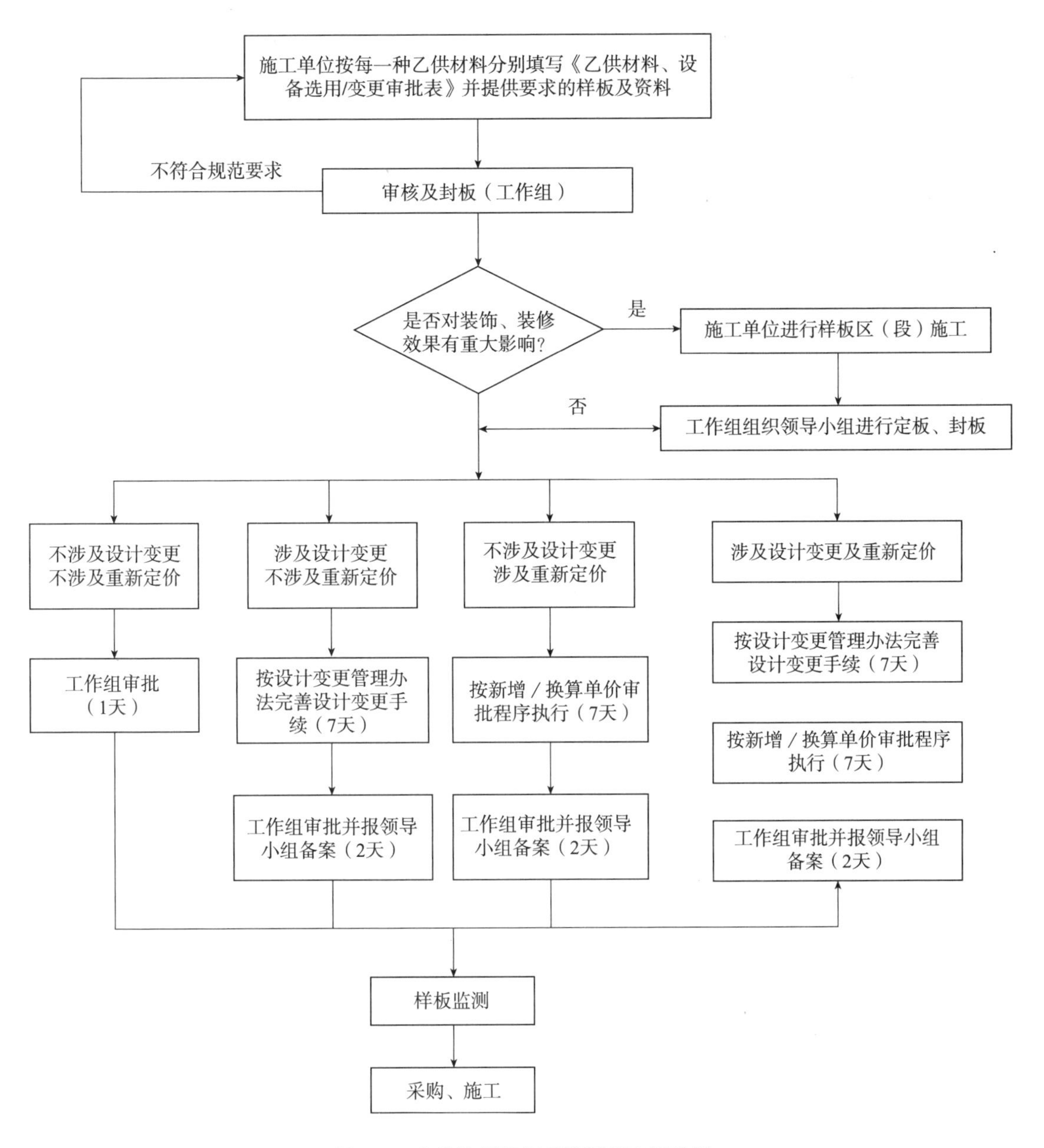

图 9-1　直接选用投标品牌看样定板流程

（5）乙供材料、设备看样定板评审办法

1）工作组自接到申报 2 天内完成评审工作，评审工作采用集中办公会审形式进行，所有相关单位的负责人（或授权人）及工作组组长必须参加，会议由工作组组长主持（必要时由领导小组组长主持），否则该评审会议应另择时召开。工作组在会议结束时应同时完成“乙供材料、设备选用 / 变更审批表”表中“工作组”一栏中各项的签名确认工作。监理单位应在集中会审前完成施工单位提交的“乙供材料、设备选用、变更审批表”的审核并加具意见。

2）土建类（建筑装饰类）材料和涉及建筑装饰效果的机电类材料原则上应以样板规

格、尺寸及技术要求或参数两个方面进行同步控制，其他机电类材料可以技术参数（涉及与弱电系统有关的技术参数必须有弱电施工单位的技术负责人认可）、外形尺寸为主进行控制。

3）如果涉及重新定价，施工单位应提供几家符合设计要求的同档次材料、设备并合理报价，先根据厂商报价和市场询价，财务审价部会同相关部门与施工方协商确定材料、设备单价后再定板。

4）重要的土建类材料和机电类材料原则上应事前进行考察、调查，原则上在一周内完成。涉及重要装修装饰效果的评审工作必须在完成样板间（段）后由工作组组长（必要时由领导小组组长）主持进行评审。

5）为维护乙供材料、设备评审工作严肃性，具体要求如下：

① 施工单位申报乙供材料、设备准备不充分不组织审批。

② 送审乙供材料、设备样板不得出现任何商标。

③ 样板只可在评审现场完成评审。

④ 设计人员只负责对技术参数的解释，无否决权。

⑤ 任何人不得借助乙供材料、设备评审机会，提高乙供材料、设备级别和品质。

⑥ 评审意见分为以下三种：同意使用，所供资料经审查是真实、可信，满足设计要求，企业没有不良质量记录，供应能力能满足工程需要；不同意使用，所供资料经审查不真实或不可信，具有造假的事实，资料证明产品不满足设计要求，企业无法提供必须要求提供的资料，企业有不良的质量记录且影响较大；供应能力不能满足工程需要；待查，企业提供的资料不足，设计单位提供的技术条件资料不能对产品进行判断是否符合工程使用要求或缺少判断技术依据，相关单位在三天内必须补齐所有相关材料并进行再次评审。

（6）乙供材料、设备的封板

1）经评审确定为合格材料供应商和合格产品的材料样板由工作组组长组织设计单位、监理单位、施工单位进行封板，并由监理单位保存原始资料，作为施工单位采购进货及验收的依据。具备封板条件的材料设备均需由施工单位设置现场封板仓库封板留样，并由监理单位保管至竣工验收，如因丢失损坏样品而造成损失，应追究责任人和监理单位的责任。

2）材料的封板操作：

① 首先对产品进行分类控制：对于体积不大的各类产品可直接进行封板（洁具产品必须封板）；对于较大的机电材料可进行实物封样或图片封样，并给出技术说明（包括产品照片、规格型号、关键构配件、原材料的明细表及对应技术参数、产品内部结构图、产品成品的技术参数）文件作为材料封板的补充和文字保证（建设单位保存一份）；对于一些系统性产品（如电梯、弱电类大型系统）无法进行实物封板的，要用图片、文字进行约定，在施工过程中进行产品一致性检查（主要依据相片、文字约定，对材料的外观、型号规格尺寸、关键构配件的各种技术信息、材料内部结构布局等进行逐一确定），竣工后进行产品质量检查验收。

② 应对现场乙供材料、设备的封板工作予以高度重视，要求各项日工地现场应专门设置单独的房间用于定板后的封板留样，并由工程管理部门负责管理和保管。

（7）建设单位有关规定　如建设单位有成熟的乙供材料、设备看样定板管理办法，应按其管理办法或规定执行。

9.5 工程材料、构配件及设备的进场验收

1. 原材料、构配件及设备进场验收的基本要求

1）凡用于工程上的材料、构配件、设备，无论是由建设单位采购的还是由施工单位采购的，都应经施工单位检查合格后向项目监理机构申请办理进场验收手续。

2）《建设工程质量管理条例》第十四条规定，按照合同约定，由建设单位采购建筑材料、建筑构配件和设备的，建设单位应当保证建筑材料、建筑构配件和设备符合设计文件和合同要求。建设单位不得明示或者暗示施工单位使用不合格的建筑材料、建筑构配件和设备。

3）施工单位对拟进场的材料、构配件、设备及相关质量证明文件等认真检查，合格后填报“工程材料、构配件、设备报审表”及产品清单、质量证明文件和自查结果等附件资料，将这些资料一并报项目监理机构，由专业监理工程师审查验收合格后方可进场。

2. 进场材料、构配件和设备质量证明文件的核查

1）核查数量清单，包括名称、来源和产地、用途、批号、规格等资料。

2）核查材料、构配件、设备的生产厂家产品生产许可证（复印件）。

3）建设工程材料必须有相应的出厂合格证或质量证明文件，以及一年内由省、省会市或有 CAL 认证的地级市以上的法定检验单位出具的质量检验报告（个别产品按其行业要求检验周期在一年以上的，从其行业要求）。使用单位应当取得前款规定材料的原件；取得相应复印件的，必须加盖生产企业或其授权（委托）的代理企业的印章；对于实行生产许可或强制性产品认证的材料，还应取得相应证书复印件（加盖生产企业印章），其信息可在国家市场监督管理总局网站上查询。

4）核查材料、构配件、设备出厂时的质量检验证明书、合格证，一般要原件，如果是复印件，则应盖供货单位公章，并注明原件存放处。

5）使用预拌混凝土和预拌砂浆的，使用单位应取得符合有关标准和规定要求的原材料检验报告。

6）对新材料、新产品应提交有关政府监督部门出具的核查鉴定证书。

7）对需要政府监督部门检验后才能出厂的产品，如锅炉、压力容器、起重机、电梯等产品，应具有有关政府监督部门出具的产品质量检验证明文件。对地方政府质监部门确认为“免检”的产品，其出厂质量证明文件应齐全。

8）对进口的材料、构配件和设备应报送原产地证明、进口商检证明和装箱清单等文件，由建设单位、施工单位、供货单位、监理单位及其他有关单位进行联合检查。

3. 进场材料、构配件和设备的数量与外观检查

1）核查数量是否与供货清单一致，有无备品、备件和配件，与订货合同是否相符。

2）外观上有无拆损、变形、脱漆、腐蚀、包装破损等现象。

3）外形几何尺寸与设计图是否相符等。

4）对未经监理人员进场验收或验收不合格的工程材料、构配件、设备不允许进场使用，项目监理机构应签发监理通知单要求施工单位限期清退撤出现场。

9.6 工程材料、构配件及设备的见证取样送检

依据《建设工程质量检测管理办法》（建设部令第 141 号），工程质量检测试验包括对进入施工现场的建筑材料、构配件的见证取样检测试验（见证取样送检）和对涉及结构安全项目的设备性能、施工质量和使用功能的专项抽样检测试验（专项检测）。工程质量检测试验是施工质量验收的前置条件和必要条件。

见证取样送检是指在建设单位或工程监理单位人员的见证下，由施工单位的现场试验人员对工程中涉及结构安全的试块、试件和材料在现场随机抽取样本，并送至经过省级以上建设行政主管部门对其资质认可和质量技术监督部门对其计量认证的质量检测单位进行检测的活动。

1. 见证取样送检的基本规定

1）建筑工程常用的主要材料、半成品、成品、建筑构配件、器具和设备应进行进场检验。进场检验是指对进入施工现场的建筑材料、构配件、设备及器具，按照相关标准的要求进行检验，并对其质量、规格及型号是否符合要求做出确认的活动。检验是指对被检验项目的特征、性能进行量测、检查、试验等，并将结果与标准规定的要求进行比较，以确定项目每项性能指标是否合格的活动。

2）凡涉及安全、节能、环境保护和主要使用功能的重要材料、产品，应按照专业工程施工规范、验收规范和设计文件等规定进行复试，并应经监理工程师检查认可。复试是指建筑材料、设备等进入施工现场后，在外观质量检查和质量证明文件核查符合要求的基础上，按照有关规定从施工现场抽取试样送至实验室进行检验的活动。

3）《建筑工程施工质量验收统一标准》（GB 50300—2013）第 3.0.4 条规定，符合下列条件之一时，可按照专业验收规范的规定适当调整抽样复验、试验数量，调整后的抽样复验、试验方案应由施工单位编制，并报监理单位审核确认：

① 同一项目中由相同施工单位施工的多个单位工程，使用同一生产厂家的同品种、同规格、同批次的材料、构配件、设备。

② 同一施工单位在施工现场加工的成品、半成品、构配件用于同一项目中的多个单位工程。

③ 在同一项目中，针对同一抽样对象已有检验成果的可以重复利用。

4）涉及结构安全的试块、试件以及有关建筑材料的质量检测实行有见证取样送检制度和政府监督抽检制度。未经见证取样送检一律不得作为竣工验收资料。

2. 见证取样送检工作管理基本要求

1）见证取样送检工作应按照《建筑工程检测试验技术管理规范》（JGJ 190—2010）等标准执行。

2）施工单位必须按照工程设计要求、施工技术标准和合同约定，对建筑材料、建筑构配件、设备和商品混凝土进行检验，检验应当有书面记录和专人签字；未经检验或者检验不合格的，不得使用。用于承重结构的混凝土试块、砌筑砂浆试块、钢筋及连接接头试件、砖和混凝土小型砌块、拌制混凝土和砌筑砂浆的水泥、混凝土掺加剂、地下或屋面或厕浴间使用的防水材料、国家规定必须实行见证取样和送检的其他试块、试件和材料等必须见证取样送检。

3）施工人员对涉及结构安全的试块、试件以及有关材料，应当在建设单位或者工程监理单位监督下现场取样，并送具有相应资质等级的质量检测单位进行检测。涉及结构安全的试块、试件和材料见证取样和送检的比例不得低于有关技术标准中规定应取样数量的 30%。

4）建设工程材料进场检验的取样方法、取样数量、取样频次应当严格执行有关标准、规范。对同一类材料按同样方法取样、检验的，可以将常规见证检验和监督见证检验的检验频次合并计算。应当进行监督见证检验的建设工程材料一般包括钢筋及连接接头试件、水泥、砖和砌块、预拌砂浆、防水材料、混凝土、给水排水塑料管材（管件）、电线（电缆）、断路器、漏电保护器等。

5）单位工程中的同一检测项目，采用同一种检测方法时，应当委托同一检测机构承担。政府监督检测机构和服务性检测机构在受理委托检测时，应对试样有见证取样或监督抽查送检有效性进行确认，经确认后的检测项目，其检测报告应加盖“有见证检验”或“监督抽检”印章。

6）检测机构应具有独立法人资格和相应的资质证书。检测资质分为专项检测机构资质和见证取样检测机构资质，检测机构资质证书有效期为 3 年。

7）取样人员应在试样或其包装上做出标识、封志，并对试样的代表性和真实性负责。标识和封志应标明工程名称、取样部位、取样日期、样品名称和样品数量，并由见证人员和取样人员签字。见证人员应制作见证记录，并将见证记录归入施工技术档案。

8）见证取样的试块、试件和材料送检时，应由送检单位填写委托单，委托单应有见证人员和送检人员签字。

9）检测单位应检查委托单及试样上的标识和封志，确认无误后方可进行检测。

10）见证人员应由建设单位或该工程的监理单位具备建筑施工试验知识及资格的专业技术人员担任，并应由建设单位或该工程的监理单位填写《见证检验见证人授权委托书》通知施工单位、检测单位和负责该项工程的质量监督机构。见证人员发生变化时，监理单位应通过建设单位通知检测机构和监督机构，见证人员的更换不得影响见证取样和送检工作。

11）未委托监理的工程由建设单位按照要求配备见证人员。

12）需要见证取样送检的项目，施工单位应在取样送检前 24 小时通知见证人员，见证人员应按时到场进行见证。

13）项目监理机构应按照施工单位制订的建筑材料见证取样及送检计划及时安排见证人员到场，对试验人员的取样和送检过程进行见证，督促、检查试验人员做好样品的成型、保养、存放、封样、送检全过程工作，并对见证过程做出记录，设置专门建筑材料见证取样及送检登记台账。

14）质量检测取样应当严格执行有关工程建设标准和国家有关规定，在建设单位或者工程监理单位监督下现场取样。提供质量检测试样的单位和个人，应当对试样的真实性负责。

15）见证人员应对取样送检的全过程进行见证，并填写见证记录，试验人员或取样人员应当在见证记录上签字。

16）见证人员应核查见证检测的检测项目、数量和比例是否满足有关规定。

17）下列情况检测机构不得接收试样：

① 见证记录无见证人员签字，或签字的见证人员未告知检测机构。

② 检测试样的数量、规格等不符合检测标准要求。

③ 封样标识和封志损坏或信息不全。

④ 封样标识和封志上没有试验人员和见证人员签字。

⑤ 检测完成获得检测报告后，由施工总承包单位向项目监理机构提交“确认检测合格报告报审表”，专业监理工程师对其进行审查并签署确认意见。对检验不合格的建设工程材料应在监理人员见证下进行封存和处理，并做好记录。

3. 见证取样送检的程序

1）建设单位应在材料送检前将见证人员授权委托书及见证人员亲笔签名字样及试样封装方法等资料送工程质量检测单位留存，以便其在收取试样时予以比照核对。属于监督见证检验的，还应当将工程质量监督机构监督员亲笔签名字样送工程质量检测单位留存。

见证检验见证人授权委托书

现授权下列人员负责以下工程的建设工程材料见证取样和送检工作。

见证员信息

姓名	单位名称	见证员证件编号	联系电话	本人签名

工程信息

工程名称	
工程编码	（交易中心提供，一般为 14 位数字）
监督登记号	（监督站提供）

建设单位驻场代表（签字）：

建设单位（盖章）：

建设单位（委托单位）地址：　　　　日期：　　年　月　日

附件：见证员证件（复印件加盖工作单位章）

2）见证人员应当对取样及送检全过程进行见证，采取各种必要措施保证取样送检的真实性（包括在试样上做出见证标识、见证封志等），如实填写见证记录，并将见证记录归入施工技术档案。

见证记录

工程名称：______________________

取样部位：______________________

样品名称：______________________　取样数量：______________

取样地点：______________________　取样日期：______________

见证记录：______________________

取样人签字：____________________

见证人签字（见证单位章）：____________　证件编号：______________

填写本记录日期：　　年　月　日

3）属于监督见证检验的，工程质量监督机构监督员按照监督计划执行，材料见证检验应填写监督见证检验通知书。

监督见证检验通知书

对工程的建设工程材料进行监督抽样，现通知贵单位核对试样，并进行监督见证检验。

监督见证检验项目	试样规格数量	取样日期

监督员（签字）：________________见证人（签字）：________________

联系电话：____________________取样人（签字）：________________

____________________建设工程质量（安全）监督站

日期：　　年　月　日

4）建设单位应制作送检委托单，委托单位应当设置见证人员、施工单位现场试验人员签名栏及见证情况判定栏，并由见证人员和施工单位现场试验人员签名。

5）现场试验人员应根据施工需要及有关标准的规定，将标识后的试样及时送至检测单位进行检测试验。

6）现场试验人员应正确填写委托单，有特殊要求时应注明。

7）办理委托后，现场试验人员应将检测单位给定的委托编号在试样台账上登记。

8）工程质量检测单位应当在接收试样时检查送检委托单、见证人员的授权委托书、见证员证书、试样封装方法（含见证标识、见证封志）的有效性；属于监督见证检验的，还应当检查工程质量监督机构监督见证检验通知书、监督标识、监督封志；确认有效后方可收样；否则应拒绝收样并报告工程质量监督机构。

9）工程质量检测单位应在报告中反映见证人员单位、姓名。属于常规见证检验的，还应注明“常规见证检验”，不得有“仅对来样负责”的说明。属于监督见证检验的，还应注明“监督见证检验”以及工程质量监督机构及监督员姓名。未注明见证人员姓名的检验报告，不得作为工程质量控制资料和竣工验收资料。

10）工程质量检测单位应当建立不合格检验报告台账，发生不合格检验项目的，应同步有效上传到“质量检测监管系统”，并于24小时内通知建设单位、监理单位和工程质量监督机构。

11）工程质量检测单位应当将送检委托单、见证检验通知书等委托检验的原始资料一并存档。

4. 见证取样送检的试样与标识

1）进场材料的检测试样必须从施工现场随机抽取，严禁在现场外制取。

2）施工过程质量检测试样，除确定工艺参数可制作模拟试样外，必须从现场相应的施工部位制取。

3）工程实体质量与使用功能检测应依据相关标准抽取检测试样或确定检测部位。

4）试样应有唯一性标识，并应符合下列规定：

① 试样应按照取样时间顺序连续编号，不得空号、重号。

② 试样标识的内容应根据试样的特性确定，宜包括名称、规格（或强度等级）、制取日期等信息。

③ 试样标识应字迹清晰、附着牢固。

5）试样的存放、搬运应符合相关标准的规定。

6）试样交接时，应对试样的外观、数量等进行检查确认。

7）施工现场应按照单位工程分别建立下列试样台账：

① 钢筋试样台账。

② 钢筋连接接头试样台账。

③ 混凝土试件台账。

④ 砂浆试件台账。

⑤ 需要建立的其他试样台账。

8）现场试验人员制取试样并做出标识后，应按试样编号顺序登记试样台账。

9）检测试验结果为不合格或不符合要求时，应在试样台账中注明处置情况。

10）试样台账应作为施工资料保存。

5. 见证取样送检的检测试验报告

1）现场试验人员应及时获取检测试验报告，核查报告内容。当检测试验结果为不合格或不符合要求时，应及时报告施工项目技术负责人、监理单位及有关单位的相关人员。

2）检测试验报告的编号和检测试验结果应在试样台账上登记。

3）现场试验人员应将登记后的检测试验报告移交有关人员。

4）对检测试验结果不合格的报告严禁抽撤、替换或修改。

5）检测试验报告中的送检信息需要修改时，应由现场试验人员提出申请，写明原因，并经施工项目技术负责人批准。涉及见证检测报告送检信息修改时，应经见证人员同意并签字。

6）对检测试验结果不合格的材料、设备和工程实体等质量问题，施工单位应依据相关标准的规定进行处理，监理单位应对质量问题的处理情况进行监督。

7）检测报告：检测报告经检测人员签字、检测机构法定代表人或者其授权的签字人签署，并加盖检测机构公章或者检测专用章后方可生效。检测报告经建设单位或者工程监理单位确认后，由施工单位归档。见证取样检测的检测报告中应当注明见证人单位及姓名。

6. 见证取样送检的范围和比例

1）见证取样送检的材料范围、抽样方法及抽样数量首先满足设计文件要求，并必须符合专业工程施工质量验收规范和《建筑工程施工质量验收统一标准》（GB 50300—2013）第3.0.9条检验批抽样数量的规定要求，如果专业工程施工质量验收规范抽样数量低于《建筑工程施工质量验收统一标准》第3.0.9条的规定时，依照第3.0.9条执行。同时应符合施工承包合同约定和各级行政主管部门及工程质量监督机构相关规定。

2）一般须见证送检的材料范围包括：

① 水泥、砂、石、轻集料、粉煤灰、添加剂等性能检测。

② 混凝土、砂浆配合比及强度检测。

③ 钢筋、连接件、钢绞线、锚具等力学性能检验。

④ 结构用碳纤维等力学性能检验。

⑤ 钢材、连接件、紧固件、焊接材料、焊缝力学性能、化学性能、探伤检测。

⑥ 防火涂料等力学性能、化学性能检测。

⑦ 墙体砖及砌块强度检验。

⑧ 饰面木板、花岗岩、瓷砖等甲醛、放射性、吸水率检测。

⑨ 玻璃、石材、铝塑板、隔热型材、密封胶等强度及性能检测。

⑩ 门窗、绝热板、保温砂浆、墙体黏结材料、风机盘管机组、电线电缆等强度及隔热性能检测。

⑪ 防水卷材、片材、膨胀胶、密封胶等性能检测。

⑫ 给水排水管材、管件、胶黏剂、阀门等性能检测。

⑬ 电气电线电缆、家用插座、漏电开关及断路器。

9.7 工程质量专项检测

1. 专项检测工作的基本要求

1）《建筑工程质量验收统一标准》（GB 50300—2013）规定，工程检测是施工质量控制的重要手段，是质量评价的重要依据；对涉及结构安全的试块、试件、材料，应按照规定进行见证取样检测，对涉及结构安全和使用功能的重要分部工程的专项抽样检测是工程质量验收合格的必要条件；有关安全、节能、环境保护和主要使用功能的重要分部工程应在验收前按规定进行抽样检验，抽样检验结果应符合相应规定；涉及安全、节能、环境保护和主要使用功能的地基与基础、主体结构和设备安装等分部工程应进行有关的见证检验或抽样检验；当工程质量控制部分资料缺失时，应委托有资质的检测机构按有关标准进行相应的实体检验或抽样试验。

2）专项检测是指具有工程质量结构安全和使用功能专项检测资质的检测机构接受委托（由政府委托的监督抽测和建设单位委托的第三方检测），依据国家有关法律、法规和工程建设强制性标准，对涉及工程结构安全、设备性能、使用功能等项目的施工质量进行抽样检测试验的活动。

3）检测机构资质分为甲、乙、丙三个等级，资质证书有效期三年。其资质类别及检测范围：A类资质可承接工程综合性检测、鉴定；B类资质可承接工程专项检测（含建筑物室内环境质量检测，建筑施工起重机械、机具安全性能检测，建筑施工安全防护用品质量检测）；C类资质可承接工程材料检测。

4）政府监督检测机构和社会服务性检测机构跨地区、跨行业承接检测任务，需到工程所在地建设行政主管部门办理备案手续。省外监督检测机构和社会服务性检测机构进入本省开展检测业务，应向省建设行政主管部门或其委托的机构备案。

5）涉及结构安全的试块、试件以及有关建筑材料的质量检测实行有见证取样送检制度和政府监督抽检制度（100%）。未经见证取样送检一律不得作为竣工验收资料。

6）单位工程中的同一检测项目，采用同一种检测方法时，应当委托同一检测机构承担。政府监督检测机构和服务性检测机构在受理委托检测时，应对试样见证取样或监督抽查送检有效性进行确认，经确认后的检测项目，其检测报告应加盖“有见证检验”或“监督抽检”印章。

7）第三方检测（社会服务性检测机构）的基本要求。

① 第三方检测是指经省级建设行政主管部门批准设立，具有独立法人资格、取得建设工程质量安全检测资质证书，为社会提供工程质量安全检测技术服务的机构。第三方检测机构不能承担司法仲裁、质量安全鉴定和施工机械设备准用检测业务。

② 建设单位组织检测单位编制监督抽测方案，并经建设单位、勘察设计单位、监理单位、施工单位（含总包单位和专业分包单位）审核并会签确认，且建设单位须将检测方案报工程质量监督机构备案，领取备案登记表。

③ 建设单位应当组织施工、监理等单位向实施监督抽测的检测单位提供检测所必需的工程设计文件、施工技术资料及现场检测条件。

④ 检测单位应实施现场检测，并出具检测报告。

⑤ 建设单位应在地基与基础、主体结构分部（子分部）工程质量验收前及时将监督抽测报告发送建设工程质量监督机构、设计、监理、施工等单位。

⑥ 检查结果没有达到规范和设计要求的，必须对构件所在的检验批按相关规范进行批量检测，并将检测结果提供给原设计单位对结构安全进行复核，其复核意见还应由原施工图审查机构进行审查并出具意见。

8）政府监督检测基本要求。

① 政府监督检测是指监督检测机构在项目质量监督员的见证下，对进入施工现场的建筑材料、构配件或工程实体等，按照规定的比例进行取样送检或实地检测的行为。

② 涉及工程主体结构安全和主要使用功能的主要建筑材料、建筑构配件及工程实体质量抽测，监督机构可采用便携式检测仪器检测或在监督人员见证下由具有相应资质的工程质量检测单位进行检测。

③ 政府监督检测机构是指经地级以上市建设行政主管部门批准设立，并取得省建设行政主管部门核发的检测机构资质证书，且隶属于地级以上市或县建设行政主管部门的建设工程质量安全监督检测机构。政府监督检测机构可承担工程质量安全检测和鉴定活动，其结果可作为工程质量评定、质量安全纠纷仲裁、工程质量安全鉴定和施工起重机械准用的依据。

④ 建筑工程结构实体质量监督抽样检测由建设单位负责委托，结构实体监督抽检方案由质监站组织建设各方在工程开工后制订，并作为监督计划的一部分内容。

⑤ 政府监督检测机构和服务性检测机构应按省建设行政主管部门规定的统一格式出具检测报告，检测报告必须具有试验员、校核人及技术负责人签字，加盖计量认证章（CMA章）和检测报告专用章。

⑥ 工程质量验收前应进行结构实体质量政府监督抽检，检测结果将作为工程质量验收前评价工程结构实体质量的重要依据。未进行结构实体抽测的工程，不得办理主体结构分部（子分部）工程质量验收。

⑦ 凡检测结果达不到规范和设计要求的工程，则应对不合格构件所在的检验批进行批量检测，如批量检测结果仍然达不到设计要求，则按规范要求进行全面结构实体检测，然后由原设计单位对结构质量进行全面复核评估，其评估意见应由原审图机构进行审查，并

出具意见。若复核后未能满足结构安全使用要求的，由原设计单位提出补强加固处理方案，补强加固设计文件必须经过审图机构审查同意后方可组织实施。

9）企业内部检测是指建筑施工企业、预制构件厂、预拌混凝土搅拌站等建筑业企业内设的实验室（简称企业实验室）。其出具的实验室数据可作为工程质量安全的控制检验指标，但不作为工程竣工验收的依据。

2. 专项检测项目及要求

1）依据《建设工程质量检测管理办法》（建设部令第141号），专项检测项目及内容包括：

① 地基基础工程检测：地基及复合地基承载力静载检测、桩的承载力检测、桩身完整性检测、锚杆锁定力检测。

② 主体结构工程现场检测：混凝土、砂浆、砌体强度现场检测，钢筋保护层厚度检测，混凝土预制构件结构性能检测，后置埋件的力学性能检测。

③ 建筑幕墙工程检测：建筑幕墙的气密性、水密性、风压变形性能、层间变位性能检测，硅酮结构胶相容性检测。

④ 钢结构工程检测：钢结构焊接质量无损检测，钢结构防腐及防火涂装检测，钢结构节点、机械连接用紧固标准件及高强度螺栓力学性能检测，钢网架结构的变形检测。

2）专项检测项目及内容除应符合设计文件、施工承包合同约定和各级行政主管部门及工程质量监督机构相关规定外，还必须符合《建筑工程施工质量验收统一标准》（GB 50300—2013）和各专业工程施工质量验收规范、产品标准的要求：

①《建筑地基基础工程施工质量验收标准》（GB 50202—2018）提出了对地基（桩体或墙体）的强度、承载力和桩体（桩身）完整性、土方回填的压实度、锚杆锁定力等进行实体检验的规定。

②《混凝土结构工程施工质量验收规范》（GB 50204—2015）提出了对结构实体混凝土强变、钢筋保护层厚度、结构位置与尺寸偏差进行实体检验的规定。

③《钢结构工程施工质量验收标准》（GB 50205—2020）提出了对设计要求全熔透的一级和二级焊缝采用超声波（或射线），对焊接球节点网架和螺栓球节点网架焊缝采用超声波，有圆管T、K、Y形节点相贯线焊缝采用超声波检验内部缺陷的要求，提出了对焊缝表面、螺栓球或焊接球成型后表面、管加工成型后表面采用磁粉或渗透探伤方法检测表面缺陷的要求，提出了对焊接球成型后采用超声波检测仪检测壁厚减薄量的要求，提出了检测空间同架结构或网格结构挠度、检测高强度螺栓连接副施工质量的要求。

④《建筑节能工程施工质量验收规范》（GB 50411—2007）提出了对围护结构的外墙节能构造（做法、材料、厚度）、严寒（寒冷、夏热冬冷）地区的外窗气密性、传热系数以及对系统节能性能（采暖、通风与空调、配电与照明工程）进行现场实体检测的要求。

⑤《民用建筑工程室内环境污染控制标准》（GB 50325—2020）提出了对室内环境污染物（氡、甲醛、苯、氨、总挥发性有机化合物TVOC）浓度、对中央空调的室内新风量进行现场检测的要求。

⑥《建筑装饰装修工程质量验收标准》（GB 50210—2018）对预埋件（后置锚固件）抗拔强度、饰面板（砖）黏结强度以及幕墙的抗风压性能、平面变形性能、空气渗透性能和雨水渗漏性能提出了现场检测要求。

⑦《建筑给水排水及采暖工程施工质量验收标准》（GB 50242—2002）提出了对给水系

统管道进行水质检测的要求。

3）工程质量专项检测要求见表 9-2～表 9-14。

表 9-2 基坑支护工程专项检测要求

检测项目	检测方法、数量及要求	检测依据
土壤氡浓度或土壤表面氡析出率检测	1. 检测范围与工程地质勘查范围相同，场地未开挖，检测前 24h 内现场无降雨和无积水，建筑垃圾已清理 2. 采用测氡仪进行现场测量，采样深度为 60～80cm，抽气次数视现场试验情况而定，抽气 1.5L、高压 3min、测量 3min，然后计算氡浓度 3. 布点应覆盖基础工程范围，间距 10m 网格，各网格点即为测试点（当遇较大石块时，可偏离 ±2m），布点数不能少于 16 点，且在勘察范围外有 10 个对比点	《民用建筑工程室内环境污染控制标准》（GB 50325—2020）
混凝土灌注桩桩身质量检测	1. 灌注桩排桩应采用低应变法检测桩身完整性，检测桩数不宜少于总桩数的 20%，且不得少于 5 根 2. 采用桩墙合一时，低应变法检测桩身完整性的检测数量应为总桩数的 100%，采用声波透射法检测的灌注桩排桩数量不应低于总桩数的 10%，且不应少于 3 根 3. 当根据低应变法或声波透射法判定的桩身完整性为Ⅲ类、Ⅳ类时，应采用钻芯法进行验证	《建筑地基基础工程施工质量验收标准》（GB 50202—2018）
混凝土地下连续墙墙身结构完整性	1. 混凝土抗压强度和抗渗等级应符合设计要求。墙身混凝土抗压强度试块每 100m³ 混凝土不应少于 1 组，且每幅槽段不应少于 1 组，每组为 3 件；墙身混凝土抗渗试块每 5 幅槽段不应少于 1 组，每组为 6 件。作为永久结构的地下连续墙，其抗渗质量标准可按现行国家标准《地下防水工程质量验收规范》（GB 50208—2011）的规定执行 2. 永久结构采用声波透射法、钻芯法检测，检测数不少于总槽数的 10%，且不得少于 3 个槽段	
搅拌桩墙身完整性	1. 墙体强度宜采用钻芯法确定，三轴水泥土搅拌桩抽检数量不应少于总桩数的 2%，且不得少于 3 根 2. 渠式切割水泥土连续墙抽检数量每 50 延米不应少于 1 个取芯点，且不得少于 3 个	
支护锚杆验收试验	1. 锚杆极限抗拔试验采用的地层条件、杆体材料、锚杆参数和施工工艺必须与工程锚杆相同，且试验数量不应少于 3 根 2. 锚杆承载力用抗拔验收试验法，抽检数量为锚杆总数的 5%，且不得少于 3 根 3. 永久性锚杆的最大试验荷载应取锚杆轴向拉力设计值的 1.5 倍，临时性锚杆的最大试验荷载应取锚杆轴向拉力设计值的 1.2 倍	《岩土锚杆（索）技术规程》（CECS 22—2005）
土钉墙质量检测	1. 土钉应进行抗拔承载力检验，检验数量不宜少于土钉总数的 1%，且同一土层中的土钉检验数量不应小于 10 根 2. 墙面喷射混凝土厚度应采用钻孔法检测，抽检钻孔数为每 100m² 墙面积一组，每组不得少于 3 个点	《建筑地基基础工程施工质量验收标准》（GB 50202—2018）
逆作拱墙	钻芯法：抽检钻孔数为每 100m² 墙面积一组，每组不得少于 3 个点	

注：1. 在基坑支护质量检测之前，应制订检测方案，由参建各方主体确认，并报建设工程安全监督站备案后实施。

2. 当检测结果不合格的数量大于或等于抽检数的 30% 时，按不合格数量加倍复测，其检测方法由安全监督部门组织设计、监理等人员根据实际情况确定，并根据检测结果提出处理意见。

表 9-3　地基基础工程实体检测要求（选择部分）

检测项目		检测方法、数量及要求	检测依据
试验桩极限承载力		静载试验：应满足设计要求，且在同一条件下不应少于 3 根；但预计工程桩总数小于 50 根时，检测数量不应少于 2 根	《建筑基桩检测技术规范》（JGJ 106—2014）
桩身混凝土长度、桩身完整性、桩身混凝土强度		钻芯法：对桩身质量、桩底沉渣、桩端持力层进行检测时，受检验的钻芯孔数可为 1 孔	
打入式预制试验桩桩身应力		高应变法：可检测单桩竖向抗压承载力，检验数量不宜少于总桩数的 5%，且不得少于 5 根；仅在设计文件对控制打桩过程的桩身应力、确定沉桩工艺参数、选择沉桩设备、选择桩端持力层等有具体要求时进行试验	
预制桩	桩身质量	低应变法或高应变法：抽检数量不少于总桩数的 20%，且每个柱下承台不得少于 1 根	
	承载力	1. 下列情况之一的应采用静载荷试验：① 地基设计等级为甲级；② 地质条件复杂、桩施工质量可靠性低；③ 本地区采用的新桩型或采用新工艺成桩的桩基；④ 施工过程中产生挤土上浮或偏位的群桩。抽检数量不少于分项工程桩总数的 1%，且不少于 3 根；当桩总数在 50 根以内时，不少于 2 根 2. 除 1 所列情形之外应采用高应变法：检验数量不宜少于总桩数的 5%，且不得少于 5 根	
钢桩	桩身质量	高应变法：抽检数量不应少于总桩数的 5%，且不得少于 10 根	《建筑地基基础设计标准》（GB 50007—2018）、《建筑基桩检测技术规范》（JGJ 106—2014）、《建筑桩基技术规范》（JGJ 94—2008）
	承载力	静载试验：抽检数量不应少于总桩数的 1%，且不得少于 3 根，当总桩数在 50 根以内时，不得少于 2 根	
小直径混凝土灌注桩（桩径≤250mm）	桩身质量	低应变法或高应变法：地基基础设计等级为甲级或地质条件复杂、成桩质量可靠性较低的灌注桩，抽检数量不少于桩总数的 30%，且不少于 20 根；其他抽检桩数不少于总桩数的 20%，且不少于 10 根；除上述规定外，每个柱下承台抽检数量还不得少于 1 根	
	承载力	静载试验或高应变法：1. 有下列情况之一应采用静载试验：① 地基设计等级为甲级；② 地质条件复杂、桩施工质量可靠性低；③ 属于本地区采用的新桩型或新工艺；④ 挤土群桩施工产生挤土效应；⑤ 桩身存在明显缺陷，采用完整性检测方案难于确定其对桩身承载力的影响程度。抽检数量不少于桩总数的 1%，且不少于 3 根；当桩总数在 50 根以内时，不少于 2 根 2. 除 1 所列情形之外应采用高应变法抽检，抽检数量不少于桩总数的 5%，且不少于 5 根	

（续）

检测项目		检测方法、数量及要求	检测依据
大直径混凝土灌注桩（桩径≥800mm）	桩身质量	低应变法、高应变法、声波透射或钻芯法： 1. 对于桩径≥1500mm 的柱下桩，每个承台下的桩应采用钻芯法或声波透射法抽检，抽检数量不少于该承台下桩总数的 30%，且不少于 1 根；其中，钻芯法抽检的数量不少于桩总数的 5%（复杂岩溶区域宜适当增加） 2. 对于桩径<1500mm 的柱下桩、非柱下桩，应采用钻芯法或声波透射法抽检，抽检数量不少于该承台相应桩总数的 30%，且单位工程不少于 20 根；其中，钻芯法抽检的数量不少于桩总数的 5% 3. 对未抽检到的其余桩，宜采用低应变法或高应变法检测	《建筑地基基础设计标准》（GB 50007—2018）、《建筑基桩检测技术规范》（JGJ 106—2014）、《建筑桩基技术规范》（JGJ 94—2008）
	承载力	静载试验、高应变法或钻芯法： 1. 采用静载试验或高应变法，按本表小直径混凝土灌注承载力检测数量桩执行 2. 当确因试验设备或现场条件等限制，难以采用静载试验、高应变法抽测时，对端承型嵌岩桩（含嵌岩型摩擦端承桩、端承桩），可采用钻芯法对不同直径桩的成桩质量、桩底沉渣、桩端持力层进行鉴别，抽检数量不少于总桩数的 10% 且不少于 10 根。钻芯法抽检的数量可计入桩身质量抽检数量；如采用深层平板荷载试验或岩基平板荷载试验，检测应符合《建筑地基基础设计标准》（GB 50007—2018）和《建筑桩基技术规范》（JG J94—2008）的有关规定，检测数量不应少于总桩数的 1%，且不应少于 3 根	
承受竖向抗拔力或水平力的桩	桩身质量	低应变法、高应变法、声波透射法或钻芯法：根据桩型，分别按本表预制桩、小直径混凝土灌注桩、大直径混凝土灌注桩桩身质量检测数量执行	
	承载力	静载试验：不应少于有竖向抗拔或水平承载力设计要求的桩总数的 1%，且不少于 3 根；当总桩数少于 50 根时，检测数量不应少于 2 根。当确因试验设备或现场条件等限制，难以进行单桩竖向抗拔、水平承载力检测时，应由设计单位根据勘察、施工、其他检测等情况进行抗拔或水平承载力的复核验算；验算合格的，可以不进行静载试验	
抗浮锚杆	承载力	静载试验（抗拔）：抽检数量不少于锚杆总桩数的 5%，且不少于 6 根	以广东省标准《建筑地基基础检测规范》（DBJ 15-60—2008）为例
天然土地基（含全风化、强风化岩）	地基土性状	标准贯入试验、圆锥动力触探试验等：在平板荷载试验前进行。抽检数量为每 $200m^2$ 不少于 1 个孔，且总数不得少于 10 孔，每个独立柱基下不得少于 1 孔，基槽每 20 延米不得少于 1 孔	
	承载力	平板载荷试验：抽检数量为每 $500m^2$ 不少于 1 点，且总数不得少于 3 点；对于各类岩土均应进行抽检；对于复杂场地或重要建筑地基还应增加抽检数量	
岩石地基	岩土性状或地基承载力	钻芯法或岩基载荷试验： 1. 应采用钻芯法，抽检数量不得少于 6 孔，钻孔深度应满足设计要求，每孔截取一组三个芯样试件；对于各类岩石均应进行抽检；地质条件复杂的工程还应增加抽样孔数 2. 地基基础设计等级为甲级、乙级或岩石芯样无法制作成芯样试件的，还应进行岩基载荷试验；对于各类岩基均应进行抽检，抽检点数不得少于 3 点	

（续）

<table>
<tr><th colspan="2">检测项目</th><th colspan="2">检测方法、数量及要求</th><th>检测依据</th></tr>
<tr><td rowspan="5">处理地基</td><td rowspan="4">土工试验</td><td>换填地基（含灰土地基、砂和砂石地基、土工合料、粉煤灰地基）、不加填料振冲加密处理地基标准贯入试验、圆锥动力触探试验、静力触探试验等</td><td rowspan="4">抽检数量为每 200m^2 不少于 1 个孔，且总数不得少于 10 孔，每个独立柱基下不得少于 1 孔，基槽每 20 延米不得少于 1 孔；对于换填地基还必须分层进行压实系数检测，可选择《土工试验方法标准》（GB/T 50123—2019）中的环刀法、灌砂法或其他方法进行检测，抽检数量：对大基坑每 100m^2 不少于 1 点，对基槽每 20m 不少于 1 点，每个独立柱基下不得少于 1 点</td><td rowspan="13">以广东省标准《建筑地基基础检测规范》（DBJ 15-60—2008）为例</td></tr>
<tr><td>预压地基：十字板剪切试验和室内土工试验</td></tr>
<tr><td>强夯处理地基：原位测试和室内土工试验</td></tr>
<tr><td>注浆地基：标准贯入试验、钻芯法</td></tr>
<tr><td>承载力</td><td colspan="2">载荷试验：抽检数量为每 500m^2 不少于 1 个点，且总数不得少于 3 点，对于各类地基均应进行抽检，对于复杂场地或重要建筑地基还应增加抽检数量</td></tr>
<tr><td rowspan="3">复合地基</td><td rowspan="3">桩体质量</td><td>水泥土搅拌桩、高压喷射桩：单桩竖向抗压载荷试验和钻芯法</td><td rowspan="3">抽检数量不少于总桩（墩）数的 1%，且不得少于 3 根。当采用标准贯入试验、圆锥动力触探试验等方法时，单位工程抽检数量应为总桩（墩）数的 1%，且不得少于 3 根；当采用单桩竖向抗压荷载试压、钻芯法时，单位工程抽检数量应不少于总桩数的 0.5%，且不得少于 3 根</td></tr>
<tr><td>砂石桩：圆锥动力触探试验等，宜进行单桩荷载试验</td></tr>
<tr><td>强夯置换地基：圆锥动力触探试验等</td></tr>
<tr><td rowspan="3">复合地基</td><td rowspan="2">桩体质量</td><td>振冲桩：圆锥动力触探试验或单桩载荷试验</td><td>对碎石桩桩体质量检测，应采用重型动力触探</td></tr>
<tr><td>水泥粉煤灰碎石桩：低应变法或钻芯法</td><td>采用低应变法的，抽检数量不应少于总桩数的 10%</td></tr>
<tr><td>承载力</td><td colspan="2">平板载荷试验：抽检数量不应少于总桩（墩）数的 1%，且不得少于 3 点；可选择多桩（墩）复合地基平板载荷试验或单桩（墩）复合地基平板载荷试验，也可一部分试验点选择多桩（墩）复合地基平板载荷试验，而另一部分试验点选择单桩（墩）复合地基平板载荷试验，但试验点的总数不得低于总桩（墩）数的 0.5%，且不得少于 3 点；对不同布桩形式或有不同承载力设计要求的各处地基均应进行抽检</td></tr>
<tr><td rowspan="2">基础承台</td><td>钢筋保护层</td><td colspan="2">钢筋混凝土基础、桩基础承台钢筋：现场钢筋雷达扫描钢筋保护层厚度，单位工程抽检数量不宜少于构件总数的 10%</td></tr>
<tr><td>混凝土强度</td><td colspan="2">扩展基础、柱下条形基础、筏形基础、桩基础承台混凝土：回弹法或钻芯法；单位工程抽检数量不应少于构件总数的 10%，且不应少于 3 个构件。当采用钻芯法检测时，每个所抽检的构件钻取芯样孔不应少于 3 个，每孔截取 1 个芯样试件，对于截面尺寸较小的构件不应少于 2 个孔</td></tr>
</table>

（续）

检测项目		检测方法、数量及要求	检测依据
基础回填	压实系数	侧壁、承台、基坑（槽）回填：分层取样检验回填土的干密度和含水量，求得压实系数，也可采用环刀法、灌砂法、灌水法检测压实系数 1. 对基坑分层每 100m^2 抽查不少于 1 个检测点；对基槽每 20m 抽查不少于 1 个检测点；每个独立柱基不应少于 1 个检测点 2. 采用标准贯入或动力触探检验垫层施工质量时，分层检验点的间距应小于 4m，求得的压实系数应符合设计要求和《建筑地基基础设计标准》（GB 50007—2018）中表 6.3.7 的规定	《建筑地基基础设计标准》（GB 50007—2018）

注：1. 本表规定的检测数量均是按单位工程做出要求。

2. “基桩自平衡法静载试验”不具随机性，其结果不作为该批工程桩承载力验收的依据。

3. 结构实体质量监督抽测的方法和数量可计算在内。

4. 设计等级为甲级的地基基础工程采用两种或以上的方法进行检测的，宜由两家或以上的工程质量检测机构进行检测。

5. 单位工程的同一检测项目采用同一检测方法的，原则上只能由同一家工程质量检测机构完成检测工作。

6. 对地基基础检测结果有异议的，应进行验证检测；地基基础检测结果不满足原设计要求的，应按照有关规定研究确定处理方案或扩大抽检的方法及数量。验证检测发现不符合设计要求或首次扩大抽检后，应当研究确定处理方案或进一步抽检的方法和数量。

7. 地基基础检测（含验证检测、扩大检测）以及对不符合原设计的处理必须由建设单位会同勘察、设计、施工、监理、检测等单位制订方案，在报送工程质量监督机构后实施。

表 9-4　混凝土结构工程专项检测要求（选择部分）

检测项目	检测方法、数量及要求	检测依据
梁板内简支预制受弯构件结构性能检验	1. 检测方法及要求：① 钢筋混凝土构件和允许出现裂缝的预应力构件：承载力、挠度、裂缝宽度；② 不允许出现裂缝的预应力构件：承载力、挠度、抗裂试验；③ 对大型构件及有可靠应用经验的构件，可只进行裂缝宽度、抗裂和挠度试验；④ 对进场时不做结构性能检验的预制构件，应采取以下措施：施工单位或监理单位代表驻厂监督制作过程；当无驻厂监督时，预制构件进场时应对其主要受力钢筋的数量、规格、间距及混凝土强度进行实体检验 2. 检测数量：① 每批进场不超过 1000 个同类型预制构件为一批，在每批应随机抽取一个构件进行检验；② 同类型是指同一钢种、同一混凝土强度等级、同一生产工艺和同一结构形式；③ 抽取构件时，宜从设计荷载最大、受力最不利或生产数量最多的预制构件中抽取	《混凝土结构工程施工质量验收规范》（GB 50204—2015）第 9.2.2 条
混凝土结构实体检验	1. 检测方法及要求：① 选取涉及混凝土结构安全的有代表性的部位进行；② 检测项目包括混凝土强度、钢筋保护层厚度、结构位置与尺寸偏差及合同约定的项目，必要时可检测其他项目；③ 除结构位置与尺寸偏差项目以外，其他实体检测项目应由具有资质的检测机构完成；④ 结构实体混凝土强度应按不同强度等级分别检验，检验方法宜采取同条件养护试件方法；当未取得同条件养护试件强度或同条件养护试件强度不符合要求时，可采用回弹 - 钻芯法进行检测	《混凝土结构工程施工质量验收规范》（GB 50204—2015）第 10.1 条、《回弹法检测混凝土抗压强度技术规程》（JGJ/T 23—2011）

（续）

检测项目	检测方法、数量及要求	检测依据
混凝土结构实体检验	2. 检测数量：① 同条件养护试件取样与留置要求：所对应的结构构件或结构部位，应由施工、监理等各方共同选定，且取样应均匀分布于工程施工周期内；应在混凝土浇筑入模处见证取样；应留置在靠近相应结构构件的适当位置，并应采用相同的养护方法；同一强度等级的同条件养护试件不宜少于 10 组，且不应少于 3 组；每连续两层楼取样不应少于 1 组；每 2000m³ 取样不得少于 1 组。② 回弹－钻芯法检测的要求：同一混凝土强度等级的构件，抽取构件最小数量应符合《混凝土结构工程施工质量验收规范》（GB 50204—2015）表 D.0.1 的规定，并应均匀分布；不宜抽取截面高度小于 300mm 的梁和边长小于 300mm 的柱；应按《回弹法检测混凝土抗压强度技术规程》（JGJ/T 23—2011）对所抽取的每个构件，选取不少于 5 个测区进行回弹，楼板构件的回弹应在板底进行；对同一强度等级的构件，应按每个构件的最小测区平均回弹值进行排序，选取最低的三个测区对应的部位各钻取 1 个芯样试件。③ 钢筋保护层厚度检验的构件选取和检测的具体要求：均匀分布选取；对悬挑梁，应抽取构件数量的 5% 且不少于 10 个构件进行检测，但悬挑梁数量少于 10 个时，应全数检测；对悬挑板，应抽取构件数量的 10% 且不少于 20 个构件进行检测，当悬挑板数量少于 20 个时，应全数检测；对非悬挑的梁板类构件，应各抽取构件数量的 2% 且不少于 5 个构件进行检测；对选定的梁类构件，应对全部纵向受方钢筋的保护层厚度进行检测；对选定的板类构件，应抽取不少于 6 根纵向受力钢筋的保护层厚度进行检测；对每根钢筋，应选择具有代表性的不同部位测 3 点取平均值。④ 结构实体位置与尺寸检查检验的规定：均匀分布；梁柱应抽检构件数量的 1%，且不应少于 3 个构件；墙板应按有代表性的自然间抽取 1%，且不少于 3 间；层高应按有代表性的自然间抽取 1%，且不少于 3 间	《混凝土结构工程施工质量验收规范》（GB 50204—2015）第 10.1 条、《回弹法检测混凝土抗压强度技术规程》（JGJ/T 23—2011）
回弹法检测混凝土抗压强度	1. 检测方法及要求：① 抽检构件时，应随机抽取并使所选构件具有代表性；② 每一构件测区数为 10 个，均匀分布于构件两个对称可测面上，在构件的重要部位及薄弱部位必须布置测区，并应避开预埋件；③ 每一测区大小为 20cm × 20cm；④ 测区应选在使回弹仪处于水平方向检测混凝土浇筑侧面，当不能满足这一要求时，可使回弹仪处于非水平方向检测混凝土浇筑侧面、表面或底面；⑤相邻两测区的间距应控制在 2m 以内，测区离构件端部或施工缝边缘的距离不宜大于 0.5m，且不宜小于 0.2m 2. 检测数量：① 单个检测适用于单个结构或构件的检测；② 批量检测适用于在相同的生产工艺条件下，混凝土强度等级相同，原材料、配合比、成型工艺、养护条件基本一致且龄期相近的同类结构或构件，按批进行检测的构件，抽检数量不得少于同批构件总数的 30%，且构件数量不得少于 10 件；③ 对于某一方向尺寸小于 4.5m 且另一方向尺寸小于 0.3m 的构件，测区数量可适当减少，但不应少于 5 个	《回弹法检测混凝土抗压强度技术规程》（JGJ/T 23—2011）
超声回弹综合法检测混凝土强度	1. 检测方法及要求：① 提供安全可靠的施工现场；② 提供工程概况，需检测混凝土构件的名称、设计强度、设计图，水泥、砂石和外加剂、模板的相关资料，构件的检测原因；③ 委托方应对检测面即混凝土表面清洁、平整，不应留有疏松层、浮浆、油垢、涂层以及蜂窝、麻面，必要时可用砂轮清除疏松层和杂物，且不应有残留粉末和碎屑，其余测区布置要求应符合《超声回弹综合法检测混凝土抗压强度技术规程》（T/CECS 02—2020）中第 5.1.4 条的规定	《超声回弹综合法检测混凝土抗压强度技术规程》（T/CECS 02—2020）

（续）

<table>
<tr><th>检测项目</th><th>检测方法、数量及要求</th><th>检测依据</th></tr>
<tr><td>超声回弹综合法检测混凝土强度</td><td>2. 检测数量：① 按单个构件检测时，应在构件上均匀布置测区，每个构件上测区数量不应少于 10 个；② 批量检测适用于在相同的生产工艺条件下，混凝土强度等级相同，原材料、配合比、成型工艺、养护条件基本一致且龄期相近的同类结构或构件，同批构件按批进行一次或二次随机抽样检测时，随机抽样的最小样本容量应符合《超声回弹综合法检测混凝土抗压强度技术规程》（T/CECS 02—2020）中表 5.1.2 的规定；③ 对于某一方向尺寸少于 4.5m 且另一方向尺寸小于 0.3m 的构件，测区数量可适当减少，但不应少于 5 个</td><td>《超声回弹综合法检测混凝土抗压强度技术规程》（T/CECS 02—2020）</td></tr>
<tr><td>钻芯法检测混凝土抗压强度</td><td>1. 检测方法及要求：芯样应从检测批的结构构件中随机抽取，每隔芯样宜取自一个构件或结构的局部部位，取芯位置尚应符合《钻芯法检测混凝土强度技术规程》（JGJ/T 384—2016）中第 4.0.2 条的规定
2. 检测数量：① 按单个构件检测时，每个构件的芯样试件数量不应少于 3 个，钻芯对构件工作性能影响较大的小尺寸构件的芯样试件数量不得少于 2 个；② 按检测批进行检测时，芯样试件的数量应根据检测批的容量确定，直径 100mm 的芯样试件的最小样本容量不宜少于 15 个，小直径芯样试件的最小样本容量不宜少于 20 个</td><td>《钻芯法检测混凝土强度技术规程》（JGJ/T 384—2016）</td></tr>
<tr><td>钢筋探测（间距、保护层厚度）</td><td>检测构件及要求根据《混凝土中钢筋检测技术标准》（JGJ/T 152—2019）中第 4.1 条的规定确定。检测数量由委托方确定或根据《建筑结构检测技术标准》（GB/T 50344—2019）中第 3.5.3 条的规定确定</td><td rowspan="2">《混凝土中钢筋检测技术标准》（JGJ/T 152—2019）、《建筑结构检测技术标准》（GB/T 50344—2019）</td></tr>
<tr><td>混凝土中钢筋锈蚀状况检测</td><td>检测构件及要求根据《混凝土中钢筋检测技术标准》（JGJ/T 152—2019）中附录 L 中第 L.0.2 条规定确定，检测数量应符合《建筑结构检测技术标准》（GB/T 50344—2019）中附录 L 中第 L.0.5 条规定</td></tr>
<tr><td>超声法检测混凝土缺陷</td><td>1. 检测方法及要求：① 被测部位应具有一对（或两对）相互平行的测试面；② 委托方应对检测面即混凝土表面清洁、平整，不应留有疏松层、浮浆、油垢、涂层以及蜂窝、麻面，必要时可用砂轮清除疏松层和杂物，且不应有残留粉末和碎屑；③ 测试范围除应大于有怀疑的区域外，还应有同条件的正常混凝土进行对比，且对比数不应少于 20 点；④ 提供工程概况，原设计采用的混凝土强度等级、成形日期、混凝土原材料情况；了解混凝土质量状况和施工中存在的问题；⑤ 取得结构或构件类型、外形尺寸及数量，有关结构或构件设计图、竣工图等相关资料
2. 检测数量：检测数量和检测位置由委托单位确定，提前一天通知检测单位及有关准备工作</td><td rowspan="2">《超声法检测混凝土缺陷技术规程》（CECS 21—2000）</td></tr>
<tr><td>超声法检测钢管混凝土缺陷</td><td>1. 检测方法及要求：① 在钢管内部预埋声测钢管（或塑料管），管的内径宜为 35～50mm，各段声测管宜用外加套管连接并保持通直，管的下端应封闭，上端应加塞子；② 声测管预埋数量：钢管直径≤0.8m 时不得少于 2 根管；0.8m＜钢管直径≤1.6m 时不得少于 3 根管，按等边三角形布置；钢管直径＞1.6m 时不得少于 4 根管，按正方形布置，声测管之间应保持平行；钢管直径＞1.6m 时，宜增加预埋管数量；③ 提供工程概况，原设计采用的混凝土强度等级、成形日期、混凝土原材料情况；了解混凝土质量状况和施工中存在的问题；④ 取得结构或构件类型、外形尺寸及数量，有关结构或构件设计图、竣工图等相关资料
2. 检测数量：① 检测数量由委托单位确定；② 受检柱的混凝土强度至少达到设计强度的 70%，且不少于 15MPa</td></tr>
</table>

表 9-5　钢结构工程专项检测要求（选择部分）

检测对象	检测方法、数量及要求	检查依据
钢结构（钢管混凝土）焊缝内部质量	1. 检测方法及要求：一、二级焊缝内部质量检测采用超声波无损探伤方法或射线探伤方法进行检测；一、二级焊缝的检测要求应符合《钢结构工程施工质量验收标准》（GB 50205—2020）中表 5.2.4 的规定 2. 检测数量：① 焊缝质量等级属一级的无损检测探伤比例为 100%；焊缝质量等级属二级的无损检测探伤比例为 20%。② 二级焊缝检测比例的计数方法应按以下原则确定：对工厂制作焊缝按焊缝长度计算百分比，且探伤检测长度不小于 200mm，当焊缝长度不足 200mm 时，应整条焊缝进行探伤；对现场安装焊缝，按同一类型、同一施焊条件的焊缝条数计算百分比，探伤长度应不小于 200mm 且不小于 1 条焊缝	《钢结构工程施工质量验收标准》（GB 50205—2020）
承受静荷载的钢结构：钢管混凝土焊缝内部质量	1. 检测方法及要求：① 无损检测应在外观检测合格后进行，Ⅲ、Ⅳ类钢材及焊接难度等级为 C、D 级时，应以焊接完成 24h 后无损检测结果作为验收依据；钢材标称屈服强度不小于 690MPa 或供货状态为调质状态时，应以焊接完成 48h 后无损检测结果作为验收依据；② 用超声波和射线两种方法检验同一条焊缝，必须达到各自的质量要求，方可判定合格 2. 检测数量：① 当外观检测发现裂纹时，应对该批次同类焊缝进行 100% 表面检测，当外观检测怀疑有裂纹时，对怀疑的部位进行表面检测；② 焊缝质量等级属一级的，无损检测探伤比例为 100%；焊缝质量等级属二级的，无损检测探伤比例为 20%	
承受疲劳荷载进度钢结构内部质量	1. 检测方法及要求：① 无损检测应在外观检查合格后进行，Ⅰ、Ⅱ类钢材及焊接难度等级为 A、B 级时，应以焊接完成 24h 后无损检测结果作为验收依据；Ⅲ、Ⅳ类钢材及焊接难度等级为 C、D 级时，应以焊接完成 48h 后无损检测结果作为验收依据。② 用超声波和射线两种方法检验同一条焊缝，必须达到各自的质量要求，方可判定合格。③ 当外观检测发现裂纹时，应对该批次同类焊缝进行 100% 表面检测；当外观检测怀疑有裂纹时，应对怀疑的部位进行表面检测 2. 检测数量：① 对于全熔透一、二级横向对接焊缝，焊缝全长范围内超声波检测比例为 100%，板厚大于 46mm 时应双面双侧检测；对二级纵向对接焊缝，焊缝两端各 1000mm 范围内按 100% 比例进行超声波检测，板厚大于 46mm 时，应双面双侧检测；对二级角焊缝，两端螺栓孔部位并延长 500mm 范围，板梁主梁及纵、横梁跨中 1000mm 范围内，按 100% 比例进行超声波检测，板厚大于 46mm 时，应双面单侧检测。② 板厚不大于 30mm（含较薄板计）的对接焊缝，除对上述部位、按上述比例进行超声波检测外，还应采用射线检测抽检其接头数量的 10% 且不少于一个焊接接头。③ 板厚大于 30mm 的对接焊缝，除对上述部位、按上述比例进行超声波检测外，还应增加接头数量的 10% 且不少于一个焊接接头，按检验等级为 C 级、质量等级不低于一级的超声波检测，检测时焊缝余高应磨平，使用的探头折射角应有一个为 45°，探伤范围应为焊缝两端各 500mm；焊缝长度大于 1500mm 时，中部应加探 500mm；当发现超标缺欠时应加倍检验	《钢结构焊接规范》（GB 50661—2011）

（续）

检测对象	检测方法、数量及要求	检查依据
网架结构节点承载力试验	1. 检测方法及要求：① 对建筑结构安全等级为一级，跨度 40m 及以上的公共建筑钢网架结构，且设计有要求时，应进行节点承载力试验；② 焊接球节点应按设计指定规格的球及其匹配的钢管焊接成试件，进行轴心拉、压承载力试验，其试验破坏荷载值大于或等于 1.6 倍设计承载力为合格；③ 螺栓球节点应按设计指定规格的球最大螺栓孔螺纹进行抗拉强度保证荷载试验，当达到螺栓的设计承载力时，螺孔、螺纹及封板仍完好无损为合格 2. 检测数量：每项试验做 3 个试件	《钢结构工程施工质量验收标准》（GB 50205—2020）
钢结构防腐涂料厚度检测	1. 检测方法及要求：用干漆膜测厚仪检查；每个构件检测 5 处，每处的数值为 3 个相距 50mm 测点涂层干漆膜厚度的平均值 2. 检测数量：每检验批按构件数抽查 10%，且每同类构件不应少于 3 件	
钢结构防腐涂料附着力检测	1. 检测方法及要求：按现行国家标准《漆膜划圈试验》（GB/T 1720—2020）或《色漆和清漆 划格试验》（GB/T 9286—2021）执行；当钢结构处在有腐蚀介质环境或外露且设计有要求时，应进行涂层附着力测试，在检测处范围内，当涂层完整程度达到 70% 以上时，涂层附着力达到合格质量标准的要求 2. 检测数量：按构件数抽查 1%，且不少于 3 件，每件测 3 处	
防火涂料厚度检测	1. 检测方法及要求：膨胀型（超薄型、薄涂型）防火涂料采用涂层厚度测量仪检查，涂层厚度允许偏差应为 -5%，厚涂型防火涂料采用《钢结构工程施工质量验收标准》（GB 50205—2020）附录 E 的方法检测。 2. 检测数量：每检验批按构件数抽查 10%，且每同类构件不应少于 3 件	
砂浆强度（贯入法）	1. 检测方法及要求：① 应以面积不大于 $25m^2$ 的砌体构件为 1 个构件；② 收集原材料试验资料，砂浆品种，设计强度等级和配合比、浇筑日期；③ 凿开抹灰层，使待测灰缝砂浆暴露并经打磨平整后检测 2. 检测数量：不大于 $250m^3$ 砌体为一批，抽检数量不应少于砌体总构件数的 30%，且不少于 6 个构件（选择同楼层、同品种、同等级、龄期相近的构件）	《贯入法检测砌筑砂浆抗压强度技术规程》（JGJ/T 136—2017）
砂浆强度（回弹法）	1. 检测方法及要求：① 收集原材料试验资料，砂浆品种，设计强度等级和配合比、浇筑日期；② 测位处的粉刷层、勾缝砂浆、污物等应清除干净；弹击点处的砂浆表面，应仔细打磨平整，并除去浮灰 2. 检测数量：每个测位内均匀布置 12 个弹击点，选定弹击点应避开砖的边缘、气孔或松动的砂浆，相邻两个弹击点的间距不应小于 20mm	《砌体工程现场检测技术标准》（GB/T 50315—2011）
复位轴压法	1. 检测方法及要求：① 收集原材料试验资料，砂浆品种，设计强度等级和配合比、浇筑日期。② 检测时，在墙体上开凿两条水平槽孔，安放原位压力机；本方法适用于推定 240mm 厚普通砖砌体的抗压强度。③ 两测试部位宜选在墙体中部距离楼、地面 1m 左右的高度处，槽间砌体每侧的墙体宽度不应小于 1.5m；同一墙体上，测点不宜多于 1 个，且宜选在沿墙体长度的中间部位，多于 1 个时，其水平净距不得小于 2.0m。④ 三测试部位不得选在挑梁下、应力集中部位以及墙梁的墙体计算高度范围内 2. 检测数量：每一检测单元内，应随机选择 6 个构件（单片墙体、柱）作为 6 个测区；当一个检测单元不足 6 个构件时，应将每个构件作为一个测区；每一测区不少于 1 个测点	

表 9-6　混凝土后锚固件专项检测要求（选择部分）

检测对象	检测方法、数量及要求	检查依据
后置锚固件带肋钢筋、全螺纹螺杆和机械、化学锚栓（抗拔性能检测不适用于砌体、轻骨料、特种混凝土基材）	1. 检测方法及要求：① 现场抗拔承载力试验，应在锚固件外观检查合格的基础上进行抗拔承载力检测；② 对重要结构构件、悬挑结构和构件、锚固设计参数和质量存疑、仲裁性检验应采用破坏性检验方法；③ 现场不能进行原位破坏性试验操作时，可采用同条件浇筑的同强度等级混凝土块体作为基体进行锚固和试验，且应征得设计和监理同意；④ 检测时机为锚固胶说明书标示的固化时间当天，但不得超过 7d 2. 检测数量：① 锚固质量现场检验抽样时，应以同品种、同规格、同强度等级的锚固件安装于锚固部位基本相同的同类构件为一检验批，并应从每一检验批所含的锚固件中进行抽样。② 现场破坏性检测宜选择锚固区以外的同条件、易修复和易补种的位置，应按每一检验批锚固件总数的 1% 且不少于 5 件进行随机抽样；若锚固件为植筋且数量不超过 100 件时，可选取 3 件进行检测。③ 锚筋的非破坏性检验：对重要结构构件及生命线工程的非结构构件，应按同一检验批锚筋总数的 3% 且不少于 5 件抽样检验；对一般结构构件，应按每一检验批锚筋总数的 1% 且不少于 3 件抽样检验；对非生命线工程的非结构构件，应按每一检验批锚筋总数的 1% 且不少于 3 件抽样检验。④ 锚栓锚固质量的非破坏性检验：对于重要结构构件及生命线工程的非结构构件，当检验批锚栓总数不大于 100 时，应按锚栓总数的 20% 且不少于 5 件抽样；当每检验批锚栓总数不大于 500 时，应按锚栓总数的 10% 抽样；当每检验批锚栓总数不大于 1000 时，应按锚栓总数的 7% 抽样；当每检验批锚栓总数不大于 2500 时，应按锚栓总数的 4% 抽样；当每检验批锚栓总数达 5000 及以上时，应按锚栓总数的 3% 抽样；当每检验批锚栓总数介于两者数量之间时，可按现行内插法确定抽样数量；对于一般结构构件，可按重要结构构件抽样量的 50% 且不少于 5 件随机抽样；对于非生命线工程的非结构构件，应按每检验批锚栓总数的 1% 且不少于 5 件抽样	《建筑结构加固工程施工质量验收规范》（GB 50550—2010）第 19.4.1、20.3.1 条、《混凝土结构后锚固技术规程》（JGJ 145—2013）第 9.6.4、9.6.5 条
无机材料后锚固筋（光圆或带肋钢筋）抗拔承载力（不适用于轻骨料、特种混凝土）	检测数量：① 现场检验取样时以同一规格型号、基本相同的施工条件和受力状态的锚筋为同一检验批。② 破坏性检验应按同一检验批锚筋总数的 1% 且不少于 3 根进行随机抽样。③ 锚筋的非破坏性检验：对重要结构构件及生命线工程的非结构构件，应按同一检验批锚筋总数的 3% 且不少于 5 根抽样检验；对一般结构构件及其他非结构构件，应按每一检验批锚筋总数的 2% 且不少于 5 根抽样检验	《混凝土结构工程无机材料后锚固技术规程》（JGJ/T 271—2012）第 6.2.1 条

表 9-7　建筑幕墙工程专项检测要求（选择部分）

检测项目	检测方法、数量及要求	检测依据
幕墙工程四性检验（抗风压、空气渗透、雨水渗漏及平面变形性能）	1. 检测方法及要求：① 试件规格、型号和材料等应与生产厂家所提供图样一致。② 试件宽度至少应包括一个承受设计荷载的垂直承力构件；试件高度至少应包括一个层高，并在垂直方向上要有两处或以上与承重结构相连接；试件的组装和安装时的受力状况应和实际使用情况相符。③ 试件应包括典型的垂直接缝、水平接缝和可开启部分，并且使试件上可开启部分占试件总面积的比例与实际工程接近。④ 单元式幕墙至少应有一个单元的四边与邻近单元形成的接缝与实际工程相同，且高度应大于两个层高，宽度不应小于 3 个横向分格 2. 检测数量：① 幕墙抗风压性能、水密性能、气密性能、平面内变形性能（“四性”）为型式检验、交验收检验必检项目；② 幕墙“四性”试验样品应具有代表性，工程中不同结构类型的幕墙可分别或以组合形式进行必检项目的检验；③ 对于应用高度不超过 24m，且总面积不超过 300m^2 的建筑幕墙，交收检验时的幕墙“四性”试验项目可采用同类产品的型式试验结果，但型式试验的样品必须能够代表该工程幕墙、型式试验样品性能指标应不低于该工程幕墙的性能指标；④ 组件组装质量的检验，每个检验批每 100m^2 应至少抽查一处，且每个检验批不得少于 10 处	《建筑装饰装修工程质量验收标准》（GB 50210—2018）、《建筑幕墙》（GB/T 21086—2007）、《建筑幕墙气密、水密、抗风压性能检测方法》（GB/T 15227—2019）、《建筑幕墙层间变形性能分级及检测方法》（GB/T18250—2015）
外墙金属窗、塑料窗抗风压性能、空气渗透性能和雨水渗漏性能	1. 检测方法及要求：① 相同类型、结构及规格尺寸的试件，应至少检测三樘，且以三樘为一组进行评定；② 试件应按所提供的图样生产的合格产品或研制的试件，不应附有任何多余的零配件或采用特殊的组装工艺或改善措施；③ 有附框的试件，外门窗与附框的连接与密封方式应符合设计要求 2. 检查数量：① 外观及表面质量和装配质量为全数检验。② 门窗及框扇装配尺寸偏差检验，每 100 樘作为一个检验批，不足 100 樘也为一个检验批；从每个检验批中按不同类型、品种、系列、规格分别随机抽取 5% 且不少于 3 樘。③ 一次抽检的门、窗中，如有 1 樘检测不合格，则应另外抽取双倍数量重新检验；重复检验的结果全部达到本标准要求时判定该项目合格，复检项目全部合格，判定该批产品合格，否则判定该批产品不合格	《铝合金门窗工程设计、施工及验收规范》（DBJ 15-30—2002）、《建筑外门窗气密、水密、抗风压性能检测方法》（GB/T 7106—2019）、《铝合金门窗》（GB/T 8478—2020）、《钢塑共挤门窗》（JG/T 207—2007）、《钢门窗》（GB/T 20909—2017）
门窗现场检测（气密性能、水密性能、抗风压性能、现场淋水、撞击性能）	1. 检测方法及要求：到现场进行检测，检测数量三樘，提供试件的立面、剖面图和相关的工程设计值，外窗及连接部位安装完毕，达到正常使用状态 2. 检查数量：试件选取同窗型、同规格、同型号三樘为一组	《建筑外窗气密、水密、抗风压性能现场检测方法》（JG/T 211—2007）、《建筑门窗工程检测技术规程》（JGJ/T 205—2010）、《公共建筑节能检测标准》（JGJ/T 177—2009）

表 9-8　建筑装饰装修专项检测要求（选择部分）

检测项目	检测方法、数量及要求	检测依据
外墙饰面砖样板件的黏结强度检测	1. 检查方法及要求：① 利用红外成像仪进行普查，应用黏接强度抗拔仪进行黏接强度检测；② 委托方应安排人员在检测部位用手提切割机按标准块尺寸（45mm × 95mm 或 40mm × 40mm）沿饰面砖表面切至基面（混凝土或砖墙体），每个饰面砖试样切割时，要有两条边沿灰缝切割 2. 检查数量：① 带饰面砖的预制墙板：每 1000m^2 同类带饰面砖的预制墙板作为一个检验批，不足 1000m^2 按 1000m^2 计，每批应取 1 组，每组应为 3 块板，每块板引制取 1 个试样对饰面砖黏结强度进行检验；② 饰面砖：每 1000m^2 同类墙体饰面砖作为一个检验批，不足 1000m^2 按 1000m^2 计，每批应取 1 组试样，每组 3 个试样，每相邻的 3 个楼层应至少抽取 1 组试样，试样应随机抽取，取样间距不得小于 500mm；③ 采用水泥胶黏剂粘贴外墙饰面砖时，可按胶黏剂使用说明书的规定时间或在粘贴外墙饰面砖 14 天及以后进行其黏结强度检验，粘贴后 28 天以内检验结果达不到标准要求或有争议时，应以 28～60 天内约定时间检验的黏结强度为准。	《建筑装饰装修工程质量验收标准》（GB 50210—2018）第 10.1.2、10.1.7 条、《建筑工程饰面砖黏结强度检验标准》（JGJ/T 110—2017）第 3.0.2、3.0.3、3.0.5、3.0.6、3.0.7 条
室内环境污染物浓度（甲醛、氡、苯、TVOC、氨总挥发性有机化合物浓度）	1. 检测方法及要求：① 检测应在工程完工至少 7 天后、交付使用之前进行；② 氡、甲醛、氨、苯、甲苯、二甲苯、TVOC 的浓度检测结果应满足《民用建筑工程室内环境污染控制标准》（GB 50325—2020）中表 6.0.4 和第 6.0.5 条的规定；③ 检测方法应满足《民用建筑工程室内环境污染控制标准》（GB 50325—2020）中第 6.0.6 条、第 6.0.7 条、第 6.0.8 条、第 6.0.9 条、第 6.0.10 条、第 6.0.11 条的规定 2. 检查数量：① 抽检每个建筑单体有代表性的房间室内环境污染物浓度，抽检数量不得少于房间总数的 5%，每个建筑单体不得少于 3 间；当房间总数少于 3 间时，全数检测。② 民用建筑工程验收时，凡进行了样板间室内环境污染物浓度检测且检测结果合格的，抽检数量减半，且不得少于 3 间。③ 幼儿园、学校教室、学生宿舍、老年人照料房屋设施室内的装饰装修验收时，室内空气中氡、甲醛、氨、苯、甲苯、二甲苯、TVOC 的抽检量不得少于房间总数的 50%，且不得少于 20 间，当房间总数不大于 20 间时，应全数检测。④ 室内环境污染物浓度检测点数按房间面积设置应满足《民用建筑工程室内环境污染控制标准》（GB 50325—2020）中表 6.0.15 的规定；⑤ 当室内环境污染物浓度检测结果不合格时，应对不合格项目再次加倍抽样检测，且应包含原不合格的同类型房间及原不合格房间；再次检测结果全部复核规范要求时，方可判定室内环境质量合格；再次加倍抽样检测的结果不合规定时，应查找原因并采取措施进行处理，直至检测合格	《建筑装饰装修工程质量验收标准》（GB 50210—2018）第 15.0.9 条、《民用建筑工程室内环境污染控制标准》（GB 50325—2020）第 6 部分
防雷检测	防雷接地电阻投入使用前进行检测	《建筑电气工程施工质量验收规范》（GB 50303—2015）、《电气装置安装工程电气设备交接试验标准》（GB 50150—2016）

（续）

检测项目	检测方法、数量及要求	检测依据
发电机组现场负荷试验	投入使用前 100% 进行检测；委托时需提供产品出厂合格证、技术资料及自检报告等；现场需要调试人员配合	《往复式内燃机驱动的交流发电机组 第 5 部分：发电机组》（GB/T 2820.5—2009）、《往复式内燃机驱动的交流发电机组 第 6 部分：试验方法》（GB/T 2820.6—2009）
室内照明测量	抽检总数的 20%，数量不得小于 10 套，总数小于 10 套时全部检测，检测方法及要求应满足《照明测量方法》（GB/T 5700—2008）中第 7 部分和《公共场所卫生检验方法 第 1 部分：物理因素》（GB/T 18204.1—2013）中第 8 部分的规定	《照明测量方法》（GB/T 5700—2008）、《公共场所卫生检验方法 第 1 部分：物理因素》（GB/T 18204.1—2013）
低压配电电源质量（谐波电流、谐波电压和不平衡度）	全数	《建筑电气工程施工质量验收规范》（GB 50303—2015）、《建筑节能工程施工质量验收规范》（GB 50411—2007）
室外道路照明工程检测（平均照度、照明功率密度、照度均匀度、环境比）	1. 检查要求：① 提供照明图样；②LED 灯及其他灯具需要开启不少 30min；③ 与交通部门协助疏导交通，确保安全生产；④ 应安排熟悉图样及设计施工情况的相关负责人员全程见证检测并提供必要的协助 2. 检测数量：按路段区域抽检 10%	《城市道路照明设计标准》（CJJ 45—2015）、《照明测量方法》（GB/T 5700—2008）

表 9-9　给水排水管道工程专项检测要求（选择部分）

检测项目	检测方法、数量及要求	检测依据
压力管道水压试验	1. 检测要求：① 提供设计图和设计说明书；② 提供水泵；③ 提供自来水水源 2. 检测数量：按设计规定或委托方要求抽取管段试验，水压试验的管段长度不宜大于 1.0km	《给水排水管道工程施工及验收规范》（GB 50268—2008）
无压力管道闭水试验	1. 检查要求：① 提供设计图和设计说明书；② 提供工作用水 2. 检测数量：按设计规定或委托方要求抽取管段试验，无压力管道的闭水试验，条件允许时可一次试验不超过 5 个连续井段	
无压力管道闭气试验	1. 检测要求：① 提供设计图和设计说明书；② 做好管道密封措施 2. 检测数量：按设计规定或委托方要求抽取管段试验每两口井之间的井段（混凝土管道）	

（续）

检测项目	检测方法、数量及要求	检测依据
排水管道电视检测（CCTV）与评估	1. 检测要求：① 提供设计图和设计说明书；② 提供工作用水、电；做好管道清污工作 2. 检测数量：按设计规定或委托方要求抽取管段试验每两口井之间的井段，且每个井段之间距离不大于150m	《城镇排水管道检测与评估技术规程》（CJJ 181—2012）
给水排水构筑物满水试验	1. 检测要求：① 提供设计图和设计说明书；② 提供水泵。③ 提供自来水水源 2. 检测数量：水池、泵站、闸室等水处理构筑物、贮水调蓄构筑物，施工完毕后必须进行满水试验	《给水排水构筑物工程施工及验收规范》（GB 50141—2008）
给水排水构筑物气密性试验	1. 检测要求：① 提供设计图纸和设计说明书；② 提供工作用水、电 2. 检测数量：消化池满水试验合格后，应进行气密性试验	

表9-10 建筑节能工程专项检测要求（选择部分）

检测对象	检测项目	检测比例	检测要求	检测依据
围护结构现场实体节能检验	外墙外保温系统节能构造（墙体保温材料的种类、保温层厚度、构造做法）	1. 每个单位工程的每种节能做法的外墙不得少于3处，每处检查一个点 2. 外窗气密性能现场实体检验应按单位工程进行，每种材质、开启方式、型材系列的外窗检验不得少于3樘 3. 同工程项目、同施工单位且同期施工的多个单位工程、可合并计算建筑面积；每30000m² 可视为一个单位工程进行抽样，不足30000m² 也视为一个单位工程	1. 外墙节能构造钻芯检验、外窗气密性能的现场实体检验应由监理工程师见证，可由建设单位委托有资质的检测机构实施，也可由施工单位实施 2. 当对外墙传热系数或热阻检验时，应由监理工程师见证，由建设单位委托具有资质的检测机构实施；检测方法、抽样数量、检测部位和合格判定标准等可按照相关标准确定，并在合同中约定 3. 当检测结果不符合设计要求和验收标准规定时，应扩大一倍数量抽样，对不符合要求的项目或参数再次抽检；仍然不符合要求时，应给出“不符合设计要求”的结论	《建筑节能工程施工质量验收规范》（GB 50411—2007）、《居住建筑节能检测标准》（JGJ/T 132—2009）、《公共建筑节能检测标准》（JGJ/T 177—2009）、《建筑物围护结构传热系数及采暖供热量检测方法》（GB/T 23483—2009）
	传热系数	1. 采用热流计法进行检测 2. 围护结构主体部位传热系数的检测宜在受检围护结构施工完成至少12个月以后进行 3. 检测时间宜选在最冷月，且应避开气温剧烈变化的天气 4. 建筑物采暖供热量的检测在供热系统正常运行120h后进行		
通风与空调系统节能性能	室内平均温度	最小抽样数量按《建筑节能工程施工质量验收规范》（GB 50411—2007）3.4.3的规定执行，且均匀分布；公共建筑的不同典型功能区域检测部位不应少于2处	冬季不得低于设计计算温度2℃，且不应高于1℃ 夏季不得高于设计计算温度2℃，且不应低于1℃	《建筑节能工程施工质量验收规范》（GB 50411—2007）

（续）

检测对象	检测项目	检测比例	检测要求	检测依据
通风与空调系统节能性能	各风口的风量	抽样数量按照《建筑节能工程施工质量验收规范》（GB 50411—2007）3.4.3 的规定执行，且不同功能的系统不应少于 2 个	≤15%	《建筑节能工程施工质量验收规范》（GB 50411—2007）
	通风与空调系统的总风量	抽样数量按照《建筑节能工程施工质量验收规范》（GB 50411—2007）3.4.3 的规定执行，且不同功能的系统不应少于 1 个	≤10%	
	风道系统单位风量耗功率	抽样数量按照《建筑节能工程施工质量验收规范》（GB 50411—2007）3.4.3 的规定执行，且均不应少于 1 台	允许偏差不应大于 10%	
	空调机组的水流量	抽样数量按照《建筑节能工程施工质量验收规范》（GB 50411—2007）3.4.3 的规定执行	定流量系统允许偏差为 15%，变流量系统允许偏差为 10%	
	空调系统冷水、热水、冷却水的循环流量	全数检测	≤10%	
	冷却塔、水泵性能	全数检测	与设计要求允许偏差不应大于 5%	
	空调机组	全数检测	试运转和调试结果应满足施工图设计要求和《通风与空调工程施工质量验收规范》（GB 5024—2016）的有关规定	
配电与照明节能系统性能	平均照度与照明功率密度	按同一功能区不少于 2 处，功率密度应低于规定值	±10%	《建筑节能工程施工质量验收规范》（GB 50411—2007）
	三相照明配电干线各相负荷平衡比	全数	最大相负荷不宜超过三相负荷平均值的 115%，最小相负荷不宜小于三相负荷平均值的 85%	
空调系统冷、热源和辅助设备及其管网节能性能	供热系统室外管网的水力平衡度	热力入口总数不超过 6 处时，全数检测；超过 6 处时，应根据各个热力入口距热源距离的远近，接近端、远端、中间区域各抽检 2 个热力入口	0.9～1.2	
	室外供暖管网的热损失率	全数检测	≤10%	

表 9-11　智能建筑工程专项检测要求（选择部分）

检测对象	检测项目	检测数量规定	检测依据标准或规范
智能化系统集成	通用要求	在被集成系统检测完成后检测完成后进行，应在服务器和客户端分别进行，检测点应包括每个被集成子系统	《智能建筑工程质量验收规范》（GB 50339—2013）
	接口功能	各接口应全数检测	
	集中监视、储存和统计功能	按照《智能建筑工程质量验收规范》（GB 50339—2013）第 4.0.5 条的规定，每个被集成系统的抽检数量宜为系统信息点数的 5%，且抽检点数不应少于 20 点，当信息点数少于 20 点时应全部检测	
	报警监视及处理功能	每个被集成系统的抽检数量不应少于该系统报警信息点数的 10%	
	控制与调节功能	各集成系统全部检测，应在服务器与客户端分别输入设置参数进行检测	
	联动配置与管理功能	应现场逐项模拟触发信号，所有被集成系统的联动动作均应安全、正确、及时和无冲突	
	权限管理功能	根据设计要求确定	
	冗余功能	根据设计要求确定	
	文件报表生存和打印功能	应逐项检测	
	数据分析功能	应逐项检测	
信息接入系统	铜缆接入网系统、光缆接入网系统、无线接入网系统等	根据设计要求确定	《智能建筑工程质量验收规范》（GB 50339—2013）、《计算机场地通用规范》（GB/T 2887—2011）、《电子产品制造与应用系统防静电检测通用规范》（SJ/T 10694—2006）
用户电话交换系统	业务测试、信令方式测试、系统互通测试、网络管理及计费功能测试等	根据设计要求确定	《智能建筑工程质量验收规范》（GB 50339—2013）

（续）

检测对象	检测项目	检测数量规定	检测依据标准或规范
信息网络系统	计算机网络系统（含无线局域网）	1. 连通性检测：应按接入层设备总数的 10% 进行抽样测试，且抽样数不应少于 10 台；接入层设备少于 10 台的应全部检测 2. 传输时延和丢包率：对于核心层的骨干链路、汇聚层到核心层的上联链路应进行全部检测；对于接入层到汇聚层的上联链路应按不低于 10% 的比例进行抽样测试，且抽样数不应少于 10 条；上联链路数不足 10 条的应全部检测 3. 路由检测、组播功能、QoS 功能、容错功能、网络管理功能 4. 无线局域网功能：应按无线接入点总数的 10% 进行抽样测试，抽样数不应少于 10 个；无线接入点少于 10 个的，应全部测试	《智能建筑工程质量验收规范》（GB 50339—2013）、《基于以太网技术的局域网（LAN）系统验收测试方法》（GB/T 21671—2018）、《具有路由功能的以太网交换机测试方法》（YD/T 1287—2013）、《智能建筑工程检测规程》（CECS 182—2005）
	网络安全系统	网络安全系统宜包括结构安全、访问控制、安全审计、边界完整性检查、入侵防范、恶意代码防范和网络设备防护等安全保护能力的检测	
综合布线系统	工程电气性能测试、光纤特性测试（缆线接线图、缆线长度、近端串扰损耗、衰减量、回波损耗、等效远端串扰损耗、相邻线对综合近端串扰、综合等效远端串扰损耗、时延和时延差、近端串扰衰减比、光纤长度、光纤链路衰减）	1. 竣工验收抽验时，双绞线电缆链路、光纤信道抽检比例必须大于或等于 10% 2. 抽样点必须包括最远布线点 3. 标签和标识按 10% 抽检 4. 系统软件功能全部检测 5. 电子配线架应检测管理软件中显示的链路连接关系与链路的物理连接的一致性，按 10% 抽检 6. 综合布线管理软件功能必须全部检测	《智能建筑工程质量验收规范》（GB 50339—2013）、《综合布线系统工程验收规范》（GB 50312—2016）、《综合布线系统工程设计规范》（GB 50311—2016）、《综合布线系统电气特性通用测试方法》（YD/T 1013—2013）
公共广播系统	应备声压级、紧急广播的功能和性能、业务广播和背景广播的功能、声场不均匀度、漏出声衰及系统设备信噪比、扬声器位置	根据设计要求	《智能建筑工程质量验收规范》（GB 50339—2013）、《公共广播系统工程技术标准》（GB 50526—2021）、《厅堂扩声特性测量方法》（GB/T 4959—2011）、《声系统设备 第 5 部分：扬声器主要性能测试方法》（GB/T 12060.5—2011）、《号筒扬声器测量方法》（GB/T 14475—1993）

（续）

检测对象	检测项目	检测数量规定	检测依据标准或规范
会议系统	扩声、视频显示、灯光、同声传译、讨论、表决、集中控制、摄像、录播、签到管理等系统功能	根据设计要求	《智能建筑工程质量验收规范》（GB 50339—2013）、《视频显示屏系统工程测量规范》（GB/T 50525—2010）
信息引导和发布系统	显示性能、断电后恢复供电后的自动恢复功能、终端设备远程控制等系统功能	根据设计要求	《智能建筑工程质量验收规范》（GB 50339—2013）、《视频显示系统工程技术规范》（GB 50464—2008）
时钟系统	母钟与时标信号接收器同步、母钟对子钟同步校时、授时校准功能、时钟显示的同步偏差、监测功能、自动恢复功能、使用可靠性、时钟换历功能	根据设计要求	《智能建筑工程质量验收规范》（GB 50339—2013）、《时间同步系统》（QB/T 4054—2019）
信息化应用系统	设备性能指标、应用软件功能及性能、业务功能及流程、信息系统安全	根据设计要求	《智能建筑工程质量验收规范》（GB 50339—2013）
设备监控系统	暖通空调监控系统	冷热源的监测参数应全部检测；空调、新风机组的监测参数应按总数的 20% 抽检，且不少于 5 台，不足 5 台时应全部检测；各种类型传感器、执行器应按 10% 抽检，且不应少于 5 只，不足 5 只时应全部检测	
	变配电监测系统	对高低压配电柜的运行状态、变压器的温度、储油罐的液位、各种备用电源的工作状态和联锁控制功能等应全部检测；各种电气参数检测数量应按每类参数抽 20%，且数量不应少于 20 点，数量少于 20 点时应全部检测	
	公共照明监控系统检测	应按照明回路总数的 10% 抽检，数量不应少于 10 路，总数少于 10 路时应全部检测	
	给水排水监控系统	给水和中水监控系统应全部检测；排水监控系统应抽检 50%，且不得少于 5 套，总数少于 5 套时应全部检测	《智能建筑工程质量验收规范》（GB 50339—2013）、《给水排水管道工程施工及验收规范》（GB 50268—2008）

（续）

检测对象	检测项目	检测数量规定	检测依据标准或规范
设备监控系统	电梯和自动扶梯系统	启停、上下行、位置、故障等运行状态显示功能全数检测	《智能建筑工程质量验收规范》（GB 50339—2013）
	能耗监测系统	能耗数据的显示、记录、统计、汇总及趋势分析等功能全数检测	
	中央管理工作站	中央管理工作站功能应全部检测，操作分站应抽检 20%，且不得少于 5 个，不足 5 个时应全部检测	
建筑设备监控系统	建筑设备监控系统实时性（命令响应时间和报警信号响应时间）	1. 检测内容应包括控制命令响应时间和报警信号响应时间 2. 应抽检 10% 且不得少于 10 台，少于 10 台时应全部检测	
	可靠性（系统运行的抗干扰性能、电源切换时系统运行的稳定性）	1. 检测内容应包括系统正常运行时，启停现场设备或投切备用电源，观察系统的工作情况进行监测 2. 在系统正常运行时，启停现场设备或投切备用电源，进线系统检测	
	可维护性（应用软件的在线编程和参数修改功能、设备和网络通信故障的自检测功能）	1. 检测内容应包括应用软件的在线编程和参数修改功能、设备和网络通信故障的自检测功能 2. 通过模拟修改参数和设置故障办法检测	
安全技术防范系统	功能检测、前端设备检测	1. 安全防范综合管理、入侵报警、视频安防监控、出入口控制、电子巡查、停车库（场）管理等子系统功能、联动功能应按设计要求逐项检测 2. 视频监控系统摄像机、入侵报警系统探测器、门禁系统出入口识读设备、巡更系统电子巡查信息识读器等设备抽检的数量不应低于 20%，且不应少于 3 台，数量少于 3 台时，应全部检测	《智能建筑工程质量验收规范》（GB 50339—2013）、《安全防范工程技术标准》（GB 50348—2018）、《智能建筑工程检测规程》（CECS182：2005）
应急响应系统	功能检测	按设计要求逐项进行功能检测，且应在火灾自动报警、安全技术防范、智能化集成和其他关联智能化系统检测合格后进行	《智能建筑工程质量验收规范》（GB 50339—2013）
机房工程	供配电系统输出电能质量、不间断电源的供电时延、静电防护、机房环境、防雷与接地、空调系统等系统的检测	根据设计要求确定	《智能建筑工程质量验收规范》（GB 50339—2013）、《数据中心基础设施施工及验收规范》（GB 50462—2015）
防雷与接地	接地装置、接地线、接地电阻和等电位联结、电涌保护器、屏蔽设施、静电防护设施、智能化系统设备及线路	根据设计要求确定，检测接地装置及连接点安装，接地电阻阻值，接地导体的规格、敷设方法和连接方法，等电位联结带的规格、联结方法和安装位置，屏蔽设施安装，电涌保护器的性能参数、安装位置、安装方式和连接导线规格	《智能建筑工程质量验收规范》（GB 50339—2013）

表 9-12　建筑工程沉降观测和边坡监测要求（选择部分）

监测项目	监测目的	监测点布设	监测频率	委托方配合	规范或文件依据
建筑沉降监测	对地基基础设计等级为甲级建筑物、复合地基或软弱地基上的地基基础设计等级为乙级建筑物、基础有严重质量问题并经工程处理的建筑物、加层或扩建建筑物、受深基坑开挖等施工影响的邻近建筑物、受场地地下水等环境因素变化影响的建筑物、采用新型基础或新型结构的建筑物和设计要求进行沉降观测的建筑物，在施工期间及施工期间应进行沉降变形观测直至基础沉降达到稳定标准 监测建筑物在施工过程及使用过程中各主要受力构件的沉降量，推算基础或构件的倾斜度和基础相对弯曲度	沉降观测点的布设应能全面反映建筑及地基变形特征，并顾及地质情况及建筑结构特点，点位宜选设在下列位置： 1. 建筑的四角、核心筒四角、大转角处及沿外墙每 10～20m 处或每隔 2～3 根柱基上 2. 高低层建筑、新旧建筑、纵横墙等交接处的两侧 3. 建筑裂缝、后浇带和沉降缝两侧、基础埋深相差悬殊处、人工地基与天然地基接壤处、不同结构的分界处及填挖方分界处 4. 对于宽度大于等于 15m 或小于 15m 而地质复杂以及膨胀土地区的建筑，应在承重内隔墙中部设内墙点，并在室内地面中心及四周设地面点 5. 邻近堆置重物处、受振动有显著影响的部位及基础下的暗浜处 6. 框架结构建筑的每个或部分柱基上或沿纵横轴线上 7. 筏形基础、箱形基础底板或接近基础的结构部分的四角处及其中部位置 8. 重型设备基础和动力设备基础的四角、基础形式或埋深改变处 9. 对于电视塔、烟囱、水塔、油罐、炼油塔、高炉等高耸建筑，应设在沿周边与基础轴线相交的对称位置上，点数不少于 4 个 10. 对城市基础设施，监测点的布设应符合结构设计及结构监测的要求	建筑施工阶段的观测应符合下列规定： 1. 宜在基础完工后或地下室砌完后开始检测 2. 观测次数与间隔时间应视地基与加荷情况而定；民用高层建筑可每加高 2～3 层观测一次，工业建筑可按回填基坑、安装柱子和屋架、砌筑墙体、设备安装等不同施工阶段分别进行观测；若建筑施工均匀增高，应至少在增加荷载的 25%、50%、75% 和 100% 时各测一次 3. 施工过程中若暂停工，在停工时及重新开工时应各观测一次，停工期间可每隔 2～3 个月观测一次 建筑使用阶段的观测应符合下列规定： 1. 观测次数，应视地基土类型和沉降速率大小而定，除有特殊要求外，可在第一年观测 3～4 次，第二年观测 2～3 次，第三年后每年观测 1 次，直至稳定为止 2. 在观测过程中，若发现大规模沉降、严重不均匀沉降或严重裂缝等，或出现基础附件地面荷载突然增减、基础四周大量积水、长时间连续降雨等情况，应提高观测频率，并应实施安全预案 3. 建筑沉降是否进入稳定阶段，应由沉降量与时间关系曲线判定，当最后 100 天的沉降速率小于 0.04mm/ 天时可认为已进入稳定阶段。对具体沉降观测项目，最大沉降速率的取值宜结合当地地基土的压缩性能来确定	提供资料及配备人员： 1. 工程概况 2. 工程地质勘查报告 3. 管线布置平面图 4. 设计监测点平面图和监测要求 5. 设计图 6. 现场负责监测工作的业主、监理及施工单位联系人 现场配合： 1. 现场应三通一平 2. 提供水、电接口	《建筑变形测量规范》（JGJ 8—2016）

（续）

监测项目	监测目的	监测点布设	监测频率	委托方配合	规范或文件依据
边坡监测	水平位移、竖向位移	设置监测点，并采用全站仪、水准仪监测	边坡工程施工过程中，应严格记录气象条件、挖方、填方、堆载等情况；爆破施工时，应监控爆破对周边环境的影响；土石方工程完成后，尚应对边坡的水平位移和竖向位移进行监测，直到变形稳定为止，且不得少于2年		《建筑地基基础设计标准》（GB 50007—2018）

表 9-13　室外工程土工试验、无机结合料稳定材料试验检测要求（选择部分）

检测项目	取样批量规定	取样方法	送检要求	检测依据的标准或规程
土工（稠度、界限含水率、天然密度、固结、剪切、颗粒分析、渗透、天然坡度角）	1. 初步勘察取样应符合下列要求：取样的勘探孔宜在平面上均匀分布，其数量可占勘探孔总数的1/4～1/2；每孔的数量及竖向间距，应按地层特点和土的均匀程度确定，每层土均应取样，数量不得少于6个/孔 2. 详细勘探取样应符合下列要求：取样布点按勘察孔总数的1/2～2/3，对安全等级为一级的建筑物，每幢不得少于3孔；每孔的数量及竖向间距在主要受力层为且不得少于6个/孔，特殊土质参考《岩土工程勘察规范（2009年版）》（GB 50021—2001）	应根据试样不同等级选用不同类型的取土器，并参照《岩土工程勘察规范（2009年版）》（GB 50021—2001）第8章的技术要求	各级土样应妥善密封，防止湿度变化，并避免曝晒或冰冻，在运输中应避免振动，保存时间不宜超过三周；送检时提供详细的孔位号及每孔试样详细的水平标高	《土工试验方法标准》（GB/T 50123—2019）、《公路土工试验规程》（JTG 3430—2020）
击实试验	每种类型的土质取样1～3组进行试验	每组取土30kg	送检时提供土质类型或者回填点位置及编号等相关信息	
承载比试验	无机结合料基层施工质量控制： 每3000m² 试验1次，根据观察，异常时随时增加试验 素土：每一种土质抽检1组	在需检测的土壤中直接取样 每组样品50kg	送检时提供土质类型或者回填点位置及编号等相关信息	《公路土工试验规程》（JTG 3430—2020）

（续）

检测项目	取样批量规定	取样方法	送检要求	检测依据的标准或规程
无机结合料稳定土击实	每种类型的土质取样1～3组进行试验	每组取样不少于60kg	送检时提供土质类型或者回填点位置及编号等相关信息	《公路工程无机结合料稳定材料试验规程》（JTG E51—2009）
无机结合料稳定土无侧限抗压强度变化	基层、底基层：每种无机结合料稳定土每层每2000m² 取样1组进行试验	细粒土：6个50×50试件；中粒土：9个100×100试件；粗粒土：13个150×150试件(委托成型) 无机结合料稳定石屑（石粉），每组取样20kg；无机结合料稳定碎石，每组取样90kg	送检时提供土质类型或者回填点位置及编号等相关信息	

表 9-14　绿化工程专项检测要求（选择部分）

检测项目	取样批量规定	取样方法	委托方现场配合工作	检测依据的标准或规范
森林土壤水质（pH值、全盐量、总碱度、总酸度、总硬度、硫酸根离子、氯离子）	如果不是自来水需进行检测 同一水质、同一地点，抽取两个样	地表水在水域中部位置取样；地下水直接用容器采集；再生水在取水管道终端接取；在5个不同的取样点随机取样5L为一个样；装水容器先用抽样的水冲洗两遍后再装水	要求施工方提供工程概况；现场有施工人员协助取样；如见证取样，监理方需有监理人员在现场见证取样	《农田灌溉水质标准》（GB 5084—2021）、《水质 pH值的测定 玻璃电极法》（GB 6920—1986）、《森林土壤水化学分析》（LY/T 1275—1999）
肥料（复合肥中钾含量、游离水含量、有效磷含量、总氮含量；有机肥全氮含量、全钾含量、全磷含量、有机物含量、有机质含量、酸碱度、水分含量、速效磷含量、速效钾含量）	同一批次有机肥不少于两个样；无机肥同一厂家、同种批号，每500kg抽1个样；少于500kg按500kg标准抽样，每点不少于2个样	有机肥料一般应将肥料混合均匀后，选取10～20点，每个干的样品抽取1.5kg左右，湿样抽取5kg左右 无机肥料抽取1kg左右	要求施工方提供工程概况、绿化工程图；现场有施工人员协助取样；如果为见证取样，监理方需有监理人员在现场见证取样	《有机肥料》（NY/T 525—2021）、《复混肥料中钾含量的测定 四苯硼酸钾重量法》（GB/T 8574—2010）、《复混肥料中游离水含量的测定 真空烘箱法》（GB/T 8576—2010）、《复混肥料中有效磷含量的测定》（GB/T 8573—2017）、《复混肥料中总氮含量的测定 蒸馏后滴定法》（GB/T 8572—2010）、《有机肥料有机物总量的测定》（NY/T 304—1995）、《有机肥料速效磷的测定》（NY/T 300—1995）、《有机肥料速效钾的测定》（NY/T 301—1995）

（续）

检测项目	取样批量规定	取样方法	委托方现场配合工作	检测依据的标准或规范
植物营养成分（粗灰分、全氮、全磷、全钾）	同一批次植物样品不少于2个样	植物样品一般应混合均匀，每个干的样品抽取1.5kg左右，湿样抽取5kg左右	要求施工方提供工程概况、绿化工程图；现场有施工人员协助取样；如果为见证取样，监理方需有监理人员在现场见证取样	《森林植物与森林枯枝落叶层粗灰分的测定》（LY/T 1268—1999）、《森林植物与森林枯枝落叶层全氮的测定》（LY/T 1269—1999）、《森林植物与森林枯枝落叶层全硅、铁、铝、钙、镁、钾、钠、磷、硫、锰、铜、锌的测定》（LY/T 1270—1999）、《森林植物与森林枯枝落叶层全氮、磷、钾、钠、钙、镁的测定》（LY/T 1271—1999）
植物病虫害检验	植物种植后，应对整体植物材料进行病虫害检验	普查：全线踏查 定点调查样地：地被面积不少于调查总面积的1%～5%，乔木、灌木总株数少于30株的全数调查，总株数大于30株的调查数应不少于30株	要求施工方提供工程概况、绿化工程图、苗木清单；现场有施工人员协助病虫害调查；如果为见证取样，监理方需有监理人员在现场见证取样	《城市绿化工程施工和验收规范》（DB 440100/T 114—2007）（广州市）、《园林植物保护技术规范》（DBJ 440100/T 47—2010）（广州市）、《园林绿化用植物材料》（DB 440100/T 105—2006）（广州市）、《园林绿化木本苗》（CJ/T 24—2018）
苗木规格（胸径、地径、基径、树高、冠高、净干高、冠幅）	绿化工程植物进场，应进行苗木规格检验	普查：全线踏查	要求施工方提供工程概况、绿化工程图、苗木清单；现场有施工人员协助苗木规格调查；如果为见证取样，监理方需有监理人员在现场见证取样	《园林绿化用植物材料》（DB 440100/T 105—2006）（广州市）、《园林绿化木本苗》（CJ/T 24—2018）

9.8 施工质量样板引路

1. 施工质量样板引路基本规定

1）工程质量样板引路是工程施工质量管理的一种行之有效的做法。全面推行工程质量样板引路这一做法，使之成为施工质量管理的一项措施，有利于加强对工程施工重要工序、关键环节的质量控制，消除工程质量通病，提高工程质量的整体水平。

2）实行房屋建筑工程质量样板引路的目的：由于多数施工现场未按一定程序和要求制作用于指导施工的实物质量样板，使得技术交底、岗前培训、质量检查、质量验收等方面都缺乏统一直观的判定尺度。为解决这一问题，逐步在全国房屋建筑工程施工中推行工程质量样板引路的做法，使之成为工程施工质量管理的一项工作制度。即根据工程实际和样板引路工作方案制作实物质量样板，配上反映相应工序等方面的现场照片、文字说明，使技术交底和岗前培训内容比较直观、清晰，易于了解掌握，也提供了直观的质量检查和质量验收的判定尺度，从而有利于消除工程质量通病，有效地促进工程施工质量整体水平的提高。

3）房屋建筑工程质量样板引路方案的制订：每项房屋建筑工程开工前，施工总承包企业要根据工程的特点、施工难点、工序的重点、防治工程质量通病措施等方面的需要，组织参与编制和实施该工程施工组织设计和专项施工方案的相关技术管理人员，研究制订工程质量样板引路的工作方案。工作方案内容应包括：工程概况与特点、需制作实物质量样板的工序和部位（含样板间）、制作实物质量样板的技术要点与具体要求、将质量样板用于指导施工和质量验收的具体安排、相关人员的工作职责以及根据工程项目特点所制定的其他相关内容。工作方案经企业有关部门批准和报送项目总监理工程师审批后实施，并报送建设单位、监理企业、工程质量监督站。实行专业分包的，分包企业应在施工总承包企业的指导下，制订相关的工程质量样板引路工作方案，经施工总承包企业同意后送项目总监理工程师审批后实施。

4）制作房屋建筑工程实物质量样板的工序、部位可根据工程实际从以下方面选择：

① 混凝土结构工程：柱、剪力墙、梁、板、楼梯等钢筋的制作、安装、固定，受力纵筋连接（焊接、机械连接等）外观质量，模板安装中支撑体系、安装和加固方法、防止胀模、漏浆的技术措施，模板的垃圾出口孔制作，楼面柱根部清除浮浆、凿毛，混凝土施工缝、后浇带、楼面收光处理及养护。

② 砌体工程：有代表性的部位的砌体的砌筑方法，有代表性的门窗洞口的处理，填充墙底部、顶部的处理，构造柱、圈梁、过梁的处理。

③ 屋面工程：屋面防水、隔热，屋面排水，屋面细部。

④ 门窗和幕墙工程：有代表性的门窗安装，门、窗洞的细部处理，有代表性的幕墙单元安装。

⑤ 装饰装修工程：外墙防水，外墙饰面，内墙抹灰，内墙饰面砖铺贴，天花安装，厨房、厕所间防水，有代表性的装饰装修细部。

⑥ 建筑节能工程：有关标准规定需制作样板的部位。

⑦ 给水排水工程：穿楼板管道套管安装，卫生间给水排水支管安装，卫生间洁具安装，屋面透气管安装，管井立管安装。

⑧ 建筑电气工程：成套配电柜、控制柜的安装，照明配电箱的安装，开关插座、灯具安装，电气、防雷接地，线路敷设，金属线槽、桥架铺设。

⑨ 通风空调工程：标准层风管制作安装，标准层水管安装，风机盘管、风口、风阀、百叶安装，风管、水管保温。

⑩ 制作实物质量样板的工序、部位，不限于以上内容，还包括建设单位、施工和监理企业认为需要制作实物质量样板的其他工序、部位。

5）工程质量样板引路工作的主要原则：

① 制作实物质量样板应本着因地制宜、减少费用、直观明了的原则，尽可能结合工程

实体进行制作；如果需另行制作造成费用增加较多，则由施工企业与建设单位协商解决。

② 在施工现场光线充足的区域设置样板集中展示区、展示独立制作的质量样板、建筑材料和配件样板，以及文字说明材料等。

③ 要保证实物质量样板符合有关技术规范和施工图设计文件的要求，质量样板需经施工企业相关部门（或委托该工程项目技术负责人）复核确认，建设单位和监理单位同意后方可用于技术交底、岗前培训和质量验收。

④ 各级住房和城乡建设行政主管部门要加强对工程质量样板引路工作的指导和推动，工程质量监督站需结合质量监督工作计划，加强对施工现场制作实物质量样板以及按照样板进行施工的情况的抽查，及时纠正存在的问题。

6）质量样板的质量标准不得低于施工质量验收标准，并应符合设计、合同约定的质量标准。

2. 施工质量样板引路工作管理要求

1）项目经理对贯彻执行质量样板引路工作负总责，负责制定质量样板引路工作管理制度、安排方案编制与报审和实物样板的制作等。

2）施工质量样板引路应纳入施工单位项目质量管理体系并制定具体管理制度，项目监理机构质量管理体系审查是一并核查。

3）每项房屋建筑工程开工前，由施工总承包企业项目技术负责人具体负责组织参与编制和实施该工程施工组织设计和专项施工方案的相关技术管理人员，研究制订工程质量样板引路的工作专项方案，经企业有关部门批准和送项目总监审批后实施，并报送建设单位、监理企业、工程质量监督站。实行专业分包的，分包企业应在施工总承包企业的指导下，制订相关的工程质量样板引路工作方案，经施工总承包企业同意后送项目总监审批后实施。

4）施工质量样板引路工作专项方案应根据设计文件、施工承包合同、质量验收标准、工程特点、施工难点、工序重点和防治工程质量通病措施等方面的规定和需要编制，其内容应包括：工程概况与特点、需制作实物质量样板的工序和部位（含样板间）、制作实物质量样板的技术要点与具体要求、将质量样板用于指导施工和质量验收的具体安排、相关人员的工作职责，以及根据工程项目特点所制定的其他相关内容。

5）施工质量实物样板的制作及验收确认应在其工序、部位施工前完成。

6）实物样板制作完成后，由施工单位项目技术负责人组织专业工长和专业质检员自检验收达标后签名确认，并填写“质量样板验收记录”，报项目监理机构，由专业监理工程师组织建设单位、施工单位相关人员进行验收并签名确认。

7）在其工序、部位施工前，施工单位应依照实物样板对相关施工质量管理人员和作业人员进行施工质量管理交底和施工技术交底及岗前培训，施工班组严格按照质量样板标准施工作业。

8）项目监理机构应将质量样板引路工作纳入监理规划和监理细则中，专业监理工程师要认真审查审批质量样板工作专项方案，并对实物样板制作过程实施全过程监控。

9）严格执行先样板后施工和坚持样板标准的质量管理原则。监理人员对施工过程执行样板标准情况进行监督。

9.9 施工质量验收

1．施工质量验收基本规定

1）施工现场应具有健全的质量管理体系、相应的施工技术标准、施工质量检验制度和综合施工质量水平评定考核制度。施工现场质量管理可按“施工现场质量管理检查记录”的要求进行检查记录。

2）未实行监理的建筑工程，建设单位相关人员应履行《建筑工程施工质量验收统一标准》（GB 50300—2013）涉及的监理职责。

3）建筑工程的施工质量控制应符合下列规定：

① 建筑工程采用的主要材料、半成品、成品、建筑构配件、器具和设备应进行进场检验。凡涉及安全、节能、环境保护和主要使用功能的重要材料、产品，应按各专业工程施工规范、验收规范和设计文件等规定进行复验，并应经监理工程师检查认可。

② 各施工工序应按施工技术标准进行质量控制，每道施工工序完成后，经施工单位自检符合规定后，才能进行下道工序施工。各专业工种之间的相关工序应进行交接检验，并应记录。

③ 对于监理单位提出检查要求的重要工序，应经监理工程师检查认可，才能进行下道工序施工。

4）符合下列条件之一时，可按相关专业验收规范的规定适当调整抽样复验、试验数量，调整后的抽样复验、试验方案应由施工单位编制，并报监理单位审核确认。

① 同一项目中由相同施工单位施工的多个单位工程，使用同一生产厂家的同品种、同规格、同批次的材料、构配件、设备。

② 同一施工单位在现场加工的成品、半成品、构配件用于同一项目中的多个单位工程。

③ 在同一项目中，针对同一抽样对象，已有检验成果可以重复利用。

5）当专业验收规范对工程中的验收项目未做出相应规定时，应由建设单位组织监理、设计、施工等相关单位制定专项验收要求。涉及安全、节能、环境保护等项目的专项验收要求应由建设单位组织专家论证。

6）建筑工程施工质量应按下列要求进行验收：

① 工程质量验收均应在施工单位自检合格的基础上进行。

② 参加工程施工质量验收的各方人员应具备相应的资格。

③ 检验批的质量应按主控项目和一般项目验收。

④ 对涉及结构安全、节能、环境保护和主要使用功能的试块、试件及材料，应在进场时或施工中按规定进行见证检验。

⑤ 工序交接的隐蔽工程在隐蔽前应由施工单位通知监理单位进行验收，并应形成验收文件，验收合格后方可继续施工。

⑥ 对涉及结构安全、节能、环境保护和使用功能的重要分部工程，应在验收前按规定进行抽样检验。

⑦ 承担见证取样检测及有关结构安全检测的单位应具有相应资质。

⑧ 工程的观感质量应由验收人员现场检查，并应共同确认。

7）建筑工程施工质量验收合格应符合下列规定：

① 符合工程勘察、设计文件的要求。

② 符合《建筑工程施工质量验收统一标准》（GB 50300—2013）和相关专业验收规范的规定。

8）检验批的质量检验，可根据检验项目的特点在下列抽样方案中选取：

① 计量、计数或计量 - 计数的抽样方案。

② 一次、二次或多次抽样方案。

③ 对重要的检验项目，当有简易快速的检验方法时，选用全数检验方案。

④ 根据生产连续性和生产控制稳定性情况，采用调整型抽样方案。

⑤ 经实践证明有效的抽样方案。

9）检验批抽样样本应随机抽取，满足分布均匀、具有代表性的要求，抽样数量应符合有关专业验收规范的规定。当采用计数抽样时，最小抽样数量应符合表 9-15 的要求。

表 9-15 检验批最小抽样数量一览表

检验批的容量	最小抽样数量	检验批的容量	最小抽样数量
2～15	2	151～280	13
16～25	3	281～500	20
26～90	5	501～1200	32
91～150	8	1201～3200	50

注：明显不合格的个体可不纳入检验批，但应进行处理，使其满足有关专业验收规范的规定，对处理的情况应予以记录并重新验收。

10）计量抽样的错判概率 α 和漏判概率 β 可按下列规定采取：

① 主控项目：对应于合格质量水平的 α 和 β 均不宜超过 5%。

② 一般项目：对应于合格质量水平的 α 不宜超过 5%，β 不宜超过 10%。

2. 隐蔽工程验收

1）隐蔽工程验收是指将被其他分项工程所隐蔽的分项工程或分部工程，在隐蔽前所进行的检查或验收，是施工过程中实施技术性复核检验的一个内容，是防止质量隐患、保证工程项目质量的重要措施，是质量控制的一个关键过程。

2）隐蔽工程验收的作用。隐蔽工程通常可以理解为需要覆盖或掩盖以后才能进行下一道工序施工的工程部位，或者下一道工序施工后，将上一道工序的施工部位覆盖，无法对上一道工序的部位直接进行质量检查，上一道工序的部位就称为隐蔽工程。

3）常见隐蔽工程部位或工序：

① 基础施工前地基检查和承载力检测。

② 基坑回填土前对基础质量的检查。

③ 混凝土浇筑前对模板、钢筋安装的检查。

④ 混凝土浇筑前对敷设在墙体、楼板内的线管的检查。

⑤ 防水层施工前对基层的检查。

⑥ 幕墙施工挂板前对龙骨系统的检查。

⑦ 避雷引下线及接地引下线的连接。

⑧ 覆盖前对埋设在楼地面的电缆的检查。

⑨ 封闭前敷设暗井道、吊顶、楼板垫层内的设备管道。

⑩ 主体结构各部位的钢筋工程、结构焊接和防水工程等，以及容易出现质量通病的部位等。

4）隐蔽工程验收工作程序和组织。

① 隐蔽工程施工完成后在隐蔽以前施工单位应当先进行自检，自检合格后，填写“隐蔽工程验收记录”及自检记录，通知专业监理工程师共同进行隐蔽工程验收。

② 专业监理工程师应在规定时间内到现场检查验收，并在“隐蔽工程验收记录”上签署验收意见，验收合格方可准予隐蔽并进入下一道工序施工。验收不合格的施工单位整改并自检合格后重新报验。

5）隐蔽工程验收注意事项。

① 隐蔽工程验收后，要办理验收手续和签证，列入工程档案。未经验收或验收不合格，不得进行下一道工序施工。隐蔽工程未经检查、验收、签证而自行封闭、掩盖时，总监理工程师有权下达停工令。

② 重要隐蔽工程验收，要求除应有文字记录外，施工单位应在监理单位见证下拍摄不少于一张照片留存于施工技术资料中。拍摄的照片应注明拍摄时刻、拍摄人、拍摄地点，以及对应的工程部位和检验批。应在监理人员的见证下拍摄影像资料。

③ 隐蔽工程是“验收”不是“检查”，《建筑工程施工质量验收统一标准》中对“检查”与“验收”的含意有明确的区分：第三方参加叫“验收”，施工单位叫“检查”或“检查评定”。

④ 隐蔽工程验收的“文字记录”应有验收的详细内容，如隐蔽工程所在的部位、数量、质量情况、检测试验数据和结论、返修情况等。

3. 工序交接验收

1）工程施工预检是指工程未施工前的复核性预先检查，避免基准失误给工程质量带来危害。常见的施工预检如下：

① 测量复核：定位、基础、轴线、场地控制、高程、楼层标高、沉降变形观测、管网等。

② 混凝土工程：模板尺寸、位置、支撑锚固件，预留孔洞、钢筋安装、混凝土的配合比等。

③ 电气工程：变配电位置、高低压进出口方向、电缆沟位置标高等。

2）复核预检通过，专业监理工程师签字认可，否则指令施工单位返工整改。

3）工序间交接检查验收：交接检查是指前道工序完工后，经专业监理工程师检查，认可质量合格并签字确认后，才能交给下一道工序施工。施工单位应填写“专业工种、工序之间交接验收记录”或“工种中间交接验收记录”，并通知专业监理工程师验收，签署验收结论，检查验收合格后方可交接及进入下一道工序施工。

4. 检验批验收

（1）检验批的概念及划分

1）依据《建筑工程施工质量验收统一标准》（GB 50300—2013），检验批是指按相同的生产条件或按规定的方式汇总起来供抽样检验用的，由一定数量样本组成的检验体（材料、设备、构配件或具体施工、安装项目），即把每个分项工程按照施工次序或便于质量验收或为了控制关键工序质量的需要划分为若干个检验批。

2）检验批是建筑工程验收的最小单位，是分项工程乃至建筑工程质量验收的基础。由于其质量基本均匀一致，因此可以作为检验的基础单位，并按批验收。

3）检验批可根据施工、质量控制和专业验收的需要，按工程量、楼层、施工段、变形缝进行划分。

4）多层及高层建筑工程中主体分部的分项工程可按楼层或施工段来划分检验批，单层建筑工程的分项工程可按变形缝等划分检验批；地基基础分部工程中的分项工程一般划分为一个检验批，有地下室的基础工程可按不同地下楼层划分检验批；屋面分部工程中的分项工程按不同楼层屋面可划分为不同的检验批；其他分部工程中的分项工程一般按楼面划分检验批；工程量较少的分项工程可统一划分为一个检验批。安装工程一般按一个设计系统或设备组别划分为一个检验批。室外工程统一划分为一个检验批。散水、台阶、明沟等含在地面检验批中。

5）检验批在施工及验收前，施工单位应向项目监理机构申报“分项工程质量验收检验批划分方案”和“检验批质量验收抽样检验计划方案”，并经专业监理工程师审查签名确认后执行。

（2）检验批质量验收合格应符合的规定

1）主控项目的质量经抽样检验均应合格。

2）一般项目的质量经抽样检验合格。当采用计数抽样检验时，合格率应符合相关专业验收规范的规定，且不得存在严重缺陷。

3）具有完整的施工操作依据、质量检查和验收记录。且检验批验收记录应具有现场验收检查原始记录。

（3）检验批质量验收的注意事项

1）检验批的质量控制资料要完整，要能反映检验批从材料到最终验收的各施工工序的操作依据、检查情况及保证质量所必需的管理制度等施工过程的质量控制情况。

2）需要见证检验的项目、内容、程序、抽样数量要符合国家、行业和地方有关规范的规定。

3）为了使检验批的质量符合安全和功能的基本要求，达到保证建筑工程质量的目的，各专业工程质量验收规范已分别对各检验批的主控项目、一般项目的子项合格质量标准给予了明确的规定。

4）检验批的质量主要取决于对主控项目和一般项目的检验结果。主控项目是建筑工程中对安全、节能、环境保护和主要使用功能起决定性作用的检验项目，因此必须全部符合有关专业工程验收规范的规定。这意味着主控项目不允许有不符合要求的检验结果。鉴于主控项目对基本质量的决定性影响，从严要求是必需的。

5）施工单位自检合格后，填写“工程验收、检测报审表”“检验批现场验收检查测试原始记录”和“检验批验收记录”，报项目监理机构，由专业监理工程师组织施工单位专业工长进行验收。

6）专业监理工程师对“检验批验收记录”中的主控项目和一般项目的最小和实际抽样

数量及检查记录进行逐项检查，若检查合格，在检查结果一栏中签署符合要求，验收合格后在监理单位验收结论一栏签署“同意施工单位评定结果，验收合格，同意进行下道工序施工”。

5. 分项工程验收

（1）分项工程概念及划分

1）依据《建筑工程施工质量验收统一标准》（GB 50300—2013），把每个分部工程按照主要工种、材料、施工工艺、设备类别等划分为若干个分项工程，即分项工程可按照主要工种、材料、施工工艺、设备类别进行划分。

2）分项工程可由一个或若干检验批组成，检验批可根据施工及质量控制和专业验收需要按楼层、施工段、变形缝等进行划分。将分项工程划分成检验批进行验收有利于及时发现并解决施工中出现的质量问题，确保工程质量，也符合施工实际需要。

3）建筑工程分项工程划分应按照《建筑工程施工质量验收统一标准》（GB 50300—2013）附录 B 及相关专业验收规范执行。相关规范中未涵盖的分项工程和检验批可由建设单位组织监理、施工等单位协商确定。

4）施工前，施工单位应制订“子分部（子系统）所属分项工程划分方案”，并由专业监理工程师审核通过后执行。

（2）分项工程质量验收合格应符合的规定

1）分项工程所含检验批的质量均应验收合格。

2）分项工程所含的检验批的质量验收记录应完整。

（3）分项工程质量验收程序

1）分项工程质量验收是在所有检验批验收合格后进行的，实际是归纳整理，没有实质性的现场检查验收内容。

2）分项工程应由施工单位项目专业技术负责人组织自检合格后，编写“分部（子分部、分项）工程施工小结”，并填写“工程验收、检测报审表”及“分项工程质量验收记录”，报项目监理机构，由专业监理工程师组织相关人员逐项审查验收并签署验收综合结论。

（4）分项工程质量验收的注意事项

1）核查验收是否已经覆盖所有检验批和检验批部位的内容，不得有遗漏。

2）核查检验批验收时材料和其他质量检测报告是否齐全。混凝土、砂浆试块强度的龄期是否达到规范要求。

3）分项工程的所有施工记录、检验批验收等资料应与工程施工同步。

4）涉及基础、防水、地下室底板、顶板、屋面板、幕墙、建筑节能等重要分项工程验收时应通知工程质量监督机构人员参加。

6. 分部工程质量验收

（1）分部工程概念及划分

1）依据《建筑工程施工质量验收统一标准》（GB 50300—2013），把一个能够独立组织施工的建筑单位工程按照专业性质或工程部位划为十个分部工程。它包括：地基与基础分部工程、主体结构分部工程、建筑装饰装修分部工程、建筑屋面分部工程、建筑给水排水及供暖分部工程、通风与空调分部工程、建筑电气分部工程、智能建筑分部工程、建筑节能分部工程和电梯分部工程。

2）分部工程的划分应按专业性质、工程部位确定。当分部工程量较大且较复杂时，为了便于验收，可将其中相同部分的工程或能够形成独立专业体系的工程划分成若干个子分部工程。

3）建筑工程分部及子分部工程的划分应按照《建筑工程施工质量验收统一标准》（GB 50300—2013）附录B执行。

4）施工前，施工单位应制订“分部（系统）所属子分部（和子系统）工程划分方案”，并由专业监理工程师审核通过后执行。

（2）分部工程质量验收合格应符合的规定

1）所含分项工程的质量均应验收合格。

2）质量控制资料应完整。

3）有关安全、节能、环境保护和主要使用功能的抽样检验（测）结果应符合相应规定。

4）观感质量验收应符合要求。

（3）分部工程的验收程序

1）分部工程的验收在其所含各分项工程验收合格的基础上进行。

2）施工单位在完成分部（子分部）工程施工并经自验收合格后，编写“分部（子分部、分项）工程施工小结”，并填写“工程验收、检测报审表”及“（专业工程）分部工程质量验收记录”“分部工程施工技术管理和质量控制资料核查记录”“分部工程安全和功能检验资料核查及主要功能抽查记录”“分部工程观感质量检查评定记录汇总表”，如果质量统计表中无专项工程分部验收表，可使用“子分部（系统、子系统）工程质量验收记录”或“分部（子分部）工程质量验收记录”通用表式，报项目监理机构，由项目总监组织分包单位、施工总承包单位和设计单位项目负责人等相关人员共同验收，对分部及分项工程质量控制资料、安全功能检验资料逐项核查，对观感质量做出评价并签署综合验收结论。

3）观感质量除了要验收外观质量之外，可运动、可打开的都要检查。参加观感质量验收人员应具备相应的资格，人数不应少于3人，验收后做出评价：质量较好，符合验收标准规定可评为“好”；没有较明显达不到要求的评为“一般”；观感质量达不到要求，或有明显缺陷，但不影响安全和使用功能的应评为“差”，如果评价差，能整改的尽量整改，确实难整改的，只要不影响结构安全和使用功能的，可协商解决，综合评价仍为合格工程。

4）地基与基础、主体结构及建筑节能分部工程验收时，工程的勘察、设计单位项目负责人和施工单位技术、质量部门负责人应参加相应分部工程验收，同时，邀请工程质量监督机构人员参加。

5）勘察、设计单位项目负责人和施工单位技术、质量部门负责人应参加地基与基础分部工程的验收。

6）设计单位项目负责人和施工单位技术、质量部门负责人应参加主体结构、节能分部工程的验收。

（4）分部工程质量监督检查要点见表9-16。

表 9-16　分部工程质量监督检查要点

重要分部及工序		监督检查要点
地基	天然地基或地基处理	① 检查土壤氡浓度检测报告；② 检查原材料三证（产品合格证、出厂检验报告、进场复验报告）；③ 计量工具使用情况；④ 检查施工记录；⑤ 检查地基检测报告；⑥ 基坑验槽
	地基中间验收登记	① 抽查工程质量控制及施工技术资料；② 检查土壤氡浓度检测报告；③ 现场关检；④ 检测报告出具后 10d 内完成中间验收登记
	混凝土基础：模板、钢筋、混凝土	① 检查原材料三证（产品合格证、出厂检验报告、进场复验报告）；② 计量工具使用情况；③ 混凝土配合比、强度；④ 原材料、试件见证取样送检报告；⑤ 钢筋骨架的几何尺寸、焊接接头、钢筋保护层；⑥ 检查混凝土外观质量、尺寸、观感
	砌体结构：砖砌体	① 检查原材料三证（产品合格证、出厂检验报告、进场复验报告）；② 砂浆配合比、强度；③ 原材料、试件见证取样送检报告；④ 砂浆饱满度（不得小于 80%）
	中间（地基基础）验收登记	① 抽查工程质量控制及施工技术资料；② 检查无机建筑材料（砂、石、砖、水泥、混凝土、预制件、墙体材料等）有害物质指标的抽检报告或进场复验报告；③ 抽测受力构件、几何尺寸、质量观感、混凝土强度、钢筋规格、钢筋保护层、砂浆强度；④ 试件龄期在标准条件下得到的抗压强度 28 天后完成中间验收登记
主体结构	混凝土结构：模板、钢筋、混凝土、现浇结构	① 检查原材料三证（产品合格证、出厂检验报告、进场复验报告）；② 计量工具使用情况；③ 混凝土配合比、强度；④ 原材料、试件见证取样送检报告；⑤ 钢筋骨架的几何尺寸、焊接接头、钢筋保护层、沉降观测；⑥ 检查混凝土外观质量、尺寸、观感
	砌体结构：砖砌体	① 检查原材料三证（产品合格证、出厂检验报告、进场复验报告）；② 砂浆配合比、强度；③ 原材料、试件见证取样送检报告；④ 砂浆饱满度（不得小于 80%）
	中间（主体结构）验收登记	① 抽查工程质量控制及施工技术资料；② 检查无机建筑材料（砂、石、砖、水泥、混凝土、预制件、墙体材料等）有害物质指标的抽检报告或进场复验报告；③ 抽测受力构件、几何尺寸、质量观感、混凝土强度、钢筋规格、钢筋保护层、砂浆强度；④ 试件龄期在标准条件下得到的抗压强度 28 天后完成中间验收登记
围护结构节能	墙体、屋面、门窗节能工程验收登记	① 抽查节能信息公示情况；② 检查节能工程施工方案的编制、审批及执行情况；③ 检查节能材料进场管理台账的建立情况和材料复检情况；④ 检查节能按图施工情况
	中间验收登记	① 抽查工程质量控制及施工技术资料；② 检查节能材料复检报告和节能检测报告；③ 检查按图施工情况；④ 检测报告出具后 10 天内完成中间验收登记
设备节能	中间验收登记	① 抽查工程质量控制及施工技术资料；② 检查节能材料复检报告和节能检测报告；③ 检查按图施工情况；④ 检测报告出具后 10 天内完成中间验收登记

（续）

重要分部及工序		监督检查要点
给水排水	专项验收	① 检查材料出厂合格证、试验报告及进场复验报告；② 抽查工程质量控制及施工技术资料；③ 抽查隐蔽验收；④ 现场观检
电气	低压配电中间验收登记	① 检查材料出厂合格证、试验报告及进场复验报告；② 抽查工程质量控制及施工技术资料；③ 抽查隐蔽验收；④ 现场观检；⑤ 抽测电气接地电阻等
防雷接地	专项验收	① 抽查工程质量控制及施工技术资料；② 检查材料出厂合格证、试验报告及进场复验报告；③ 抽查隐蔽验收；④ 现场观检
电梯	专项验收	① 检查电梯合格证及其他材料合格证；② 抽查工程质量控制及施工技术资料；③ 电梯安全装置检测报告、运行记录

7. 单位工程竣工预验收

（1）单位工程概念及划分

1）依据《建筑工程施工质量验收统一标准》（GB 50300—2013），单位工程是指具备独立施工条件并能形成独立使用功能的建筑物或构筑物。

2）对于建筑规模较大的单位工程，可将能形成独立使用功能的部分划分为一个或多个子单位工程。

（2）单位工程质量验收合格应符合的规定

1）所含分部工程的质量均应验收合格。

2）质量控制资料应完整。

3）所含分部工程中有关安全、节能、环境保护和主要使用功能的检验资料应完整。

4）主要使用功能的抽检结果应符合相关专业验收规范的规定。

5）观感质量应符合要求。

（3）单位工程竣工预验收程序及要求

1）根据《建筑工程施工质量验收统一标准》（GB 50300—2013）第 6.0.5 条，单位工程完工后，施工单位应组织有关人员进行自检。总监理工程师应组织各专业监理工程师对工程质量进行竣工预验收。存在施工质量问题时，应由施工单位整改。整改完毕后，由施工单位向建设单位提交工程竣工报告，申请工程竣工验收。

2）项目监理机构应按照《建设工程监理规范》（GB/T 50319—2013）第 5.2.18 条，审查施工单位提交的单位工程竣工验收报审表及竣工资料，组织工程竣工预验收。存在问题的，应要求施工单位及时整改；合格的，总监理工程师应签认单位工程竣工验收报审表。

3）工程竣工预验收由总监理工程师组织各专业监理工程师、施工单位项目经理、项目技术负责人等相关人员参加。工程预验收除参加人员与竣工验收不同外，它的验收方法、程序、要求等均应与工程竣工验收相同。

4）单位工程完成并达到竣工验收条件，施工单位应首先依据验收规范、设计图等组织有关人员进行自检，对检查发现的问题进行必要的整改，并编写“单位工程施工总结”。

5）施工单位向项目监理机构提交“单位（子单位）工程竣工验收报审表”及附件资料，申请竣工预验收，由项目总监理工程师审查签署意见后执行。

6）项目总监理工程师组织各专业监理工程师对竣工资料及各个专业工程的质量情况进行全面检查，将检查问题汇总交施工单位并督促落实整改。完成整改后，经项目监理机构对竣工资料及现场实物全面检查验收。验收合格后，项目总监理工程师对单位工程质量做出评价，并在竣工验收记录中签署竣工验收结论。

（4）工程档案的预验收的检查内容

1）依据《建设工程文件归档规范（2019年版）》（GB/T 50328—2014）的规定，城建档案管理机构应对工程文件的立卷归档工作进行指导和服务，并按该规范的要求对建设单位移交的建设工程档案进行联合验收。

2）专业监理工程师应在工程管理资料报送城建档案管理部门之前对资料进行认真审核，要求施工单位对档案资料存在的问题进行整改。档案预验收一般在规划验收前进行。

3）工程档案预验收应具备的条件如下：

① 工程档案文件材料（除有关专项验收文件外）按有关规定已基本收集齐全。

② 工程档案文件材料已开展初步整理工作，形成案卷目录及卷内目录。

③ 已经形成声像档案、电子档案。

4）工程档案预验收的主要内容包括：

① 工程档案是否整理立卷，立卷是否符合城建档案管理的有关规定。

② 工程档案文件资料签字、盖章手续是否完备，竣工图编制是否符合要求。

③ 是否按标准形成声像档案、电子档案。

④ 立案时提供的档案包括：前期文件、各分部验收记录、各专业竣工图（各一卷）、已经产生的竣工验收文件。

（5）工程质量的预验收的检查内容

1）检查各分部分项工程施工质量是否满足设计图和施工验收规范的要求，观感质量是否符合要求。

2）主要使用功能是否达到设计文件、相关专业验收规范的规定要求。

3）对照施工承包合同、设计文件，核查施工是否存在漏项、缺项。

4）机电设备的使用和运转是否正常。

5）质量控制资料是否完整。

6）所含分部工程中有关安全、节能、环境保护和主要使用功能的检验资料应完整。涉及安全、节能、环境保护和主要使用功能的分部工程应进行检验、检测资料的复查。不仅要全面检查它的完整性（不得有漏检缺项），而且对分部工程验收时补充进行的见证抽样检验报告也要复核。这种强化验收的手段体现了对安全和主要使用功能的重视。使用功能的检查是对建筑工程和设备安装工程最终质量的综合检验，也是用户最为关心的内容。因此，在分项工程和分部工程验收合格的基础上，竣工验收时再做全面检查。抽查项目是在检查资料文件的基础上由参加验收的各方人员商定，并用计量、计数的抽样方法确定检查部位。检查要求按有关专业工程施工质量验收标准的要求进行。

7）最后，还须由参加验收的各方人员共同进行观感质量检查。检查的方法、内容、结论等在分部工程的相应部分中阐述，最后共同确定是否通过验收。

8）建筑工程质量验收时，工程质量控制资料应齐全完整。当部分资料缺失时，应委托有资质的检测机构按有关标准进行相应的实体检验或抽样试验。

8. 单位工程竣工验收

（1）单位工程竣工验收的条件

1）已完成工程设计和合同约定的各项内容。

2）“单位（子单位）工程竣工验收报审表”：施工单位在工程完工后对工程质量进行检查，确认工程质量符合有关法律、法规和工程建设强制性标准，符合设计文件及合同要求，并提交“单位（子单位）工程竣工验收报审表”。该报审表应经总承包施工单位法定代表人、技术负责人、项目负责人审核签字。

3）完整的技术档案和施工管理资料：工程使用的主要建筑材料、建筑构配件和设备的出厂合格证和进场试验报告要齐全。施工单位提交“单位（子单位）工程质量控制资料核查记录”，并经总监理工程师审核签字。

4）有关质量检测和功能性试验、整体观感的验收资料齐全：施工单位提交“单位（子单位）工程安全和功能检验资料核查及主要功能抽查记录”“单位（子单位）工程观感质量检查记录”，并经总监理工程师审核签字。

5）对于住宅工程，进行分户验收并验收合格，建设单位、监理单位、施工单位项目负责人共同签署“住宅工程质量分户验收汇总表”。

6）建设单位已按合同约定支付工程款，并提交“已按合同约定支付工程款证明”。

7）施工单位已签署“房屋建筑工程质量保修书”。

8）勘察、设计文件质量检查报告：勘察、设计单位对勘察、设计文件及施工过程中由设计单位签署的设计变更通知书进行检查，并分别提出“勘察文件质量检查报告”“设计文件质量检查报告”。质量检查报告应经该项目勘察、设计单位项目负责人和勘察、设计单位技术负责人审核签字。

9）“单位工程质量评估报告”：对于委托监理的工程项目，监理单位对工程进行质量评估，具有完整的监理资料，并提出工程质量评估报告。工程质量评估报告应经总监理工程师、监理单位法定代表人审核签字。

10）竣工预验收时提出的质量问题已经整改完成：“单位（子单位）工程预验收质量问题整改报告核查表”经施工单位、监理单位、建设单位项目负责人签署。

11）建设行政主管部门及工程质量监督机构责令整改的问题全部整改完毕：“建设主管部门及工程质量监督机构责令整改报告核查表”已经施工单位、建设单位、监理单位项目负责人签署。

12）法律、法规规定的其他条件。

（2）工程质量竣工验收程序

1）工程完工后，施工单位应按照国家现行的有关验收规范、标准和设计文件、合同要求全面检查所承建工程的质量，编制“单位工程施工总结”，填写“单位（子单位）工程竣工验收报审表”，经该工程总承包施工单位法定代表人和技术负责人、项目负责人签字（盖注册章）并加盖单位公章，提交监理单位核查并经总监理工程师签署意见并加盖注册章、单位公章后，报送建设单位。

2）监理单位应具备完整的监理资料，并对监理的工程质量进行评估，编制“单位工程质量评估报告”，经总监理工程师、法定代表人审核签名并加盖公章后，提交给建设单位。

3）勘察、设计单位对工程项目是否满足勘察、设计文件及设计变更内容进行检查，并向建设单位提出“勘察文件质量检查报告”和“设计文件质量检查报告”。该报告应经该项目勘察、设计项目负责人和单位负责人审核签名并加盖公章后，提交给建设单位。

4）对具备竣工验收条件的工程，建设单位组织勘察、设计、施工、监理等单位组成验收组，制订验收方案，并形成工程竣工验收计划。对于重大工程和技术复杂工程，根据需要可邀请有关专家参加验收。

① 验收方案包括以下主要内容，并经各参建单位项目负责人签字确认：工程概况、验收依据、验收的时间和地点、验收分组情况及名单、验收各分组职责及分工、验收主持人和参建单位主汇报人、验收的程序、内容和组织形式。

② 建设、勘察、设计、施工、监理等单位组成的验收组应包括以下人员：监理、施工、设计、勘察等各单位与工程施工许可文件相符的项目负责人，施工单位的技术负责人，装饰装修、建筑幕墙、钢结构、地基基础等主要分包单位项目负责人。对于重大工程和技术复杂工程，应根据需要邀请有关专家。

5）建设单位应当在工程竣工验收 7 个工作日前将验收方案、工程竣工验收计划（包括验收的时间、地点及验收组名单）书面通知负责监督该工程的工程质量监督机构。

6）建设单位组织工程竣工验收：

① 建设单位组织勘察、设计、施工、监理等有关单位人员进行工程竣工验收，核对参加竣工验收的人员资格。

② 建设、勘察、设计、施工、监理单位分别汇报工程合同履约情况和在工程建设中各个环节执行法律、法规和工程建设强制性标准的执行情况。

③ 审阅建设、勘察、设计、施工、监理单位的工程档案资料，并签署审查意见。

④ 实地查验工程质量，并签署查验意见。

⑤ 对工程勘察、设计、施工、设备安装质量和各管理环节等方面做出全面评价，形成经验收组人员签署的工程竣工验收意见，由建设单位提出“单位（子）工程质量竣工验收记录”和“单位（子）单位工程竣工验收报告”，监理单位、施工单位、勘察单位、设计单位与建设单位一起共同签署意见。

⑥ 参与工程竣工验收的建设、勘察、设计、施工、监理等各方不能形成一致意见时，应当协商提出解决的方法，待意见一致后，重新组织工程竣工验收。必要时，可请当地建设行政主管部门或工程质量监督机构协调处理。

⑦ 负责监督该工程的工程质量监督机构应当对工程竣工验收的组织形式、验收程序、执行验收标准等情况进行现场监督，发现有违反建设工程质量管理规定行为的，责令改正，并将对工程竣工验收的监督情况作为工程质量监督报告的重要内容。

⑧ 工程竣工验收合格后，施工单位对竣工验收法定文件进行整理，将“单位工程竣工验收法定文件核查表”报送给监理单位总监理工程师核查后签署，然后将“单位工程竣工验收法定文件核查表”及所有文件移交给建设单位。

⑨ 建设单位应当自工程竣工验收合格之日起 15 日内，向工程所在地的县级以上地方人民政府建设主管部门提交“单位（子单位）工程竣工验收备案表”，并附经总监理工程师签

署审查意见的"单位工程竣工验收备案法定文件核查表"。

（3）竣工验收会议筹备工作　单位工程质量竣工验收会议虽然是由建设单位主持召开，但项目监理机构要协助建设单位做好会议的筹备工作。主要事项如下：

1）拟订竣工验收方案和竣工验收计划。

2）拟订竣工验收会议议程。

3）拟订竣工验收会议通知。

4）拟订竣工验收初步意见（包括验收小组意见）。

5）准备监理单位的竣工验收会议材料。

6）督促施工单位准备竣工验收会议材料。

7）协助建设单位督促勘察单位、设计单位准备竣工验收会议材料。

8）建议建设单位将竣工验收会议的时间、地点告知安全、质量监督机构。

9. 质量验收不合格时的处理

当建筑工程施工质量不符合要求时，应按下列规定进行处理：

1）经返工重做或返修的检验批，应重新进行验收。返修是对施工质量不符合标准规定的部位采取的整修等措施。返工是对施工质量不符合标准规定的部位采取的更换、重新制作、重新施工等措施。

2）经有资质的检测机构检测鉴定能够达到设计要求的检验批，应予以验收。

3）经有资质的检测机构检测鉴定达不到设计要求、但经原设计单位核算认可能够满足结构安全和使用功能的检验批，可予以验收。

4）经返修或加固处理的分项工程和分部工程，虽然改变外形尺寸但仍能满足安全及使用功能要求时，可按技术处理方案和协商文件的要求予以验收。

5）通过返修或加固处理仍不能满足安全或重要使用要求的分部工程及单位（子单位）工程，严禁验收。

9.10 建筑工程专项验收和备案

建筑工程除须依照《建筑工程施工质量验收统一标准》（GB 50300—2013）办理十个分部工程及分项工程的验收外，按照政府相关文件规定，对规划、消防、人防、环保、电梯等专项工程，还必须经政府主管部门进行专项验收，即专项工程完工后，施工单位必须按照专项验收的要求内容进行自检验收，并经监理单位、建设单位验收合格后，由建设单位向政府主管部门申请专项验收及备案，并经政府相关主管部门验收后取得验收合格证、验收意见批文、验收备案意见书或验收意见书。

1. 消防工程专项验收要求

依据《中华人民共和国消防法》（2021 修正）、《建设工程消防监督管理规定》（公安部令第 106 号发布，第 119 号令修订）等规定，建筑工程消防报审、验收程序、验收内容、验收计划应经公安机关消防机构同意，施工单位需备齐竣工图及相关资料，由建设单位向公安机关消防机构办理验收手续。消防工程专项验收报审受理范围如下：

（1）大型人员密集场所的建筑工程

1）建筑总面积大于 2 万 m^2 的体育场馆、会堂，公共展览馆、博物馆的展示厅。

2）建筑总面积大于 1.5 万 m^2 的民用机场航站楼、客运车站候车室、客运码头候船厅。

3）建筑总面积大于 1 万 m^2 的宾馆、饭店、商场、市场。

4）建筑总面积大于 2500m^2 的影剧院，公共图书馆的阅览室，营业性室内健身、休闲场馆，医院的门诊楼，大学的教学楼、图书馆、食堂，劳动密集型企业的生产加工车间，寺庙、教堂。

5）建筑总面积大于 1000m^2 的托儿所、幼儿园的儿童用房，儿童游乐厅等室内儿童活动场所，养老院、福利院，医院、疗养院的病房楼，中小学校的教学楼、图书馆、食堂，学校的集体宿舍，劳动密集型企业的员工集体宿舍。

6）建筑总面积大于 500m^2 的歌舞厅、录像厅、放映厅、KTV 厅、夜总会、游艺厅、桑拿浴室、网吧、酒吧，具有娱乐功能的餐馆、茶馆、咖啡厅。

（2）特殊建设工程

1）设有（1）中所列的人员密集场所的建设工程。

2）国家机关办公楼、电力调度楼、电信楼、邮政楼、防灾指挥调度楼、广播电视楼、档案楼。

3）2）规定以外的单体建筑面积大于 4 万 m^2 或者建筑高度超过 50m 的公共建筑。

4）国家标准规定的一类高层住宅建筑。

5）城市轨道交通、隧道工程，大型发电、变配电工程。

6）生产、储存、装卸易燃易爆危险物品的工厂、仓库和专用车站、码头，易燃易爆气体和液体的充装站、供应站、调压站。

申报建设工程消防验收应当提供下列材料：

1）“建设工程消防验收申报表”。

2）工程竣工验收报告。

3）消防产品质量合格证明文件，即消防产品认证（认可）证书、发证检验报告、出厂合格证等。

4）具有防火性能要求的建筑构件、建筑材料、装修材料符合国家标准或者行业标准的证明文件、出厂合格证，即型式检验报告、阻燃制品标识使用证书和检验报告、室内装修装饰材料见证取样和抽样检验报告等。

5）建设工程消防验收测试报告（暂不需提供，可要求提供由具备相应资格的消防设施专业承包企业出具的消防设施调试检验报告）。

6）施工、工程监理、检测单位的合法身份证明和资质等级证明文件复印件。

7）建设单位的工商营业执照等合法身份证明文件。

8）法律、行政法规规定的其他材料，主要包括建设工程消防设计审核意见书、竣工图、消防产品供货证明、申请人委托代理人提出申请的应提供授权委托书和被委托人身份证复印件、消防设施竣工自测报告等。

对于消防验收不合格需要申请复验的建设工程，可凭“建设工程消防验收申请表”（可为第一次申报时填写表格的复印件）、针对验收不合格有关内容整改合格的复验申请，以及有关整改资料及证明文件直接进行申报。

建设工程消防验收办理程序如图 9-2 所示。

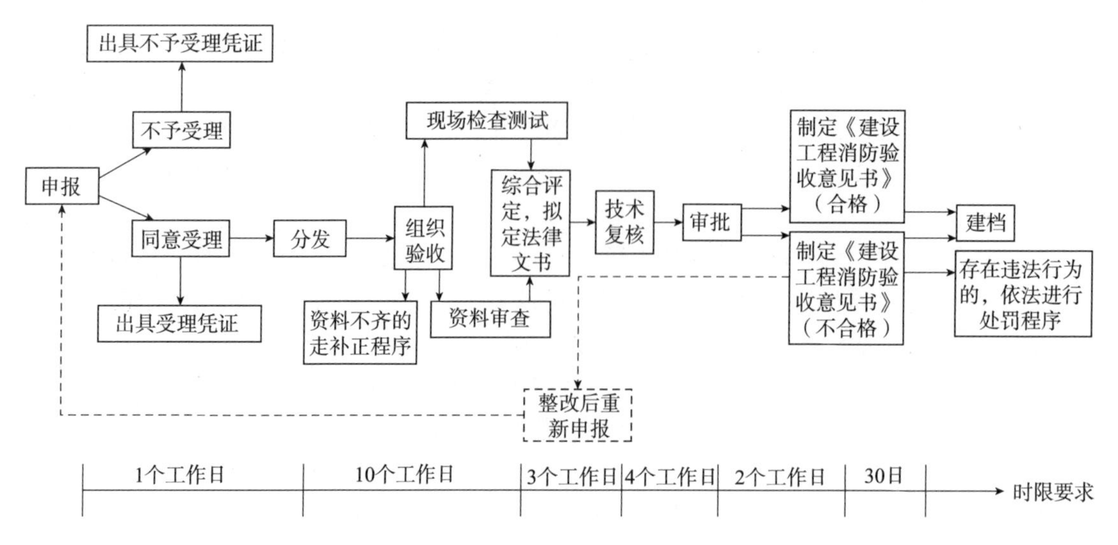

图 9-2　建设工程消防验收办理程序

2. 人防工程专项验收和备案要求

（1）人防工程专项验收要求

1）人防工程专项验收依据当地人防办公室的规定，人防工程专项竣工验收由建设单位负责组织实施，人防主管部门负责人防工程专项竣工验收的监督管理工作。

2）人防工程验收准备工作：

① 工程按照设计文件、合同要求完工后，施工单位应自行进行质量检查并及时整理工程技术资料，填写“人民防空工程质量控制资料核查记录”经该工程监理单位审核后，向建设单位申请办理工程竣工验收手续。

② 人民防空工程的监理单位应当按照有关法律、法规、强制性标准、设计文件和监理合同，公正、独立、自主地开展监理工作。

③ 人防工程的勘察设计单位必须按照人民防空工程建设强制性标准和可行性研究报告确定的任务、投资进行勘察设计，并对勘察设计的质量负责。设计单位填写“人民防空工程设计质量检查报告”。

3）人防工程竣工验收应符合下列条件：

① 完成工程设计和合同约定的各项内容。

② 有完整的工程技术档案和施工管理资料。

③ 有工程使用的主要建筑材料、建筑构配件和设备的产品质量出厂检验合格证明和技术标准规定的进场试验报告。

④ 有勘察、设计、施工、工程监理等单位分别签署的质量合格文件。

⑤ 有施工单位签署的质量保修书。

⑥ 人防工程经验收合格的，方可交付使用。

4）人防工程竣工验收的组织。

① 建设单位收到施工单位报告后，对符合竣工验收要求的工程，应组织设计、施工、监理等单位和其他有关方面的专家组成验收组，制订验收方案。

② 勘察设计、施工、防护设备安装、监理单位分别向验收组汇报工程合同履约情况

和在工程建设各个环节执行法律、法规、土程建设强制性标准情况；验收组审阅建设、勘察设计、施工、监理单位的工程档案资料；实地查验工程质量；对工程设计、工程施工质量及防护设备安装等方面做出全面评价，形成经验收组成员签署的“人民防空工程验收记录”。

③ 参与竣工验收的建设、勘察设计、施工、监理等各方不能形成一致意见时，应当协商提出解决办法，待意见一致后，重新组织竣工验收。

（2）人防工程专项验收备案要求

1）人防工程竣工验收实行备案制度。人防工程符合以下全部条件的单位可以提出申请验收备案：

① 工程结构完好、内部整洁，无渗漏水。

② 防护密闭设备、设施性能良好，供电、供水、排风、排水系统工作正常，平战转换按要求落实，符合人防防护战术技术要求。

③ 金属、木质部件无锈蚀或者损坏。

④ 内部装饰材料应当符合防火技术规范要求。

⑤ 进出口道路畅通，孔口伪装设施完好。

⑥ 防护区与非防护区结合部的穿墙管线密闭处理符合要求。

⑦ 关键部位和隐蔽工程的施工记录、竣工资料齐全、合格。

⑧ 法律法规规定的其他条件。

2）人防工程竣工验收合格之日起 15 日内，由建设单位到出具“防空地下室建设意见书”的人民防空主管部门办理人防工程专项验收备案，需提交的资料见表 9-17。

表 9-17　人防工程专项验收备案需提交的资料

序号	资料名称	份数	资料形式	备注
1	建设单位授权委托证明书	1	原件正本	在线填写和打印
2	人防工程专项竣工验收备案申请表	2	原件正本	在线填写和打印
3	防空地下室建设质量现场检查表	1	原件正本	建设单位在备案前，应与行政服务中心窗口约定时间进行项目现场检查，检查通过后，人防主管部门当场核发
4	防空地下室建设意见书	2	复印件	加盖公章，由人防主管部门核发
5	人民防空工程设计文件的专项审查意见	2	复印件	加盖公章
6	人民防空工程竣工图	2	原件正本	含建筑、结构、通风、给水排水、电气等专业
7	人民防空工程质量控制资料核查记录	2	原件正本	建设单位应委托有资质的第三方检测单位出具含有防空地下室顶板、侧墙、底板、门框墙厚度及钢筋分布等指标的检测报告；建设单位应委托有资质的测绘单位出具人防工程面积测量报告

（续）

序号	资料名称	份数	资料形式	备注
8	人民防空工程设计质量检查报告	2	原件正本	
9	人民防空工程质量监督报告	2	复印件	加盖公章
10	人民防空工程（含防护设备安装）质量验收记录	2	原件正本	
11	人民防空工程专项竣工验收备案表	2	原件正本	
12	平战转换预案	2	原件正本	
13	工程质量保修书	2	原件正本	施工单位签署
14	设备安装质量保修书	2	原件正本	防护设备安装单位签署

3）人防工程专项验收备案网上办理流程：

① 申请。建设单位在网上填写“人防工程专项竣工验收备案申请表”，备齐资料后，向业务受理窗口送交申请材料。

② 受理。民防办进行项目现场查勘，填写“防空地下室建设质量现场检查表”（注：现场查勘时间不计入审批流程的时限）。

③ 审查。民防办按规定的审批时限办结。

④ 证件制作与送达。建设单位到业务窗口领取“人防工程专项竣工验收备案意见书”。

⑤ 备案机关在收齐竣工验收备案文件 10 个工作日内，经检查发现有下列情况的，应当责令停止使用，重新组织竣工验收：工程验收程序不符合规定要求；竣工验收备案文件内容不齐全，或采用虚假证明文件；发现有违反国家法律、法规和工程建设强制性标准的行为，或存在影响结构安全和使用功能的隐患；其他影响备案有效性的情况。

⑥ 备案机关责令停止使用，建设单位应重新组织竣工验收的工程。未经重新组织验收合格的，不得交付使用。

⑦ 备案机关在收齐备案文件后 10 个工作日内未发现有 ④ 中规定情况的，应当在“人民防空工程竣工验收备案表”上签署意见，并出具“人防工程专项竣工验收备案意见书”。

3. 环保专项验收要求

依据《中华人民共和国环境保护法》（第四十一条）、《建设项目环境保护管理条例》（国务院令第 253 号，2017 年修订）（第二章），建设项目开工前，需先获得环保部门对项目环境影响评价文件的批复意见后，才能开展项目防治污染设施的施工，完工后应委托环保监测机构对规定的监测项目进行测试及提供合格监测报告并具备验收条件后，建设单位可向环保主管部门申请验收。

环保专项验收应符合以下全部条件：

1）建设前期环境保护审查、审批手续完备，技术资料与环境保护档案资料齐全。

2）环境保护设施及其他措施等已按批准的环境影响报告书（表）或者环境影响登记表和设计文件的要求建成或者落实，环境保护设施经负荷试车检测合格，其防治污染能力可适应主体工程的需要。

3）环境保护设施安装质量符合国家和有关部门颁发的专业工程验收规范、规程和检验评定标准。

4）具备环境保护设施正常运转的条件，包括：配备经培训合格的操作人员、具有健全的岗位操作规程及相应的规章制度，落实原料、动力供应，并符合交付使用的其他要求。

5）污染物排放符合环境影响报告书（表）或者环境影响登记表和设计文件中提出的标准及核定的污染物排放总量控制指标的要求。

6）各项生态保护措施按环境影响报告书（表）规定的要求落实，建设项目建设过程中受到破坏并可恢复的环境已按规定采取了恢复措施。

7）环境监测项目、点位、机构设置及人员配备，符合环境影响报告书（表）和有关规定的要求。

8）环境影响报告书（表）提出需对环境保护敏感点进行环境影响验证，对清洁生产进行指标考核，对施工期环境保护措施落实情况进行工程环境监理的，已按规定要求完成。

9）环境影响报告书（表）要求建设单位采取措施削减其他设施污染物排放，或要求建设项目所在地地方政府或者有关部门采取“区域削减”措施满足污染物排放总量控制要求的，其相应措施得到落实。

4. 卫生防疫专项验收要求

依据《公共场所卫生管理条例实施细则》（第二十二条、第二十六条）、《公共场所卫生管理条例》（第四条、第八条），公共场所进行新建、改建、扩建的，应当符合有关卫生标准和要求，卫生防疫专项验收由建设单位向卫生防疫机构申请办理验收手续。

卫生防疫专项验收必须符合以下全部条件：

1）选址：必须符合相关法律法规的有关卫生要求，项目是否毗邻有毒有害场所或扩散性污染源并取得的卫生学预评价。

2）具有合法的生产经营场所。

3）所申报的设备、工艺布局流程、各功能间布局是否达到申报项目的相应卫生要求。

4）各类卫生防护设施、卫生设备必须符合相关卫生法律法规要求和相关国家标准的要求。

5）空调系统、防噪声系统、防粉尘系统、油烟排放和通风排气系统、给排风系统的设计及所选用的材料必须符合相关法律法规要求和国家标准要求。

6）项目中所选用的建筑材料、装饰材料及有关卫生防护材料必须符合国家有关法律法规和标准的要求。

7）能按“建设项目设计卫生审查认可书”所认可的方案建设施工。

5. 水土保持设施专项验收要求

（1）验收依据

1）《中华人民共和国水土保持法》第二十七条。

2）《中华人民共和国水土保持法实施条例》（国务院令第120号，2011年修订）第十四条。

3）《水利部关于加强事中事后监管规范生产建设项目水土保持设施自主验收的通知》（水保〔2017〕365号）。

4）《水利部办公厅关于印发生产建设项目水土保持设施自主验收规程（试行）的通知》（办水保〔2018〕133号）。

5）《水土保持生态环境监测网络管理办法》（水利部令第12号，2014年修正）。

（2）验收条件

1）验收及受理条件。

① 生产建设项目完工后，建设单位应当向水土保持方案审批部门申请水土保持设施验收。水土保持设施验收的范围应当与批准的水土保持方案及批复文件一致。

② 分期建设、分期投入生产或者使用的生产建设项目，其相应的水土保持设施应当进行分期验收。

③ 水土保持设施验收工作的主要内容为：检查水土保持设施是否符合设计要求和施工质量要求，投入使用和管理维护责任落实情况，评价水土流失防治效果，对存在问题提出处理意见等。

2）验收合格条件。

① 生产建设项目水土保持方案审批手续完备，水土保持工程设计、施工、监理、财务支出、水土流失监测报告等资料齐全。

② 水土保持设施按批准的水土保持方案报告书和设计文件的要求建成，符合主体工程和水土保持的要求。

③ 治理程度、拦渣率、植被恢复率、水土流失控制量等指标达到了批准的水土保持方案和批复文件的要求及国家和地方的有关技术标准。

④ 水土保持设施具备正常运行条件，且能持续、安全、有效运转，符合交付使用要求。水土保持设施的管理、维护措施落实。

（3）验收程序

1）申请：生产建设项目完成后，建设单位应当先会同水土保持方案编制单位，依据批复的水土保持方案报告书（表）、设计文件的内容和工程量，对水土保持设施完成情况进行检查，编制水土保持方案实施工作总结报告和水土保持设施竣工验收技术报告。符合验收条件的，可提出水土保持设施竣工验收申请。

2）受理：申请材料由行政许可服务窗口统一收件；申请材料齐全且符合法定形式的，予以受理。

3）专家验收：水务行政主管部门会同项目主管部门组织验收专家组和建设单位、水土保持方案编制单位、设计单位、施工单位、监理单位、监测报告编制单位等进行现场验收。验收结论由验收专家组做出。

4）许可决定及期限：对验收合格的项目，水土保持主管部门办理验收合格手续，作为生产建设项目竣工验收的重要依据之一。

5）对于验收不合格的项目，水土保持主管部门应当责令建设单位限期整改，整改完毕后建设单位重新申请验收，直至验收合格；水土保持设施未经验收或者验收不合格的，生产建设项目不得进行竣工验收。

6）许可决定送达：申请人到行政许可服务窗口领取许可决定。

（4）验收需要提交的申请材料

1）生产建设单位提交的生产建设项目水土保持设施验收申请文件或申请表（1份，同时报送项目所在地区县水行政主管部门1份)。

2)水土保持方案实施工作总结报告(15份,同时报送项目所在地区县水行政主管部门2份)。

3)水土保持设施竣工验收技术报告(15份,同时报送项目所在地区县水行政主管部门2份)。

4)水土保持工程监理报告和水土保持工程监测报告(15份,同时报送项目所在地区县水行政主管部门2份)。

5)对于需要先进行技术评估的生产建设项目,建设单位还应提交有相应资质机构编制的技术评估报告(15份,同时报送项目所在地区县水行政主管部门2份)。

(5)验收其他注意事项

1)生产建设项目水土保持设施经验收合格后,该项目方可正式投入生产或者使用。水土保持设施经验收不合格的,生产建设项目不得投产使用。

2)水土保持设施验收合格并交付使用后,建设单位或经营管理单位应当加强对水土保持设施的管理和维护,确保水土保持设施安全、有效运行。

3)生产建设项目水土保持设施验收的有关费用,由项目建设单位承担。

4)生产建设项目所在地的区县一级水行政主管部门,应当对验收合格的水土保持设施运行情况进行监督检查。

6. 建设工程档案专项验收要求

(1)建设工程档案验收是建设工程竣工验收的重要组成部分,未经档案验收或档案验收不合格的工程项目不得进行或通过竣工验收。建设工程档案验收办理的主要依据如下:

1)《中华人民共和国档案法》。

2)国家档案局、国家发展和改革委员会联合印发的《重大建设项目档案验收办法》(档发〔2006〕2号)第六条第(三)项。

3)《城建档案业务管理规范》(CJJ/T 158—2011)。

(2)申请项目档案验收应具备的条件

1)项目主体工程和辅助设施按照设计建成,能满足生产或使用的需要。

2)已通过工程档案预验收。

3)全部工程档案文件、音像材料按有关规定已收集齐全、整理完毕;建设单位组织各参建单位对项目档案工作做预检,预检获通过。

4)建设单位向城市建设档案管理机构移交属于进馆范围的全部单位工程项目档案,取回城建档案管理机构档案验收认可书。

5)建设单位向项目档案工作专项验收组织部门提交"重点建设项目档案工作预检登记表",一式两份,验收组织部门审核通过。

6)建设单位按验收组织部门通知的时间到市档案局窗口报送申报材料,申报材料经验收组织部门审核合格并受理申请。

(3)建设工程档案验收的组织

1)国家发展和改革委员会组织验收的项目,由国家档案局组织项目档案的验收。

2)国家发展和改革委员会委托中央主管部门(含中央管理企业,下同)、省级政府投资主管部门组织验收的项目,由中央主管部门档案机构、省级档案行政管理部门组织项目档案的验收,验收结果报国家档案局备案。

3）省以下各级政府投资主管部门组织验收的项目，由同级档案行政管理部门组织项目档案的验收。

4）国家档案局对中央主管部门档案机构、省级档案行政管理部门组织的项目档案验收进行监督、指导。项目主管部门、各级档案行政管理部门应加强项目档案验收前的指导和咨询，必要时可组织预检。

（4）建设工程档案验收组的组成

1）国家档案局组织的项目档案验收，验收组由国家档案局、中央主管部门、项目所在地省级档案行政管理部门等单位组成。

2）中央主管部门档案机构组织的项目档案验收，验收组由中央主管部门档案机构及项目所在地省级档案行政管理部门等单位组成。

3）省级及省以下各级档案行政管理部门组织的项目档案验收，由档案行政管理部门、项目主管部门等单位组成。

4）凡在城市规划区范围内建设的项目，项目档案验收组成员应包括项目所在地的城建档案接收单位。

5）项目档案验收组人数为不少于 5 人的单数，组长由验收组织单位人员担任。必要时可邀请有关专业人员参加验收组。

（5）建设工程档案验收的主要内容

1）工程档案在预验收过程提出的意见是否整改完善。

2）完成的各专项（质量技术监督、消防、规划、环保、民防等）验收文件是否按城建档案部门的有关规定组卷。

3）工程档案（纸质档案、电子档案、音像档案）是否符合城建档案有关规定。

（6）建设工程档案验收的程序　建设工程档案验收的程序如图 9-3 所示。

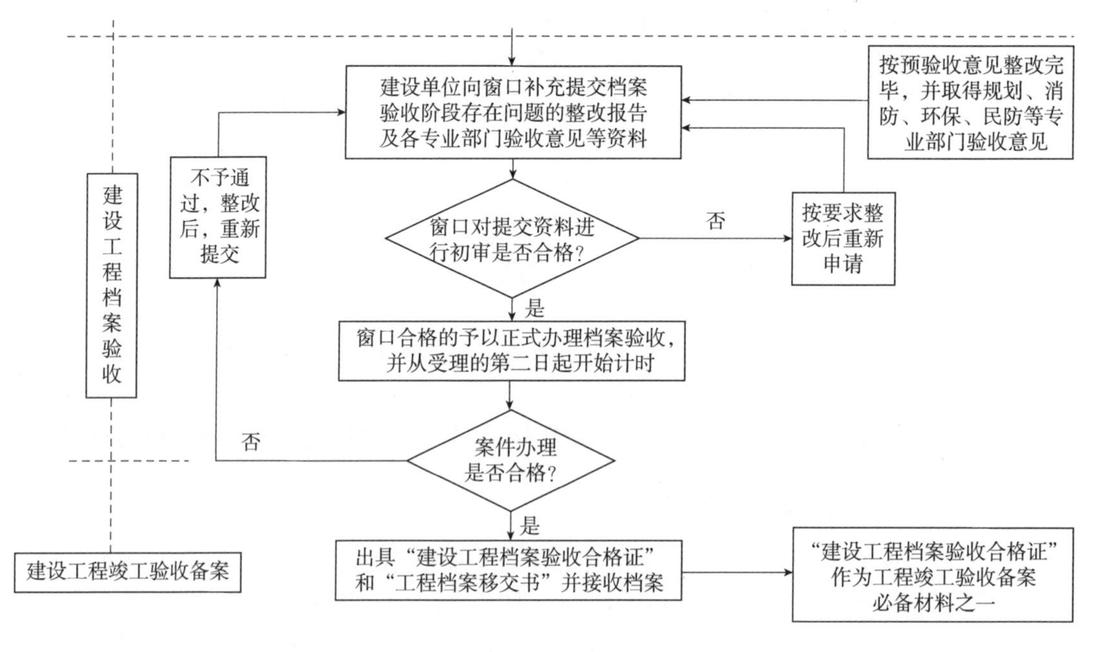

图 9-3　建设工程档案验收的程序

9.11 工程质量问题或事故处理

1. 工程质量问题或事故的定义

1）根据国际标准化组织（ISO）和我国有关质量、质量管理和质量保证标准的定义，凡工程产品质量没有满足某个规定的要求，就为质量不合格。

2）住建部《关于做好房屋建筑和市政基础设施工程质量事故报告和调查处理工作的通知》(建质〔2010〕111 号）第一条规定，工程质量事故，是指由于建设、勘察、设计、施工、监理等单位违反工程质量有关法律法规和工程建设标准，使工程产生结构安全、重要使用功能等方面的质量缺陷，造成人身伤亡或者重大经济损失的事故。

2. 工程质量事故等级划分

依据建设部《关于做好房屋建筑和市政基础设施工程质量事故报告和调查处理工作的通知》(建质〔2010〕111 号）规定，根据工程质量事故造成的人员伤亡或者直接经济损失，工程质量事故分为四个等级：

1）特别重大事故，是指造成 30 人以上死亡，或者 100 人以上重伤，或者 1 亿元以上直接经济损失的事故。

2）重大事故，是指造成 10 人以上 30 人以下死亡，或者 50 人以上 100 人以下重伤，或者 5000 万元以上 1 亿元以下直接经济损失的事故。

3）较大事故，是指造成 3 人以上 10 人以下死亡，或者 10 人以上 50 人以下重伤，或者 1000 万元以上 5000 万元以下直接经济损失的事故。

4）一般事故，是指造成 3 人以下死亡，或者 10 人以下重伤，或者 100 万元以上 1000 万元以下直接经济损失的事故。

该等级划分所称的“以上”包括本数，所称的“以下”不包括本数。

3. 工程质量事故的处理程序

（1）事故的报告

1）工程质量事故发生后，事故现场有关人员应当立即向工程建设单位负责人报告；工程建设单位负责人接到报告后，应于 1 小时内向事故发生地县级以上人民政府住房和城乡建设主管部门及有关部门报告。监理工程师应立即通知本公司主管领导。情况紧急时，事故现场有关人员可直接向事故发生地县级以上人民政府住房和城乡建设主管部门报告。

2）住房和城乡建设主管部门接到事故报告后，应当依照下列规定上报事故情况，并同时通知公安、监察机关等有关部门：

① 较大、重大及特别重大事故逐级上报至国务院住房和城乡建设主管部门，一般事故逐级上报至省级人民政府住房和城乡建设主管部门，必要时可以越级上报事故情况。

② 住房和城乡建设主管部门上报事故情况，应当同时报告本级人民政府；国务院住房和城乡建设主管部门接到重大和特别重大事故的报告后，应当立即报告国务院。

③ 住房和城乡建设主管部门逐级上报事故情况时，每级上报时间不得超过 2 小时。

④ 事故报告应包括下列内容：事故发生的时间、地点、工程项目名称、工程各参建单位名称，事故发生的简要经过、伤亡人数（包括下落不明的人数）和初步估计的直接经济损失，事故的初步原因，事故发生后采取的措施及事故控制情况，事故报告单位、联系人及联系方式，其他应当报告的情况。

⑤ 事故报告后出现新情况，以及事故发生之日起 30 日内伤亡人数发生变化的，应当及时补报。

（2）事故的调查

1）住房和城乡建设主管部门应当按照有关人民政府的授权或委托，组织或参与事故调查组对事故进行调查，并履行下列职责：

① 核实事故基本情况，包括事故发生的经过、人员伤亡情况及直接经济损失。

② 核查事故项目基本情况，包括项目履行法定建设程序情况、工程各参建单位履行职责的情况。

③ 依据国家有关法律法规和工程建设标准分析事故的直接原因和间接原因，必要时组织对事故项目进行检测鉴定和专家技术论证。

④ 认定事故的性质和事故责任。

⑤ 依照国家有关法律法规提出对事故责任单位和责任人员的处理建议。

⑥ 总结事故教训，提出防范和整改措施。

⑦ 提交事故调查报告。

2）事故调查报告应当包括下列内容：

① 事故项目及各参建单位概况。

② 事故发生经过和事故救援情况。

③ 事故造成的人员伤亡和直接经济损失。

④ 事故项目有关质量检测报告和技术分析报告。

⑤ 事故发生的原因和事故性质。

⑥ 事故责任的认定和事故责任者的处理建议。

⑦ 事故防范和整改措施。

⑧ 事故调查报告应当附具有关证据材料。事故调查组成员应当在事故调查报告上签名。

（3）事故的处理　工程质量事故按不同等级由相关政府行政主管部门归口管理。监理人员应熟悉处理工程质量事故的基本程序，在事故处理过程中履行好自己的职责。

1）发生较大及以上工程质量事故或因质量事故已导致施工人员死亡、重伤时，项目监理机构应配合有关部门做好以下工作：

① 项目总监理工程师应下发“工程暂停令”，要求停止关联部位和下道工序施工，配合施工单位严格保护事故现场，采取有效措施抢救人员和财产，防止事故扩大。因抢救人员、疏导交通等原因，需要移动现场物件时，应当做出标志，绘制现场简图并做出书面记录，妥善保存现场重要痕迹、物证，有条件的可以拍照或录像。

② 收集有关资料：有关合同及合同文件；与事故有关的施工图和技术文件；与施工、事故有关的资料，如材料检验报告、试件试验报告、隐蔽工程验收记录、施工记录和验收记录、施工日志、监理日志等；设计、施工、检测等单位对事故的分析意见和要求。

③ 积极配合协助调查组工作，客观地提供相关证据。

④ 组织相关单位研究调查组提出处理意见，并对相关单位的技术处理方案予以审核签认，应确保技术处理方案可靠、可行，保证结构安全和使用功能。

⑤ 签发复工令，监理施工单位技术处理方案施工全过程，并会同设计、建设等有关单位检查验收。

2）发生一般工程质量事故且未因质量事故导致人身伤亡时，处理程序和方法如下：

① 及时下达“工程暂停令”，责令施工单位报送工程质量事故报告。

② 审查施工单位报送的施工处理方案、措施，必要时召开参建单位代表参加的专题会议，讨论研究施工处理方案及处理措施的可行性或补充设计修改图样，审查同意后签发工程复工令。

③ 对事故的处理过程和处理结果进行跟踪检查和验收。

④ 根据“四不放过”原则，对事故进行处理。事故处理的“四不放过”原则：事故原因没有查清不放过，事故责任者没有严肃处理不放过，广大职工没有受到教育不放过，防范措施没有落实不放过。

⑤ 及时督促施工单位向建设单位、监理机构提交有关事故的书面报告，并应将完整的质量事故处理记录整理归档。

（4）工程质量事故处理方案　工程质量事故的处理方案根据质量事故的不同情况可分为修补处理、返工处理和不做处理三种，监理工程师应对处理方案做出正确的审核结论。对一时难以做出结论的事故，在不影响安全的原则下，可以进一步观测、检查，以后再做处理。

（5）收集有关资料、文件，存档备查　主要包括如下内容：

1）工程质量事故调查报告。

2）施工单位的工程质量事故报告和监理工程师的书面指令。包括：事故的详细情况发生时间、地点（或部位）、工程项目名称、事故发生的经过、伤亡人数、直接经济损失的初步估计、事故发生原因的初步判断、事故发生后采取的措施、事故控制情况；事故的观测记录（如变化规律、稳定情况等），与事故有关的施工图、文件，与施工有关的资料（如施工记录、材料检测与试验报告、混凝土或砂浆试块强度报告等）；有关实测、试验、验算资料。

3）造成的经济损失及分析资料。

4）设计、建设、监理、施工等单位对质量事故的要求和意见和鉴定验收意见。

5）事故处理后对今后使用、观测检查的要求。

思考题

1. 简述监理机构对施工控制测量成果检查复核的工作内容。
2. 监理人员如何进行场地平整测量成果的检查复核？
3. 简述监理机构在对计量设备核查时的核查程序及不合格的情况。
4. 简述工程监理单位对设计单位提出的新材料、新工艺、新技术、新设备进行审查、报审备案时需注意的问题。
5. 监理机构如何实施对进场材料、构配件和设备质量证明文件的核查？
6. 什么是工程质量专项检测？简述对第三方检测（社会服务性检测机构）的基本要求。
7. 简述专项检测项目及内容。

8．什么是施工质量样板引路？实行此方式的目的是什么？
9．简述工程质量样板引路工作的主要原则。
10．简述施工质量样板引路工作的管理要求。
11．建筑工程的施工质量控制应符合哪些规定？
12．简述建筑工程施工质量进行验收的要求。
13．简述隐蔽工程验收的注意事项。
14．什么是检验批验收？检验批质量验收合格应符合哪些规定？
15．简述检验批质量验收的注意事项。
16．简述分项工程质量验收合格应符合的规定和注意事项。
17．简述单位工程竣工预验收的程序及要求。
18．当工程质量验收不合格时，应如何处理？
19．什么是工程质量事故？简述它的分类。
20．简述工程质量事故的处理程序。

二维码形式客观题

微信扫描二维码，可自行做客观题，提交后可查看答案。

第 9 章
客观题

第10章 监理机构的工程合同管理

本章学习目标

了解工程监理中合同台账建立与动态管理；掌握工程监理中工程变更的提出、工程变更的审批、监理处理工程变更应满足的要求；熟悉合同争议的处理方法和处理程序；掌握工程索赔及索赔事件种类、索赔处理程序、索赔时限和索赔报告。

10.1 合同管理台账建立与动态管理

1. 合同管理台账的建立

（1）建立合同档案管理制度　合同在实施过程中，合同当事人及关系人会形成大量的往来函件，建立合同管理台账的目的是依据合同约定的时效、程序，及时准确地进行处理函件事宜，保护当事人及关系人的合同权利不因时效过期、程序不当等遭受损害。

1）建立合同档案文件的形成、积累、整理、归档、借阅管理规定。

2）监理人应设立专职人员负责合同管理工作，具体负责合同文件收取、发放、整理、归档、借阅登记等工作。

3）建立合同管理文档系统，包括编码系统和文档系统，使各种合同资料能方便地进行保存与查询。

4）规定合同文件沟通方式。发包人、承包人、供应商、监理工程师、分包人、设计人等之间的有关合同的文件沟通都应以书面形式进行。

5）合同档案由封面、目录、借阅登记表、合同文件四部分组成。

6）实施收发函件登记应做到：

① 序号按收发函时间顺序登记，收发函日期是确定合同时效起始时间的依据；办理函件期限依据合同约定的期限，明确函件办结最终日期。

② 所有的函件都有收函人、发函人或者抄送人，通过收发函件的单位，确定其合同关系及有关约定的时效、程序。

③ 相关方确认对办理函件事宜的结果没有异议。

（2）建立合同管理台账

1）在建设工程施工阶段，相关各方所签订的合同数量较多，而且在合同的执行过程中，有关条件及合同内容也可能会发生变更，因此，为了有效地进行合同管理，项目监理机构首先应建立合同管理台账。项目监理机构应收集齐全涉及工程建设的各类合同，并保存副本或复印件。

2）若要建立合同管理台账，首先要全面了解各类合同的基本内容、合同管理要点、执行程序等，然后进行分类。把合同执行过程中的所有信息全部记录在案，如合同的基本概况、开工和竣工日期、合同造价、支付方式、结算要求、质量标准、工程变更、隐蔽工程、现场签证、材料设备供货、合同变更、多方来往信函等事项，用表格的形式动态地记录下来，项目合同管理台账格式参考实例见表 10-1、表 10-2 和表 10-3。

表 10-1 ××× 项目合同管理台账（工程类）

合同号	合同名称	合同种类	承接单位	工期管理							工程款支付情况				工程范围	
				合同工期	计划开工时间	开工令	实际开工时间	合同完工日期	实际完工日期	工期延期批复	合同金额	付款方式	请款记录	已支付工程款（%）	现场负责人	主要施工范围

工程过程管理与影像记录				工程资料管理						保修年限	保修年限	保修截止日期	违约处罚	备注
对外来往函件	安全文明施工管理	质量管理	进度管理	施工图签发	设计变更管理	技术联系单管理	施工方案报审情况	工程签证管理	竣工资料报审情况					

表 10-2　×××项目合同管理台账（咨询类）

序号	合同号	合同名称	合同种类	承接单位	工期管理							请款情况			工程资料管理		违约处罚	备注
					合同工期（天）	计划开工时间	开工通知	实际开工时间	合同完工日期	实际完工日期	工期延期批复	合同金额	付款方式	已支付工程款（%）	对外来往函件	施工方案报审		

表 10-3　×××项目合同管理台账（供货类）

序号	合同号	合同名称	合同种类	供货单位	工期管理						
					合同工期/天	计划开工时间	供货通知	实际开工时间	合同完工日期	实际完工日期	工期延期批复/天

请款情况			工程范围		工程资料管理				保修期	违约处罚	备注
合同金额	付款方式	已支付工程款（%）	现场负责人	主要施工范围	对外来往函件	施工样板报审情况	施工方案报审情况	竣工资料报审情况			

3）建立合同管理台账时应注意的内容：

① 建立时要分好类，可按专业分类，如工程、咨询服务、材料设备供货等。

② 要事先制作模板，分为总台账和明细统计表。

③ 由专人负责进行动态填写和登记，同时要有专人检查、审核填写结果。

④ 要定期分析、研究台账，发现问题及时解决，推动合同管理系统化、规范化。

2. 合同执行情况的动态管理

（1）合同时效管理

1）合同时效是指在合同约定的期限内能够发生效用的合同权利。民事诉讼时效是指权利人经过法定期限不行使自己的权利，依法律规定其胜诉权便归于消灭的制度。《中华人民共和国民法典》第一百八十八条规定，向人民法院请求保护民事权利的诉讼时效期间为三年。法律另有规定的，依照其规定。

2）建设工程合同对合同权利主张或行使合同权力，一般会约定期限，超过约定期限视同放弃合同权利主张，或者放弃行使合同权力。

3）《建设工程施工合同（示范文本）通用条款》（以下简称《通用条款》）对施工组织设计的提交和修改做出了规定，除专用合同条款另有约定外，承包人应在合同签订后 14 天内，但至迟不得晚于开工通知载明的开工日期前 7 天，向监理人提交详细的施工组织设计，并由监理人报送发包人。除专用合同条款另有约定外，发包人和监理人应在监理人收到施工组织设计后 7 天内确认或提出修改意见。

4）“通用条款” 10.4.2 中变更估价程序规定承包人应在收到变更指示后 14 天内，向监理人提交变更估价申请。监理人应在收到承包人提交的变更估价申请后 7 天内审查完毕并报送发包人，监理人对变更估价申请有异议，通知承包人修改后重新提交。发包人应在承包人提交变更估价申请后 14 天内审批完毕。发包人逾期未完成审批或未提出异议的，视为认可承包人提交的变更估价申请。

（2）合同程序管理

1）合同程序是指按合同约定的时序进行合同权利主张，或者行使合同约定的权力。法律程序是指人们遵循法定的时限和时序并按照法定的方式和关系进行法律行为。不同的法律行为具有不同的法律程序，如民事诉讼须遵循法律规定的民事诉讼程序；行政诉讼须遵循法律规定的行政诉讼程序；申请仲裁须遵循法律规定的仲裁程序。

2）施工合同有关工程质量、工期和进度、变更、索赔、竣工验收等，都有明确的工作程序约定，施工合同当事人及监理人，应当按施工合同约定的程序开展工作。

3）隐蔽工程检查程序。《通用条款》5.3.2 中检查程序规定，除专用合同条款另有约定外，工程隐蔽部位经承包人自检确认具备覆盖条件的，承包人应在共同检查前 48 小时书面通知监理人检查，通知中应载明隐蔽检查的内容、时间和地点，并应附有自检记录和必要的检查资料。监理人应按时到场并对隐蔽工程及其施工工艺、材料和工程设备进行检查。经监理人检查确认质量符合隐蔽要求，并在验收记录上签字后，承包人才能进行覆盖。经监理人检查质量不合格的，承包人应在监理人指示的时间内完成修复，并由监理人重新检查，由此增加的费用和（或）延误的工期由承包人承担。

4）开工通知发放程序。《通用条款》7.3.2 中开工通知规定，发包人应按照法律规定获得工程施工所需的许可。经发包人同意后，监理人发出的开工通知应符合法律规定。监理人应在计划开工日期 7 天前向承包人发出开工通知，工期自开工通知中载明的开工日期起算。除专用合同条款另有约定外，因发包人原因造成监理人未能在计划开工日期之日起 90 天内发出开工通知的，承包人有权提出价格调整要求，或者解除合同。发包人应当承担由此增加的费用和（或）延误的工期，并向承包人支付合理利润。开工通知发放的前置条件是发包人按照法律规定获得了工程施工所需的许可。

（3）合同履约管理

1）合同履约的检查。合同执行过程中，监理机构应加强对合同的履约检查，根据合同条件检查各方履行合同责任义务的情况。监理机构对承包方的合同履约检查主要是检查承包人履行合同义务的行为及其结果是否符合合同规定的要求。检查可分为预防性检查、见证性检查和结果检查。

① 预防性检查一般是指实施某项义务之前的检查，如供应人、承包人的权利能力和行为能力的审查、质量保证能力的检查、特殊操作人员资格的审查、对制造单位或施工单位的组织方案、施工方案、工艺方案、材料或设备入库（或入场）前的检查等。

② 见证性检查一般是指实施某项义务过程中的检查，如重点环节、关键工序、隐蔽工程质量、制造或施工过程中各项记录、报告等的检查、签证及进度情况的检查等。

③ 结果检查一般是指完成某项义务后的检查，如设备出厂前的质量检查、包装运输条件检查、分部分项工程或全部工程完工时的质量检查、工程量的核实等。

2）合同履约的评价分析。检查的目的是及时发现实际与计划或合同约定之间是否存在偏差，得出符合要求或不符合要求的两种结果的信息。针对检查的结果，监理机构还应进行分析评价，对不符合要求的行为和结果提出解决方案。分析评价过程如下：

① 对合同履行状况的分析评价。根据检查的情况和结果，对照合同约定的内容，实物质量、项目进度、费用的支出等，对合同履行状况做出阶段性评价，提出有待解决的问题。

② 对产生的问题和偏差逐一分析原因。

③ 对产生的问题和偏差进行预测分析，即对这些问题和偏差对项目计划目标和对其他相关合同履行的影响程度进行分析，如果有影响但影响程度不大，则应提出局部补救措施，而对影响程度大（如进度节点、费用增加等），则应提出调控措施，如目标修改、计划调整等。

④ 对产生的问题和偏差逐一分析责任。

3）合同履约情况告知。及时、真实、准确、完整地将已经履行的义务告知对方当事人及关系人，这是沟通管理的有效手段。它的作用如下：

① 一方已经按合同约定履行义务，并让对方当事人及关系人知道，能有效地促成对方当事人及关系人履行合同义务，否则，违约将失去抗辩权。

② 一方已经按合同约定履行义务，并让对方当事人及关系人知道，能够形成比较完整的合同文件资料，在处理争议时，作为履约证据，会处于有利地位。

（4）施工合同的管理　施工合同是发包人与承包人就完成具体工程项目工作内容，确定双方权利、义务和责任的协议，是合同双方进行建设工程质量管理、进度管理、费用管理的主要依据，也是监理工程师对工程项目实施监督管理的主要依据。监理工程师的所有监理活动都必须围绕施工合同展开。合同管理是实现监理目标控制的重要手段，因此，从某种意义上说，工程监理就是对施工合同的监督管理。进行施工合同管理时，监理工程师应注意做好以下几个方面的工作。

1）协助业主进行合同策划、合同签订：监理工程师应在合同策划、合同签订阶段协助业主确定合同类型、确定重要合同条款，确保合同条件完备，不出现漏洞、歧义和矛盾。找出合同之间责、权、利的交叉或脱节问题，事先对其分析、协商，避免合同纠纷。

2）研究合同文件，预防合同纠纷：监理工程师应认真研究施工合同文件，找出合同体系文件之间的矛盾和歧义。如合同通用条件和专用条件之间的差异，技术规范与施工图之间的不同、遗漏或矛盾等，应以书面形式做出合理解释，通知业主和承包人，避免产生合同纠纷。

3）细化落实合同事件：施工合同履行是所有的合同事件完成而履行完成的。监理工程师应要求施工方在编制工程计划时同时编制合同事件表，落实责任，安排工作，以便进行合同管理；在工程实施过程中监理工程师应按合同事件表进行监督、控制、处理合同事务。重点是那些存在违约和变更的合同事件，对于正常的合同事件只要进行统计，而有违约行为或工程变更的那些事件，则应按照合同规定进行管理。

4）加强工程变更管理：由于工程工期长，影响因素多，因此施工合同也具有履行时间长、涵盖的内容多、不可预见因素多、涉及面广等特点。随着工程进展，事先无法预料的情况逐渐暴露，工程变更不可避免；同样，工程内容、质量要求或工程数量上有所改变。变更对工程费用、工期产生影响，监理工程师应以严谨的工作态度按合同条款规定实施工程变更管理，就工程变更所引起的费用增减或工期变化与业主和承包人协商，确定变更费用及工期。

5）索赔事件处理：在合同履行阶段，监理工程师应及时提醒建设单位正确履行自己的职责，如按合同规定时限完成场地和图样移交、测量控制点数据移交；合同规定应由业主提供的临时用地和便道使用权等手续的办理，及时合理办理工程变更手续，计划资金及时到位等，以避免承包商的索赔。同时，监理工程师应严格依据合同条件，根据实际情况公正处理索赔事件。监理工程师收到索赔意向通知后，立即收集、研究有关文件、资料和记录；收到索赔报告后，应对索赔报告进行审查，并在合同规定的期限内做出答复。对于持续进行的索赔事件，监理工程师不断收到阶段性索赔报告，在索赔事件终了后规定的时间内给予答复。对于一般情况的索赔，监理工程师可以直接进行审核报建设单位审批；对于复杂的索赔，监理工程师应成立评估小组进行调查并出具报告和处理意见后报建设单位审批。

6）完善合同履行的信息管理：合同履行的效果是通过信息反馈，很大程度上取决于信息的全面性、可靠性。每个岗位都有责任收集本岗位职责范围内的合同方面信息，汇总后进行合同信息分类、处理，删除错误信息，更正有偏差信息，以便将准确的合同信息传递给责任人；责任人对合同信息应进行分析，进行有针对性的合同管理。

10.2 合同变更管理

1. 工程变更的提出

工程变更是指建设工程施工合同文件内容发生的变更。常见的工程变更方式有：施工图设计变更或修改，工程范围、工程内容、质量标准、工期调整，材料设备规格型号、品牌变更，当事人责任转换等。

（1）施工合同中约定变更的范围

1）增加或减少合同中任何工作，或追加额外的工作。

2）取消合同中任何工作，但转由他人实施的工作除外。

3）改变合同中任何工作的质量标准或其他特性。

4）改变工程的基线、标高、位置和尺寸。

5）改变工程的时间安排或实施顺序。

（2）工程变更权限及程序

1）发包人和监理人均可以提出工程变更。

2）工程变更指示均通过监理人发出，监理人发出变更指示前应征得发包人同意。承包人收到经发包人签认的变更指示后，方可实施变更。未经许可承包人不得擅自对工程的任何部分进行变更。

3）发包人提出变更的，应通过监理人向承包人发出变更指示，变更指示应说明计划变更的工程范围和变更的内容。

4）监理人提出变更建议的，需要向发包人以书面形式提出变更计划，说明计划变更工程范围和变更的内容、理由，以及实施该变更对合同价格和工期的影响。发包人同意变更的，由监理人向承包人发出变更指示。发包人不同意变更的，监理人无权擅自发出变更指示。

5）承包人收到监理人下达的变更指示后，认为不能执行的，应立即提出不能执行该变更指示的理由。承包人认为可以执行变更的，应当书面说明实施该变更指示对合同价格和工期的影响，且合同当事人应当按照合同约定确定变更价格。

2. 工程变更的审批

1）总监理工程师组织专业监理工程师审查施工单位提出的变更申请，提出审查意见。对涉及工程设计文件修改的工程变更，应由建设单位转交原设计单位修改工程设计文件。必要时，项目监理机构应组织建设、设计、施工等单位召开专题会议，论证工程设计文件的修改方案。

2）工程变更容易引争议的是变更前的施工状态，如变更部位的施工情况、变更部位材料设备采购情况。为了减少工程变更引起的争议，在工程变更确定前，确定变更部位的施工状态、材料设备采购情况，为计算工程变更价格和工期提供依据。

3）总监理工程师根据实际情况、工程变更文件和其他有关资料，在专业监理工程师对下列内容进行分析的基础上，对工程变更费用及工期影响做出评估：

① 工程变更引起的增减工程量：施工前变更工程量为同一项目内容变更后的工程量（按图样上标注的范围计算）减去变更前的工程量（按图样上标注的范围计算）的差，此值为正数时，该项目工程量增加，此值为负数时，该项目工程量减少；施工后变更工程量由两部分组成：一是已经施工部分的工程量，通过现场测量的方法计算；二是施工前工程变更工程量。

② 工程变更引起的费用变化：已标价工程量清单或预算书有相同项目的，按照相同项目单价认定；已标价工程量清单或预算书中无相同项目，但有类似项目的，参照类似项目的单价认定；变更导致实际完成的变更工程量与已标价工程量清单或预算书中列明的该项目工程量的变化幅度超过15%的，或已标价工程量清单或预算书中无相同项目及类似项目单价的，按照合理的成本与利润构成的原则，由合同当事人商定或确定变更工作的单价。

③ 工程变更对工期变化：因工程变更引起工期变化的，合同当事人均可要求调整合同工期，由合同当事人按照商定或确定的方式并参考工程所在地的工期定额标准确定增减工期天数。

4）总监理工程师组织建设单位、施工单位等协商确定工程变更费用及工期变化，会签工程变更单。

5）项目监理机构根据批准的工程变更文件监督施工单位实施工程变更。

6）无总监理工程师或其代表签发的设计变更令，施工单位不得做任何工程设计和变更，否则监理工程师可不予计量和支付。

7）项目监理机构应对建设单位要求的工程变更提出评估意见。

3. 监理处理工程变更应满足的要求

1）项目监理机构处理工程变更应取得建设单位授权。

2）建设单位与施工单位未能就工程变更费用达成协议时，项目监理机构应提出一个暂定价格并经建设单位同意，作为临时支付工程款的依据。工程变更款项最终结算时，应以建设单位与施工单位达成的协议为依据。

10.3 合同争议处理

1. 施工合同争议

（1）合同工程内容争议及处理

1）工程内容争议。它是指施工合同价格所包含的工程内容争议。引起争议的原因主要有施工合同工程内容约定的条款不清晰，或者施工合同不同的文件表述的工程内容出现不一致，或合同当事人对施工合同工程内容约定的条款含义出现不同的理解。施工合同工程内容约定条款争议内容：

① 工程内容包含了图样等设计文件所示的工程项目和工程数量，通常所指的按图样包干。这种约定方式比较容易出现争议，原因是图样所示的工程内容与工程量清单所示的工程内容不一致时，会引起不同的理解。

② 工程内容包含了工程量清单上所示的工程项目和对应的工程数量，通常所指的按工程量清单包干。这种约定方式出现争议的情况比较少。

③ 工程内容包含了施工合同文件约定的工程项目和工程数量。这种约定方式容易因合同文件内容不一致产生争议。

④ 分项工程所包含的工程内容因计价方式与分项工程内容的对应关系约定不明确，或者不清晰，或者合同文件内容不一致引起的争议。

2）工程内容争议处理。工程内容与工程价格关系密切，它是工程价格计价的基础。工程内容出现争议时，应当根据不同的计价方式区别进行解决。

① 单价合同。定额计价的工程内容，重点是做好施工过程中工程内容的确认工作，使其套用定额子目有据可依。工程量清单计价的工程内容，重点是工程量清单计价表的项目名称工作内容与实际施工工作内容是否存在差异，如果存在差异应及时调整。如土（石）方回填项目中，对粒径的要求要综合考虑在确定合同价格时有没有明确的依据，或者施工组织设计有没有具体的体现，否则，就容易引起争议。

② 总价合同。应当从合同价格与工程内容直接形成对应关系方面确定合同价格包含的工程内容。施工合同协议书一般都有工程内容的约定条款。当合同文件的工程内容出现不

一致时，应遵循合同文件解释顺序进行处理。

③ 成本加酬金合同：成本计算，重点是做好工程项目的成本确定工作，保证计算的成本与实际成本不存在太大的差异。

（2）合同工程范围争议及处理办法

1）工程承包范围的争议。引起争议的原因主要有施工合同工程承包范围约定的条款不清晰，或合同当事人对施工合同工程承包范围约定的条款含义出现不同的理解。施工合同工程承包范围约定的条款内容包括：

① 施工合同图样结合文字说明表示。

② 施工合同工程量清单结合文字说明表示。

③ 施工合同图样与施工合同工程量清单结合文字说明表示。

④ 专业工程范围引起争议的原因主要有专业工程管理系统构成的划分标准不一致，或产生接驳位置工程内容重叠或缺失。项目工程往往由若干专业工程组成，而有的专业工程系统本身涉及几个管理单位，例如，建筑电气设备安装工程由变配电和用电设备两部分组成，变配电工程一般由电力部门负责管理，它的工程范围由电力部门确定；用电设备由权属人负责管理，它的工程范围由权属人确定。两者之间确定的工程范围有时出现重叠，有时会出现缺失。再如，消防工程与给水工程、电气设备工程的工程范围，有时出现重叠，有时会出现缺失等。

2）工程范围争议的处理应遵循合同约定。

① 施工合同在履行过程中，发生工程承包范围争议时的处理程序：首先，要弄清楚工程承包范围争议的原因，是因对施工合同工程承包范围约定理解不一致产生的争议，还是因施工合同对工程承包范围没有明确的约定，或者约定不清晰产生的争议；其次，根据工程承包范围争议的原因区别处理。

② 施工合同工程承包范围约定明确，由于理解不一致产生争议，组织争议方共同商讨施工合同约定，达成共识。某商住楼项目，曾出现电梯大堂装修承包范围争议。承包人认为，施工合同工程量清单没有电梯大堂装修工程项目，主张电梯大堂不属于施工合同工程承包范围。发包人认为，工程承包范围是施工图所示的范围，按图施工、按图验收（施工合同协议书第二条约定，承包范围：本合同图样清单所示的工程范围及工程内容与合同文件约定的承包内容），经过几次会议商讨，达成“按图施工、按图验收”的共识。

③ 施工合同没有约定工程承包范围，或者约定不清晰，应从合同价格形成过程分析工程承包范围。一般的施工合同价格在形成过程中，都会形成合同价格与工程承包范围的对应关系，从合同价格对应关系确定工程承包范围。

④ 施工合同在履行过程中，发生专业工程承包范围的争议时的处理程序：首先要确定专业工程管理单位及管理单位管理系统范围和专业工程承包范围出现争议的原因；其次，根据专业工程承包范围争议的原因区别处理。专业工程之间交叉产生的工程承包范围争议，应遵循专业工程管理系统的完整性。

2. 合同争议处理方法

1）当合同发生争议后，监理工程师应以调解人的身份主动组织双方协商解决争议，运用工程技术、工程管理、工程合同等专业优势，寻找争议原点，简化争议内容；防止争议衍生出新的争议。

2）由于业主和施工承包方站在各自的立场上，对合同条款理解的角度不同，同时由于合同条款不够严谨及原定的条件发生变化等，在合同履行过程中可能会发生合同争议，此时作为第三方的监理工程师的职责是尽快化解分歧，不使这些分歧久拖不决以致影响合同正常履行。

3）处理办法包括和解、调解、争议评审、仲裁或诉讼等，尽量选用低成本的解决方式。

4）找准争议起因，简化争议内容。争议一般呈现出起因、过程、结果状态。争议解决的重点应放在争议起因上，尽量简化争议内容。很多看起来很复杂的争议，经过分解后，争议的起因却显得非常简单。

5）要注意平时与业主和施工承包方建立良好的工作关系，在双方发生合同争议时，能在平和的气氛中接受调解。

6）要熟悉施工合同的条款及相关的法律、法规、规范，要了解分歧产生的具体原因，有理、有据地化解双方争议。通过正确处理合同争议纠纷，树立监理的工作形象，既让业主放心，又让承包商心服口服。

7）要公平、公正，是业主的原因不偏袒；是承包商的原因不姑息。

8）要注意工作方法，防止事态扩大，致使双方无路可退。一时不能解决的不妨先放一放，冷处理，要避免争议扩大化、复杂化，防止争议衍生出新的争议。

9）有的当事人为了尽快解决争议，或者为了达到争议的目的，采取违约的方式要挟对方接受自己的主张，结果，争议不但没有解决，而且衍生出新的争议，导致争议扩大化、复杂化。承包人通常采取停工的方式要求发包人接受自己争议解决主张；发包人通常采取拒付工程款，或者发出停工令，甚至威胁解除合同的方式要求承包人接受自己争议解决主张。

10）调解结束各方当事人达成一致后要及时形成书面文件，如会谈纪要、补充协议等。

11）合同实施过程中，若施工承包单位违约，监理工程师应及时向施工承包单位发出书面警告，并限期改正。若是业主违约，施工承包单位应及时向监理工程师发出通知要求，若业主仍不采取措施纠正其违约行为，施工承包单位有权降低施工速度或停工，所造成的损失由业主承担。

3. 施工合同争议的处理程序

1）了解合同争议情况。

2）及时与合同争议双方进行磋商。

3）提出处理方案后，由总监理工程师进行协调。

4）当双方未能达成一致时，总监理工程师应提出处理合同争议的意见。

5）项目监理机构在施工合同争议处理过程中，对未达到施工合同约定的暂停履行合同条件的，应要求施工合同双方继续履行合同。

6）在施工合同争议的仲裁或诉讼过程中，项目监理机构可按仲裁机关或法院要求提供与争议有关的证据。

施工合同争议处理程序如图 10-1 所示。

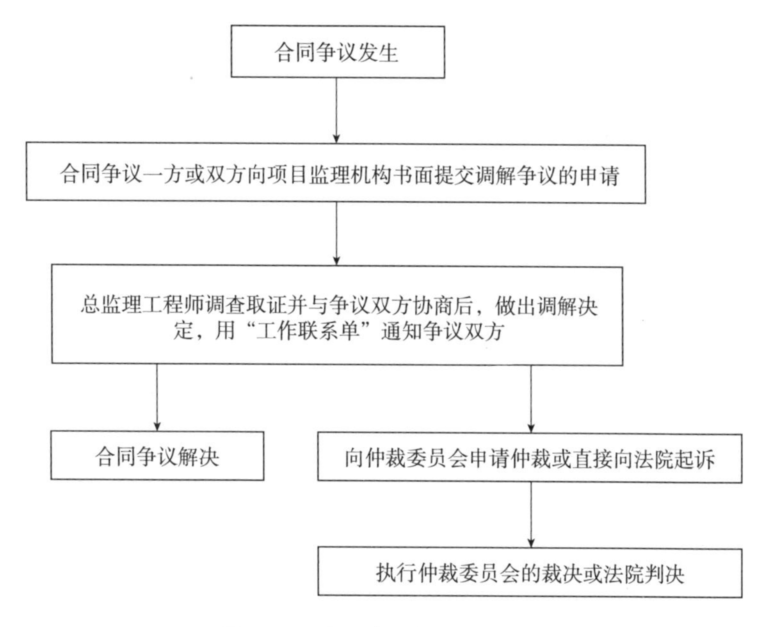

图 10-1　施工合同争议处理程序

10.4 工程索赔管理

1. 工程索赔及索赔事件种类

1）索赔也称权利主张，是指合同当事人一方就非自己的原因造成的额外的费用和工期向合同另一方当事人提出补偿要求。索赔的目的是合同当事人为了实现额外增加的费用和工期得到补偿。索赔是合同当事人共同享有的权利，在施工合同的当事人中，承包人可以提出索赔要求，发包人也可以提出索赔要求。

2）工程索赔管理是指当索赔事件发生时，提出索赔要求的当事人和处理索赔关系人按照合同约定的索赔程序和损失计算方法确定额外增加的费用和工期。

3）合同责任缺失引起的索赔事件。合同责任缺失是指合同当事人一方或关系人履行合同约定的责任不正确，或者不完全，导致合同另一方当事人额外增加了费用或者工期。比较常见的合同责任缺失现象如下：

① 未按合同约定的时间和要求提供施工场地、施工条件，或者提供的施工场地不能满足施工要求。

② 未按法律规定办理由发包人办理的许可、批准或备案，包括但不限于建设用地规划许可证、建设工程规划许可证、建设工程施工许可证、施工所需临时用水、临时用电、中断道路交通、临时占用土地等许可和批准。

③ 未按合同约定的时间和要求提供设计图纸和设计资料，或者提供的设计图和设计资料不能满足施工需求。

④ 未按合同约定的时间和要求提供地质勘查资料、相邻建筑物及构筑物、地下工程、

地下管线等基础资料。

⑤ 未按合同约定的时提供测量基准点、基准线和水准点及其书面资料，或者提供的测量基准点、基准线和水准点及其书面资料的真实性、准确性和完整性存在问题。

⑥ 未按合同约定的时间提供材料设备，或者提供的材料设备交货地点、价格、种类、规格型号、质量等级、数量等与合同约定不符。

⑦ 未按合同约定的时间批准或答复承包人提出的书面申请。

⑧ 发包人代表在授权范围内做出错误指示。

⑨ 发包人代表不能按照合同约定履行其职责及义务，并导致合同无法继续正常履行的。

⑩ 发包人拒绝签收另一方送至送达地点和指定接收人的来往信函等。

4）承包人常见的合同责任缺失现象如下：

① 承包人在收到发包人提供的图样后，发现图样存在差错、遗漏或缺陷的，未按合同约定及时通知监理人。

② 未按合同的约定的时间和要求提供应当由承包人编制的与工程施工有关的文件。

③ 未按合同约定保存一套完整的图样和承包人文件，供发包人、监理人及有关人员进行工程检查时使用。

④ 未按规定上报施工现场发掘的所有文物、古迹以及具有地质研究或考古价值的其他遗迹、化石、钱币或物品等。

⑤ 未经发包人书面同意，承包人为了合同以外的目的复制、使用含有知识产权的文件或将之提供给任何第三方。

⑥ 未按合同约定的时间和要求办理法律规定应由承包人办理的许可和批准。

⑦ 未按法律规定和合同约定完成工程，保修期内未承担保修义务。

⑧ 未按法律规定和合同约定采取施工安全和环境保护措施，未办理工伤保险。

⑨ 未按合同约定的工作内容和施工进度要求，未编制施工组织设计和施工措施计划。

⑩ 占用或使用他人的施工场地，影响他人作业或生活的。

⑪ 未按合同约定负责施工场地及其周边环境与生态的保护工作。

⑫ 未按合同约定采取施工安全措施。

⑬ 未按合同约定支付的各项价款专用于合同工程。

⑭ 未按照法律规定和合同约定编制竣工资料。

⑮ 未按合同约定复核发包人提供的测量基准点、基准线和水准点及其书面资料，或者复核发现发包人提供的测量基准点、基准线和水准点及其书面资料存在错误或疏漏的，未及时通知监理人。

⑯ 承包人拒绝签收另一方送至送达地点和指定接收人的来往信函等。

5）监理人常见的合同责任缺失现象如下：

① 收到承包人有关图样存在差错、遗漏或缺陷的通知后，未按合同约定的时间和程序报送给发包人。

② 收到承包人文件后未按合同约定的期限内审查完毕。

③ 未按合同约定对工程施工相关事项进行检查、查验、审核、验收，并签发相关指示，

或者在授权范围内做出错误指示。

④ 监理人的检查和检验影响施工正常进行的，且经检查检验合格的。

⑤ 监理人未按时到场并对隐蔽工程及其施工工艺、材料和工程设备进行检查。

⑥ 监理人未通知承包人清点发包人供应的材料和工程设备。

⑦ 监理人未禁止不合格的材料和工程设备进入现场。

⑧ 监理人拒绝签收合同当事人送至送达地点和指定接收人的来往信件等。

6）合同内容缺陷引起的索赔事件。合同内容是由系列文件构成，且文件形成的时间、单位不同，容易产生合同内容不一致、表述不清晰，或者不完整等缺陷。

① 合同协议书、中标通知书、投标函及附录、合同专用条款、合同通用条款、技术标准规范、图样、工程量清单计价表等文件合同计价方式、工程内容、工程承包范围、工程质量标准、工期等内容表述不一致，或者相互矛盾。

② 合同内容对合同当事人的责任和权利约定不明确。

③ 合同内容对工程总包与分包的责任和权利约定不明确。

④ 技术标准规范不能满足法律法规的要求。

⑤ 图样不能满足施工需求。

⑥ 工程量清单计价表的工程项目、工程内容与实际施工状态不符。

⑦ 合同内容没有约定材料设备品牌、质量等级。

⑧ 合同内容对违约责任约定不明确等。

7）基础资料有误引起的索赔事件。建设工程的基础资料主要包括水文地质资料、地形地貌资料、地下工程资料、地下管线资料、基准点等。基础资料是施工设计、施工组织设计的依据，也是确定合同价格的依据，当基础资料有误，导致额度增加费用和工期，提出索赔容易成立。

8）合同调整引起的索赔事件。合同在履行过程中，受经济和社会环境的影响，项目产品方案发生了变化，需要对技术方案、设备方案、工程方案进行调整，导致合同约定的工程内容、工程承包范围、工程质量标准、工期、合同价格需进行相应的调整。因合同调整导致费用和工期的变化，为此提出索赔要求。合同调整一般需当事人协商一致，涉及费用和工期调整，应是合同调整的组成部分。

9）设计变更引起的索赔事件。设计变更一般通过工程变更程序解决，但当设计变更引起工程承包范围、工程内容发生较大幅度变动，工程变更程序不能完成解决额外增加的费用和工期，需要通过索赔过程解决。例如，建筑工程设计变更结构形式由钢筋混凝土结构变更成钢结构，为钢筋混凝土结构施工准备的材料、机械、人工等费用难以在钢结构中体现，此部分额外增加的费用符合索赔约定的事件。

10）不利物质条件引起的索赔事件。不利物质条件是指有经验的承包人在施工现场遇到的不可预见的自然物质条件、非自然的物质障碍和污染物，包括地表以下物质条件和水文条件，以及专用合同条款约定的其他情形。在工期管理中涉及该事件。该事件的出现，除了工期之外，还有可能涉及处理不利物质条件的费用，该费用符合索赔约定的事件。

11）异常恶劣的气候条件引起的索赔事件。异常恶劣的气候条件是指在施工过程中遇到的，有经验的承包人在签订合同时不可预见的，对合同履行造成实质性影响的，但尚未构成不可抗力事件的恶劣气候条件。在工期管理中涉及该事件。该事件的出现，除了工期之外，还有可能涉及异常恶劣的气候条件的费用，该费用符合索赔约定的事件。

12）国家政策法规变化引起的索赔事件。基准日期：招标发包的工程以投标截止日前28天的日期为基准日期，直接发包的工程以合同签订日前28天的日期为基准日期。基准日期后出现国家政策法规变化，如施工现场安全文明生产设施标准的变化、夜间施工时间的调整、技术标准规范的修改等，导致增加额外费用和工期的，符合索赔约定的事件。

13）市场物价大幅波动引起的索赔事件。基准日期后，建设市场人工、材料设备、机械使用费等发生大幅波动，导致工程造价的大幅度变动，该费用符合索赔约定的事件。

14）国际汇率大幅波动引起的索赔事件。基准日期后，国际汇率大幅波动，导致工程造价的大幅度变动，该费用符合索赔约定的事件。

15）不可抗力事件出现引起的索赔事件。不可抗力是指合同当事人在签订合同时不可预见，在合同履行过程中不可避免且不能克服的自然灾害和社会性突发事件，如地震、海啸、瘟疫、骚乱、戒严、暴动、战争和专用合同条款中约定的其他情形。不可抗力发生后，发包人和承包人应收集证明不可抗力发生及不可抗力造成损失的证据，并及时认真统计所造成的损失。

2. 索赔程序

（1）承包人向发包人索赔的程序

1）承包人应在知道或应当知道索赔事件发生后28天内，向监理人递交索赔意向通知书，并说明发生索赔事件的事由；承包人未在前述28天内发出索赔意向通知书的，丧失要求追加付款和（或）延长工期的权利。

2）承包人应在发出索赔意向通知书后28天内，向监理人正式递交索赔报告；索赔报告应详细说明索赔理由以及要求追加的付款金额和（或）延长的工期，并附必要的记录和证明材料。

3）索赔事件具有持续影响的，承包人应按合理时间间隔继续递交延续索赔通知，说明持续影响的实际情况和记录，列出累计的追加付款金额和（或）工期延长天数。

4）在索赔事件影响结束后28天内，承包人应向监理人递交最终索赔报告，说明最终要求索赔的追加付款金额和（或）延长的工期，并附必要的记录和证明材料。

（2）发包人向承包人索赔的程序

1）发包人应在知道或应当知道索赔事件发生后28天内通过监理人向承包人提出索赔意向通知书，发包人未在前述28天内发出索赔意向通知书的，丧失要求赔付金额和（或）延长缺陷责任期的权利。

2）发包人应在发出索赔意向通知书后28天内，通过监理人向承包人正式递交索赔报告。

3. 索赔处理程序

（1）承包人向发包人的索赔处理程序

1）监理人应在收到索赔报告后14天内完成审查并报送发包人。监理人对索赔报告存在异议的，有权要求承包人提交全部原始记录副本。

2）发包人应在监理人收到索赔报告或有关索赔的进一步证明材料后的 28 天内，由监理人向承包人出具经发包人签认的索赔处理结果。发包人逾期答复的，则视为认可承包人的索赔要求。

3）承包人接受索赔处理结果的，索赔款项在当期进度款中进行支付；承包人不接受索赔处理结果的，按照争议解决约定处理。

（2）发包人向承包人的索赔处理程序

1）承包人收到发包人提交的索赔报告后，应及时审查索赔报告的内容、查验发包人证明材料。

2）承包人应在收到索赔报告或有关索赔的进一步证明材料后 28 天内，将索赔处理结果答复发包人。如果承包人未在上述期限内做出答复的，则视为对发包人索赔要求认可。

3）承包人接受索赔处理结果的，发包人可从应支付给承包人的合同价款中扣除赔付的金额或延长缺陷责任期；发包人不接受索赔处理结果的，按争议解决约定处理。

4. 索赔时限

1）索赔时限是合同工程承包范围提出索赔申请的期限。

2）承包人按竣工结算审核约定接收竣工付款证书后，应被视为已无权再提出在工程接收证书颁发前所发生的任何索赔。

3）承包人按最终结清提交的最终结清申请单中，只限于提出工程接收证书颁发后发生的索赔。提出索赔的期限自接受最终结清证书时终止。

5. 索赔报告

索赔文件一般由索赔信、索赔报告、索赔证据三部分组成。索赔信是写给负责索赔处理的人或机构，索赔报告是对索赔事件发生至结束产生影响的分析论证，索赔证据用于证明索赔报告的内容。当索赔事件结束后，应编写索赔报告提交给监理工程师。编写索赔报告是索赔的关键步骤。索赔报告一般包括以下内容：

（1）索赔报告题目　因为什么事件的发生提出索赔。例如，地质勘查报告揭示的土方类别与实际施工的土方类别不一致，导致土方施工的费用和工期发生较大幅度的变化，索赔题目为“关于土方类别发生变化的索赔报告”。

（2）索赔事件描述　叙述事件的起因（如施工图设计、施工组织设计依据的地质勘查报告），事件经过（土方施工现场情况），事件过程中合同当事人及关系人（监理人、勘查人）的活动情况，确认地质勘查报告揭示的土方类别与现在施工的土方类别不一致。事件经过是索赔证据形成、固定、归集过程，其及时性、有效性、客观性、准确性对索赔是否成功具有决定性作用。

（3）索赔理由陈述　说明事件发生后产生的影响，依据合同约定，或者法律法规规定明确责任人。例如，土方类别发生变化是地质勘查报告不准确引起的，它产生的结果依据合同约定，应由提供地质勘查报告的发包人承担。明确事件的责任人是索赔的难点，需要熟悉合同文件内容及法律法规，引用合同及法律法规具体条款内容，证明事件发生及其产生的影响与责任人存在关联性。

（4）索赔的影响　叙述事件发生后对工程费用和工期产生的影响，分析影响过程和影响因素，详细计算事件结束后产生的额外费用和工期。

（5）索赔结论　根据详细计算事件所产生的额外费用和工期，提出具体量化的索赔要求。

思考题

1. 简述工程合同管理中建立合同管理台账时应注意的问题。
2. 如何理解合同执行中的时效管理？
3. 什么是合同履约的检查？它主要有哪些类型？
4. 简述工程合同履约评价分析的过程。
5. 简述进行施工合同管理时，监理工程师应注意的问题。
6. 简述施工合同中约定变更的范围。
7. 简述工程变更权限及程序。
8. 简述总监理工程师对工程变更的审批。
9. 什么是工程内容争议？简述施工合同工程内容约定条款中有关争议的内容。
10. 简述引起合同工程范围争议的原因及处理办法。
11. 简述施工合同争议处理的程序。
12. 简述监理人常见的合同责任缺失现象。
13. 简述承包人向发包人提出索赔的处理程序。

二维码形式客观题

微信扫描二维码，可自行做客观题，提交后可查看答案。

第 10 章
客观题

第 11 章 工程项目信息及资料管理

本章学习目标

了解监理信息管理的基本要求，熟悉监理信息的整理、保存和归档、监理信息管理的工作方法及措施、监理业务信息化管理；了解监理文件资料定义，掌握监理文件资料的一般规定、主要内容与分类、常用表式、归档与移交。

11.1 监理信息管理

1. 监理信息管理的基本要求

（1）监理信息管理的意义　监理信息管理是建设项目监理“三控两管一协调”，并履行建设工程安全生产管理的法定职责的重要内容之一，随着建设监理业务规范化管理的不断加强和细化，以及监理市场环境竞争的日益激烈，监理信息管理（以下简称信息管理）的作用显得越来越重要。管好、用好监理信息，能够促进监理业务经营和现场监理工作的开展，对监理工作管理水平和业务技能的提高具有推动作用。

（2）监理信息管理任务

1）组织项目基本情况信息的收集和系统化，编制项目信息管理实施细则或手册。

2）明确项目报告、报表及各种资料的规定，例如文件资料的格式、表式、内容、数据结构及字体字号等要求。

① 按照项目监理工作过程建立项目监理信息系统流程，在实际工作中保证这个系统正常运行，并控制信息流。

② 信息管理资料的档案管理。

（3）监理信息管理的收集要求

1）及时收集不同来源的监理信息。监理信息来源可包括文件、档案、监理报表及计算机辅助文档等四个方面。

① 文件主要有在工程建设过程中，上级有关部门的文件、工程前期有关文件、设计变更及工程内部文件。

② 档案主要有在各种文件办理完成后，根据其特征、相互联系和保存价值等分类整理，

根据文件的作者、内容、时间和形成的自然规律等特征组卷。

③ 监理报表主要有开工用报表、监理工程师巡视记录表、质量管理用报表、安全管理用报表、计量与支付用报表及工程进度用表。这些表格是监理工作常用报表，反映了监理工作的开展及工程进展情况，应注意报表信息的收集和整理。

④ 计算机辅助文档主要有监理机构书面发出的会议纪要、通知、联系单、函告，监理业务开展过程形成的监理日记、月报、专题报告、监理报表、影像、总结及工程质量评估报告等以电子文件形式存在、储存的各种文档资料。

2）保证收集到的监理信息的质量。信息管理工作的质量好坏，很大程度上取决于原始资料的全面性和可靠性。因此，建立一套完善的信息采集制度是极其必要的。信息的收集工作必须把握信息来源，做到收集及时、准确。

（4）建立监理信息管理制度和纪律

1）送往建设单位及有关部门（包括通过建设单位送往设计及外部相关方）的文件，应有签收记录。对于重要的文件资料应做书面备份。

2）送往施工单位的文件，必须由施工单位专管人员或领导签收。

3）以“工作联系单”形式送往建设单位、设计单位或施工单位的非正式文件，用于对某些局部、具体事项进行协调，提请注意或要求了解、要求配合等用途。

4）项目监理机构的所有正式发出文件须在总监（或总监代表）审查批准后，由项目监理机构办公室负责传递、登记和发送（见表 11-1）；所有正式收到的文件都必须经监理机构专人签收，并统一填写文件处理流程卡，按职责和流程处理。对于重要的文件资料应做书面备份。为了便于专业人员查找，文件资料要分类合理和有序存放，文件资料的来源、日期、去向要有管理记录，形成一种系统性的管理方式。

表 11-1　文件审批表

编号：

<table>
<tr><td>来文单位</td><td colspan="3"></td><td>成文日期</td><td></td></tr>
<tr><td>文件名称</td><td colspan="5"></td></tr>
<tr><td>文件编号</td><td></td><td>收文人</td><td></td><td>收到日期</td><td></td></tr>
<tr><td>主题词</td><td colspan="3"></td><td>份数</td><td></td></tr>
<tr><td rowspan="7">监理机构
负责人
处理意见</td><td colspan="5">转发：　□建设单位　□总承包　□设计　□专业施工　□其他</td></tr>
<tr><td colspan="5">负责人签名：　日期：</td></tr>
<tr><td rowspan="5"></td><td colspan="2"></td><td></td><td></td></tr>
<tr><td colspan="2"></td><td></td><td></td></tr>
<tr><td colspan="2"></td><td></td><td></td></tr>
<tr><td colspan="2"></td><td></td><td></td></tr>
<tr><td colspan="2"></td><td></td><td></td></tr>
<tr><td rowspan="4">文件处理
情况</td><td colspan="3" rowspan="4">承办人：　日期：</td><td></td><td></td></tr>
<tr><td></td><td></td></tr>
<tr><td></td><td></td></tr>
<tr><td></td><td></td></tr>
</table>

5）各单位不负有信息管理职能的个人或业务部门之间传递的信息，不能视为代表单位的正式传输信息。紧急情况或特殊情况下，必须立即由个人或各单位业务部门间直接传输信息时，事后应尽快按正常程序正式传递该信息。

6）除合同文件有专门规定或建设单位另有指示外，建设单位各部门对施工单位有关质量的指示、规定和要求等，都应经由项目监理机构转发至施工单位；除合同文件有专门规定或建设单位另有指示外，施工单位向建设单位报送的有关工程质量的文件、报表和要求，都须经项目监理机构审核，并转发，一般情况不得跨越。

7）项目监理机构在收到建设单位转发的设计文件后，应尽快指派监理人员先按照程序进行审核，并将审核意见上报建设单位。

8）对于工程质量事故或质量缺陷，施工单位、设计单位、建设单位和项目监理机构的四方中，不管谁先发现，都不得隐瞒，应尽快通知其他各方。不管何种原因造成质量事故或质量缺陷，施工单位应尽快提出事故或缺陷情况报告，为事故类型、原因的分析判断，处理措施研究提供信息。

9）施工单位报送的施工组织设计、各种报告、文函及各种报表等，应严格按照合同要求及监理细则以及建设单位的规定、通知等文件的要求整理、编制各种文件、资料要全面、清晰和准确。若文件资料编制粗糙、资料不全，信息不准或重要内容欠缺，监理单位有权要求补充、增加信息数量，直至将其退回，重新报送。

10）监理人员应准确、及时做好监理日志以及现场值班各种监理记录，全面收集现场环境条件下施工单位资源投入（注意各级责任人员在岗情况），设备运行情况，施工中存在的问题以及可能影响施工质量、进度、造价的其他事项等信息，并做好必要的分析、加工、交流和存储工作。

（5）监理信息管理岗位职责

1）总监（或总监代表）职责。

① 项目监理机构工程信息资料管理实行总监负责制，总监主持制定监理信息管理工作制度。

② 对工程施工监理过程的相关内、外部文件和技术规范、规定、标准等技术文件、资料以及工程施工监理资料的形成、收集、整理、归档过程中资料的及时性、真实性、完整性、准确性、有效性和追溯性负责，并按要求规定签署意见。

③ 对监理信息资料管理过程中存在的问题认真予以解决处理。

2）监理人员职责。

① 监理人员应遵守项目监理机构监理信息管理工作制度。

② 在总监的分工授权下，对本专业监理资料的形成、收集、审核过程中的资料及时性、真实性、完整性、准确性、有效性和追溯性负责，并按规定签署意见。

③ 与此同时，积极配合资料管理专职人员（或兼职人员），对资料管理按要求规定核查提交的资料类别和时限，改正和完善工作。

3）资料管理员的职责。

① 负责设计图（包含工程变更、交底、洽商等工程施工作法依据类文件、资料）及时

按规定要求登录、管理，并按专业发放，完善签收手续。

② 负责项目监理机构监理用仪器、设备、工具用具和技术书籍（规范、规程、标准、图集等）以及办公、生活设施、设备的领用登记、监督保管和工程监理结束后的归还手续。

③ 负责项目监理机构监理过程中，内、外部文件、资料的管理、登记和按总监意图的分发、传递、签发、收签及保存归档工作。

④ 负责工程施工监理资料按规定要求进行收集、整理和审核，并对资料形成的及时性、完整性、有效性和追溯性审查并负责，资料要真实可靠。

⑤ 了解和掌握工程状况以及月进度部位，监督工程资料与实际进度部位同步。

⑥ 对信息资料过程管理存在的问题处理困难时，应向总监（总监代表）报告或建议。

⑦ 负责施工过程监理资料按规定进行归类、汇总、编辑、分档和保管。

⑧ 负责建立监理信息资料借阅、归还保管制度，并完善签字手续。

⑨ 负责工程监理资料于监理工作结束后，按规定要求进行归档整理，并移交建设单位和公司，且完善移交接收签字手续。

⑩ 负责监理机构日常文印和总监分派的其他工作。

2. 监理信息的整理、保存和归档

1）监理信息的整理、立卷和归档，是在总监（总监代表）领导下，由监理人员执行的。建设单位有要求的还应接受其管理。

2）归档信息的范围、内容和分类整理、立卷，以及签字、盖章等手续，应严格按照建设单位有关规定和监理细则执行。

3）监理信息是工程建设的重要资料，它的收集、积累、整理、立卷是与项目建设同步进行，必须严格防止损毁涂改、泄密等，不允许有虚假现象发生。

4）凡需要立卷、归档的各种监理信息，都应做到书写材料优良、字迹清楚、数据准确、图像清晰、信息载体能够长期保存。

3. 监理信息管理的工作方法及措施

1）完善组织，挑选业务素质高、责任心强的信息管理人员。

2）制定监理信息资料管理制度，并在总监的统一指导下，认真地组织实施。

3）保证信息管理资源投入。监理机构应配备计算机、电话、打印机、数码相机、资料柜等信息管理办公设施设备，并开通互联网，充分利用网络资源加快信息传递，为建设监理业务顺利开展服务。

4）督促各有关单位做好信息管理工作，严格收发文制度，确保工程的各种指令得以完整、准确、及时地执行，确保工程竣工资料符合规范及工程备案验收的有关规定。

5）对工程项目所有的信息文件资料进行统一分类编号，进行系统管理。

6）加强现场信息管理业务培训工作，不断提高信息管理人员业务水平。

7）监理机构自身所形成的工程监理信息资料，统一使用格式化表式，规范化记录和填写。对填写和记录的内容以及用语的规范化、标准化和及时性、签字手续等，总监进行定期和不定期检查或抽查，对存在问题及时予以纠正，对问题较多或重复性出现的提出批评，直至采取必要的行政或经济处罚措施。

8）信息管理员除认真做好按规定检索整理、分类立档、存放保管等工作外，在了解和掌握工程部位进展的基础上，督促和指导各监理专业人员及时形成、收集、审核和签署信息资料，并且完整、齐全、准确、有效。当有问题难于妥善解决时，及时汇报总监，总监应予以支持并出面协调解决。

9）监理机构于第一次工地例会监理交底时，同时交代监理信息资料管理制度和资料运行传递工序以及各相关工序报审时限的规定及要求。

10）监理机构各监理人员在过程中严格工序报审附件材料审核，材料的齐全性、完整性和准确有效性以及手续完善性等存在问题时，不予签署，并要求补充、修正至材料合格，方可通过。

11）专业监理人员严格工程资料提交报审、报验同工序施工部位的同步性。凡未完善程序所应提交的相关呈报资料和未经监理检查签字核准，坚决不允许进入后续工序施工作业。

12）严格检查各相关分部工程备案验收和有关竣工工程验收资料填报内容的齐全性、完善性和履行签字手续后，逐级呈报签字盖章的程序。凡需监理单位签字盖章的地基与基础、主体结构、建筑节能等分部工程备案验收评估报告和人防、消防、电梯、工程竣工的竣工验收报告，其内容及相关数据不完善的，不予核定签字盖章。工程竣工验收报告的各责任主体单位签字盖章须在程序验收通过后，才可予以办理。

13）确保工程信息管理的准确性。"差之毫厘，谬以千里"，工程中也是如此，所以在语言文字上要一字不差。总监在批复和发文时要慎之又慎，否则将造成大错。为避免建设单位损失，准确无误是信息传递的一个根本前提。各方在文件传递之前，要进行仔细的审阅，项目监理机构要求各专业监理人员要认真斟酌，信息管理人员要认真打印，不得有遗漏和疏忽，思想上重视是准确无误的根本前提。

14）确保工程信息管理的时效性。工程信息的时效性要及时在施工过程中体现出来，工程信息资料的收集要求监理人员在施工监理过程中与工程施工同步，收集工程施工过程中形成的各类与工程建设有关的信息资料，以期达到事前控制、过程控制的目的。无论事前、事中和事后控制都必须及时，要及时发现问题，及时反馈问题，及时解决问题，使工程施工按照正确的方向进行。这样才是及时发现、迅速解决信息的过程。

4. 监理业务信息化管理

（1）利用计算机技术，做好监理信息的辅助管理

1）根据施工任务，项目监理机构配备必要的专职（或兼职）信息员和计算机管理员，保证计算机辅助系统能发挥正常效能。按有关要求，信息员应在规定的日期、时间以前，把从施工现场收集到的规定信息、内容，输入建设单位计算机网络，为领导了解情况、分析问题和决策判断提供参考资料。

2）为提高监理计算机辅助管理水平，根据监理工作需要，配备适当数量的计算机和辅助设备，以及必要的支持软件，以形成监理机构内部的信息管理网络，并与建设单位的网络系统连接。

3）把整个项目作为一个系统加以处理，通过网络计划形式对整个系统统筹规划，并区

分轻重缓急，对资源（人力、机械、材料、财力等）进行合理的安排和有效利用，指导承包商以最少的时间和资源消耗来实现整个系统的预期目标，以取得良好的经济效益。

4）项目监理机构配备高配置的计算机，并使用有关应用软件，对日常监理（三控制、三管理、一协调）工作进行全面的管理，做到科学化、制度化、规范化和现代化，大大减轻监理工程师处理日常琐碎事务的压力，提高工作效率。相信这些现代软件的辅助将为建设单位提供更完善、更高水平、更优质的监理服务。

5）通过利用计算机局辅助管理，使工地现场各类信息、文件和资料能够第一时间传送至建设单位、承包商及监理公司等各部门，保证各有关单位沟通方式的多样化和沟通渠道的畅通。

6）利用信息管理应用软件，强化监理信息管理工作。在监理信息管理工作中，充分利用软件开发公司所开发的监理软件，如：项目管理软件、OA 系统软件、财务管理软件、造价咨询软件等，加快监理信息传递及处理，有利于节省监理人力资源，提高监理工作效率。

（2）利用现代信息管理手段，提高监理信息管理效率和水平　监理单位应积极创造条件，提高监理技术含量和投入，利用互联网技术和相关监理项目管理软件，强化监理信息流管理，保证监理信息及时、有效传递和处理。必须认识到信息和网络不仅是重要的战略资源，也是最重要的竞争方式和竞争手段。监理工作的信息化，一是产品生产过程信息化，包括计算机辅助设计（CAD）、计算机辅助制造（CAM）、计算机辅助工艺编制（CAPP），也就是说从产品的设计、工艺编制到制造过程全部数字化；二是过程信息化，包括办公自动化（OA）、材料需求计划（MRP）、监理单位资源计划（ERP）、MIS、决策支持系统（DSS）、专家系统（ES）等；三是柔性制造系统（FRP）、数据政府（NC）和加工中心（MC）；四是检验（CAI）、测试（CAT）、质量控制的信息化；五是计算机集成制造系统（CIMS）；六是互联网和内部网相互连接形成一个网络系统。信息化将带来以下 10 个方面的重大变化，监理行业应该牢牢把握：

1）信息化将带来产业结构的巨大变化，表现在：在现代信息技术基础上产生了一大批以往产业革命时期所没有的新兴产业；传统产业体系步入衰退期，利用信息技术对其改造，成为传统产业持续发展的出路；服务业的发展使其越来越在国民经济中占主导地位。

2）信息化将带来生产要素结构与管理形式的变化，现代社会中，生产要素结构中的知识与技术的作用大大增强，已经成为第一生产力，而物质资料与资本的作用相对减弱。

3）信息化将加速经济国际化进程，一方面表现在现代信息技术本身发展的国际化，另一方面表现在现代信息技术对整个经济国际化的推动。

4）信息化将导致社会结构的变化，表现在城市化的分散趋向，家庭社会职能的强化，职业结构中知识与高技术化职业增多，工作方式与生活方式的变化等。

5）信息化将使监理单位管理实现信息化、网络化、个性化、知识化与柔性化管理。

6）信息化将使技术向着数字化、智能化、知识化、可视化、柔性化发展。

7）信息化将使产品呈现智能化、特色化、个性化、艺术化和市场周期短的特点。

8）信息化将使市场呈现全球化、网络化、无国界化与变化快的特点。

9）在就业方面，从事信息、知识生产的劳动者就业率高，体力劳动者的失业率提高，监理单位文化是创新、合作与学习。

10）经济增长的源泉是知识和信息，是专业化的人力资本。

（3）监理单位信息化建设应抓好的工作　监理行业的信息化建设在不知不觉中已开始，但存在着诸如信息观念滞后、认识不足、信息化投入低、没有对信息资源进行开发利用、对信息技术的应用欠缺、基础设施建设相对落后等问题，再加上从事信息和计算机方面的人才相对缺乏（计算机操作与应用水平相对低下），制约了监理单位信息化建设步伐的进一步加快。在信息化发展的大背景下，物质资源的重要性已让位于信息资源，谁拥有准确、及时、可靠、全面的信息，谁就占有市场的主动权。监理公司需要全面提高建筑业信息化水平，着力增强 BIM、大数据、智能化、移动通信、云计算、物联网等信息技术集成应用能力，在建筑业数字化、网络化、智能化方面取得突破性进展，初步建成一体化行业监管和服务平台，数据资源利用水平和信息服务能力明显提升，形成一批具有较强信息技术创新能力和信息化应用达到国际先进水平的建筑企业及具有关键自主知识产权的建筑业信息技术企业。

建筑企业应积极探索“互联网 +”形势下管理、生产的新模式，深入研究 BIM、物联网等技术的创新应用，创新商业模式，增强核心竞争力，实现跨越式发展。因此，监理企业应该加强以下几方面的信息化建设工作：

1）加强信息基础设施建设工作。在继续做好互联网维护及深化工作，加快互联网 + 开发建设，开展大数据、云计算、物联网、智能化技术应用。在硬件设施建设上，重点是维护工作，必要时增加设备。围绕监理单位业务、开发需要和面向市场的服务，全面提高信息服务水平，特别是在互联网上，做好信息收集、发布、开发和利用工作。在资源开发中，抓紧商品市场数据库、监理单位内外信息数据库等，不断丰富网上信息资源，稳步推进“电子商务”工程，重新整合现有网站，做好网站推广与监理单位形象推广（实际上，网站推广已包含监理单位形象推广）。

2）加强用信息技术改造传统作业，积极推进监理单位信息化建设工作。监理单位应将计算机辅助设计（CAD）、计算机辅助制造（CAM）、监理单位资源管理系统（ERP）、计算机工业控制和质量控制、网络技术等先进技术应用到生产经营中，用信息化推动监理单位生产经营管理的现代化。监理单位的信息系统建设以适应变革为主要目标来确定系统的结构、功能和资源配置。主要包括以下内容：① 注意信息系统的发展与监理单位改革和发展相匹配，将信息系统的开发置于改革的大背景下实施；② 加强信息资源的基础工作，为监理单位信息化创造良好的外部环境；③ 注重信息系统的动态开发，即注意了解外部环境和用户需求的变化，建立信息齐全、数据准确、适应与跟踪能力强的信息系统。

3）普及项目管理信息系统，开展施工阶段的 BIM 基础应用。有条件的监理企业应研究 BIM 应用条件下的施工监理模式和协同工作机制，建立基于 BIM 的项目监理信息系统。

4）应与社会公众领域的信息化工作相联系。不要违反互联网有关法律法规，与当地文教、行政等部门保持联系，从中得知最新信息。

总之，伴随着知识经济、全球一体化以及监理单位的生存与发展，监理单位产业不断拓展，进一步提高信息化认识，加快信息化建设步伐已成为必然，只要我们转变观念，提高对信息化建设的重视度，以管理信息化为主导（领导层），以实现监理单位信息化为基础，以实现监理单位产品走向世界为目标，一定会使监理单位有着灿烂的明天。

5. 建筑业信息化管理

住建部《关于印发“十四五”建筑业发展规划的通知》（建市〔2022〕11号）是建筑业发展的指导性文件，阐明了“十四五”时期建筑业发展的战略方向，明确发展目标和主要任务。

（1）指导思想　以习近平新时代中国特色社会主义思想为指导，深入贯彻党的十九大和十九届历次全会精神，立足新发展阶段，完整、准确、全面贯彻新发展理念，构建新发展格局，坚持稳中求进工作总基调，以推动建筑业高质量发展为主题，以深化供给侧结构性改革为主线，以推动智能建造与新型建筑工业化协同发展为动力，加快建筑业转型升级，实现绿色低碳发展，切实提高发展质量和效益，不断满足人民群众对美好生活的需要，为开启全面建设社会主义现代化国家新征程奠定坚实基础。

（2）“十四五”时期发展目标　对标2035年远景目标，“十四五”时期，初步形成建筑业高质量发展体系框架，建筑市场运行机制更加完善，营商环境和产业结构不断优化，建筑市场秩序明显改善，工程质量安全保障体系基本健全，建筑工业化、数字化、智能化水平大幅度提升，建造方式绿色转型成效显著，加速建筑业由大向强转变，为形成强大国内市场、构建新发展格局提供有力支撑。

（3）主要任务

1）勘察设计类企业。

① 推进信息技术与企业管理深度融合。进一步完善并集成企业运营管理信息系统、生产经营管理信息系统，实现企业管理信息系统的升级换代。深度融合BIM、大数据、智能化、移动通信、云计算等信息技术，实现BIM与企业管理信息系统的一体化应用，促进企业设计水平和管理水平的提高。

② 加快BIM普及应用，实现勘察设计技术升级。在工程项目勘察中，推进基于BIM进行数值模拟、空间分析和可视化表达，研究构建支持异构数据和多种采集方式的工程勘察信息数据库，实现工程勘察信息的有效传递和共享。在工程项目策划、规划及监测中，集成应用BIM、GIS、物联网等技术，对相关方案及结果进行模拟分析及可视化展示。在工程项目设计中，普及应用BIM进行设计方案的性能和功能模拟分析、优化、绘图、审查，以及成果交付和可视化沟通，提高设计质量。推广基于BIM的协同设计，开展多专业间的数据共享和协同，优化设计流程，提高设计质量和效率。研究开发基于BIM的集成设计系统及协同工作系统，实现建筑、结构、供水、供暖、电气等专业的信息集成与共享。

③ 强化企业知识管理，支撑智慧企业建设。研究改进勘察设计信息资源的获取和表达方式，探索知识管理和发展模式，建立勘察设计知识管理信息系统。不断开发勘察设计信息资源，完善知识库，实现知识的共享，充分挖掘和利用知识的价值，支撑智慧企业建设。

2）施工类企业。

① 加强信息化基础设施建设。建立满足企业多层级管理需求的数据中心，可采用私有云、公有云或混合云等方式。在施工现场建设互联网基础设施，广泛使用无线网络及移动终端，实现项目现场与企业管理的互联互通，强化信息安全，完善信息化运维管理体系，保障设施及系统稳定可靠运行。

② 推进管理信息系统升级换代。普及项目管理信息系统，开展施工阶段的BIM基础应

用。有条件的企业应研究 BIM 应用条件下的施工管理模式和协同工作机制，建立基于 BIM 的项目管理信息系统。推进企业管理信息系统建设。完善并集成项目管理、人力资源管理、财务资金管理、劳务管理、物资材料管理等信息系统，实现企业管理与主营业务的信息化。有条件的企业应推进企业管理信息系统中项目业务管理和财务管理的深度集成，实现业务财务管理一体化。推动基于移动通信、互联网的施工阶段多参与方协同工作系统的应用，实现企业与项目其他参与方的信息沟通和数据共享。注重推进企业知识管理信息系统、商业智能和决策支持系统的应用，有条件的企业应探索大数据技术的集成应用，支撑智慧企业建设。

③ 拓展管理信息系统新功能。研究建立风险管理信息系统，提高企业风险管控能力。建立并完善电子商务系统，或利用第三方电子商务系统，开展物资设备采购和劳务分包，降低成本。开展 BIM 与物联网、云计算、3S 等技术在施工过程中的集成应用研究，建立施工现场管理信息系统，创新施工管理模式和手段。

3）工程总承包类企业。

① 优化工程总承包项目信息化管理，提升集成应用水平。进一步优化工程总承包项目管理组织架构、工作流程及信息流，持续完善项目资源分解结构和编码体系。深化应用估算、投标报价、费用控制及计划进度控制等信息系统，逐步建立适应国际工程的估算、报价、费用及进度管控体系。继续完善商务管理、资金管理、财务管理、风险管理及电子商务等信息系统，提升成本管理和风险管控水平。利用新技术提升并深化应用项目管理信息系统，实现设计管理、采购管理、施工管理、企业管理等信息系统的集成及应用。探索 PPP 等工程总承包项目的信息化管理模式，研究建立相应的管理信息系统。

② 推进“互联网 +”协同工作模式，实现全过程信息化。研究“互联网 +”环境下的工程总承包项目多参与方协同工作模式，建立并应用基于互联网的协同工作系统，实现工程项目多参与方之间的高效协同与信息共享。研究制定工程总承包项目基于 BIM 的多参与方成果交付标准，实现从设计、施工到运行维护阶段的数字化交付和全生命周期信息共享。

4）建筑市场监管。

① 深化行业诚信管理信息化。研究建立基于互联网的建筑企业、从业人员基本信息及诚信信息的共享模式与方法。完善行业诚信管理信息系统，实现企业、从业人员诚信信息和项目信息的集成化信息服务。

② 加强电子招标投标的应用。应用大数据技术识别围标、串标等不规范行为，保障招标投标过程的公平、公正。

③ 推进信息技术在劳务实名制管理中的应用。应用物联网、大数据和基于位置的服务（LBS）等技术建立全国建筑工人信息管理平台，并与诚信管理信息系统进行对接，实现深层次的劳务人员信息共享。推进人脸识别、指纹识别、虹膜识别等技术在工程现场劳务人员管理中的应用，与工程现场劳务人员安全、职业健康、培训等信息联动。

5）工程建设监管。

① 建立完善数字化成果交付体系。建立设计成果数字化交付、审查及存档系统，推进、探索基于二维图和 BIM 的数字化成果交付、审查和存档管理。开展白图代蓝图和数字化审

图试点、示范工作。完善工程竣工备案管理信息系统，探索基于 BIM 的工程竣工备案模式。

② 加强信息技术在工程质量安全管理中的应用。构建基于 BIM、大数据、智能化、移动通信、云计算等技术的工程质量、安全监管模式与机制。建立完善工程项目质量监管信息系统，对工程实体质量和工程建设、勘察、设计、施工、监理和质量检测单位的质量行为监管信息进行采集，实现工程竣工验收备案、建筑工程五方责任主体项目负责人等信息共享，保障数据可追溯，提高工程质量监管水平。建立完善建筑施工安全监管信息系统，对工程现场人员、机械设备、临时设施等安全信息进行采集和汇总分析，实现施工企业、人员、项目等安全监管信息互联共享，提高施工安全监管水平。

③ 推进信息技术在工程现场环境、能耗监测和建筑垃圾管理中的应用。研究探索基于物联网、大数据等技术的环境、能耗监测模式，探索建立环境、能耗分析的动态监控系统，实现对工程现场空气、粉尘、用水、用电等的实时监测。建立建筑垃圾综合管理信息系统，实现项目建筑垃圾的申报、识别、计量、跟踪、结算等数据的实时监控，提升绿色建造水平。

6）重点工程信息化。大力推进 BIM、GIS 等技术在综合管廊建设中的应用，建立综合管廊集成管理信息系统，逐步形成智能化城市综合管廊运营服务能力。在海绵城市建设中积极应用 BIM、虚拟现实等技术开展规划、设计，探索基于云计算、大数据等的运营管理，并示范应用。加快 BIM 技术在城市轨道交通工程设计、施工中的应用，推动各参建方共享多维建筑信息模型进行工程管理。在“一带一路”重点工程中应用 BIM 进行建设，探索云计算、大数据、GIS 等技术的应用。

7）建筑产业现代化。加强信息技术在装配式建筑中的应用，推进基于 BIM 的建筑工程设计、生产、运输、装配及全生命周期管理，促进工业化建造。建立基于 BIM、物联网等技术的云服务平台，实现产业链各参与方之间在各阶段、各环节的协同工作。

8）行业信息共享与服务。研究建立工程建设信息公开系统，为行业和公众提供地质勘察、环境及能耗监测等信息服务，提高行业公共信息利用水平。建立完善工程项目数字化档案管理信息系统，转变档案管理服务模式，推进可公开的档案信息共享。

（4）专项信息技术应用

1）大数据技术。研究建立建筑业大数据应用框架，统筹政务数据资源和社会数据资源，建设大数据应用系统，推进公共数据资源向社会开放。汇聚整合和分析建筑企业、项目、从业人员和信用信息等相关大数据，探索大数据在建筑业的创新应用，推进数据资产管理，充分利用大数据价值。建立安全保障体系，规范大数据采集、传输、存储、应用等各环节安全保障措施。

2）云计算技术。积极利用云计算技术改造提升现有电子政务信息系统、企业信息系统及软硬件资源，降低信息化成本。挖掘云计算技术在工程建设管理及设施运行监控等方面的应用潜力。

3）物联网技术。结合建筑业发展需求，加强低成本、低功耗、智能化传感器及相关设备的研发，实现物联网核心芯片、仪器仪表、配套软件等在建筑业的集成应用。开展传感器、高速移动通信、无线射频、近场通信及二维码识别等物联网技术与工程项目管理信息系统的集成应用研究，开展示范应用。

4）3D 打印技术。积极开展建筑业 3D 打印设备及材料的研究。结合 BIM 技术的应用，探索 3D 打印技术运用于建筑部品、构件生产，开展示范应用。

5）智能化技术。开展智能机器人、智能穿戴设备、手持智能终端设备、智能监测设备、3D 扫描等设备在施工过程中的应用研究，提升施工质量和效率，降低安全风险。探索智能化技术与大数据、移动通信、云计算、物联网等信息技术在建筑业中的集成应用，促进智慧建造和智慧企业发展。

（5）信息化标准

1）强化建筑行业信息化标准顶层设计，继续完善建筑业行业与企业信息化标准体系，结合 BIM 等新技术应用，重点完善建筑工程勘察设计、施工、运维全生命周期的信息化标准体系，为信息资源共享和深度挖掘奠定基础。

2）加快相关信息化标准的编制，重点编制和完善建筑行业及企业信息化相关的编码、数据交换、文档及图档交付等基础数据和通用标准。继续推进 BIM 技术应用标准的编制工作，结合物联网、云计算、大数据等新技术在建筑行业的应用，研究制定相关标准。

（6）保障措施

1）加强组织领导，完善配套政策，加快推进建筑业信息化。各级城乡建设行政主管部门要制定本地区“十三五”建筑业信息化发展目标和措施，加快完善相关配套政策措施，形成信息化推进工作机制，落实信息化建设专项经费保障。探索建立信息化条件下的电子招标投标、数字化交付和电子签章等相关制度。建立信息化专家委员会及专家库，充分发挥专家作用，建立产、学、研、用相结合的建筑业信息化创新体系，加强信息技术与建筑业结合的专项应用研究、建筑业信息化软科学研究。开展建筑业信息化示范工程，根据国家“双创”工程，开展基于“互联网+”的建筑业信息化创新创业示范。

2）大力增强建筑企业信息化能力。企业应制定企业信息化发展目标及配套管理制度，加强信息化在企业标准化管理中的带动作用。鼓励企业建立首席信息官（CIO）制度，按营业收入一定比例投入信息化建设，开辟投融资渠道，保证建设和运行的资金投入。注重引进 BIM 等信息技术专业人才，培育精通信息技术和业务的复合型人才，强化各类人员信息技术应用培训，提高全员信息化应用能力。大型企业要积极探索开发自有平台，瞄准国际前沿，加强信息化关键技术应用攻关，推动行业信息化发展。

3）强化信息化安全建设。各级城乡建设行政主管部门和广大企业要提高信息安全意识，建立健全信息安全保障体系，重视数据资产管理，积极开展信息系统安全等级保护工作，提高信息安全水平。

11.2 监理文件资料管理

1. 监理文件资料的定义

（1）监理文件资料 《建设工程文件归档规范（2019 年版）》（GB/T 50328—2014）、《建筑工程资料管理规程》（JGJ/T 185—2009）对监理文件资料的表述为：工程监理单位在履行建设工程监理合同过程中形成或获取的，以一定形式记录、保存的文件资料。

（2）监理文件资料管理　监理文件资料的收集、填写、编制、审核、审批、整理、组卷、移交及归档工作的统称，简称监理文件资料管理。

2. 监理文件资料的一般规定

1）监理机构应建立和完善信息管理制度，设专人管理监理文件资料。

2）监理人员应如实记录监理工作，及时、准确、完整地传递信息，按规定汇总整理、分类归档监理文件资料。

3）监理单位应按规定编制和移交监理档案，并根据工程特点和有关规定，合理确定监理单位档案保存期限。

3. 监理文件资料的主要内容与分类

（1）《建设工程监理规范》规定的监理文件资料应包括的主要内容

1）勘察设计文件、建设工程监理合同及其他合同文件。

2）监理规划、监理实施细则。

3）设计交底和图纸会审会议纪要。

4）施工组织设计、（专项）施工方案、施工进度计划报审文件资料。

5）分包单位资格报审文件资料。

6）施工控制测量成果报验文件资料。

7）总监任命书、工程开工令、暂停令、复工令，工程开工或复工报审文件资料。

8）工程材料、构配件、设备报验文件资料。

9）见证取样和平行检验文件资料。

10）工程质量检查报验资料及工程有关验收资料。

11）工程变更、费用索赔及工程延期文件资料。

12）工程计量、工程款支付文件资料。

13）监理通知单、工作联系单与监理报告。

14）第一次工地会议、监理例会、专题会议等会议纪要。

15）监理月报、监理日志、旁站记录。

16）工程质量或生产安全事故处理文件资料。

17）工程质量评估报告及竣工验收监理文件资料。

18）监理工作总结。

（2）常用监理文件资料的分类方法　各监理单位应根据国家及省市的规定和要求，结合监理单位自身情况对现场项目监理文件资料进行管理和分类，也可参考按以下字母编号方法进行分类和存档。

1）A类：质量控制。

A-1　施工组织设计（方案）报审表

A-2　施工单位管理架构资质报审表

A-3　分包单位资格报审表

A-4　工作联系单

A-5　不合格项通知单

A-6　监理通知单、回复单

A-7 监理机构审查表
A-8 材料、构配件、设备报审表
A-9 模板安装工程报审表
A-10 模板拆除工程报审表
A-11 钢筋工程报审表
A-12 防水工程报审表
A-13 混凝土工程浇灌审批表
A-14 工程报验表
A-15 施工测量放线报验单
A-16 图纸会审记录
A-17 工程变更图样
A-18 见证送检报告
A-19 监理规划
A-20 监理细则、方案
A-21 监理月报
A-22 监理例会纪要
A-23 专题会议纪要
A-24 监理日志
A-25 工程创优资料
A-26 工程质量保修资料
A-27 工程质量快报等

2）B 类：进度控制。

B-1 工程开工、复工报审表
B-2 施工进度计划（调整）报审表
B-3 工程暂停令
B-4 工程开工、复工令
B-5 施工单位周报
B-6 施工单位月报等

3）C 类：投资控制。

C-1 工程款支付证书
C-2 施工签证单
C-3 费用索赔申请表
C-4 费用索赔审批表
C-5 乙供材料（设备）选用、变更审批表
C-6 工程变更费用报审表
C-7 新增综合单价表
C-8 预算审查意见

C-9　工程竣工结算审核意见书等

4）D 类：安全管理。

D-1　安全监理法规文件资料

D-2　三级安全教育

D-3　施工安全评分表

D-4　施工机械（特种设备）报验资料

D-5　安全技术交底

D-6　特种作业上岗证、平安卡

D-7　重大危险源辨析及巡查资料

D-8　安全监理内部会议、培训资料

D-9　安全监理巡查表

D-10　每周安全联合巡查

D-11　监理单位巡查评分表

D-12　安全监理资料用表

D-12-1　监理单位安全监理责任制

D-12-2　监理单位安全管理制度

D-12-3　监理单位安全教育培训制度

D-12-4　安全监理规划、方案

D-12-5　安全监理实施细则

D-12-6　监理单位管理人员签名笔迹备查表

D-12-7　安全会议纪要

D-12-8　安全监理危险源控制表

D-12-9　安全监理工作联系单

D-12-10　安全监理日志

D-12-11　施工安全监理周报

D-12-12　建筑施工起重机械安装、拆卸旁站监理记录表

D-12-13　危险性较大的分部分项工程旁站监理记录表

D-12-14　事故隐患整改通知

D-12-15　事故隐患整改通知回复

D-12-16　暂时停止施工通知

D-12-17　复工申请表

D-12-18　安全监理重大情况报告

D-12-19　安全专项施工方案报审表

D-12-20　危险性较大分部分项工程专项施工方案专家论证审查表

D-12-21　安全防护、文明施工措施费用使用计划报审表

D-12-22　施工单位（总包、分包）安全管理体系报审表

D-12-23　施工安全防护用具、设备、器材报审表

D-12-24　建设工程施工安全评价书

D-13　危险性较大分部分项工程报验资料等

5）E 类：合同管理。

E-1　合同管理台账

E-2　监理酬金申请表

E-3　工程临时延期申请表

E-4　工程临时延期审批表

E-5　工程最终延期审批表

E-6　工、料、机动态报表

E-7　合同争议处理意见书

E-8　工程竣工移交证书等

6）F 类：信息管理。

F-1　工程建设法定程序文件清单

F-2　监理人员资历资料

F-3　监理工作程序、制度及常用表格

F-4　施工机械进场报审表

F-5　监理单位来往文函

F-6　监理单位监理信息化文件

F-7　收发文登记本

F-8　传阅文件表

F-9　旁站记录

F-10　监理日志

F-11　工程质量评估报告

F-12　监理工作总结

F-13　监理音像资料等

7）G 类：组织协调。

G-1　建设单位来文、函件

G-2　设计单位来文、函件、施工图

G-3　施工单位来文、函件

G-4　其他单位文件

G-5　招标文件

G-6　投标文件

G-7　勘察报告

G-8　第三方工程检测报告

G-9　工程质量安全监督机构文件

G-10　建筑节能监理评估报告

8）H 类：项目监理机构管理。

H-1　总监任命通知书

H-2　项目监理机构印章使用授权书

H-3　项目监理机构设置通知书

H-4　项目监理机构监理人员调整通知书

H-5　项目监理机构监理人员执业资质证复印件

H-6　监理单位营业执照及资质证书复印件

H-7　监理办公设备、设施及检测试验仪器清单

H-8　项目监理机构考勤表

H-9　项目监理机构内部会议记录及监理工作交底资料

H-10　监理单位业务管理部门巡查、检查资料

H-11　监理单位发布实施的规章制度、规定、通知、要求等文件

4. 监理文件资料的常用表式

1)《建设工程监理规范》中的附录 A（工程监理单位用表）、附录 B（施工单位报审、验用表）、附录 C（通用表）三类共 25 个监理基本表式。其中，A 类表是工程监理单位对外签发的监理文件或监理工作控制记录用表，共有 8 个表式；B 类表由施工单位填写后报工程监理单位或建设单位审批或验收用表，共有 14 个表式；C 类表是工程参建各方的通用表，共有 3 个表式。建设工程监理基本表式如下：

① 附录 A：工程监理单位用表。

表 A.0.1　总监任命书

表 A.0.2　工程开工令

表 A.0.3　监理通知

表 A.0.4　监理报告

表 A.0.5　工程暂停令

表 A.0.6　旁站记录

表 A.0.7　工程复工令

表 A.0.8　工程款支付证书

② 附录 B：施工单位报审、报验用表。

表 B.0.1　施工组织设计、（专项）施工方案报审表

表 B.0.2　工程开工报审表

表 B.0.3　工程复工报审表

表 B.0.4　分包单位资格报审表表

表 B.0.5　施工控制测量成果报验表

表 B.0.6　工程材料、构配件、设备报审表

表 B.0.7　__________ 报审、报验表

表 B.0.8　分部工程报验表

表 B.0.9　监理通知回复单

表 B.0.10　单位工程竣工验收报审表

表 B.0.11 工程款支付报审表

表 B.0.12 施工进度计划报审表

表 B.0.13 费用索赔报审表

表 B.0.14 工程临时、最终延期报审表

③ 附录 C：通用表。

表 C.0.1 工作联系单

表 C.0.2 工程变更单

表 C.0.3 索赔意向通知书

2）各地方可以结合自身实际情况，制定出相应的管理表格。例如，广东省结合实际情况，就工程质量制定了系列监理表格（B 类表），目录如下：

① 法定代表人授权书

② 工程质量终身责任承诺书

③ 总监理工程师任命书

④ 项目监理机构印章使用授权书

⑤ 项目监理机构驻场监理人员通知书

⑥ 项目监理机构监理人员调整通知书

⑦ 监理规划

⑧（专业工程名称）监理实施细则

⑨ 工程开工令

⑩ 监理通知

⑪ 工程质量问题报告

⑫ 工程暂停令

⑬ 旁站记录

⑭ 平行检查记录

⑮ 巡视（巡查）记录

⑯ 巡视（巡查）巡查整改通知书

⑰ 巡视（巡查）整改通知回复单

⑱ 工程复工令

⑲ 会议纪要

⑳ 监理月报

㉑ 监理工作总结

㉒ 工程质量评估报告

㉓ 监理通知回复单

㉔ 监理工作联系单

3）各个地方可以根据自身实际情况，制定出单位工程竣工验收及备案文件表格，例如广东省结合实际情况，制定了“广东省建筑工程竣工验收技术资料省统一用表”，目录如下：

① 单位（子单位）工程竣工报告

② 单位（子单位）工程质量控制资料核查记录

③ 单位（子单位）工程涉及安全、节能、环境保护和主要使用功能的分部工程检验资料核查及主要功能抽查记录

④ 单位（子单位）工程观感质量检查记录

⑤ 住宅工程质量分户验收汇总表

⑥ 已按合同约定支付工程款证明文件

⑦ 勘察文件质量检查报告

⑧ 设计文件质量检查报告

⑨ 单位工程质量评估报告

⑩ 建筑工程质量保修书

⑪ 单位（子单位）工程预验收质量问题整改报告核查表

⑫ 建设主管部门及工程质量监督机构责令整改报告核查表

⑬ 单位工程（子单位）质量竣工验收记录

⑭ 单位工程（子单位）竣工验收报告

⑮ 单位工程竣工验收法定文件核查表

⑯ 单位工程（子单位）竣工验收备案表

⑰ 市政基础设施的有关质量检测和功能性试验资料

⑱ 规划验收合格证

⑲ 消防验收合格意见书或备案文件

⑳ 环保验收认可文件或者准许使用文件

㉑ 住宅质量保证书

㉒ 住宅使用说明书

㉓ 法规、规章规定必须提供的其他文件

㉔ 单位工程竣工验收备案法定文件核查表

5. 监理文件资料的归档与移交

1)《建设工程文件归档规范（2019 年版）》(GB/T 50328—2014）对监理文件资料归档范围和保管期限规定，见表 11-2。

表 11-2 监理文件资料归档范围和保管期限

类别	归档文件	保存单位				
		建设单位	设计单位	施工单位	监理单位	城建档案馆
B1	监理管理文件					
1	监理规划	▲			▲	▲
2	监理实施细则	▲		△	▲	▲
3	监理月报	△			▲	
4	监理会议纪要	▲		△	▲	
5	监理工作日志				▲	

（续）

类别	归档文件	保存单位				
		建设单位	设计单位	施工单位	监理单位	城建档案馆
6	监理工作总结				▲	▲
7	工作联系单	▲		△	△	
8	监理工程师通知	▲		△	△	△
9	监理工程师通知回复单	▲		△	△	△
10	工程暂停令	▲		△	△	▲
11	工程复工报审表	▲		▲	▲	▲
B2	进度控制文件					
1	工程开工报审表	▲		▲	▲	▲
2	施工进度计划报审表	▲		△	△	
B3	质量控制文件					
1	质量事故报告及处理资料	▲		▲	▲	▲
2	旁站监理记录	△		△	▲	
3	见证取样和送检人员备案表	▲		▲	▲	
4	见证记录	▲		▲	▲	
5	工程技术文件报审表			△		
B4	造价控制文件					
1	工程款支付	▲		△	△	
2	工程款支付证书	▲		△	△	
3	工程变更费用报审表	▲		△	△	
4	费用索赔申请表	▲		△	△	
5	费用索赔审批表	▲		△	△	
B5	工期管理文件					
1	工期延期申请表	▲		▲	▲	▲
2	工期延期审批表	▲			▲	▲
B6	监理验收文件					
1	竣工移交证书	▲		▲	▲	▲
2	监理资料移交书	▲			▲	
合计		24（2）		21（14）	26（10）	12（2）

注：表中标记“▲”符号的表示必须归档保存；标记“△”的表示选择性归档保存；括号内数字为选择性归档保存项目合计。

以上 26 种监理文件资料中有 24 种资料都要移交给建设单位存档（纸质和电子文件），监理单位要存档的有 26 种，城建档案馆存档的有 12 种（包括纸质和电子文件）。

2）根据《建设工程监理规范》中对监理文件资料管理的要求，项目监理机构应建立完善的监理文件资料管理制度，设专人管理监理文件资料，并及时、准确、完整地收集、整理、编制、传递监理文件资料。宜采用信息技术进行监理文件资料管理，实现监理文件资料管理的科学化、程序化、规范化。及时整理、分类汇总监理文件资料，按规定组卷，形成监理档案。

3）工程监理单位应根据工程特点和有关规定，保存监理档案，并向有关单位、部门移交需要存档的监理文件资料。

4）建立健全文件、函件、图样、技术资料的登记、处理、归档与借阅制度。文件发送与接收由现场监理机构（资料管理组）统一负责，并要求收文单位签收。存档文件由监理信息资料员负责管理，不得随意存放，凡需查阅，应办理有关手续，用后归还。

5）工程开工前，总监应与建设单位、设计、施工单位对资料的分类、格式（包括用纸尺寸）、份数以及移交达成一致意见。

6）监理文件资料的送达时间以各单位负责人或指定签收人的签收时间为准。设计、施工单位对收到监理文件资料有异议，可于接到该资料的 7 日内，向项目监理机构提出要求确认或要求变更的申请。

7）项目总监定期对监理文件资料管理工作进行检查，公司每半年也应组织一次对项目监理机构“一体化”管理体系执行情况的检查，对存在问题下发整改通知单，限期整改。

8）“一体化”管理体系运行中产生的记录由内审组保存，并每年年底整理归档交投标人档案室保存。项目监理机构撤销前，应整理本项目有关监理文件资料，填报“工程文件档案移交清单”，交监理单位业务管理部归档。

9）为保证监理文件资料的完整性和系统性，要求监理人员平常就要注意监理文件资料的收集、整理，移交和管理。监理人员离开工地时不得带走监理文件资料，也不得违背监理合同中关于保守工程秘密的规定。

10）监理文件资料应在各阶段监理工作结束后及时整理归档，按《建设工程文件归档规范（2019 年版）》（GB/T 50328—2014）、《电子文件归档与电子档案管理规范》（GB/T 18894—2016）和《建设电子文件与电子档案管理规范》（CJJ/T 117—2017）及当地建设工程质量监督机构、城市建设档案管理部门有关规定进行档案的编制及保存。档案资料应列明事件、题目、来源、概要，经办人、结果或其他情况，尽量做好内容和形式的统一。

11）在工程完成并经过竣工验收后，项目监理机构应按监理合同规定，向建设单位移交监理文件资料。工程竣工存档资料应与建设单位取得共识，以使资料管理符合有关规定和要求。移交监理文件资料要登记造册、逐项清点、逐项签收，并在“监理文件资料移交清单”上完善经办人签名和移交、接收单位盖章手续。

12）工程竣工验收合格后，项目监理机构应整理本项目相关的监理文件资料，对照当地城建档案管理部门的有关规定，对遗失、破损的工程文件逐一登记说明，形成“监理文件资料移交清单”，交当地城建档案管理部门验收，取得“监理文件资料移交合格证明表”，连同工程竣工验收报告、备案验收证明等移交给监理单位资料室存档保存。

13）资料归档要求。

① 归档的时间：

A. 根据建设程序和工程特点，归档可以分阶段分期进行，也可以在单位或分部工程通过验收后进行。

B. 勘察、设计单位应当在任务完成时，施工、监理单位应当在工程竣工验收前，将各自形成的有关工程档案向建设单位归档。

C. 勘察、设计、施工单位在收齐工程文件并整理立卷后，建设单位、监理单位应根据地方城市建设档案馆（简称城市城建档案馆）的要求对文件完整、准确、系统情况进行审查。审查合格后向建设单位移交。

② 归档的套数：工程档案不少于两套，一套由建设单位保管，一套（原件）移交当地城建档案馆保存。勘察、设计、施工、监理等单位向建设单位移交档案时，应编制移交清单，双方签字、盖章后方可交接。设计、施工及监理单位需要向本单位归档的文件，应按国家有关规定单独立卷归档。

③ 文字材料幅面尺寸规格要求为 A4 纸，图样尺寸规格采用国家标准幅面。

④ 案卷的排列：卷内文件必须按规定表格内容的顺序排列，图样按专业图纸目录顺序排列。

⑤ 移交城市城建档案馆相关表格。

以广州市建设工程监理文件资料归档为例，建设工程监理文件资料移交城市城建档案馆卷内目录见表 11-3。

表 11-3　建设工程监理文件资料移交城市城建档案馆卷内目录

申请单位（盖章）

卷内目录　　　　卷号

（建筑工程）

工程名称：　　　　共____页　第____页

序号	文件编号	责任者	文件题名	日期	页次	备注
1			监理规划			
2			监理实施细则			
3			监理月报中的有关质量问题			
4			监理会议纪要中的有关质量问题			
5			工程开工 / 复工报审表			
6			工程开工 / 复工及暂停令			
7			不合格项目通知			
8			工程质量事故报告及处理意见			
9			工程竣工结算审核意见书			

（续）

序号	文件编号	责任者	文件题名	日期	页次	备注
10			工程延期报告及审批			
11			合同争议、违约报告及处理意见			
12			合同变更材料			
13			工程监理竣工总结			
14			工程质量评估报告			
广州市城市建设档案馆、广州地区建设工程质量安全监督站制				监理文件 1-1		

建筑工程档案移交内容表见表 11-4。

表 11-4 建筑工程档案移交内容表

<table>
<tr><th colspan="2">分工</th><th colspan="3">案卷内容（标题）</th><th>卷内目录
表格编号</th></tr>
<tr><td rowspan="17">建设单位汇总交市城建档案馆</td><td rowspan="3">由建设单位按项目立卷</td><td colspan="2" rowspan="3">工程准备阶段文件</td><td>立项文件、建设用地、征地、拆迁文件</td><td rowspan="3">准备文件 2-1～2-2</td></tr>
<tr><td>勘察、测绘、设计文件</td></tr>
<tr><td>招标投标、合同文件、开工审批文件</td></tr>
<tr><td>由监理单位按单位工程立卷</td><td colspan="3">监理文件</td><td>监理文件 1-1</td></tr>
<tr><td rowspan="13">由施工单位按分部工程立案</td><td rowspan="13">施工文件</td><td rowspan="13">验收记录、施工技术管理记录、产品质量证明文件、检验报告、施工记录、检测报告、工程安全和功能检验记录</td><td>建筑工程综合管理记录</td><td>建筑工程综 1-1</td></tr>
<tr><td>地基与基础工程施工及验收记录</td><td>基础 11-1～11-11</td></tr>
<tr><td>主体结构工程施工及验收记录</td><td>主体 11-1～11-11</td></tr>
<tr><td>建筑装饰装修工程施工及验收记录</td><td>建筑装饰装修 5-1～5-5</td></tr>
<tr><td>建筑屋面工程施工及验收记录</td><td>建筑屋面 2-1～2-2</td></tr>
<tr><td>建筑设备安装工程施工及验收记录</td><td>安装工程综 1-1</td></tr>
<tr><td>建筑给水、排水及采暖工程施工及验收记录</td><td>给水排水及采暖 3-1～3-3</td></tr>
<tr><td>建筑电气工程施工及验收记录</td><td>电气 3-1～3-5</td></tr>
<tr><td>智能建筑工程施工及验收记录</td><td>智能 2-1～2-2</td></tr>
<tr><td>通风与空调工程施工及验收记录</td><td>通风与空调 4-1～4-4</td></tr>
<tr><td>电梯工程施工及验收记录</td><td>电梯 1-1</td></tr>
<tr><td>建筑节能工程施工及验收记录</td><td>节能 4-1～4-4</td></tr>
<tr><td>其他专业工程施工及验收记录</td><td>消防等独立专业施工参照相应分部的内容组卷</td></tr>
</table>

（续）

<table>
<tr><th colspan="2">分工</th><th colspan="3">案卷内容（标题）</th><th>卷内目录
表格编号</th></tr>
<tr><td rowspan="26">建设单位汇总交市城建档案馆</td><td rowspan="24">由施工单位按单位工程立卷</td><td rowspan="24">竣工图</td><td rowspan="8">一、室外专业竣工图</td><td>室外给水工程竣工图</td><td rowspan="24">参照工程备案资料要求进行组卷</td></tr>
<tr><td>室外排水工程竣工图</td></tr>
<tr><td>室外电力工程竣工图</td></tr>
<tr><td>室外电信工程竣工图</td></tr>
<tr><td>室外燃气工程竣工图</td></tr>
<tr><td>室外道路工程竣工图</td></tr>
<tr><td>室外绿化工程竣工图</td></tr>
<tr><td>室外其他工程竣工图</td></tr>
<tr><td rowspan="16">二、专业竣工图</td><td>建筑竣工图</td></tr>
<tr><td>结构竣工图</td></tr>
<tr><td>钢结构竣工图</td></tr>
<tr><td>幕墙工程竣工图</td></tr>
<tr><td>二次装修工程竣工图</td></tr>
<tr><td>给水排水工程竣工图</td></tr>
<tr><td>电气工程竣工图</td></tr>
<tr><td>消防工程竣工图</td></tr>
<tr><td>智能工程竣工图</td></tr>
<tr><td>通风工程竣工图</td></tr>
<tr><td>空调工程竣工图</td></tr>
<tr><td>燃气工程竣工图</td></tr>
<tr><td>电梯工程竣工图</td></tr>
<tr><td>其他工程竣工图</td></tr>
<tr><td>由建设单位按单位工程立卷</td><td colspan="3">竣工验收文件</td><td>验收文件 2-1～2-2</td></tr>
<tr><td>由建设单位、施工单位立卷</td><td colspan="3">音像档案（照片、录音、录像、光盘、磁盘）</td><td>按照有关音像档案编制规范组卷</td></tr>
</table>

建设工程档案预验收申请表见表 11-5。

表 11-5 建设工程档案预验收申请表

申请单位（盖章）： 项目代号：

建设项目名称		建设工程规划许可证号	
单位工程名称		建设位置	
		建设规模	
施工单位意见			
监理单位意见			
建设单位意见			
档案数量	总计 卷，其中： 文字 卷，图样 卷，磁盘 张，照片 张，录像 盒		
联系人		电 话	
市城建档案馆验收意见	经办人： 科长：		

填报日期： 年 月 日

办理建设工程竣工验收备案需提交的资料见表 11-6。

表 11-6 办理建设工程竣工验收备案需提交的资料

序号	材料名称	份数	材料形式	备注
1	建设工程竣工验收备案表	6	原件	该表在广州城市建设网“监理单位网上申报系统”进行网上申报后的打印件
2	建设工程施工许可证	1	复印件（核对原件）	
3	施工图设计文件审查意见	1	复印件（核对原件）	
4	建设工程竣工验收报告	1	原件	
5	工程施工质量验收申请表	1	原件	
6	工程质量评估报告	1	原件	
7	勘察文件质量检查报告	1	原件	
8	设计文件质量检查报告	1	原件	
9	单位（子单位）工程质量验收记录	1	原件	
10	市政基础设施的有关质量检测和功能性试验资料（例如：桥梁工程的动、静荷载试验报告，市政供水工程的水压试验验收报告）	1	复印件（核对原件）	依照标准、规范需要实施该项目工程序内容的提供

（续）

序号	材料名称	份数	材料形式	备注
11	建设工程质量验收监督意见书	1	建设工程	
12	建设工程规划许可证及规划验收合格证	1	复印件（核对原件）	
13	建设工程消防验收合格意见书或已进行建设工程竣工验收消防备案的证明	1	复印件（核对原件）	已进行建设工程竣工验收消防备案的证明可以是打印件（必须包含备案编号），并加盖建设单位印章
14	环境保护验收意见	1	复印件（核对原件）	
15	建设工程竣工验收档案认可书	1	复印件（核对原件）	
16	工程质量保修书	1	原件	
17	住宅质量保证书和住宅使用说明书	1	复印件（核对原件）	属于商品住宅工程的提供
18	人防工程验收证明	1	复印件（核对原件）	有该项工程内容的提供
19	单位工程施工安全评级书	1	复印件（核对原件）	
20	中标通知书（设计、监理、施工）	1	复印件（核对原件）	必须招标的工程提供
21	建设施工合同	1	复印件（核对原件）	
22	燃气工程验收文件	1	复印件（核对原件）	有该项工程内容的提供
23	电梯安装分部工程质量验收证书	1	原件	有该项工程内容的提供
24	室内环境污染物检测报告	1	复印件（核对原件）	依照标准、规范需要实施该项目工程内容的提供
25	工程款已按合同支付的证明（建设单位、施工单位双方法人签字并加盖公章）、工程款支付清单及相应发票	1	复印件（核对原件）	依照标准、规范需要实施该项目工程内容的提供
26	预拌砂浆使用报告、预拌砂浆购销合同、有效发票、厂家的产品检测报告和出厂合格证书	1	使用报告为原件，其余为复印件（核对原件）	许可现场搅拌混凝土的工程、按照设计不使用砂浆的工程以及 2008 年 9 月 10 日前竣工验收的工程，可以不提交预拌砂浆购销合同、有效发票、厂家的产品检测报告和出厂合格证书；2008 年 9 月 10 日后竣工验收的工程，未按规定使用预拌砂浆的，暂时可以提交预拌砂浆使用报告、广州市散装水泥办发出的责令改正决定书和建设单位、施工单位使用预拌砂浆保证书

注：本表摘自广州市建设工程质量监督站主编的《建筑工程施工技术资料编制指南（2012 年版）》。

思考题

1. 简述监理信息管理的意义及收集要求。
2. 简述监理信息管理岗位中总监和监理人员的职责。
3. 如何进行监理信息的整理、保存和归档?
4. 如何利用计算机技术，做好监理信息的辅助管理?
5. 监理企业应从哪些方面加强信息化建设工作?
6. 什么是监理文件资料? 简述其一般规定。

二维码形式客观题

微信扫描二维码，可自行做客观题，提交后可查看答案。

12

第 12 章 设备采购与监造

本章学习目标

了解设备采购工作计划的编制依据和编制内容；熟悉设备采购的监理工作要求、设备采购方案的内容、设备采购的形式和设备采购文件资料的主要内容；熟悉非招标设备采购的询价的原则、方法和询价的监理工作内容；了解设备监造的范围；掌握设备监造的工作内容、方案的编制、监造质量控制方式和控制手段、控制点的设置；掌握对关键零部件制造质量的监理工作要点、设备出厂质量控制的监理工作要点、设备交货验收的监理工作要点。

12.1 设备采购与监造工作计划编写

1. 工作计划的编制依据

1）工程建设项目有关的法律、法规。

2）设备工程有关的标准、规范、规程。

3）工程项目建设总进度计划。

4）工程建设项目相关的合同文件。

5）项目的施工图设计文件及相关设备设计文件及技术要求。

2. 工作计划的编制内容

工作计划应明确项目监理机构的目标，确定具体的监理工作制度、内容、程序、方法和措施，并具有指导性和针对性，并且它的内容应包括以下几点：

1）项目及设备概况。

2）监理工作的范围、内容和工作目标。

3）监理工作的依据。

4）设备采购与设备监造的工作程序。

5）人员配备及进场计划、监理人员岗位职责。

6）建立项目监理机构的质量管理体系。

7）设备采购与设备监造的方法和手段。

8）设备采购与设备监造的进度安排。

12.2 设备采购招标的组织

对设备制造单位进行优选，能够有效地保证产品质量和降低监造成本，因此必须对优选设备制造单位高度重视。

1. 设备采购的监理工作要求

（1）设备采购前期准备的服务　监理机构按工程设计文件对设备采购管理进行策划。依据监理规范要求，应协助建设单位编制设备采购方案，报建设单位审批并实施。监理机构应熟悉和掌握设计文件及拟采购的设备的各项技术要求、技术说明和有关标准，并应制定相应的采购监理管理制度、工作程序及相关的表格、详细的材料设备采购计划，明确材料设备采购产品的名称、类别、型号、规格、等级和数量。

（2）设备采购过程的服务　应编制合格供应商名单，建立设备制造单位档案，进行产品价格比较，为建设单位提供综合评价意见，协助建设单位选择设备制造单位。当采用招标方式时，监理机构应协助建设单位按照有关规定组织设备采购招标。当采用其他招标方式进行设备采购时，监理机构应协助建设单位进行询价，协助建设单位组建相关的技术、商务小组，参与比价、议价与设备制造单位谈判，编制谈判要点文件，提供相关的技术参数和资料，确定采购购入条件与支付条件。

（3）合同管理的服务　监理机构应协助建设单位进行设备采购合同谈判、签订设备采购合同。督促合同履行情况，发生异常情况及时向业主反映，并提出处理意见和建议供建设单位选择。监理机构应协助建设单位处理因账目或其他问题引起的争议、分歧与索赔，提供相关的资料和数据；若需仲裁，协助建设单位为任何法律行动准备支持文件。

（4）进度管理的服务　监理机构应督促材料设备采购工作按计划实施。

（5）设备采购验收工作　监理机构应根据采购合同检查交付的产品和质量证明资料，填写产品交验记录。核对到货数量和规格型号是否一致、检查到货外观包装质量、参加开箱检查、保存采购更改记录和付款记录并及时呈报建设单位，对于设备采购、运输进口产品，监理机构应按国家规定和国际惯例查核报关、商检及保险等手续。符合条件的产品，才可办理接收手续。对采购的产品存在漏、缺、损、残等不合格状态，应予以记录，并按规定处置。

2. 设备采购方案的内容

监理机构应协助建设单位编制设备采购方案，设备采购方案应包含下列内容：

1）采购原则：拟采购的设备应完全符合设计要求和有关标准。

2）采购的范围和内容：监理工程师根据图样等资料审核或编制工程设备汇总表。

3）设备采购的方式和程序。

4）编制采购进度计划、估价表和采购的资金使用计划。

3. 设备采购的形式

设备采购分为招标、其他方式两种形式。需要招标采购的设备可采用通过公共资源交易中心进行招标采购（公开招标、邀请招标）或政府采购（公开招标、邀请招标、竞争性谈判、单一来源采购、询价）。

（1）公开招标　根据《中华人民共和国招标投标法》第三条的规定，在中华人民共和国境内进行下列工程建设项目，包括项目的勘察、设计、施工、监理以及与工程建设有关的重要设备、材料等的采购，必须进行招标：

1）大型基础设施、公用事业等关系社会公共利益、公众安全的项目。

2）全部或者部分使用国有资金投资或者国家融资的项目。

3）使用国际组织或者外国政府贷款、援助资金的项目。

前款所列项目的具体范围和规模标准，由国务院发展计划部门会同国务院有关部门制定，报国务院批准。

法律或者国务院对必须进行招标的其他项目的范围有规定的，依照其规定。

（2）邀请招标

1）根据《中华人民共和国招标投标法实施条例》第八条的规定，国有资金占控股或者主导地位的依法必须进行招标的项目，应当公开招标；但有下列情形之一的，可以邀请招标：

① 技术复杂、有特殊要求或者受自然环境限制，只有少量潜在投标人可供选择。

② 采用公开招标方式的，费用占项目合同金额的比例过大。

有前款第二项所列情形，属于该条例第七条规定的项目，由项目审批、核准部门在审批、核准项目时做出认定；其他项目由招标人申请有关行政监督部门做出认定。

2）实行邀请招标的项目，市、县管项目经上一级项目审批部门核准。

3）根据《中华人民共和国政府采购法》的规定，符合下列情形之一的货物或者服务，可以依法采用邀请招标方式采购：

① 具有特殊性，只能从有限范围的供应商处采购的。

② 采用公开招标方式的，费用占政府采购项目总价值的比例过大的。

监理工作内容：参与建设单位的考察调研，提出意见或建议，协助建设单位拟定考察结论。

（3）竞争性谈判　根据《中华人民共和国政府采购法》的规定，符合下列情形之一的货物或者服务，可以采用竞争性谈判方式采购：

1）招标后没有供应商投标，或者没有合格标，或者重新招标未能成立的。

2）技术复杂或者性质特殊，不能确定详细规格或者具体要求的。

3）采用招标所需时间不能满足用户紧急需要的。

4）不能事先计算出价格总额的。

（4）单一来源采购　根据《中华人民共和国政府采购法》的规定，符合下列情形之一的货物或者服务，可以采用单一来源方式采购：

1）只能从唯一供应商处采购的。

2）发生了不可预见的紧急情况，不能从其他供应商处采购的。

3）必须保证原有采购项目一致性或者服务配套的要求，需要继续从原供应商处添购，且添购资金总额不超过原合同采购金额百分之十的。

采取单一来源方式采购的，采购人与供应商应当遵循依法规定的原则，在保证采购项目质量和双方商定合理价格的基础上进行采购。

（5）询价　采购的货物规格、标准统一、现货货源充足且价格变化幅度小的政府采购项目，可以依法采用询价方式采购。

4. 设备采购文件资料的主要内容

1）建设工程监理合同及设备采购合同。

2）设备采购招标文件。

3）工程设计文件和图样。

4）市场调查、考察报告。

5）设备采购方案。

6）设备采购工作总结。

12.3 非招标设备采购的询价

建设单位直接采购设备的，监理机构应根据建设单位在建设工程监理合同中委托的内容和要求，积极协助建设单位做好设备采购和设备制造单位的评审。

1. 询价的基本原则

（1）合理性原则　采用货比三家的办法，至少具备三家报价。

（2）可比性原则　这是设备采购特别重要的一个原则，因为设备包含的零配件、材料数量很多，产品的技术参数完全一致是比较困难的。询价时一定要考虑性能差别对工程项目的影响和对价格的影响。

（3）时效性原则　应取得商家的最新报价，报价时要明确有效期。

（4）参照性原则　可参照同类已审工程的价格。

（5）准确性原则　由于材料设备价格受市场诸多因素影响，定价时应加强沟通协调能力，存在较大争议时应集体讨论确定。

2. 询价方式方法

在设备采购准备阶段，监理机构应协助建设单位对拟采购的设备价格进行摸底，然后结合采购设备的特点、要求，确定设备采购的招标控制价。

（1）电话询价　它的优点是：方便快捷、节省审计时间，费用成本低；缺点是：得到价格信息准确度不高，没有实质的证据。

（2）网络询价　它的优点是：过程与电话询价类似，但可以将网络资料打印作为辅助证据；缺点是：网上商品差异大、虚假信息较多，查得的结果只能用来参考。

（3）实地询价　它的优点是：价格信息依据充分，价格信息较为准确；缺点是：有些材料设备生产厂家比较少，选择范围小，找寻时间长，成本费用较高。

（4）同行询价　它的优点是价格信息较真实，缺点是价格信息依据不够充分。

（5）参考已完项目　利用自己公司和政府采购的资源，查阅已经招标的、已结算的相关设备价格，或相近设备进行推算。

3. 询价的监理工作内容

（1）准备工作　专业监理工程师应熟悉和掌握设计文件中设备的各项要求、技术说明和规范标准。充分与设计单位沟通，对项目的使用功能、设计深度、具体做法等要有明确要求，对采用的设备技术参数、规格、档次、主要特征等要进行详细描述，增强询价工作的针对性、准确性。

（2）设立询价小组　项目监理机构应协助建设单位成立专门的询价小组，并委派有专业知识的监理人员配合建设单位，了解设备的技术要求，市场供货情况，熟悉合同条件及采购程序。

（3）协助确定投标设备制造单位名单　项目监理机构应协助建设单位对预选设备制造单位进行考察，对预选设备制造单位的设备生产能力、设备生产水平、设备供货能力、供应商的财务状况、信誉等进行评价，编写考察报告，并协助确定投标设备制造单位名单。

（4）协助制定询价文件　确定评标条件，考虑报价的合理性、设备的先进性、可靠性、制造质量、使用寿命和维修的难易程度及备件的供应、交货时间、安装调试时间、运输条件，以及投标单位的生产管理、技术管理、质量管理、企业信誉、执行合同能力等。

（5）协助确定招标控制价　按照上述原则和方法，充分掌握设备应有的价格，并能完整地反映主要材料设备的市场价格信息。

（6）确定中标供应商　项目监理机构应参与谈判前准备工作，并成立技术谈判组和商务谈判组，确定谈判成员名单及职责分工，明确工作纪律。询价小组对技术、商务投标文件进行评审，按评标条件进行评标，确定中标供应商。项目监理机构在谈判工作结束后，应及时编写谈判报告，准备合同文件。

（7）合同谈判　项目监理机构应协助建设单位进行设备采购合同谈判，并协助签订设备采购合同。

12.4 设备监造的范围

设备监造是指监理机构按照建设工程监理合同和设备采购合同的约定，对设备制造过程进行的监督检查活动。

设备监造主要是指对建筑设备类的电梯、大型空调设备、高低压设备等的监造，对于钢结构、拼装式建筑等监造可参考设备监造进行监理。其他行业需要设备监理的按照《质检总局发展改革委工业和信息化部关于加强重大设备监理工作的通知》（国质检质联〔2014〕60 号）目录进行监理。国家鼓励实施设备监理的重大设备目录见表 12-1。

表 12-1　国家鼓励实施设备监理的重大设备目录

行业	设备专业	重大设备或关键设备	说明
一、冶金工业	炼铁	高炉设备	1200m³ 以上高炉设备，主要包括高炉炉体、供料设备、上料设备、炉顶设备、炉前设备、热风炉设备
		烧结设备	180m² 以上烧结设备，主要包括烧结机、破碎机、混合机、环冷机、制粒机、鼓风机
		球团设备	年产 120 万 t 以上球团设备，主要包括回转窑、链箅机、环冷机、鼓风机
		焦化设备	炭化室高度在 6m 以上的焦化及化产回收设备，主要包括推焦车、拦焦车、电机车、装煤除尘车、焦炉设备、干熄焦设备、化产设备

（续）

行业	设备专业	重大设备或关键设备	说明
一、冶金工业	炼钢	转炉炼钢设备	120t 以上转炉炼钢设备，主要包括转炉本体、转炉倾动、混铁车、烟气除尘、起重机
		电炉炼钢设备	电炉 100t（合金钢 50t）以上及与其配套的精炼设备，主要包括电炉炉体、炉体倾动、电极装置、起重机、电控系统
		连铸设备	板坯宽度 1200mm 以上连铸机组设备；大型方坯、矩形坯和异形坯连铸机组
	轧钢	中厚板轧机机组	2800mm 及以上中厚板轧机设备，主要包括加热炉、轧机
		板材热轧机组	1450mm 及以上板材热轧设备，主要包括加热炉、初轧机（粗轧机）、精轧机、矫直机、剪切机、起重机
		板材冷轧机机组	1200mm 及以上板材热轧设备，主要包括酸洗设备、连轧机、退火设备、平整机、热镀锌设备、剪切机、开卷机和卷取机、起重机
	矿山	采矿设备	主要包括采掘机、支架、钻机、输送机、提升机
	有色冶金	火法冶金设备	铜、镍、铅、锌、铝 10 万 t / 年及以上或镍 5 万 t / 年及以上设备，主要包括冶金炉窑设备、余热利用设备、烟气处理设备、浇铸设备、配套电气设备
		湿法冶金设备	铜、铅、锌、铝 10 万 t / 年及以上或镍 5 万 t / 年及以上设备，主要包括电解设备、压滤设备、换热设备、阴阳极制备设备、配套电气设备
		金属加工设备	铝 2 万 t / 年、铜 3 万 t / 年及以上设备，包括熔铸设备、轧制设备、矫直设备、成型设备
二、煤炭工业	井工矿山	采掘系统	主要包括采煤机、掘锚一体机、液压支架、钻机、掘进机、可伸缩胶带输送机、刮板输送机
		运输系统	主要包括胶带输送机、井下运输车
		提升系统	主要包括矿井提升机、罐笼、箕斗、主斜井提升胶带输送机
		通风系统	主要包括空气压缩机、主扇风机
	洗选煤	原煤准备设备	主要包括破碎机、筛分机
		洗选煤设备	主要包括跳汰机、浮选机、重介分选机、浓缩机
	露天矿山	剥离设备	主要包括堆取料机、皮带运输机
		采煤设备	主要包括露天矿用电铲、钻机
		运输系统	主要包括露天矿用卡车

（续）

行业	设备专业	重大设备或关键设备	说明
二、煤炭工业	煤炭深加工及综合利用	煤焦化设备	主要包括推拦焦车、捣固机、熄焦装置
		煤气化设备	主要包括磨煤机、煤浆泵、气化炉、破渣机、锁渣罐、洗涤塔、煤气冷却器、闪蒸塔
		煤液化设备	主要包括加氢稳定装置、加氢改质装置、轻烃回收装置、制氢装置等
		煤矸石电厂设备	主要包括发电机、汽轮机、锅炉、磨煤机、凝汽器、加热器
		煤伴生资源设备	主要包括用于瓦斯抽采的煤气压缩机、罗茨鼓风机及真空泵
三、石油和化学工业	炼油	常减压设备	规模 1000 万 t / 年以上的常压蒸馏、减压蒸馏装置。主要包括加热炉、常压蒸馏塔、减压蒸馏塔等
		催化设备	规模 150 万 t / 年以上。主要包括再生器、塔器、空冷器、余热锅炉、主风机、增压机、富气压缩机、烟气轮机等
		加氢设备	规模 150 万 t / 年以上。主要包括离心压缩机、汽轮机、加氢反应器、高压分离器、加热炉、余热锅炉等
		重整设备	规模 100 万 t / 年以上。主要包括重整反应器、预加氢反应器、加热炉、高压分离器、塔器、循环氢压缩机等
		焦化设备	规模 80 万 t / 年以上。主要包括焦炭塔、分馏塔、加热炉、余热锅炉、气压机、汽轮机等
		油气储运设备	主要包括储罐、气柜、油气回收装置、压缩机、火炬、场站设备等
	乙烯	乙烯设备	规模 80 万 t / 年以上。主要包括低温塔器、裂解炉、急冷废锅、裂解气压缩机、丙烯压缩机、乙烯压缩机、冷箱、球罐等
		聚乙烯设备	规模 20 万 t / 年以上。主要包括高压反应器、压缩机、高低压分离器、旋风分离器等
		聚丙烯设备	规模 47 万 t / 年以上。主要包括预聚反应器、环管反应器、聚合反应器等
	化工	有机化工生产设备	模模 5 万 t / 年以上，主要包括甲醇合成塔、氧化反应器、精馏塔、压缩机等
	化纤	对苯二甲酸设备	规模 100 万 t / 年以上。主要包括对苯二甲酸（PTA）蒸汽管干燥机、氧化反应器、过滤机、空气压缩机、尾气膨胀机、汽轮机、离心机等
		聚酯设备	规模 20 万 t / 年以上。主要包括聚酯立式反应器、聚酯卧式反应器、刮板冷凝器等

（续）

行业	设备专业	重大设备或关键设备	说明
三、石油和化学工业	化纤	丙烯腈设备	规模 20 万 t / 年以上。主要包括丙烯腈反应器、旋风分离器、塔器等
		己内酰胺设备	规模 10 万 t / 年以上。主要包括流化床反应器、固定床反应器等
	化肥	合成氨设备	规模 30 万 t / 年以上。主要包括氨合成塔、变换炉、空分冷箱、造气炉、原料气压缩、合成气压缩机等
		尿素设备	规模 52 万 t / 年以上。主要包括尿素合成塔、汽提塔、高压冷凝器、高压洗涤器、CO_2 压缩机、高压甲胺泵等
		磷酸成套设备	规模 12 万 t / 年以上。主要包括电除雾器、水合塔、旋风分离器、尾气风机等
		复合肥成套设备	规模 24 万 t / 年以上。主要包括搅拌设备、混合设备、造粒设备、包装设备等
		氯化钾成套设备	规模 10 万 t / 年以上。主要包括结晶器、浓缩设备、喷雾干燥设备等
	制酸	硫酸成套设备	规模 30 万 t / 年以上。主要包括焙烧炉、废热锅炉、电除尘器、旋风分离器、塔器、酸冷器、离心风机等
		硝酸成套设备	规模 27 万 t / 年以上。主要包括硝酸吸收塔、氧化炉、废热锅炉等
	陆地油气田开采	钻机	主要包括井架、底座、转盘、提升设备、钻井液循环系统、控制系统等
		修井机	主要包括井架、提升设备、载车、控制系统等
		压裂设备	主要包括压裂车、混砂车、管汇车、仪表车等
		井控设备	主要包括防喷器及防喷器控制装置
	油气输送	长输管道	主要包括输送管道、储罐及场站设备
四、电力工业	火电设备	热力系统	单机容量 300MW 及以上燃煤机组或 9E 级及以上燃气机组，主要包括锅炉、余热锅炉（特指燃气机组）、汽轮机及调速系统、燃气轮机（特指燃气机组）、汽轮发电机及励磁系统、磨煤机、引风机、送风机、一次风机、给水泵、给水泵小汽机、凝汽器（或空冷岛换热管组）、除氧器及水箱、高压加热器、低压加热器、凝结水泵等
		供水系统	单机容量 300MW 及以上燃煤机组或 9E 级及以上燃气机组，主要包括循环水泵等
		电气系统	单机容量 300MW 及以上燃煤机组或 9E 级及以上燃气机组，主要包括主变压器、高压厂用变压器、启动变压器、备用变压器、断路器和组合电器（GIS）等

（续）

行业	设备专业	重大设备或关键设备	说明
四、电力工业	火电设备	热工控制系统	单机容量 300MW 及以上燃煤机组或 9E 级及以上燃气机组，主要包括监测、控制、保护装置及计算机监控系统等
	水电设备	机电设备	总装机容量 50MW 及以上工程，主要包括水轮机及调速系统，水轮发电机及励磁系统，厂房桥式起重机，主变压器及厂用变压器，断路器，组合电器（GIS），监测、控制、保护装置及计算机监控系统等
		金属结构设备	总装机容量 50MW 及以上工程，主要包括船闸、升船机等通航设备，大型闸门及启闭设备等
	风电设备	风力发电机组	单机 1.5MW 及以上容量或总装机 30MW 及以上工程，主要包括主机、塔架、主变压器、风机变压器等
	输变电设备	交流输变电工程设备	220kV 及以上电压等级变压器、电抗器、组合电器（GIS），500kV 及以上断路器、串补设备，750kV 及以上互感器、隔离开关、避雷器，220kV 及以上电力电缆
		直流输变电工程设备	换流变、换流阀、平波电抗器、控制保护装置，交流滤波器场设备，直流避雷器，直流测量装置，直流开关，直流滤波器等直流场设备，换流站内交流主设备监理范围同“交流输变电工程设备”
		装置性材料	500kV 及以上电压等级工程的铁塔、导地线、光缆
	核电站设备	核岛系统设备	反应堆及反应堆中相关设备，反应堆冷却剂系统设备，专设安全设施设备，核辅助系统设备，核级仪控、电气和通信设备，核燃料贮存和装卸设备，其他系统设备
		常规岛系统设备	汽轮机、发电机、主要辅助设备
		核电站配套设施	化学制水、海水系统，制氧、压缩空气系统，核废料处理系统
五、水利工程	水资源设备	金属结构及永久设备，起重设备，清淤、灌排及污水、污物处理设备	含输送金属管道、大功率水泵、各类启闭机及闸阀、拍门、拦污栅、清淤机械、起重设备、供配电及自控等设备，以及可用于数据传送的监测系统
六、环保工程	城镇污水处理设备	城镇污水处理系统总成设备	单系列日处理能力为 10 万 t 及以上，主要包括初级处理设备、中后期处理设备、污泥处理设备和配套设备
		城镇污水资源化回用处理系统总成设备（中水回用）	单系列日处理能力为 10 万 t 及以上，主要包括再生水机械过滤设备、膜分离设备、杀菌消毒设备、恒压供水设备等

（续）

行业	设备专业	重大设备或关键设备	说明
六、环保工程	城镇垃圾处理设备	垃圾焚烧处理系统总成设备	单台焚烧设备的日处理能力为100t及以上，主要包括垃圾焚烧炉、尾气净化系统、分拣与进料系统、发电成套设备和沥滤液处理成套设备等
		垃圾堆肥处理系统总成设备	单条生产线的日处理能力为150t及以上，主要包括垃圾分拣与进料系统、沥滤液处理成套设备、好氧堆肥机械与堆肥仓成套设备和复合有机肥制备成套设备等
	工业废水治理设备	工业园区污水处理系统总成设备（包括大型工业废水处理站成套设备）	单系列日处理能力为5万t及以上，主要包括初级处理设备、中后期处理设备、污泥处理设备和配套设备
	工业废气治理设备	烟气净化处理系统总成设备	主要包括烟气除尘成套设备、脱硫成套设备、脱硝成套设备、洗脱液净化处理成套设备等
七、港口工程	散货码头	散货码头设备	卸船机、装船机、堆取料机
	集装箱码头	集装箱码头设备	岸边集装箱起重机、集装箱轨道式起重机、轮胎式集装箱龙门起重机
	件杂货码头	件杂货码头设备	门座式起重机；桥门式起重机；轮胎式起重机
八、铁道和城市轨道交通	车辆	城市轨道交通电动客车	规模：一条地铁线路所需的全部车辆
		铁路动车组	规模：一条高铁线路所需的全部车辆
	通信和信号	列车自动控制系统（ATC）	包括列车自动驾驶（ATO）、列车自动防护（ATP）、列车自动监控（ATS）、计算机联锁
		综合调度系统设备	城市轨道交通控制中心（OCC）、铁路列车调度指挥系统（TDCS）
		专用通信设备	包括传输、专用、无线、视频监控、公务、广播、时钟等
	电力和牵引供电	电力供电设备	
		电力调度自动化系统设备	
		接触网设备	
		牵引变电系统设备	牵引变电所设备
九、热力及燃气	热力及燃气工程	热力及燃气工程设备	气源厂及管、站，气罐（柜），热力厂，供热管线

12.5 设备监造的主要工作

设备制造过程的质量监控包括四部分：设备制造过程的监督和检验、设备的装配和整机性能检测、设备出厂的质量控制、质量记录资料的监控。

1. 设备监造的工作内容

1）总监理工程师应参加建设单位组织的设备制造图的设计交底。

2）总监理工程师应组织专业监理工程师编制“设备监造方案”，经监理单位技术负责人审核批准后在设备制造开始前报送建设单位备案。

3）监理机构应检查设备制造单位的质量管理体系、设备制造生产计划和工艺方案，提出监理审查意见。符合要求后予以签署，并报建设单位。

4）监理机构应核查制造单位分包方的资质情况、实际生产能力和质量管理体系是否符合设备供货合同的要求。

5）监理机构应审查设备制造的检验计划和检验要求，并应确认各阶段的检验时间、内容、方法、标准，以及检测手段、检测设备和仪器，对设备制造过程中拟采用的新技术、新材料、新工艺的鉴定书和试验报告进行审查，并签署意见。

6）监理机构应审核制造设备的原材料、外购配套件、元器件、标准件，以及坯料的证明文件及检验报告。

7）监理机构应对设备制造过程进行监督和检查，对主要及关键零部件的制造工序应进行抽检。专业监理工程师应审查关键零件的生产工艺设备、操作规程和相关生产人员的上岗资格，并对设备制造和装配场所的环境进行检查。

8）监理机构应要求设备制造单位按批准的检验计划和检验要求进行设备制造过程的检验工作，并做好检验记录。不符合质量要求时，应要求设备制造单位进行整改、返修或返工。当发生质量失控或重大质量事故时，应由项目总监理工程师签发暂停令，提出处理意见，并应及时报告建设单位。

9）监理机构应对检查和监督设备的装配过程，符合要求后予以签认。

10）在设备制造过程中如需要对设备的原设计进行变更，项目监理机构应审核设计变更，并协调处理因变更引起的费用和工期的调整，同时应报建设单位批准。

11）监理机构应参加设备整机性能检测、调试和出厂验收，符合要求后予以签认。

12）在设备运往现场前，监理机构应检查设备制造单位对待运设备采取的防护和包装措施，并检查是否符合运输、装卸、储存、安装的要求，以及随机文件、装箱单和附件是否齐全。

13）专业监理工程师应按设备制造合同的约定审查设备制造单位提交的付款申请，提出审查意见，并由项目总监理工程师审核后签发支付证书。

14）定期向委托人提供监造工作简报，通报设备在制造过程中加工、试验、总装以及生产进度等情况。

15）监理机构应对设备制造单位提出的索赔文件提出意见后报建设单位。

16）专业监理工程师应审查设备制造单位报送的结算文件，提出审查意见，并由项目总监理工程师签署意见后报建设单位。

17）设备监造工作结束后，编写设备监造工作总结，整理监造工作的有关资料、记录等文件，一并提交给委托人。

2. 设备监造方案的编制

总监理工程师应组织专业监理工程师编制设备监造方案，经监理单位技术负责人审核批准后，在设备制造之前报送建设单位，监造方案应包括以下内容：

1）监造的设备概况。

2）监造工作的目标、范围及内容。

3）监造工作依据。

4）监造监理工作的程序、制度、方法和措施。

5）设置设备监造的质量控制点：确定文件见证点、现场见证点和停止见证点等监理控制点和设置方式。

6）项目监理机构、监理人员组成、设施装备及其他资源配备。

3. 设备监造质量控制方式

（1）驻厂监造　监理人员直接进入设备制造单位的制造现场，成立相应的设备监造项目监理机构，编制监造方案，实施设备制造全过程的质量监控。

（2）巡回监控　监理人员根据设备制造计划及生产工艺安排，当设备制造进入某一特定部位或某一阶段，监理人员对完成的零件、半成品的质量进行复核性检验，参加整机装配及整机出厂前的检查验收，检查设备包装、运输的质量措施。在设备制造过程中，监理人员要定期及不定期地到制造现场，检查了解设备制造过程的质量状况，发现问题及时处理。

（3）质量控制点监控　针对影响设备制造质量的诸多因素，设置质量控制点，做好预控及技术复核，实现制造质量的控制。

4. 设备监造质量控制手段

（1）巡回检查　它是指监理人员对制造、运输、安装调试工程情况有目的地巡视检查。

（2）抽查检查　它是指监理人员对设备的制造、运输、安装调试过程进行抽检，或100%检查。

（3）报验检查　它是指设备制造单位对必验项目自检合格后，以书面形式报项目监理机构，监理人员对其进行检查和签证。

（4）旁站监督　它是指监理人员对重要制造过程、设备重要部件装配过程和主要结构的调试过程实施旁站检查和监督。

（5）跟踪检查　它是指监理人员跟踪检查主要设备、关键零部件、关键工序的质量是否符合设计图和标准的要求，对于设备主体结构制造和设备安装以驻厂跟踪监理为主。

（6）审核　它是指监理人员对设备制造单位资格、人员资格和设计、制造和安装调试方案进行审查。

5. 设备监造质量控制点的设置

质量控制点的设置，主要针对设备质量有明显影响的重要工序环节、设备的关键部件、加工制造的薄弱环节及易产生质量缺陷的工艺过程进行质量控制的手段。

（1）文件见证点　它是指监理人员审查设备制造单位提供的文件。内容包括原材料、元器件、外购外协件的质量证明文件、施工组织设计、技术方案、人员资质证明、进度计划制造过程中的检验、试验记录等。

（2）现场见证点　它是指监理人员对复杂的关键工序、测试、试验要求（如焊接、表面准备、发运前检查等）进行旁站监造。制造单位应提前通知监理人员，监理人员在约定的时间内到达现场进行见证和监造，现场见证项目应有监理人员在场对制造单位的试验、检验等过程进行现场监督检查。

（3）停止待检点　它是指重要工序节点、隐蔽工程、关键的试验验收点或不可重复试验验收点。通常针对“特殊过程”而言，该过程或工序质量不易或不能通过其后的检验和试验得到充分验证，因此应设置停止待检点。如：材料复验、第一条纵缝组对、尺寸检查、整机性能检测、水压前验收等，停止待检项目必须有监理人员参加，现场检验签证后方能转入下一道工序。

文件见证点是伴随着设备制造过程中质量记录的产生而产生的，并由监理人员及时记录的文件见证资料，它随时可能发生。现场见证点、停止待检点是有预定见证日期的，在预定见证日期以前设备制造单位应通知监理人员。如果设备制造单位未按规定提前通知，致使监理人员不能如期参加现场见证，监造人员有权要求重新见证。监造人员未按规定程序提出变更见证时间而又未能在规定时间参加见证时，制造单位将认为监理人员放弃监造，可进行下一道工序。

（4）监理人员见证记录　见证情况记录表可参照表 12-2。

表 12-2　见证情况记录表（参考）

编号：

<table>
<tr><td>项目名称</td><td colspan="2"></td><td>被监理单位</td><td></td></tr>
<tr><td>见证内容</td><td colspan="4"></td></tr>
<tr><td>见证方式</td><td colspan="4">□文件见证　□现场见证　□停工待检点见证</td></tr>
<tr><td>见证时间</td><td colspan="2">年　月　日</td><td>地点</td><td></td></tr>
<tr><td colspan="2">监理依据、见证依据：</td><td colspan="3">见证情况：</td></tr>
<tr><td colspan="5">结论、意见：
项目监理机构：
见证人：　日期：</td></tr>
<tr><td>年　月　日</td><td colspan="2">年　月　日</td><td>年　月　日</td><td>年　月　日</td></tr>
</table>

6. 对关键零部件制造质量的监理工作要点

对关键零部件制造质量的监控，首先应判别零部件关键性等级，以便在监造过程中采取不同的监理手段。关键性等级划分是一种用于评定设备零部件重要性的评估方法，它从设计成熟性、故障后果、产品特性、制造复杂性等方面评估设备零部件的关键级别。关键性等级划分通常是由设计人员按产品质量特性划分的，并列出清单作为设计文件。如果设计文件中没有清单，项目监理机构应协助建设单位、设计人员按特定的程序进行评估，评估结果形成设备关键性等级划分清单。可以根据设备关键性级别进行重点管理，从而在整体质量可接受的条件下，有效降低监造成本。

监理工作要点如下：

1）监理机构应按照设备关键性级别清单的等级划分设置监理质量控制点和抽检频次。

2）监理人员检查制造单位的工序，检验程序是否正常。

3）监理人员应检查责任检验员是否到位。

4）项目监理机构应检查是否严格执行首检制度，自检、互检、抽检是否按程序进行。

5）监理人员应检查设备制造单位是否按程序做好零件进出仓库的记录工作。

6）监理人员应注意关键零件是否按规定进行编号标识，关键项目实测记录应归档保存管理，以便查阅。

7）监理机构应检查制造单位的不合格品控制是否正常。

7. 对原材料、主要配套件、外构件、外协件质量监控的监理工作要点

1）专业监理工程师应核查供货商是否符合合同规定，是否经建设单位批准。

2）专业监理工程师应审查原材料、配套件、外构件、外协件的质量证明文件及检验报告，应检查采购的技术文件是否满足设计技术文件的要求，核对型号、名称、规格、精度等级加工要求。

3）专业监理工程师应审查原材料进货、制造加工、组装、中间产品试验、强度试验、严密性试验、整机性能试验、包装直至完成出厂的检验计划与检验要求，此外，应对检验的时间、内容、方法、标准以及检测手段、检测设备等一起进行审查。

4）专业监理工程师应逐项核对材料型号、炉号、规格尺寸与材质证明原件等，审核是否符合施工图的规定，并审核材质证明原件所列化学成分及力学性能是否符合相应国家标准或规范的要求。

5）专业监理工程师应检查制造单位的物资采购程序运转是否正常。

6）监理机构应审查分包采购计划、采购规范、采购合同以及对分包结果质量验收进行见证和检查，必要时视分包的重要程度对分包过程进行连续或不连续的质量见证、监督和检查，评审是否满足质量及进度要求。

7）专业监理工程师应检查外协件单位是否按合同条件进行验收，外协件进厂后还应填写入库单，经外协检查员确认后方可入库或转入下一道工序。

8）专业监理工程师应检查“紧急放行”程序是否符合规定。在采购中因故不能及时提供，而生产中又急需该物资，应按规定办理代用手续，经建设单位代表同意并签字，可按“紧急放行”原则处理，但还须在外购件上做好标识，并在入库单上予以备注记录。

8. 特殊过程质量控制的监理工作要点

常见的特殊过程有三种：对形成的设备是否合格不易或不能经济地进行验证的过程；当生产和服务提供过程的输出不能由后续的监视或测量加以验证的过程；仅在设备使用或服务已交付之后问题才显现的过程。特殊过程的特点是：既重要又不易测，操作时需要特殊技巧，工序完成后不能充分验证其结果。为确保特殊过程质量受控，项目监理机构要做好以下工作：

1）监理机构应协助建设单位对特殊过程进行评审并制定准则。

2）监理机构应设置质量控制点，从工序流程分析入手，找出各环节影响质量的主要因素，研究评判标准，配合适当手段，进行工序过程的系统性控制，对关键环节“点面结合”，实行重点控制。

3）监理机构应对特殊工序的质量以加强过程控制为主，辅以必要的较多次工序检验。当专业监理工程师发现工序异常时，应采取必要的纠正措施，必要时可临时停产，直至查明原因后再恢复生产。

4）监理机构应加强设备制造单位的工艺方法的审核，根据产品的工艺特点，加强工艺方法的实验验证，制定明确的技术和管理文件，严格控制影响工艺的各种因素，使工序处于受控状态。

5）专业监理工程师应对特殊工艺所使用的材料和工具等实行严格控制，采用先进的检测技术，进行快速、准确的检验和调整。

6）监理机构应督促设备制造单位对特殊工序操作检验人员进行技术培训和资格考核。

7）监理机构应及时做好过程运行的记录。

9. 设备的制造、装配过程及整机性能检测的监理工作要点

1）专业监理工程师应对加工作业条件的监控：加工制造作业条件包括加工前制定工艺卡片、工艺流程和工艺要求，对操作者的技术交底，监控加工设备的完好情况及精度、加工制造车间的环境、生产调度安排、作业管理等，做好这些方面的控制，就为加工制造打下了好的基础。

2）专业监理工程师应对工序产品的检查与检测的监控：设备制造涉及诸多工艺过程或不同工艺，一般设备要经过铸造、锻造、机械加工、热处理、焊接、连接、机组装配等工序。控制零件加工制造中每道工序的加工制造质量是零件制造的基本要求，也是设备整体制造的基本要求和保障。所以，在每道工序中都要进行加工质量的检验，检验是对零件制造质量的质量特性进行监测、监察、试验和计算，并将检验结果与设计图或者工艺流程规定的数据进行比较，判断质量特性的符合性，从而判断零件的合格性，为每道工序把好关。同时，零件检验还要及时汇总和分析质量信息，为采取纠正措施提供依据。因此，检验是保证零件加工质量和设备制造质量的重要措施和手段。

3）专业监理工程师应对产品制造和装配工序进行监督检查，包括监督零件加工制造是否按规程规定、加工零件制造是否经检验合格后才转入下一道工序、关键零件的关键工序以及其检验是否严格执行图样及工艺的规定。检查要包括监督下一道工序交接检验、车间或工厂之间的专业检查及监理工程师的抽检、复检或检查。

4）专业监理工程师监督设备制造单位对零件半成品、制成品进行保护，对已做好的合格的零部件做好存储保管，防止遭受污染、锈蚀及控制系统失灵，避免备件配件的损失。

5）项目监理机构应对设备装配的整个过程进行监控，检查传动件的装配质量、零部件的组对尺寸偏差。

6）专业监理工程师督促设备制造单位严格按照不合格控制程序进行管理，在设备检验过程中发现不合格品时，应做好不合格品的标识、记录、评价、隔离和处置，并向有关部门报告；对有争议的不合格设备的评价和处置，必要时要会同有关部门一道做出决定。专业监理工程师还要关注不合格项的后续活动安排的控制。

7）监理机构应审核设备制造单位的整机性能检测计划。在设备制造单位先行检验合格的基础上，建设单位组织有关项目部门、设计、检验、监理等专业人员参加整机性能检测的检查，整机性能检测的主要内容：整体尺寸、强度试验、运动件的运动精度、动平衡试验、抗振试验、超速试验等。检测参加人员应对设备分别进行现场抽查检测和验收资料审查，经讨论后形成会议纪要，记录遗留问题、解决措施及验收结论。

10. 设备出厂质量控制的监理工作要点

设备出厂质量控制通过对设备设计、制造和检验全过程验收来实现，监理工作要点如下：

1）监理机构应对待出厂设备与设计图、文件与技术协议书要求的差异进行复核，对主要制造工艺与设计技术要求的差异进行复核。

2）监理机构应对关键原材料和元器件质量文件进行复核，包括主要关键原材料、协作件、配套元器件的质保书和进厂复验报告中的数据与设计要求的一致性。

3）监理机构应对关键零部件和组件的检验、试验报告和记录以及关键的工艺试验报告与检验、试验记录进行复核。

4）监理机构应对最重要点和重要点的设备零件、部件、组件的加工质量特性参数试验，工艺过程的监视和相关记录进行核对。

5）监理机构应对完工设备的外观、接口尺寸、油漆、充氮、防护、包装和装箱等进行检查。

6）专业监理工程师应清点设备、配件和备件备品，确认供货范围完整性。

7）专业监理工程师应复核合同规定的交付图样、文件、资料、手册、完工文件的完整性和正确性。

8）专业监理工程师应检查和确认包装、发运与运输是否满足设备采购合同的要求。

9）项目总监理工程师应签署见证、验收文件。

11. 设备交货验收的监理工作要点

1）设备交货验收包括设备制造现场验收和设备施工现场验收。

2）合同中明确需要进行设备制造现场验收时，设备出厂验收合格后，项目总监应通知工程项目建设单位。建设单位应组织设备制造单位、设备监造机构、设计单位、工程项目施工监理机构对交货设备在监造现场进行验收，验收合格后方可将设备运输到施工现场。

3）施工现场验收是设备运输到达施工现场后，建设单位应组织有关人员按规定要求进行验收。此项工作一般分为进场和安装前两段进行，即进场后对设备包装物的外观检查，要求按进货检验程序的规定实施；设备安装前的存放、开箱检查要求按设备存放、开箱检查的规定实施。

12. 设备监造的文件资料应包括的主要内容

1）建设工程监理合同及设备采购合同。

2）设备监造工作计划。

3）设备制造工艺方案报审资料。

4）设备制造的检验计划和检验要求。

5）分包单位资格报审资料。

6）原材料、零配件的检验报告。

7）工程暂停令、开工或复工报审资料。

8）检验记录及试验报告。

9）变更资料。

10）会议纪要。

11）来往函件。

12）监理通知单与工作联系单。

13）监理日志。

14）监理月报。

15）质量事故处理文件。

16）索赔文件。

17）设备验收文件。

18）设备交接文件。

19）支付证书和设备制造结算审核文件。

20）设备监造工作总结。

思考题

1. 简述设备采购与监造工作计划的编制内容。
2. 简述设备采购的监理工作要求。
3. 简述监理机构协助编制的设备采购方案的内容。
4. 简述非招标设备采购的询价原则和询价方式。
5. 简述设备监造质量控制的方式和手段。
6. 简述监理机构对关键零部件制造质量的监理工作要点。
7. 对于设备监造的特殊过程质量受控，简述项目监理机构要做好的工作。
8. 简述设备出厂质量控制的监理工作要点。
9. 简述设备交货验收的监理工作要点。

二维码形式客观题

微信扫描二维码，可自行做客观题，提交后可查看答案。

第 12 章
客观题

第13章 监理机构的安全生产管理

本章学习目标

熟悉建设工程安全生产的概念、管理方针和原则；熟悉建设工程安全管理的概念和措施；掌握工程参建单位安全责任体系；掌握建设工程安全监理的主要工作内容和程序；掌握建设工程事故隐患和生产安全事故的处理；掌握建设工程项目生产安全事故的整改措施；掌握生产安全事故的应急救援预案。

13.1 建设工程安全生产管理概述

1. 安全生产的概念

安全生产就是指生产经营活动中，为保证人身健康与生命安全，保证财产不受损失，确保生产经营活动得以顺利进行，促进社会经济发展、社会稳定和进步而采取的一系列措施和行动的总称。

2. 安全生产管理方针

《中华人民共和国安全生产法》（简称《安全生产法》，中华人民共和国第十三届全国人民代表大会常务委员会第二十九次会议于2021年6月10日修正，自2021年9月1日施行）第三条规定，坚持安全第一、预防为主、综合治理的方针。这是我国多年来安全生产工作长期经验的总结，可以说是用生命和鲜血换来的。

《安全生产法》从强化安全生产工作的摆位、进一步落实生产经营单位主体责任、政府安全监管定位和加强基层执法力量、强化安全生产责任追究等四个方面入手，着眼于安全生产现实问题和发展要求，补充完善了相关法律制度规定。

《安全生产法》确立了“安全第一、预防为主、综合治理”的安全生产工作“十二字方针”，明确了安全生产的重要地位、主体任务和实现安全生产的根本途径。“安全第一”要求从事生产经营活动必须把安全放在首位，不能以牺牲人的生命、健康为代价换取发展和效益。“预防为主”要求把安全生产工作的重心放在预防上，强化隐患排查治理，“打非治违”，从源头上控制、预防和减少生产安全事故。“综合治理”要求运用行政、经济、法治、科技等多种手段，充分发挥社会、职工、舆论监督各个方面的作用，抓好安全生产工作。

坚持“十二字方针”，总结实践经验，《安全生产法》明确要求建立生产经营单位负责、职工参与、政府监管、行业自律、社会监督的机制，进一步明确各方安全生产职责。做好安全生产工作，落实生产经营单位主体责任是根本，职工参与是基础，政府监管是关键，行业自律是发展方向，社会监督是实现预防和减少生产安全事故目标的保障。

安全第一、预防为主、综合治理的方针，体现了国家在建设工程安全生产过程中“以人为本”的思想，也体现了国家对保护劳动者权利、保护社会生产力的高度重视。

3. 安全生产原则

（1）“管生产必须管安全”的原则 “管生产必须管安全”的原则是指建设工程项目的各级领导和全体员工在生产工作中必须坚持在抓生产的同时要抓好安全工作，生产和安全是一个有机的整体，两者不能分割，更不能对立起来。

（2）“具有否决权”的原则 “具有否决权”的原则是指安全生产工作是衡量建设工程项目管理的一项基本内容，它要求对建设工程项目各项指标考核、评优创先时，首先必须考虑安全指标的完成情况。安全指标没有实现，即使其他指标已顺利完成，仍无法实现建设工程项目的最优化，安全具有一票否决的作用。

（3）职业安全卫生“三同时”的原则 职业安全卫生“三同时”的原则是指一切生产性的基本建设和技术改造建设工程项目，必须符合国家的职业安全卫生方面的法律法规和标准。职业安全卫生技术措施及设施应与主体工程同时设计、同时施工、同时投入使用（即“三同时”），以确保建设工程项目投产后符合职业安全卫生要求。

（4）事故处理“四不放过”的原则 四不放过的原则是指事故原因没有查清楚不放过、事故责任者没有受到处理不放过、没有防范措施不放过、职工群众没有受到教育不放过。

这四条原则互相联系，相辅相成、构成预防事故再次发生的防范系统。

安全生产涉及建设工程施工现场所有人、材料、机械设备、环境等因素。凡是与生产有关的人、单位、机械、设备、设施、工具等都与安全生产有关。安全工作贯穿了建设工程施工活动的全过程。

建设工程安全监理的任务主要是贯彻落实国家的安全生产方针政策，督促施工单位按照建设工程项目施工安全生产法律法规和标准规范组织施工，消除施工中的冒险性、盲目性和随意性，落实各项安全技术措施，有效地杜绝各类事故隐患，杜绝、控制和减少各类伤亡事故，实现安全生产、文明生产。

13.2 建设工程安全管理

1. 建设工程安全管理的概念

建设工程安全管理是指通过有效的安全管理工作和具体的安全管理措施，在满足工程建设投资、进度和质量要求的前提下，实现工程预定的安全目标。建设工程安全管理是与投资控制、进度控制和质量控制同时进行的，是针对整个建设工程目标系统所实施的控制活动的一个重要组成部分，所以也叫安全控制。在实施安全管理的同时需要满足预定的投资目标、进度目标、质量目标和安全目标。因此，在安全管理的过程中，要协调好安全管理与投资控制、进度控制和质量控制的关系，做到和三大目标控制的有机配合和相互平衡。

建设工程安全管理是对所有工程内容的安全生产都要进行管理控制。建设工程安全生产涉及工程实施阶段的全部生产过程，涉及全部的生产时间，涉及一切变化的生产因素。建设工程的每个阶段都对工程施工安全的形成起着重要的作用，但各阶段对安全问题的侧重点是不相同的。工程勘察、设计阶段是保证工程施工安全的前提条件和重要因素，起着重要作用；在施工招标阶段，选定并落实某个施工承包单位来实施工程安全目标；在施工阶段，通过施工组织设计、专项施工方案、现场施工安全管理来具体实施，最终实现建设工程安全目标。

建设工程安全生产涉及一切变化着的生产因素，因而是动态的。同时，建设工程事故隐患不同于质量隐患，前者一经发现就必须进行整改处理，否则容易导致事故。一旦发生事故，会造成人员伤亡或财产损失，而且事后无法进行弥补。因此，加强建设工程全过程的安全控制，通过安全检查、监控、验收，及时消除施工生产中的事故隐患，才能保证安全施工。

作为监理单位和监理工程师，首要的任务就是搞好安全管理，即安全监理。

2. 建设工程安全管理的措施

（1）组织措施　组织措施是指从目标控制的组织管理方面采取的措施，如落实目标控制的组织机构和人员，明确各级目标控制人员的任务、职能分工、权利和责任、制定目标控制的工作流程等。组织措施是其他措施的前提和保障。

（2）技术措施　技术措施不但对解决在工程实施过程中的技术问题是不可或缺的，而且对纠正目标偏差也有相当重要的作用。任何一个技术方案都有基本确定的经济效果，不同的技术方案有不同的经济效果。运用技术措施纠偏的关键，一是要能提出多个不同的技术方案，二是要对不同的技术方案进行技术经济比较和分析，从而选择出最优的技术方案。

（3）经济措施　经济措施是指通过制定安全生产协议，将安全生产奖惩制等与经济挂钩，并对实现者及时进行兑现，有利于实现施工安全控制目标。

（4）合同措施　由于施工安全控制要以合同为依据，因此合同措施就显得尤为重要。监理工程师应确定对工程施工安全控制有利的组织管理模式和合同结构，分析不同合同之间的相互联系和影响，对每一个合同做总体和具体的分析。合同措施对安全目标控制具有全局性的影响。

13.3 工程参建单位安全责任体系

工程参建单位安全责任体系由工程建设单位的安全责任，工程监理单位的安全责任，勘察、设计单位的安全责任，施工单位的安全责任和其他参与单位的安全责任构成。

1. 工程建设单位的安全责任

工程建设单位在工程建设中居主导地位。对工程建设的安全生产负有重要责任。工程建设单位在工程概算中，确定并提供安全作业环境和安全施工措施费用，不得要求勘察、设计、施工、工程监理等单位违反国家法律法规和工程建设强制性标准的规定，不得任意压缩合同约定的工期，有义务向施工单位提供工程所需的有关资料，有责任将安全施工措施报送有关主管部门备案，应当将工程发包给有资质的施工单位等。

2. 工程监理单位的安全责任

建设工程监理单位是建设工程安全生产的重要保障。监理单位应当审查施工组织设计中的安全技术措施或专项施工方案是否符合工程建设强制性标准。发现存在生产安全事故隐患时，应当要求施工单位整改或暂停施工并报告建设单位。施工单位不整改或者拒不停止施工的，应当及时向有关主管部门报告。

建设工程监理单位应当按照法律、法规和工程建设强制性标准实施监理，并对工程建设安全生产承担监理责任。

3. 勘察、设计单位的安全责任

勘察单位应当按照法律、法规和工程建设强制性标准进行勘察，提供的勘察文件应当真实、准确，满足建设工程安全生产的需要。在勘察作业时，应当严格执行操作规程，采取措施保证各类管线、设施和周边建筑物、构筑物的安全。

设计单位应当按照法律、法规和工程建设强制性标准进行设计，应当考虑施工安全操作和防护的需要，对涉及施工安全的重点部位和关键环节在设计中应注明，并对防范生产安全事故提出指导意见。对采用新结构、新材料、新工艺的建设工程项目和特殊结构的建设工程，设计单位应当在设计中提出保障施工作业人员安全和预防生产安全事故的措施和建议。同时，设计单位和注册建筑师等注册执业人员应当对其设计负责。

4. 施工单位的安全责任

施工单位在建设工程安全生产中处于核心地位。施工单位必须建立本企业安全生产管理机构和配备专职安全管理人员，应当在施工前向作业班组和人员做出安全施工技术要求的详细说明，应当对因施工可能造成损害的毗邻建筑物、构筑物和地下管线采取专项防护措施，应当向作业人员提供安全防护用具和安全防护服装，并书面告知危险岗位操作规程。施工单位应当对施工现场安全警示标志使用、作业和生活环境等进行管理。应在施工起重机械和整体提升脚手架、模板等自升式架设设施验收合格后进行登记。施工单位应落实安全生产作业环境及安全施工所需费用，应对安全防护用具、机械设备、施工机具及配件在进入施工现场前进行查验，合格后方能投入使用。严禁使用国家明令淘汰、禁止使用的危及施工安全的工艺、材料、设备。

5. 其他参与单位的安全责任

（1）提供机械设备和配件单位的安全责任　提供机械设备和配件的单位应当按照安全施工的要求配备齐全、有效的保险、限位等安全设施和装置。

（2）租赁单位的安全责任　租赁单位是出租机械设备和施工机具及配件的单位，应当具有生产（制造）许可证、产品合格证；应当对出租的机械设备和施工机具及配件的安全性能进行检测；在签订租赁协议时，应当出具检测合格证明；禁止出租经检测不合格，以及未经检测的机械设备和施工机具及配件。

（3）拆装单位的安全责任　拆装单位在施工现场安装、拆卸施工起重机械和整体提升脚手架、模板等自升式架设设施必须具有相应等级的资质。安装、拆卸施工起重机械和整体提升脚手架、模板等自升式架设设施，应当编制拆装方案，制定安全施工措施，并由专业技术人员现场监督。施工起重机械和整体提升脚手架、模板等自升式架设设施安装完毕后，安装单位应当自检，出具自检合格证明，并向施工单位进行安全使用说明，办理签字验收手续。

（4）检验检测单位的安全责任　检验检测单位对检测合格的施工起重机械和整体提升脚手架、模板等自升式架设设施应当出具安全合格证明文件，并对检测结果负责。

13.4 建设工程安全监理的主要工作内容和程序

建设工程安全监理是指监理单位接受建设单位（或业主）的委托，依据国家有关工程建设的法律、法规、经政府主管部门批准的工程建设文件、建设工程委托监理合同及其他工程合同，对建设工程安全生产实施的专业化监督管理。

安全监理是我国建设监理理论在实践中不断完善、提高和创新的体现和产物。开展安全监理工作是建设工程监理的重要组成部分，是建设工程项目管理中的重要任务和内容，是提高工程施工安全管理水平、控制和减少生产安全事故发生的有效方法，也是建设管理体制改革中必然实现的一种新模式、新理念。

1. 建设工程安全监理工作的主要内容

1）贯彻执行“安全第一、预防为主、综合治理”的方针，贯彻国家现行的安全生产的法律、法规，以及工程建设行政主管部门的安全生产规章和标准。

2）督促施工单位落实安全生产的组织保证体系，建立健全安全生产责任制。

3）督促施工单位对工人进行安全生产教育及分部工程、分项工程的安全技术交底。

4）审查施工方案及安全技术措施。

5）检查并督促施工单位按照建筑工程施工安全技术标准和规范要求，落实分部工程、分项工程或各工序、关键部位的安全防护措施。

6）督促检查施工阶段现场的消防工作，做好冬季防寒、夏季防暑、文明施工以及卫生防疫工作。

7）不定期地组织安全综合检查，提出处理意见并限期整改。

8）发现违章冒险作业的要责令停止作业，发现隐患的要责令停工整改。

2. 建设工程安全监理的工作程序

监理单位应按照《建设工程监理规范》（GB/T 50319—2013）和相关行业监理规范的要求，编制含有安全监理内容的监理规划和监理实施细则；安全监理工作一般可分为四个阶段进行，即招标阶段的安全监理、施工准备阶段的安全监理、施工阶段的安全监理和竣工阶段的安全监理。

（1）招标阶段的安全监理　监理单位接受建设单位的委托开展实施安全监理主要应做好以下工作：

1）审查施工单位的安全资质。

2）协助拟定建设工程项目安全生产协议书。

（2）施工准备阶段的安全监理

1）制定建设工程项目安全监理工作程序。

2）调查和分析可能导致意外伤害事故的因素。

3）掌握新技术、新材料、新结构的工艺标准。

4）审查安全技术措施。

5）要求施工单位在开工前，必需的施工机械、材料和主要人员先期到达施工现场，并处于安全状态。

6）审查施工单位的自检系统。

7）施工单位的安全设施、施工机械在进入施工现场之前安全监理人员要进行认真、细致的检验，并检验合格。

（3）施工阶段的安全监理　工程项目在施工阶段，安全监理人员要对施工过程的安全生产工作进行全面的监理。施工单位安全控制流程如图 13-1 所示。

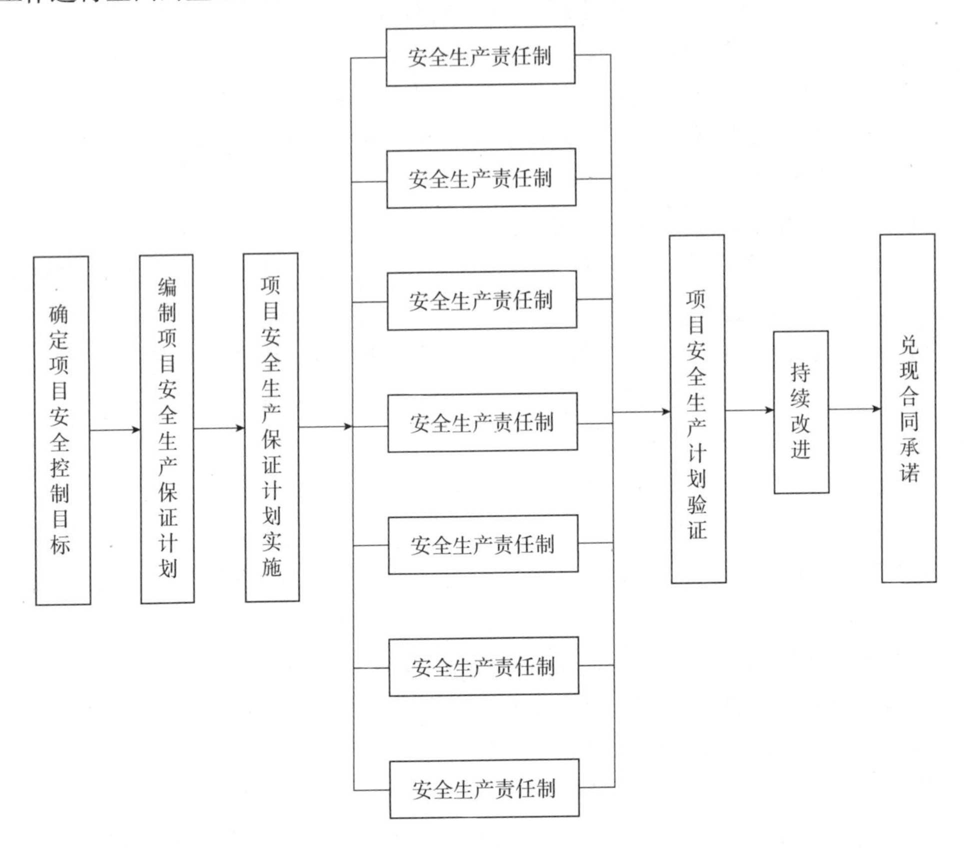

图 13-1　施工单位安全控制流程

施工阶段安全监理的系统过程如图 13-2 所示。

1）掌握工程项目安全监理的依据。

2）制定项目安全监理的职责并逐项执行，具体的工作如下。

① 审查各类有关工程项目安全生产的文件。

② 审核进入施工现场各分包单位的安全资质和证明文件。

③ 审核施工单位提交的施工方案和施工组织设计中的安全技术措施。

④ 审核施工现场的安全组织体系和安全人员配备的情况。

⑤ 审核施工单位新技术、新材料、新工艺、新结构的使用情况，是否采用了与之配套的安全技术方案和安全措施。

⑥ 审核施工单位提交的关于工序交接检验，分部工程、分项工程安全检查报告。

⑦ 审核施工单位并签署现场有关安全技术签证文件。

⑧ 现场监督和检查。

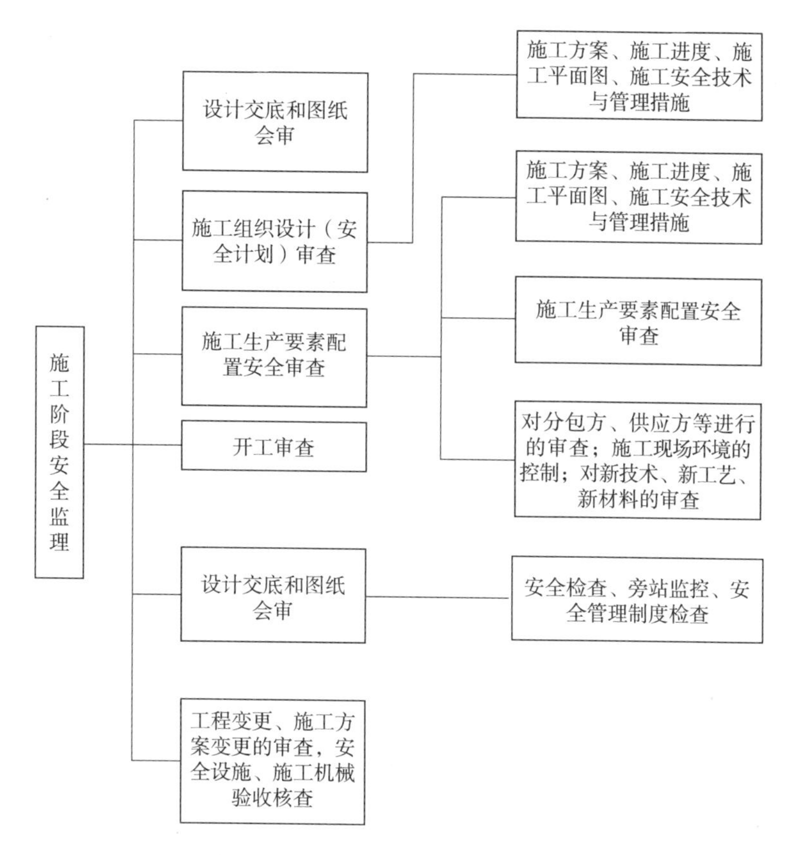

图 13-2　施工阶段安全监理的系统过程

3）遇到下列情况，安全监理工程师可下达“暂时停工指令”。

① 建设工程施工现场中出现安全异常情况，经提出以后，施工单位未采取改进措施或改进措施不符合要求的。

② 对已发生的工程事故未进行有效处理而继续作业的。

③ 安全措施未经自检而擅自使用的。

④ 擅自变更设计图文件进行施工作业的。

⑤ 使用无合格证明材料或擅自替换、变更工程材料的。

⑥ 未经安全资质审查的分包单位的施工人员进入建设工程施工现场作业的。

（4）竣工阶段的安全监理　竣工阶段的安全监理的主要工作如下：

1）审查劳动安全卫生设施等是否按设计要求与主体工程同时建成、同时交付使用。

2）要求有资质的单位对建设工程项目的劳动安全卫生设施进行检测、检验，并出具技术报告书，作为劳动安全卫生单项验收的依据。

3）监理单位审查核验施工单位提交的有关技术文件及资料，并由项目总监理工程师在有关技术文件报审表上签署意见；审查未通过的，安全技术措施及专项施工方案不得实施。

4）监理单位应对施工现场安全生产情况进行巡视检查，对发现的各类生产安全事故隐患，应通知施工单位，并督促其立即整改，情况严重的，监理单位应及时下达工程暂停令，要求施工单位停工整改，并同时报告建设单位。事故隐患消除以后，监理单位应及时检查整改结果，签署复查或复工意见。施工单位拒不整改或不停工整改的，监理单位应当及时向工程所在地建设主管部门或工程项目的行政主管部门报告，以电话形式报告的应当有通话记录，并及时补充书面报告。检查、整改、复查、报告等情况应记载在监理日志、监理月报中。监理单位应核查施工单位提交的施工起重机械、整体提升脚手架等自升式架设设施和安全设施等的验收记录，并由安全监理人员签收备案。

5）工程验收以后，监理单位应将有关安全生产的技术文件、验收记录、监理规划、监理实施细则、监理月报、监理会议纪要及相关书面通知等按规定立卷归档。

3. 落实监理单位安全生产监理责任的主要工作

落实监理单位的安全生产监理责任，应当做好以下三个方面的工作。

1）建立健全监理单位安全监理责任制。监理单位的法定代表人应对本企业监理工程项目的安全监理全面负责，总监理工程师要对工程项目的安全监理负责，并根据工程项目的特点，明确监理人员的安全监理责任。

2）完善监理单位安全生产管理制度。在健全审查核验制度、检查验收制度和督促整改制度的基础上，完善工地例会制度及资料归档制度。

3）建立整理人员安全生产教育培训制度。总监理工程师和安全监理人员需要经过安全生产教育培训后方可上岗，他们的教育培训情况记入其个人继续教育档案。

13.5 建设工程事故隐患和生产安全事故的处理

1. 建设工程事故隐患

隐患是指“未被事先识别或未采取必要防护措施的可能导致事故的危险源或不利的环境因素”。隐患也指具有潜在的对人身或健康构成伤害，造成财产损失或兼具这些的起源或情况。

事故隐患是指可导致事故发生的物的危险状态。在安全检查及数据分析时发现的事故隐患，应利用“事故隐患通知单”通知责任人对人的不安全行为、物的不安全状态和环境的不安全因素制定纠正和采取预防措施，限期改正，并由安全员跟踪验证。

建设工程安全监理的重点之一是加强安全风险性分析，及早制定出对策和控制措施，高度重视对建设工程生产安全事故隐患的处理以及事故的预防，保证工程建设活动的安全、有序进行。

建设工程施工生产具有产品固定、施工周期长、露天作业、体积庞大、施工场地狭小、施工流动性大、作业条件恶劣、一线工人的整体素质偏差、手工作业多、体能消耗大等特点；高空作业、地下作业增加了安全管理的难度，导致施工安全生产环境的局限性，决定了建设工程施工生产存在诸多的不安全因素，容易产生事故隐患和导致事故的发生。

采用系统工程学的原理，利用数理统计方法对大量的事故隐患、生产安全事故进行调查分析，发现事故隐患、生产安全事故发生的原因，90%是由于违章，其次是勘察、设计不合理，存在缺陷，以及其他原因。

2. 常见原因分析

1）施工单位的违章作业、违章指挥和安全管理不到位。施工单位由于没有制定安全技术措施、缺乏安全技术知识、不进行逐级安全技术交底、安全生产责任制不落实、违章指挥、违章作业、违反劳动纪律、施工安全管理工作不到位等，导致生产安全事故。

2）设计不合理与存在缺陷。设计不合理与存在缺陷的原因：违法或未考虑施工安全操作和防护的需要；对涉及施工安全的重点部位和关键环节在设计中未注明；未对防范生产安全事故提出指导意见或采用新结构、新材料、新工艺的建设工程和特殊结构；未在设计中提出保障施工作业安全和预防生产安全事故的措施建议等。

3）勘察文件不翔实或失真。勘察单位未认真进行地质勘查工作或勘探时钻孔布置、钻孔深度等不符合规定要求，勘察文件或勘察报告不翔实、不准确，不能真实全面地反映地下实际的情况，从而导致基础、主体结构的设计出现错误，引发重大质量事故。

4）使用不合格的安全防护用品、安全材料、机械设备、施工机具及配件等。

5）安全生产资金投入不足。长期以来，建设单位、施工单位为了追求经济利益，置安全生产于不顾，占用安全生产费用，致使在工程投入中用于安全生产的资金过少，不能保证正常安全生产措施的需要，也是导致生产安全事故不断发生的主要原因。

6）事故应急救援制度不健全。施工单位及其施工现场未制订生产安全事故应急救援方案，未落实应急救援人员、设备、器材等，发生生产安全事故以后得不到及时救助和处理。

7）违法违规行为。违法违规行为包括：无证设计，无证施工，越级设计，越级施工，边设计边施工，违法分包、转包，擅自修改设计等。

8）其他因素。其他因素包括：工程自然环境因素，如恶劣气候引发事故；工程管理环境因素，如安全生产监督管理制度不健全，缺少日常具体的监督管理制度和措施；安全生产责任不够明确等。

3. 建设工程项目施工事故隐患的处理程序

在建设工程项目施工过程中，由于种种主观、客观的原因，均可能出现施工事故隐患。当发现建设工程项目施工过程中存在事故隐患时，监理工程师应当高度重视并及时处理。建设工程项目施工事故隐患处理的程序如图 13-3 所示。

1）建设工程项目施工现场出现事故隐患时，监理工程师应当首先判断其严重程度，签发“监理通知单”，要求施工单位立即进行整改；施工单位提出整改方案，填写“监理通知回复单”，报监理工程师审核后，施工单位进行整改处理，必要时应经设计单位认可，处理结果应重新进行检查、验收。

2）当发现建设工程项目施工现场出现严重事故隐患时，总监理工程师应签发“工程暂停令”，指令施工单位暂时停止施工，必要时应要求施工单位采取安全防护措施，并报建设单位，监理工程师应要求施工单位提出整改方案，必要时应经设计单位认可，整改方案经监理工程师审核后，由施工单位进行整改处理，处理结果应重新进行检查、验收。

3）施工单位在接到“监理通知单”后，应立即进行事故隐患的调查，分析存在的原因。

4）制定纠正和预防的措施，制订生产安全事故隐患整改处理方案，并报总监理工程师。

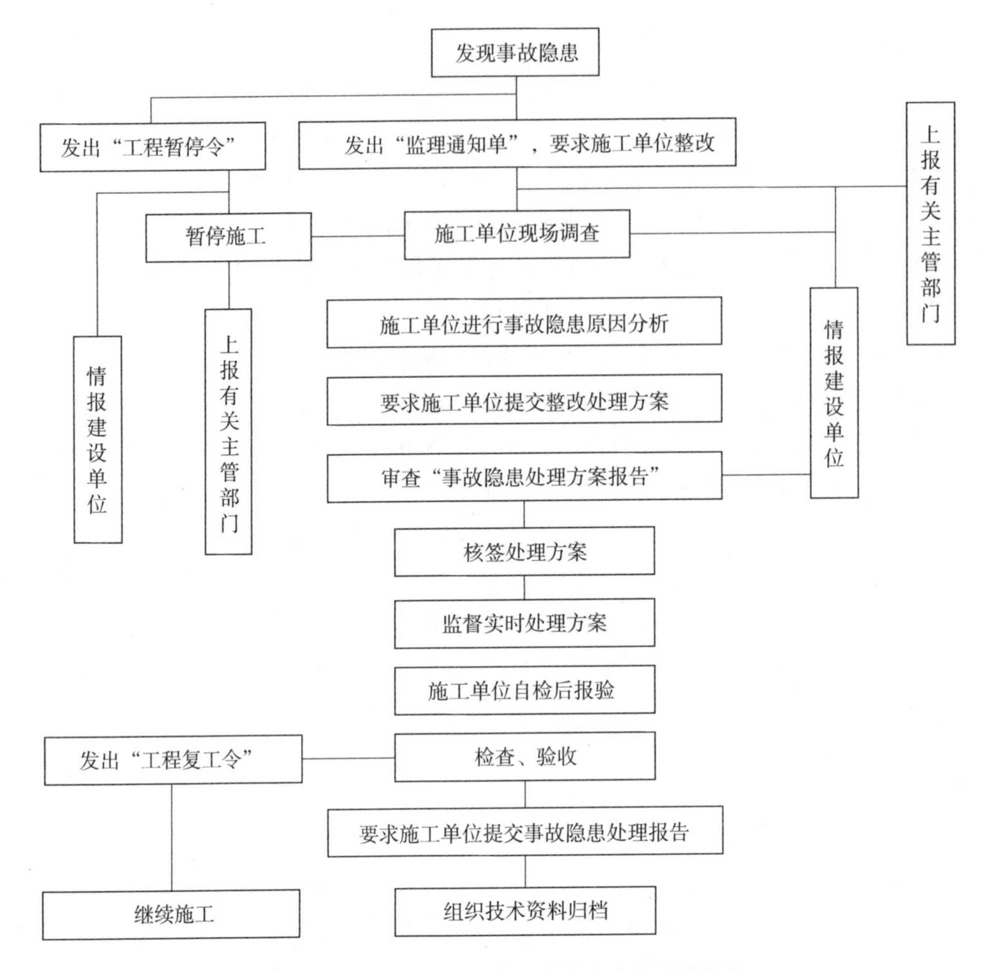

图 13-3 建设工程项目施工事故隐患处理的程序

4. 事故隐患整改处理方案

事故隐患整改处理方案的内容应包括：

1）存在事故隐患的部位、性质、现状、发展动态、时间、地点等。

2）现场调查的有关数据和资料。

3）事故隐患原因分析与判断。

4）事故隐患处理的方案。

5）是否需要采取临时防护措施。

6）确定事故隐患整改责任人、整改完成时间和整改验收人。

7）涉及的有关人员和责任及预防该事故隐患重复出现的措施等。

监理工程师分析事故隐患整改处理方案。监理工程师对处理方案进行认真深入的分析，特别是分析事故隐患产生的原因，找出事故隐患的真正起源点。必要时，可组织建设单位、设计单位、施工单位和供应单位共同参与分析。在分析原因的基础上，审核签认事故隐患整改处理方案。责令施工单位按既定的整改处理方案实施处理并进行跟踪检查，总监理工程师应安排监理人员对施工单位的整改实施过程进行跟踪检查。事故隐患处理完毕，施工单位应组织人员检查验收，自检合格后报监理工程师核验，监理工程师组织有关人员对处理结果进行严格的检查、验收。施工单位做出“事故隐患处理报告”，报监理单位存档，主要内容包括：

1）基本整改处理过程描述。

2）调查和核查情况。

3）事故隐患产生原因的分析结果。

4）处理的依据。

5）审核认可的事故隐患处理方案。

6）实施处理中的有关原始数据、验收记录、资料。

7）对处理结果的检查、验收结论。

8）事故隐患处理结论。

5. 建设工程项目安全生产事故的处理

（1）事故性质的认定　事故发生后，在进行事故原因调查的过程中，事故原因分析和性质的认定是很重要的内容。事故原因分析和事故性质的认定主要包括事故类型分析、事故原因分析、事故责任分析、事故性质认定、事故经济损失分析等方面。

事故责任分析是在事故原因分析的基础上进行的，查清事故的原因是确定事故责任的依据。责任分析的目的在于使责任者、相关单位和人员吸取教训，改进工作。

事故性质认定应当以《企业职工伤亡事故分类》《生产安全事故报告和调查处理条例》《安全生产法（2021 修正）》等国家法律、法规为依据。

（2）事故责任分析应当注意的问题

1）区分事故的性质。事故的性质分为责任事故和非责任事故。

2）确定事故的责任者。根据事故调查所确定的事实，通过对事故原因（包括直接原因和间接原因）的分析，找出对应于这些原因的人及其与事件的关系，确定是否属于事故责任者，按责任者与事故的关系将责任者分为直接责任者、主要责任者和领导责任者。

3）事故责任分析通常包括以下几个步骤：按确认事故调查的事实分析事故责任；按照有关组织管理（劳动组织、规程标准、规章制度、教育培训、操作方法）及生产技术因素，追究最初造成不安全状态的责任；按照有关技术规定的性质、明确程度、技术难度，追究属于明显违反技术规定的责任；根据事故后果（性质轻重、损失大小）和责任者应负的责任以及认识态度提出处理意见。

（3）事故责任的划分

1）直接责任者。直接责任者是指他的行为与事故的发生有直接关系的人员。

2）主要责任者。主要责任者是指对事故的发生起主要作用的人员。有下列情况之一时，应由肇事者或有关人员负直接责任或主要责任：

① 违章指挥、违章作业或冒险作业造成事故的。

② 违反安全生产责任制和操作规程造成事故的。

③ 违反劳动纪律，擅自开动机械设备或擅自更改、拆卸、毁坏、挪用安全装置和设备造成事故的。

3）领导责任者。领导责任者是指对事故的发生负有领导责任的人员。有下列情况之一时，有关领导应负领导责任：

① 由于安全生产规章、责任制度和操作规程不健全，职工无章可循，造成事故的。

② 未按规定对职工进行安全教育和技术培训，或职工未经考试合格上岗操作造成事故的。

③ 机械设备超过检修期限或超负荷运行，设备有缺陷又不采取措施，造成事故的。

④ 作业环境不安全又未采取措施，造成事故的。

⑤ 新建、改建、扩建项目，安全卫生设施不与主体工程同时设计、同时施工、同时生产和使用，造成事故的。

6. 建设工程项目生产安全事故的调查与处理

生产安全事故调查与处理是两个相对独立而又密切联系的工作。事故调查的任务主要是查明事故发生的原因和性质，分清事故的责任，提出防范类似事故的措施。事故处理的任务主要是根据事故调查的结论，对照国家有关法律、法规，对事故责任者进行处理，落实防范类似事故发生的措施。

事故调查处理应当遵守以下原则：

1）科学严谨、依法依规、实事求是、注重实效的原则。对事故的调查处理要揭示事故发生的内因和外因，及时、准确地查清事故原因，查明事故性质和责任，总结事故教训，提出整改措施，并对事故责任者提出处理意见。

2）“四不放过”的原则。“四不放过”原则即事故原因没有查清楚不放过、事故责任者没有受到处理不放过、没有防范措施不放过、职工群众没有受到教育不放过。这四条原则互相联系，相辅相成，成为预防事故再次发生的防范系统。

3）公正、公开的原则。公正就是实事求是，以事实为依据，以法律为准绳，既不准包庇事故责任者，也不得借机对事故责任者打击报复；更不得冤枉无辜。公开就是对事故调查报告应当依法及时向社会公布。

4）分级分类调查处理的原则。事故的调查处理是依照事故的分类和级别来进行的。

7. 安全生产事故教训的总结

“前事不忘，后事之师”说明了总结事故教训的道理。通过对事故、原因分析，找出引以为戒的教训，制定有针对性的整改措施，达到防止事故发生的目的，对防止同类事故的再次发生有着非常大的实用价值。

总结事故教训要以确定的事故发生原因和事故性质为依据。一般来说，总结事故教训可从以下几个方面来考虑：

1）是否贯彻落实了有关的安全生产法律、法规和技术标准。

2）是否制定了完善的安全管理措施。

3）是否制定了合理的安全技术防范措施。

4）安全管理制度和技术防范措施执行是否到位。

5）安全培训教育是否到位，职工的安全意识是否到位。

6）有关部门的监督检查是否到位。

7）企业负责人是否重视安全生产工作。

8）是否存在官僚主义和腐败现象，造成了事故的发生。

9）是否落实了有关“三同时”的要求。

10）是否有合理、有效的事故应急救援预案和措施等。

13.6 建设工程项目生产安全事故的整改措施

1. 安全技术整改措施

（1）防火防爆技术措施　为防止可燃物与空气或其他氧化剂作用形成爆炸混合物，在生产过程中，首先应考虑加强对可燃物料的管理和控制，利用不燃或难燃物料取代可燃物料，不使可燃物料泄漏或聚集形成爆炸性混合物，其次是防止空气和其他氧化物进入设备内或防止泄漏的可燃物料与空气混合，对点火源进行控制是重要措施之一。引起火灾或爆炸事故的点火源主要有明火、高温表面、摩擦和撞击、绝热压缩、化学反应热、电气火花、静电火花、雷击和光热射线等。在有火灾或爆炸危险的生产场所，对这些着火源都应充分注意，并采取严格的控制措施。

（2）电气安全技术措施　为防止人体直接、间接和跨步电压触电（电击、电伤），通常采取以下措施：

1）接零、接地系统。按电源系统中性点是否接地，分别采取保护接零系统或保护接地系统。在建设工程项目中，中性点接地的低压电网应优先采用 TN-C-S 保护系统。

2）漏电保护。在电源中性点直接接地的 TN、TT 保护系统中，在规定的设备、场所范围内必须安装漏电保护器和实现漏电保护的分级保护。一旦发生漏电，切断电源时会造成事故或重大经济损失的装置和场所，应安装报警式漏电保护器。

3）绝缘。根据环境条件，诸如潮湿、高温、有导电性粉尘、腐蚀性气体、金属占有系数大的工作环境，选用加强绝缘或双重绝缘的电动工具、设备和导线采用绝缘防护用品。

4）屏护和安全距离。屏护包括屏蔽和障碍，是指能防止人体有意或无意触及或过分接近带电体的遮拦、护罩、护盖、箱闸等装置，将带电部位与外界隔离，防止人体误入带电间隔的简单、有效的安全装置。

5）安全电压。直流电源采用低于 120V 的电源。交流电源采用专门的安全隔离变压器提供的安全电压电源并使用电动工具和灯具，应根据作业环境和条件选择工频安全电压额定值，即在潮湿、狭窄的金属容器，隧道、矿井等作业环境，宜采用 12V 安全电压。用于安全电压电路的插销、插座应使用专门的插销和插座，不得带有接零或接地插头和插孔，安全电压电源的原、副边均应装设熔断器作为短路保护。当电气设备采用 24V 以上安全电压时，必须采取防止直接接触带电体的保护措施。

（3）机械安全技术措施　利用安全距离防止人体触及危险部位或进入危险区是减少或消除机械安全风险的一种方法。在规定安全距离时，必须考虑使用机械设备时可能出现的各种状态、有关人体的测量数据、技术和应用等因素，限制有关因素的物理量。在不影响使用功能的情况下，根据各类机械设备的不同特点，限制某些可能引起危险的物理量值来降低危险性。例如，将操纵力限制到最低值，使操作件不会因破坏而产生机械危险；限制运动件的质量或速度，以减小运动件的动能；限制噪声和振动等使用本质安全工艺过程和动力源。对预定在爆炸环境中使用的机械设备，应采用全气动或全液压控制系统和操作机构，或“本质安全”电气装置，也可采用电压低于“功能特低电压”的电源，以及在机械设备的液压装置中使用阻燃和无毒液体。

（4）施工现场运输安全对策措施 着重就施工现场与毗邻建筑物、铁路、公路、设备、电力线、管道等的安全距离和安全标志、信号、人行通道、防护栏杆，以及车辆、道口、装卸方式等方面的安全设施提出对策措施。

2. 安全管理整改措施

与安全技术整改措施处于同一个层面上的安全管理整改措施，在企业安全生产工作中起着同样重要的作用。如果将安全技术整改措施比作计算机系统内的硬件设施，那么安全管理整改措施则是保证硬件正常发挥作用的软件。安全管理整改措施通过一系列管理手段将企业的安全生产工作整合、完善、优化，将人、机、物、环境等涉及安全生产工作的各个环节有机地结合起来，在保证安全的前提下正常开展企业生产经营活动，使安全技术对策措施发挥最大的作用。

（1）建立安全管理制度 《安全生产法》第四条规定，生产经营单位必须遵守本法和其他有关安全生产的法律、法规，加强安全生产管理，建立健全全员安全生产责任制度和安全生产规章制度，加大对安全生产资金、物资、技术、人员的投入保障力度，改善安全生产条件，加强安全生产标准化、信息化建设，构建安全风险分级管控和隐患排查治理双重预防机制，健全风险防范化解机制，提高安全生产水平，确保安全生产。

生产经营单位应遵守国家的安全生产法律、法规和技术标准的要求。建设工程施工单位应根据自身的特点，制定相应的安全检查制度、安全生产巡视制度、安全生产交接班制度、安全监督制度、安全生产奖惩制度、有毒有害作业管理制度、施工现场交通运输安全管理制度等。

（2）建立并完善生产经营单位的安全管理组织机构和人员配置 保证各类安全生产管理制度能认真贯彻执行，各项安全生产责任制能落实到人。明确各级第一负责人为安全生产第一责任人。

《安全生产法》第二十四条规定，矿山、金属冶炼、建筑施工、运输单位和危险物品的生产、经营、储存、装卸单位，应当设置安全生产管理机构或者配备专职安全生产管理人员。

在落实安全生产管理机构和人员配置后，还需建立各级机构和人员安全生产责任制。各级人员安全职责包括单位负责人及其副手、总工程师（或技术总负责人）、班组长、安全员、班组安全员、作业工人的安全职责。

（3）保证安全生产资金的投入 从资金和设施装备等物质方面保障安全生产工作正常进行，也是安全管理整改措施的一项重要内容。《安全生产法》第二十三条规定，生产经营单位应当具备的安全生产条件所必需的资金投入，由生产经营单位的决策机构、主要负责人或者个人经营的投资人予以保证，并对由于安全生产所必需的资金投入不足导致的后果承担责任。《安全生产法》第三十一条规定，生产经营单位新建、改建、扩建工程项目（以下统称建设项目）的安全设施，必须与主体工程同时设计、同时施工、同时投入生产和使用。安全设施投资应当纳入建设项目概算。

3. 安全培训和教育

建设工程施工单位应当进行全员的安全培训和教育。

1）主要负责人和安全生产管理人员的安全培训教育，侧重于国家有关安全生产的法律、法规、行政规章和各种技术标准、规范，具备对安全生产管理的能力，取得安全管理岗位的资格证书。

2）从业人员的安全培训教育在于了解安全生产知识，熟悉有关的安全生产规章制度和安全操作规程，掌握本岗位的安全操作技能。

3）特种作业人员必须按照国家有关规定，经过专门的安全作业培训，取得特种作业操作资格证书。

加强对新职工的安全教育、专业培训和考核，新职工必须经过严格的安全教育和专业培训，并经考试合格后方可上岗。对转岗、复工人员应参照新职工的办法进行培训和考试。

13.7 生产安全事故的应急救援预案

1. 应急救援与应急救援预案

应急救援是指在危险源和环境因素控制措施失效的情况下，为预防和减少可能随之引发的伤害和其他影响，施工单位所采取的补救措施和抢救行动。

应急救援预案是指施工单位事先制订的关于特大生产安全事故发生时进行的紧急救援组织的工作程序、措施、责任，以及协调等方面的方案和计划，它是制订事故应急救援方案的全过程。

应急救援组织是施工单位内部专门从事应急救援工作的独立机构。

应急救援体系是保证所有的应急救援预案的具体落实所需要的组织、人力、物力等各种要素及其调配关系的综合，是应急救援预案能够落实的保证。

施工单位生产安全事故应急救援的管理要求如下：

1）施工单位在进行危险源与环境因素识别、评价和控制策划时，应事先确定可能发生的事故或紧急情况，如高处坠落、物体打击、触电、坍塌、中毒、火灾、爆炸、特殊气候影响等。

2）制订应急救援预案及其内容。

3）准备充足数量的应急救援物资。

4）定期按应急救援预案进行演习。

5）演练或事故、紧急情况发生后，应对相应的应急救援预案的适用性和充分性进行评价，找出存在的问题，并进一步修订、完善。

6）为了吸取教训、防止事故的重复发生，一旦出现事故，施工单位除按法律法规要求配合事故调查、分析外，还应主动分析事故原因，制定并实施纠正或预防措施。

2. 应急救援预案的编制要求和编制原则

（1）编制要求　施工单位应急救援预案的编制应根据对危险源与环境因素的识别结果，确定可能发生的事故或紧急情况的控制措施失效时所采取的补充措施、抢救行动，以及针对可能随之引发的伤害和其他影响所采取的措施。施工单位应急救援预案的编制应与施工组织设计或安全生产保证计划同步编写。

应急救援预案是处理事故应急救援工作的全过程。应急救援预案适用于施工单位在施工现场范围内可能出现的事故或紧急情况的救援和处理。

实施施工总承包的，总承包单位应当负责统一编制应急救援预案，工程总承包单位和分包单位按照应急救援预案，各自建立应急救援组织或者配备应急救援人员，配备救援器材、设备，并定期组织演练。

（2）编制原则　落实组织机构，统一指挥，职责明确。预案中应落实组织机构、人员和职责，强调统一指挥，明确施工单位、其他有关单位的组织、分工、配合、协调。施工单位应急救援组织机构一般由公司总部、项目经理部两级构成。重点突出，有针对性。结合施工单位或本工程项目的安全生产的实际情况，确定易发生事故的部位，分析可能导致发生事故的原因，有针对性地制订应急救援预案。工程程序简单，具有可操作性。保证在突发事故时，应急救援预案能及时启动，并紧张、有序地实施。

思考题

1. 什么是安全生产？简述它的指导方针和基本原则。
2. 什么是建设工程安全管理？简述建设工程安全管理的措施。
3. 简述工程监理单位和建设工程单位的安全责任。
4. 简述建设工程安全监理的主要工作内容。
5. 工程项目在施工阶段，制定项目安全监理职责的工作有哪些？
6. 简述安全监理工程师可下达“暂时停工指令”的情形。
7. 简述竣工阶段安全监理的主要工作内容。
8. 什么是建设工程事故隐患？常见的原因有哪些？
9. 简述建设工程项目施工事故隐患的处理程序。

二维码形式客观题

微信扫描二维码，可自行做客观题，提交后可查看答案。

第 13 章
客观题

第 14 章 监理单位的专项咨询服务

本章学习目标

了解绿色建筑的内涵和绿色建筑设计的原则，熟悉规划、设计、施工、验收和运营阶段绿色建筑管理；了解建设工程司法鉴定的原则和程序，熟悉建设工程质量类鉴定，了解建设工程司法鉴定文书和归档资料；了解基于 BIM 的工程信息化咨询服务、基于 GIS 的信息化咨询服务、基于无人机的全过程工程管理服务；熟悉监理单位的 PPP 咨询服务。

14.1 绿色建筑专项咨询服务

1. 绿色建筑的内涵

我国《绿色建筑评价标准》（GB/T 50378—2019）对绿色建筑的定义为，在建筑的全生命周期内，最大限度地节约资源（节约能源、节约土地、节约水资源、节约材料），保护环境和减少污染，为人们提供健康、适用和高效的使用空间，与自然和谐共生的建筑。绿色建筑有以下几个内涵：

1）“建筑全生命周期”的概念。整体地审视建筑在物料生产、建筑规划设计、施工、运营维护、拆除及回收过程中对生态、环境的影响，强调的是全生命周期的绿色（见图 14-1）。

2）坚持节地、节能、节水、节材的原则。尽可能节约土地，包括合理布局、合理利用旧有建筑、合理利用地下空间；尽可能降低能源消耗，一方面着眼于减少能源的使用，一方面利用低品质能源和再生能源（如太阳能、地热能、风能、沼气能等）；尽可能节水，包括对生活污水进行处理和再利用、采用节水器具；尽可能降低建筑材料消耗，发展新型、轻型建材和循环再生建材，促进工业化和标准化体系的形成，实现建筑部品通用化。

3）以人为本，注重舒适性。绿色建筑将环保技术、节能技术、信息技术、控制技术渗透入人们的生活与工作，在确保节能性的同时，达到居住舒适性的要求。绿色建筑最终要做到的是：节能、省钱、环境友好、舒适、高品质。

4）绿色建筑要与当地自然环境、文化环境和谐共生。这是绿色建筑的价值理想。绿色建筑要充分体现建筑物完整的系统性与环境的亲和性，以及城市文化的传承性，创造与自然、文化和谐统一的建筑艺术。

5）由于社会风俗等方面存在较大的差异，显然无法直接照搬国外绿色建筑的政策法规。在绿色建筑设计中需要具体问题具体分析，采用不同的技术方案，体现地域性和创新性。

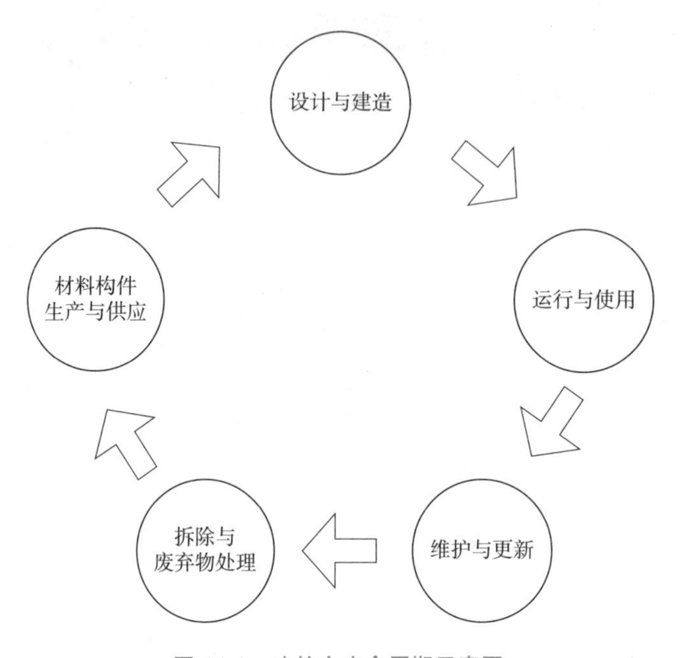

图 14-1　建筑全生命周期示意图

2. 绿色建筑设计的原则

绿色建筑设计需秉承“四节一环保”的可持续发展理念，即节地、节能、节水、节材、保护环境。遵循地域性原则、被动技术优先原则、经济性原则、健康舒适性原则、系统协同性原则、高效性原则、环境一体化原则等七个原则。

（1）地域性原则　绿色建筑设计应密切结合所在地域的自然地理气候条件、资源条件、经济状况和人文特质，分析、总结和吸纳当地传统建筑特质，因地制宜地选择匹配的绿色建筑技术。

（2）被动式技术优先原则　在进行技术体系确定时，应遵循被动式优先的原则，实现主动式技术与被动式技术的相互补偿和协同运行（见表 14-1）。

表 14-1　被动设计策略

项目	被动设计策略	项目	被动设计策略	项目	被动设计策略
建筑设计	总平布局	维护结构	窗墙比	遮阳	遮阳方式
	朝向		墙体和屋顶隔热		遮阳设备
	平面布局		门窗设计	采暖空调	气密性设计
	自然通风		地面设计		热回收
	自然采光				

（3）经济性原则　基于对建筑全生命周期运行费用的估算，以及评估设计方案的投入和产出，绿色建筑设计应提出有利于成本控制的具有经济运营现实可操作性的优化方案；根据具体项目的经济条件和要求选用技术措施，在优先采用被动式技术的前提下，实现主动式技术与被动式技术相互补偿和协同运行。

（4）健康舒适性原则　绿色建筑设计应通过对建筑室外环境营造和室内环境调控，构建有益于人的生理舒适健康的建筑热、声、光和空气质量环境，以及有益于人的心理健康的空间场所和氛围。

（5）系统协同性原则　其一，绿色建筑是与外界环境共同构成的系统，具有系统的功能和特征，构成系统的各相关要素需要关联耦合、协同作用以实现高效、可持续、最优化的实施和运营。其二，绿色建筑是在建筑运行的全生命周期过程中、多学科领域交叉、跨越多层级尺度范畴、涉及众多相关主体、硬科学与软科学共同支撑的系统工程。

（6）高效性原则　绿色建筑设计应着力提高在建筑全生命周期中对资源和能源的利用效率，以减少对土地资源、水资源以及不可再生资源和能源的消耗，减少污染排放和垃圾生成量，降低环境干扰。

（7）环境一体化原则　建筑应作为一个开放体系与环境构成一个有机系统，该原则强调在建筑外部环境设计、建设与使用过程中应加强对原有生态系统的保护，避免和减少对生态系统的干扰和破坏，尽可能保持原有生态基质、廊道、斑块的连续性；对受损和退化生态系统采取生态修复和重建的措施；对于在建设过程中造成生态系统破坏的情况，采取生态补偿措施。

通过绿色建筑的概念及其设计原则可知，绿色建筑贯穿于建筑的规划、设计、施工、运营维护、拆除及回收的全过程，是一项系统工程。在我国，项目的规划、设计、施工、运营各阶段划分明显，职责分担到各单位，相互独立，为了建造绿色建筑，需要有绿色建筑咨询机构参与项目的全过程，承担项目的总协调工作。绿色建筑的全过程咨询服务内容涵盖设计阶段、施工阶段、运营阶段和认证阶段。

3. 规划、设计和施工阶段绿色建筑过程管理

从项目规划、设计、施工到最终验收阶段，监理咨询单位为业主提供专业的建筑设计管理和节能咨询，力求项目决策和实施各阶段、各环节的设计工作具有可持续性，提供最优的方案，从而实现真正意义上的绿色建筑设计。

（1）规划咨询阶段　监理咨询单位对于这个阶段的控制主要体现在采取措施降低绿色建造成本，研究、总结新型绿色建筑成套建造技术，从而提高其经济效益，结合费用效益分析的理论，确定对绿色建筑的经济效益、社会效益、环境效应和生态效应的分析方法，从经济及社会角度来为业主方分析建设项目的可行性和必要性。根据业主对建筑的要求和定位，通过分析区域环境以充分利用环境因素，可从项目概况、项目目标及亮点、围护结构节能、采暖空调节能、资源利用、光与通风、噪声控制、智能化系统及其

他绿色措施、增量成本分析、项目预评估和项目总结等方面分析综述，编制绿色建筑可行性研究报告。

（2）方案设计阶段　监理咨询单位在设计阶段应该充分考虑建造成本的降低因素。在绿色建筑可行性研究报告基础上，参与绿色建筑方案设计咨询工作。因此，绿色建筑中采用的建筑材料和装修材料需经过检验处理，应尽量采用天然材料，确保对人体无害。监理单位应对此进行监督。除此之外，绿色建筑要基于项目的地理条件，具体结合地址、气象、水文等客观条件，选择合适的绿色技术，如太阳能采暖、热水、发电及风力发电装置，以充分利用环境提供的天然可再生能源。

1）初步方案阶段。对项目进行初步能源评估、环境评估、采光照明评估，并提出绿色建筑节能设计参考意见，与设计单位沟通，提出有效的绿色建筑节能技术策略，并协助设计单位完成高质量的绿色建筑方案设计。实施流程大致如下：

① 确定项目整体的绿色建筑设计理念和项目目标，并分析项目适合采用的技术措施及具体的实现策略。

② 分析整理项目资料，明确项目施工图及相关方案的可变更范围。

③ 基于上述工作，完成项目初步方案、投资估算和绿色建筑等级预评估。

④ 向业主方提供“项目绿色建筑预评估报告”。

2）深化设计阶段。根据业主的要求，监理咨询单位对设计单位提交的设计文件、图样资料进行深入细致的分析，并要求结合相应的审核意见，给出各专业具体化、指标化的建筑节能设计策略或者专业意见。在本阶段具体的实施步骤如下：

① 基于业主方确定的目标以及绿色建筑等级自评估结论，分析项目所要达到的技术要求。

② 按项目工作计划和进度安排，参与建筑设计、机电设计、景观设计、室内设计以及其他专业深化设计的咨询管理工作，完成设计方案的技术经济分析，并落实采用技术的技术要点、经济分析、相关产品等。

③ 协助设计单位完成绿色建筑认证所需的各项模拟分析，并提供相应的分析报告。

④ 协助向业主方审核设计单位提供的“项目绿色建筑设计方案技术报告”。

3）施工图设计阶段。在本阶段，为确保项目设计符合业主方的预期，进一步对方案调整和完善，并对设计策略中提出的标准和指标进行落实，并对各种实施策略进行最终的评估。主要工作如下：

① 根据已订的设计方案，提供相关技术文件，指导施工图设计，结合绿色建筑理念，融入绿色建筑技术。

② 提供施工图方案修改完善建议书，并指导施工图设计。

4）设计评价标识申报阶段。按绿色建筑的标准中的相关要求，完成各项方案分析报告，编制和完善相应的申报材料，进行现场专家答辩。与评审单位进行沟通交流，对评审意见进行反馈及解释，协助业主方完成绿色建筑设计标识的认证工作。

4. 施工、验收和运营阶段绿色建筑管理

（1）绿色施工管理　监理咨询单位对绿色施工进行总体规划，指导确定绿色施工的目标，确定相关的绿色施工措施，审批绿色施工的组织方案，并协助项目进行绿色施工，最终实现绿色施工项目评定。在此过程中，需要对施工企业和建设单位进行绿色施工的培训，介绍绿色施工的政策、内涵、要求、技术、组织方法及影响等。

（2）施工阶段技术管理

1）墙体保温施工技术。墙体保温系统的施工是墙体节能措施的关键环节。墙体的保温层通常设置在墙体的内侧或外侧。保温层设置在内侧的技术措施相对简单，但保温效果不如设置在外侧；设置在外侧可节省使用面积，但黏结性差，若措施不当，易产生开裂、渗水、脱落、耐久性减弱等问题，造价一般也高于内设置。因此，针对不同的保温材料，要采用不同的施工技术措施。

2）门窗安装施工技术。门窗框和玻璃扇门的传热系数及密闭性是外墙节能的关键环节之一。根据设计要求选择门窗时，要复查门窗的抗风压性、空气渗透性、雨水渗漏性等性能指标；安装门窗框时，要反复检查垂直度。

3）保温屋面施工技术。屋面保温是将密度低、导热系数小、吸水率低、有一定强度的保温材料设置在防水层和屋面板之间。

4）太阳能建筑技术。在建筑楼顶安装太阳能电池发电系统，能基本满足建筑楼内的动力和照明系统的用电量需求；太阳能技术的采暖和供热功能，能很好地满足建筑物日常的供热需要；太阳能技术还可控制建筑物的采光。

（3）运营配合阶段　首先组织业主、物业公司管理和操作人员进行绿色建筑技术介绍和绿色物业管理专业知识培训。在此阶段，服务内容主要包括定期运营管理取证、依据项目的具体情况，指导物业公司制定相应的管理制度、编制相应的记录表格指导物业记录系统和设备等的运行情况，定期审查运行记录。

（4）检测配合阶段　根据绿色建筑运营标识的申报要求，向业主方提供所有现场检测所需资料清单。协助业主单位编制检测计划，确定检测项目和检测指标，待业主指派的检测机构检测完成后，进行资料审核和验证，协助业主方完善相关现场检测资料。根据评审小组进行现场勘探的内容，结合《绿色建筑评价标准》（GB/T 50378—2019）进行预评估。

（5）运营评价标识申报阶段　按《绿色建筑评价标准》中运营标识认证的相关规定，完成各项方案分析报告和绿色建筑整体深化方案报告。

整理汇总所有资料报告，编制和完善相关申报材料，进行专家评审会现场汇报和答辩。与评审单位进行沟通交流，对评审意见的反馈及解释，完善绿色建筑整体方案报告。协助业主方完成绿色建筑运营标识认证的申报工作，取得运营标识。绿色建筑全过程咨询流程如图 14-2 所示。

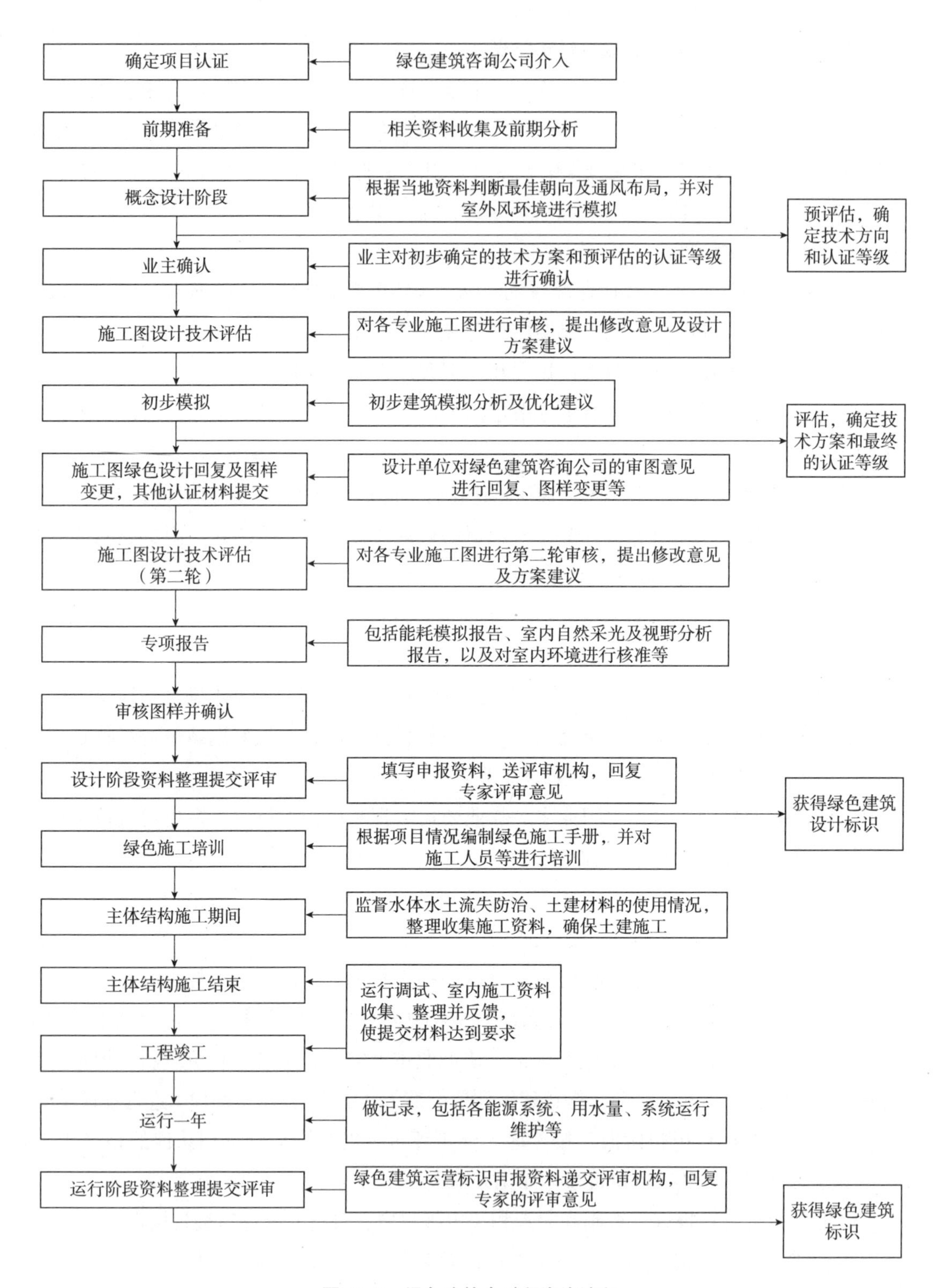

图 14-2　绿色建筑全过程咨询流程

14.2 监理单位的工程法务咨询服务

建设工程法务咨询服务，可以是为建筑企业经营、内部管理所需提供的服务，也可以是对外（其他企业）提供的相关法务咨询服务。一般包括：① 提供法律咨询服务；② 审查、制定合同文本；③ 化解企业与客户之间的纠纷；④ 参与商业谈判；⑤ 出具法律意见；⑥ 提供法律培训；⑦ 解决劳资争议；⑧ 工程司法鉴定。

建设工程法务咨询服务可以由相关的具备条件的综合性工程咨询机构提供。综合性工程咨询机构的长处在于紧密结合工程实际，熟悉市场规律、熟悉相关的合同，熟悉其他相关的法律法规和行业规范、行业惯例，有工程技术人员可以提供专业技术支撑。因此，从事前防范和化解纠纷的角度来说，综合性工程咨询机构可以提供合适的法务咨询服务。

1. 建设工程司法鉴定的原则和程序

建设工程司法鉴定是指运用建设工程的理论和技术，对与建设工程相关的问题进行鉴定。

（1）建设工程司法鉴定的原则　建设工程司法鉴定应遵循依法鉴定原则、独立鉴定原则、客观鉴定原则、公正鉴定原则。同时，应遵守职业道德和职业纪律，尊重科学，遵守建设领域有关的标准、技术文件要求。

（2）建设工程司法鉴定的程序　在建设工程司法鉴定的实务中，各地的工作流程基本一致。一般实务程序包括：根据法院委托函组建鉴定小组；熟悉资料，制订鉴定方案；分析资料；初步鉴定；征询意见；出具鉴定意见；资料归档。如图 14-3 所示。

建设工程司法鉴定实行鉴定人负责制度。鉴定人应当科学、客观、独立、公正地进行鉴定，并对得出的鉴定意见负责。鉴定机构受理鉴定委托后，应指定本机构中具有该鉴定事项执业资格的鉴定人进行鉴定。鉴定机构对同一鉴定事项，应指定或者选择不少于 2 名鉴定人共同进行鉴定。对疑难、复杂或者特殊的鉴定事项，可以指定或者选择多名鉴定人进行鉴定。鉴定人应实行回避制，应回避而不自行回避的，委托人、当事人及利害关系人有权要求其回避。

委托的鉴定事项完成后，鉴定机构应指定机构内专人进行复核。复核人员对该项鉴定的实施是否符合规定的程序、是否采用规定的技术标准和技术规范等情况进行复核，复核后的意见应当存入同一鉴定档案。复核后发现有违反相关技术规范规定情形的，司法鉴定机构应予以纠正。

2. 建设工程质量类鉴定

建设工程在施工阶段出现质量问题或事故，一般处理流程为：初步调查→查阅相关资料→确定鉴定方案→现场勘验→复核验算，查明质量问题的原因→提出处理方案→出具鉴定意见。

一般来说，在初步调查阶段，需要查阅的资料包括但不仅限于：工程地质勘查报告、经审查合格的施工图设计文件、相关的设计计算书、设计变更联系单、分部分项工程验收记录、涉及结构安全和主要使用功能的分部分项工程的检验资料、建设工程材料进场复验报告、给水排水资料、管线资料、环境条件资料、质量事故及质量纠纷详细情况报告及其他相关资料。

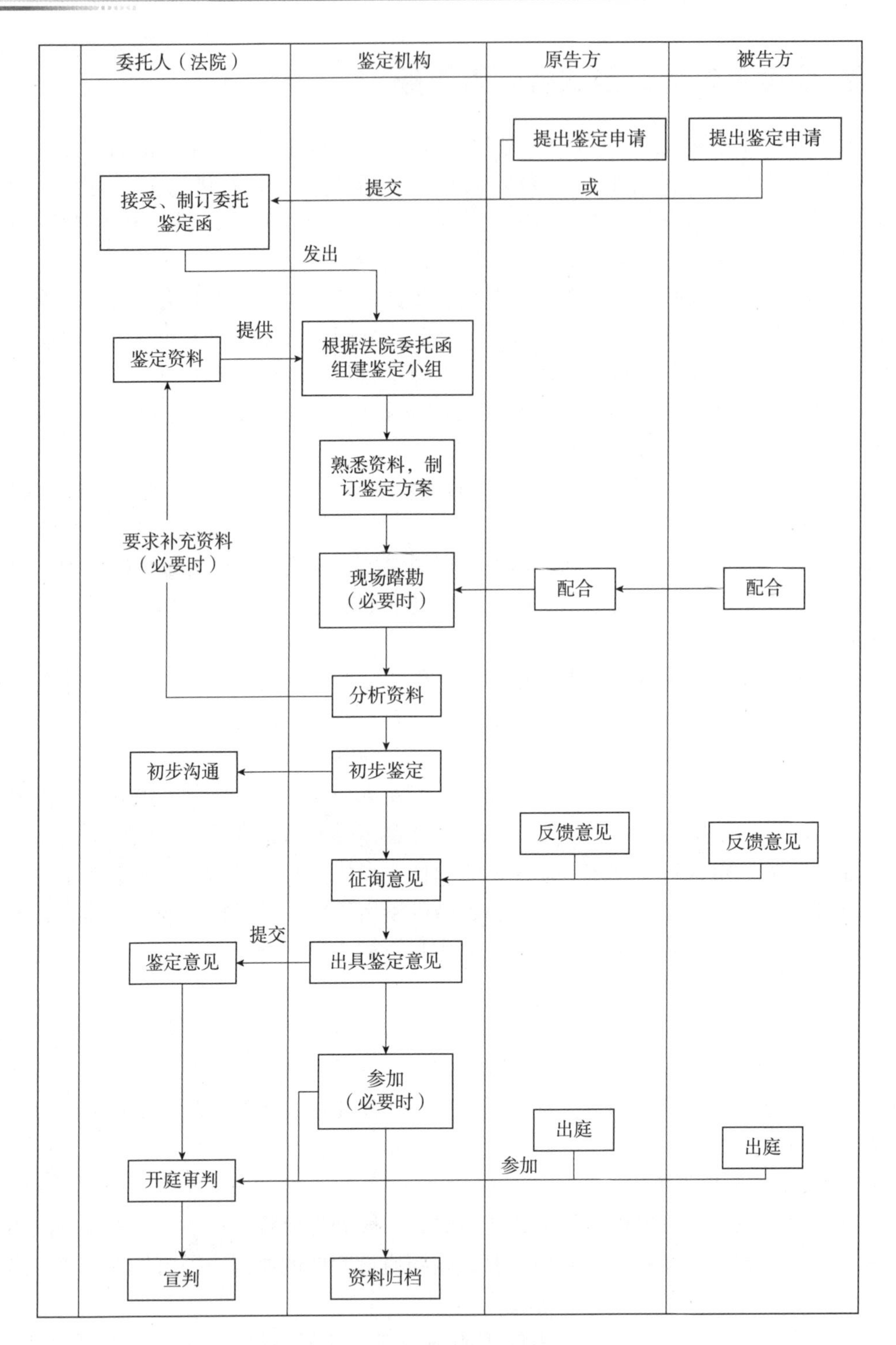

图 14-3 司法鉴定的一般实务程序

现场勘验一般是指对有质量问题和质量纠纷的建设工程材料或实体等，按现行规范进行抽样或全部抽样检测。需要注意的是，需进行微破损和破损检测时，应事先向委托人释明。

复核验算是根据施工图设计文件、设计计算书、施工技术资料、检验报告、现场勘验记录及其他相关资料等，按现行相关标准、规范、规程进行复核验算，进而从勘察、设计、施工、所选用材料设备、环境条件等方面进行综合分析，查明质量问题的原因。

针对查明的原因，根据相关标准，提出处理方案。

在司法鉴定实务中，需要注意以下几点：

1）工程质量司法鉴定与施工质量验收不同。施工质量验收属于过程检验，施工过程中随时进行检验批的抽样验收，最后对单位工程或分部工程质量得出整体评定结论；司法鉴定属于现状检验，无法对施工过程进行鉴定。受检验批抽样比例和检测手段的限制，相当多的检验项目事后无法进行复查。因此，鉴定时，应让委托方明确鉴定事项，检测手段无法检测的项目事先告知委托方。

鉴定意见的形式应为该鉴定对象是否符合标准和要求，需要对是否合格进行判定时，应慎重对待。一般来说，判定不合格比判定合格要简单得多。这里面就存在一个问题，建设工程施工质量验收规范检验批的验收采用抽样方案，合格率控制在一定概率范围内。因此，即使验收合格的工程也可能存在局部不符合规范的部位和项目。局部可能存在质量问题，而当事人提出的鉴定内容就可能不符合规范要求，但是不能据此说整个工程不合格。因此，从工程质量司法鉴定的角度，可以判定某项问题不符合标准或要求。

2）分清鉴定机构和法院责任，不可混淆二者的权限。工程质量司法鉴定机构作为中立的第三方机构，它的法律地位决定了它没有任何审判的权力。鉴定机构只是法院或法官的助手，给法院或法官提供专业的意见，是从专业技术角度对工程质量进行判定，并且技术鉴定内容必须在法院委托范围内进行，不可超范围鉴定。鉴定机构仅从技术角度分析工程质量问题产生的原因，而不去评价工程责任问题，应由法院根据鉴定意见去审理判定。简而言之，鉴定人员是技术专家证人，应分清与法官的责任划分，且不可“以鉴代判”。

鉴定机构鉴定的最终结果应表述为鉴定意见，不可以称为鉴定结论。对建设工程施工质量进行司法鉴定，不应得出合格或不合格的鉴定意见，而应得出工程质量是否符合施工图设计文件、相关标准、技术文件的鉴定意见。

对于既有建设工程质量的鉴定，基本流程和工作要求与前述基本一致。

3. 建设工程司法鉴定文书和归档资料

司法鉴定机构在完成委托的鉴定事项后，应依据委托人所提供的鉴定资料和相关检验结果、技术标准和执业经验，科学、客观、独立、公正地提出鉴定意见，并向委托人出具司法鉴定文书。司法鉴定文书是鉴定过程和鉴定结果的书面表达形式（包括文字、数据、图表和照片等）。建设工程司法鉴定文书一般出具司法鉴定意见书和司法鉴定检验（测绘）报告书。需要注意的是，司法鉴定文书的制作应规范、标准，不得涉及国家秘密，不得得出法律结论，不得载有案件定性和确定当事人法律责任的内容。

司法鉴定文书一般由封面、序言、案情摘要、书证摘录、分析说明、鉴定意见、附注、落款、附件等部分组成。

司法鉴定人应在鉴定事项办结后三个月内收集下列材料，整理立卷并签字后归档：

1）司法鉴定委托书。

2）建设工程司法鉴定委托受理协议书。

3）鉴定过程中形成的文件资料。

4）鉴定文书正本。

5）鉴定文书底稿。

6）送达回证。

7）检验报告、测绘报告、测绘图资料。

8）需保存的送鉴资料。

9）其他应归档的特种载体材料。

需退还委托人的送鉴资料，应复制或拍照存档。如不方便复制或拍照存档，应当附加说明。鉴定档案应纸质版与电子版双套归档。

14.3 监理单位的工程信息化咨询服务

1. 基于 BIM 的工程信息化咨询服务

基于 BIM 的全过程工程管理即运用 BIM 技术对工程项目的规划、勘察、设计、施工直到运营维护等各阶段进行管理，实现建筑全生命周期中各参与方在同一多维建筑信息模型基础上的数据高效共享，为产业链贯通、工业化建造和繁荣建筑创作提供技术保障。基于 BIM 的工程信息化咨询服务资源架构如图 14-4 所示，它支持对工程环境、能耗、经济、质量、安全等方面的分析、检查和模拟，为项目全过程的方案优化和科学决策提供依据，提高业主对整个项目的总体把控度和评估能力；设计一整套基于 BIM 的高效的工作、沟通、审查、反馈工作流程模式，实现高水准的工程项目管理和实施；支持各专业协同工作、项目的虚拟建造和精细化管理，为建筑业的提质增效、节能环保创造条件。

（1）BIM 咨询服务的价值　BIM 是通过在计算机中建立虚拟的建筑工程三维模型，同时利用数字化技术，为这个模型提供完整的、与实际情况一致的建筑工程信息库。该信息库不仅包含描述建筑物构件的几何信息、专业信息及状态信息，还包含了非构件对象（例如空间、运动行为）的状态信息。借助这个富含充分建筑工程信息的三维模型，大大提高了建筑工程信息的集成化程度，为建筑工程项目的相关利益方提供了一个工程信息交互和共享的平台。这些信息能够帮助建筑工程项目的相关利益方增加效率、降低成本、提高质量。结合更多的相关数字化技术，BIM 中包含的工程信息，还可以用于模拟建筑物在真实世界中的状态和变化，使得建筑物在建成之前，项目的相关利益方就能对整个工程项目的成败做出最完整的分析和评估。

从建筑的全生命周期来看，提供全过程的 BIM 咨询服务，对于提高建筑行业规划、设计、施工、运营的科学技术水平，促进建筑业全面信息化和现代化，具有巨大的应用价值和广阔的应用前景。在项目立项规划前期，BIM 能够帮助企业建立一整套项目管理的信息平台，有助于企业控制整个工程项目的进度、成本、风险、品质；在项目的设计阶段，BIM 有力地协同参与设计的各个专业工作，通过三维的界面协调各个专业的配合，优化项目设计，有效地避免专业间的错、漏、碰、缺；进入工程施工阶段，借助 BIM 的三维模型，可对施工中各种管线，构件进行模拟定位，优化排布，精确统计工程材料数量，通过模型模拟指导工程施工；在物业运维过程中，基于集成数据的建筑信息模型，有效地提升了运维管理的效率，降低了运维管理的成本。

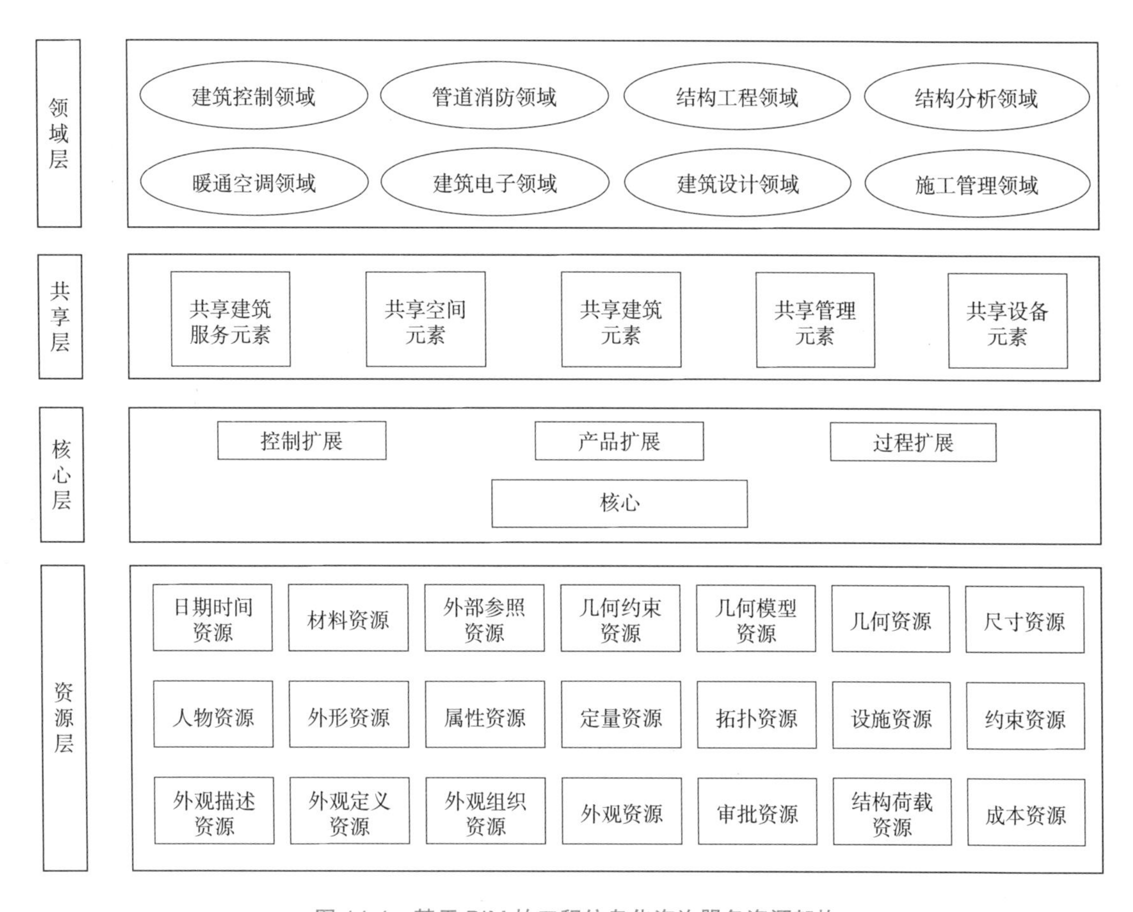

图 14-4　基于 BIM 的工程信息化咨询服务资源架构

（2）BIM 总体方案制订　目前国内 BIM 技术的市场仍在发展阶段，不够成熟，导致现有市场中各单位 BIM 应用的水平参差不齐，应用的效果也十分受限。因此，项目前期做好 BIM 工作的整体策划非常重要，它将给整个项目的开展带来巨大的价值，同时能够辅助项目的 BIM 应用高效实施。一个优秀的 BIM 总体策划方案将从合理规划、清晰权责、明确结果等方面确保项目的顺利进行，合理规避项目在应用 BIM 技术时产生的各类风险，避免在应用过程中产生不必要的问题。

在全过程工程 BIM 咨询服务进行时，需要监理咨询服务单位进行 BIM 总体方案的制订所要包含的内容如下：

1）制定项目 BIM 目标。

2）确定 BIM 应用范围和具体内容。

3）制定 BIM 应用价值衡量标准。

4）制定项目各参与方在 BIM 实施中的角色、责任和工作界面。

5）在已有的业务分工和流程基础上设计 BIM 实施流程。

6）制定 BIM 信息交换标准（例如模型标准、建模精度等）。

7）制定项目各参与方 BIM 交付成果标准。

8）制定 BIM 技术基础设施（软件、硬件、平台）标准。

（3）BIM 技术在工程咨询中的突出应用点

1）碰撞检查。在设计阶段，由于各专业图样的单独性，在建立的全专业模型中，存在着很多软硬碰撞及设计不合理的地方。碰撞检查的主要工作是检查建筑、结构、机电以及装饰部分各专业的冲突问题，并及时将信息反馈给设计单位用以进行图样勘正，防止将错误问题传递至施工过程中。图 14-5 为 BIM 碰撞检查的工作流程。

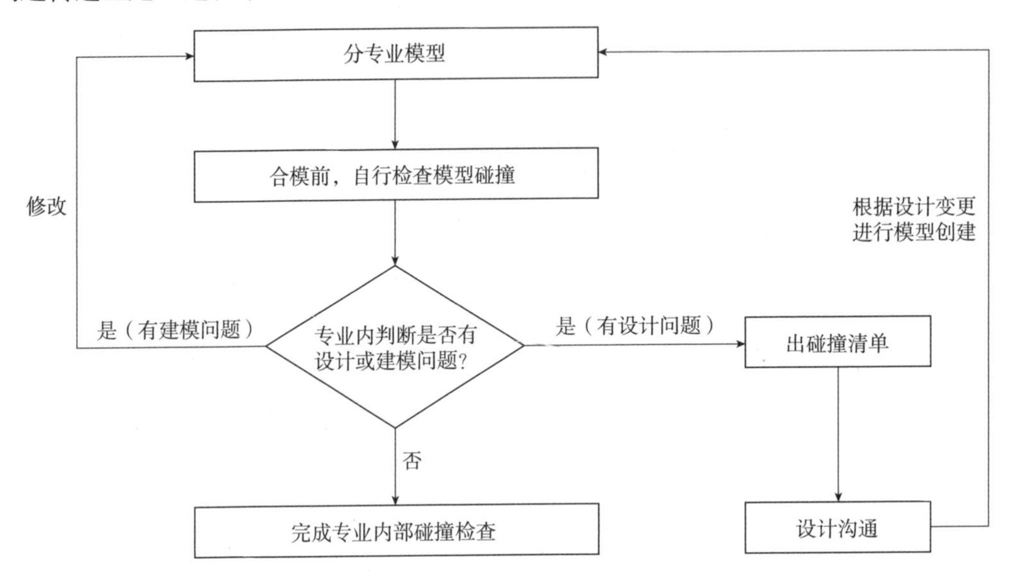

图 14-5　BIM 碰撞检查的工作流程

2）管线综合优化。三维管线综合是依据设计文件，利用搭建好的模型，按设计和施工规范要求将水、电、暖、通风等各专业管线和设备进行综合排布，既满足功能要求，又满足净空、美观要求。

作为 BIM 的核心之一，综合管线的排布对于各个专业都有着不可或缺的作用，具体如下：

① 综合排布机房及楼层平面区域内机电各专业管线，协调机电与土建、精装修专业的施工冲突，减少返工造成的损失。

② 综合管线合理布置，提高建筑净空高度。

③ 确定管线和预留洞的精确定位，减少对结构施工的影响。

④ 弥补原设计的不足，减少因此造成的各种损失。

BIM 管线综合优化工作需综合考量现场实际情况（如施工进度、区域复杂程度等）及参建各方的需求，制订相应的实施计划，协调建设方开展管线综合优化工作。图 14-6 为 BIM 管线综合优化操作流程。

3）工程量统计。建设项目 BIM 应用系统工程量统计的基础数据包括施工作业模型、构件参数化信息、构件项目特征及相关描述信息以及其他相关的合约与技术资料信息。除此之外，将构件相关的参数信息和构件项目特征及相关描述信息加入施工作业模型之中，完善建筑信息模型中的成本信息。

工程量统计软件包括：广联达、鲁班、比目云、绿建斯维尔等。可通过格式转换将信息模型转化为工程量信息模型。实现快速准确的工程量计算。

BIM 数据库可以实现任一时间点上工程基础信息的快速获取。Revit 软件自带明细表功能，可以设置明细表参数，包括数量、材质、型号、尺寸，可以一键把信息模型中的部分信息整合导出，利于分部分项工程量的统计。

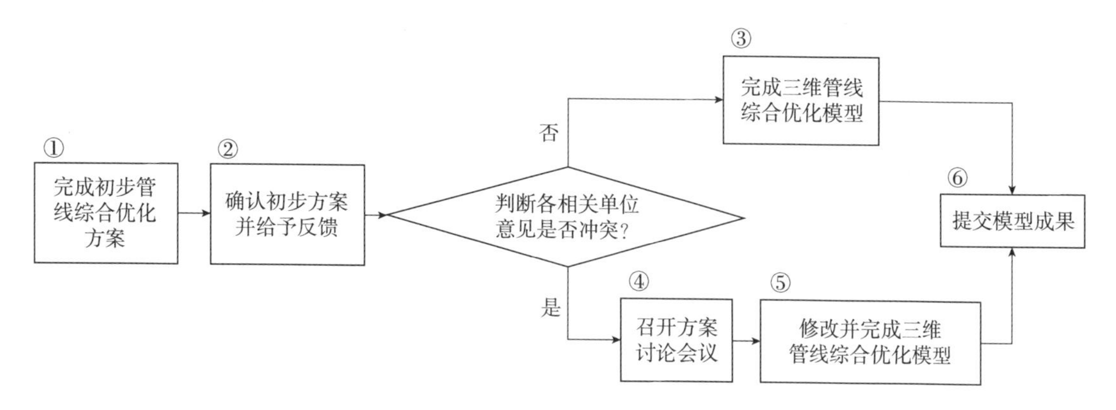

图 14-6　BIM 管线综合优化操作流程

4）进度管理。进度管理工作可以分为宏观进度管理和节点进度管理两个方面。宏观进度管理方面，BIM 技术可以基于 Autodesk Navisworks 进行进度模拟，辅助项目参与单位更加理解项目的形象进度。BIM 施工进度管理更主要从节点进度优化和提高参与单位熟练程度两个方面进行，辅助业主和总包单位把握好工程进度。

根据施工方提供的进度计划书，将时间节点与构件进行关联，分别进行总进度计划模拟、单项工程进度计划模拟、形象展示工程进度计划、查找关键工期、同时现场工期进度跟进对比、进度纠偏，合理进行工期优化。

BIM 节点进度管理优化主要是指施工平面图优化、多专业交叉工作优化、复杂机房优化、钢结构安装优化和幕墙安装优化。

5）质量把控。利用 BIM 手段对施工质量进行把控是项目管理方的重点工作内容，工程项目施工作业过程的质量控制，是在工程项目质量实际形成过程中的事中质量控制。工程项目施工是由一系列相互关联、相互制约的作业过程构成的。因此，施工质量控制必须结合 BIM 手段对全部施工作业过程，即各道工序的作业质量进行控制。

① 项目管理方组织召开基于 BIM 的施工技术交底。施工技术交底是施工组织设计和施工方案的具体化，施工技术交底的内容必须具有可行性和可操控性。技术交底的内容包括：BIM 模拟范围、施工依据、施工工序模拟、技术标准与要领、与前后工序的关系及其他与安全、进度、成本、环境等目标管理有关的要求和注意事项。

②BIM 施工工序模拟。工序是组成工程项目的基础，由工序组成检验批，再由检验批组成分项工程。通过 BIM 施工工序模拟来形成工序质量，再由工序质量形成分项工程质量等。工序施工的质量控制是施工阶段质量控制的重点，管理方应该利用 BIM 成果，监督指导施工方完成相应的工作，从而确保 BIM 控制质量的关键步骤。同时，BIM 还为项目管理方在施工现场的质量检查提供了便捷的手段，利用轻量化信息终端进行管理。

A. 开工前的检查：主要检查是否具备开工条件，开工后是否能够保持连续正常施工，能否保证工程项目质量。配合 BIM 配置的无人机场地拍摄，施工场地布置模拟对现场情况进行把控。

B．工序施工前检查：根据建筑信息模型明细表检查施工前材料是否完备、材料堆放是否满足连续施工要求。

C．工序施工过程检查：按照准确的建筑信息模型对工序的施工过程进行检查监督，确保工序作业严格按照工艺流程、技术要求来做，以保证工程质量。

D．隐蔽工程检查：使用漫游或剖切命令查看隐蔽工程相应的模型成果，对隐蔽工程进行现场比对核实，经核实后方可进行隐蔽遮盖。

E．停工后复工检查：因客观因素暂停施工或处理质量事故等暂停施工复工之前，应对建筑信息模型进行重点标注，复工阶段比对实际现场与模型的情况。

F．工序交接检查：根据 BIM 的施工模拟技术，提前对模型进行分段处理，交接时按照建筑信息模型明确规定的节点来划分交接内容，确保不同的施工班组作业量的精准性。

G．成品保护检查：对已经完成的实际工程量，在信息平台中进行标注，检查成品有无保护措施，核实数量与地点。

6）可视化展示与动画场景制作。BIM 将专业、抽象的二维建筑图样描述为通俗化、三维直观化的可以查询的三维模型，使得专业设计师和建设方等非专业人员对项目需求是否得到满足的判断更为明确、高效，使决策更为准确。

基于建筑信息模型，可以自定义和配置每个渲染环节，包括材质、照明、背景和渲染样式。使用环境背景来添加真实场景。Autodesk Navisworks Manage 软件与 Autodesk Navisworks Simulate 软件都有照片级的模型可视化功能。

将模型进行渲染贴图之后，利用先进的导航工具生成逼真的项目视图，实时地分析集成的项目模型。常用的漫游软件包括：所有 Autodesk Navisworks 系列产品、Fuzor 及 Lumion 等。此外，通过选取视角高度、固定视点、物体材质、日照规则、渲染特效、细节处理、锯齿优化，还可进行动画制作，最终导出 MP4 格式文件，便于各参建方宣传。

2. 基于 GIS 的信息化咨询服务

地理信息系统（Geographic Information System，GIS）是在计算机硬件和软件系统支持下，对整个或部分地球表层（包括大气层）空间中的有关地理分布数据进行采集、储存、管理、运算、分析、显示和描述的技术系统。基于 GIS 的工程项目咨询将工程项目数据与地理信息系统模型相整合，增强项目管理的可视化程度和信息利用效率，提高综合决策能力，从而在整体上为项目增值。GIS 的应用覆盖工程咨询的前期决策、项目实施和项目运营阶段。目前，3D GIS、GIS 与 BIM 的结合是 GIS 行业发展的前沿，基于 GIS 的信息化咨询在全过程工程咨询中的应用前景十分广阔。

GIS 在工程项目中的应用主要体现在以下几个方面：

（1）可视化　在工程项目领域，GIS 通常与 BIM 结合起来，形成一体化的数据信息系统。GIS 平台以图形的方式管理和展现信息，将空间数据与数据库相结合，将地下综合管线、交通、人流等抽象难懂的空间信息可视化、直观化，提供二维、三维、四维（三维加时间管理）、五维（四维加内容管理）的平台以及实时交互查询、选择、分析等功能和逼真的场景漫游功能，从而可以在整体上获得更丰富、逼真的视觉效果。能够为业主、分包商等各工程项目参与方在城市规划、旅游、园林、交通、国土资源、国防等工程项目领域提供性能优化、维护成本低、扩展性良好的地理信息和虚拟现实应用解决方案。

通过 GIS 空间域的可视化功能，可以使操作者获得任何一个时间点上项目的计划状况，即可以让各项目参与方很直观地了解每一个时间点上，每一方应该做些什么工作，完成什么工作。这比用单纯的表格或者平面地图更易于展示和沟通，可以大幅度减小因为理解的偏差造成项目进度延后的风险。

通过 3D GIS 技术，可以将建筑模型与周围的背景环境建立“有机”的关联；能够让业主、设计方以及其他各项目参与方掌握形象的背景数据，以免将工程建筑体与外部割裂；可以在此基础上进行工程项目的虚拟模拟，从而为工程项目提供辅助信息。

（2）信息的存储　通过 GIS 平台，将复杂的工程信息按照地理分布来存储和显示，在空间域和时间域上对信息进行整理和提取，从而对工程项目整个生命周期实现信息覆盖。在 GIS 中，空间数据和属性数据以不同的组织形式分别存储，可以实现两者的有机连接，从而创造新的信息维度。结合云存储和大数据分析技术，可对工程项目过程中所有数据信息进行综合、处理、分析和利用，为项目创造极大的升值空间。

（3）综合分析、辅助管理　在工程项目咨询和管理过程中，GIS 不仅可以提供数字形式的工地区域基础信息，还提供了量算分析、查询统计分析、地形分析等多种空间分析功能，具有快速查询检索、统计量算、空间分析和输出绘图等多种功能，通过内置的属性数据库，将图形与数据库进行关联，实现图形到属性或属性到图形的双向查询，可为工程实时管理提供辅助信息。随着工程施工技术的飞速发展，来自工程施工方面的数据量和信息量与日俱增，施工过程变得更加复杂，如何高效、简便、直观地对工程施工信息进行管理及分析处理，并能有效地为业主方、设计方和施工方等工程项目参与方提供服务，是提高设计效率及施工管理水平的关键之一；同时，工程施工方案过程复杂，而且成果不直观，不同的施工方案很难进行直观的比较，因此，实现施工方案利用 GIS 形象直观地表达具有实践意义。

通过 GIS 平台，可有效地将各类信息在地理空间和时间层次上整合，结合多样化的功能模块，可对不同来源、形式、领域的数据进行有机整合和分析。例如，将 GIS 和 BIM 以及物联网结合，实现智慧园区，甚至智能城市的决策、设计、施工和运维。通过 3D GIS 加载上述平台，可以以城市信息数据为基数，建立起三维城市空间模型和城市信息的有机综合体。

（4）综合决策　通过各要素和信息的统一展示和强大的分析功能，可以让业主或其他项目参与方更直观地对状况加以了解，从而避免因为理解不到位而产生的错误，提高决策效率和正确性。就 GIS 本身的功能来看，在项目决策和设计阶段，它可以帮助选址决策，可以进行基于可视化的项目进度计划的制订和控制；在项目实施过程中，GIS 可帮助进行调配与管理，压缩材料配送调度成本；在运维阶段，GIS 平台可以通过信息集成实现综合智能决策。综上所述，GIS 凭借其独有的空间分析功能和可视化表达特色，可在工程项目中执行各种辅助决策的功能。

3. 基于无人机的全过程工程管理服务

基于无人机的全过程工程管理是指运用无人机系统对工程项目规划、勘察、设计、施工、运营维护等各阶段进行管理，提高项目管理人员场内物流管理、进度管理、安全管理、安全文明施工管理的效率。

无人机系统通常包括操作人员控制无人机的便携式控制站和一个或多个无人驾驶飞行器。所使用的无人机可配备各种传感器，如静态照相机、光谱仪、热成像相机、测距仪等。大多数无人机系统能在无人机和控制站之间进行实时数据传输，有些具有额外的板载数据存储功能，可用于增强数据采集。无人机系统可在多种环境中工作，效率更高，更安全，成本更低。

（1）基于无人机系统实施项目管理的主要内容

1）航摄影像辅助项目管理。在项目勘察阶段，以无人机遥感技术勘察施工待建区域的地形地貌，完成对整片场地区域的测绘，辅以区域内重点部分的详细勘察情况，即可得到粗细有致的勘察报告。较传统的勘察方法而言，此种方法节省了人力物力，且能快速高效地获得勘察结果。

对于施工阶段而言，无人机对施工工地现场进行拍摄巡查，获得影像数据，为施工现场的安全管理、进度控制、施工质量控制、计量测算估计、违规施工取证提供有效依据，也为打造数据库管理平台提供切实可行的原始资料。

2）实景模型辅助项目管理。实景建模是基于倾斜摄影技术，通过无人机搭载高精度相机或激光扫描仪采集现场数据，并利用逆向建模技术对数据进行处理，最终生成高精度三维数字模型。通过浏览实景模型，管理人员在办公室就能直观看到项目现场的情况。周期性三维模型的建立，能更真实地记录项目建设过程。

在实景模型浏览过程中，管理人员可对建筑物或构筑物的长度、高度、面积和体积进行测量，获取准确的几何信息，并将模型测量数据与设计图比对即可检查出施工和设计不符的部分，及时要求施工方进行纠正，避免施工质量问题。

3）无人机搭载其他传感器。除照相机外，无人机也可以搭载各种小型传感器采集数据以辅助项目管理。例如，无人机搭载热成像仪可以用于玻璃幕墙裂缝检测和地下管道检测，搭载光谱仪可以进行河道水质监测，确定水体污染程度和污染源位置等。与传统人工采集数据相比，无人机搭载传感器效率更高，更安全。

（2）基于无人机系统的服务流程　充分了解客户需求后成立咨询小组，包括项目经理、技术负责人、飞行员、建模员、数据分析员等。对项目现场进行踏勘并确定采集数据类型后制订服务方案，选择相应的机载传感器并按客户需求确定飞行周期。每次采集数据前根据项目进度、周围环境、天气状况等制订飞行计划和规划飞行路线，并在任务过程中做好飞行记录，数据采集完毕后建模员、数据分析员等对采集到的数据进行分析处理，如编辑渲染影像数据、创建实景模型、数据矢量化、将各类数据加载至GIS平台等。数据处理并整合完毕将成果提交业主查看。

（3）基于无人机系统实施项目管理的应用效果

1）提升项目管理效率。传统项目巡查方法是由管理人员亲自到项目现场进行人工巡查，这样需要耗费大量时间和精力，且可能对现场情况造成主观误判。无人机航拍具有高效率、高分辨率、高灵敏度等特点，能代替管理人员前往危险的施工位置，如深基坑或高空，不仅让管理人员对项目现场有更全面直观的了解，还大大提升了巡查的安全性和效率。

2）为咨询行业无人机相关应用提供借鉴性意义。围绕无人机核心技术，形成配套系统的解决方案和工作流程，在技术和管理模式上进行创新。在实践中积累经验可为相关单位提供借鉴和参考，从而推动建筑工程行业的高效化和信息化发展（见图 14-7）。

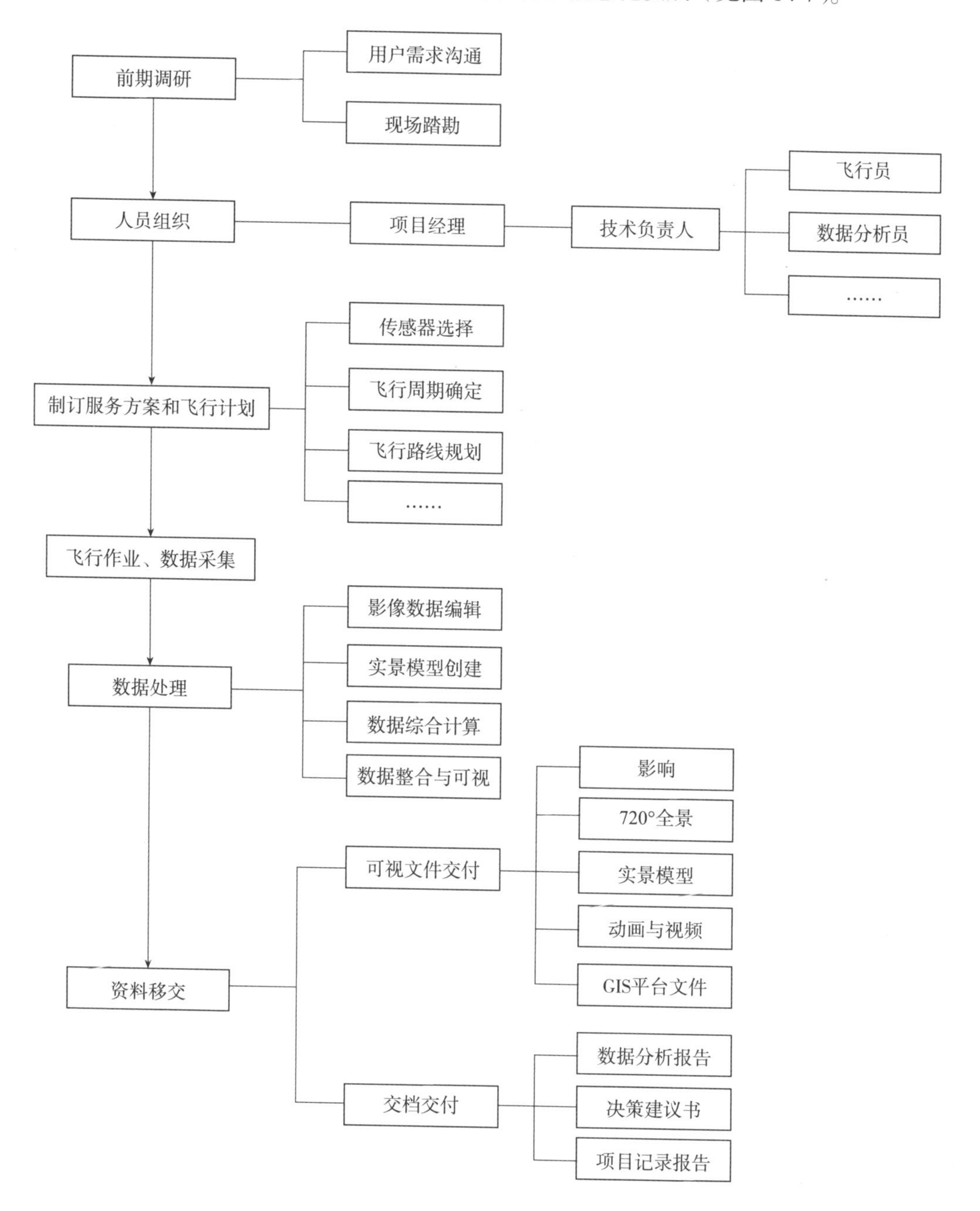

图 14-7　基于无人机系统的服务流程图

14.4 监理单位的 PPP 咨询服务

PPP 项目是由政府与社会资本方共同合作投资运营管理的项目，PPP 咨询服务贯穿 PPP

项目的全生命周期，涵盖项目识别阶段、项目准备阶段、项目采购阶段和项目执行阶段。

1. PPP 咨询内容及流程

PPP 项目各阶段工作流程及核心文件见表 14-2。

表 14-2 PPP 项目各阶段工作流程及核心文件

<table>
<tr><th>PPP 阶段</th><th>流程</th><th colspan="2">核心文件</th></tr>
<tr><td rowspan="11">一、项目识别阶段</td><td>项目发起</td><td colspan="2">项目征集、遴选方案或“项目建议书”</td></tr>
<tr><td rowspan="8">项目筛选</td><td rowspan="4">新建、扩建、改建项目</td><td>“项目可行性研究报告”</td></tr>
<tr><td>“项目产出说明”</td></tr>
<tr><td>“项目初步实施”</td></tr>
<tr><td>“政府和社会资本合作项目资本财务分析报告”</td></tr>
<tr><td rowspan="4">存量项目</td><td>“存量项目历史资料”</td></tr>
<tr><td>“存量项目产出说明”</td></tr>
<tr><td>“存量项目初步实施方案”</td></tr>
<tr><td>“政府和社会资本合作项目资本财务分析报告”</td></tr>
<tr><td>物有所值评价</td><td colspan="2">“物有所值评价报告”</td></tr>
<tr><td>财政承受能力论证</td><td colspan="2">“财政承受能力论证报告”</td></tr>
<tr><td rowspan="4">二、项目准备阶段</td><td>管理架构组建</td><td colspan="2">“PPP 领导小组组建方案”</td></tr>
<tr><td>实施方案编制</td><td colspan="2">“政府和社会资本合作项目实施方案”</td></tr>
<tr><td>实施方案审核</td><td colspan="2">“政府和社会资本合作项目审查意见书”</td></tr>
<tr><td>工作方案编制</td><td colspan="2">“PPP 项目工作方案及计划”</td></tr>
<tr><td rowspan="10">三、项目采购阶段</td><td rowspan="4">资格预审</td><td colspan="2">“资格预审公告”</td></tr>
<tr><td colspan="2">“资格预审申请人须知”</td></tr>
<tr><td colspan="2">“资格预审申请文件”</td></tr>
<tr><td colspan="2">“资格预审评审报告”</td></tr>
<tr><td rowspan="2">项目采购</td><td colspan="2">“项目采购文件”</td></tr>
<tr><td colspan="2">采购过程中提供专业意见</td></tr>
<tr><td rowspan="4">合同谈判、签署</td><td colspan="2">“确认谈判备忘录”</td></tr>
<tr><td colspan="2">“项目合同”</td></tr>
<tr><td colspan="2">谈判过程中提供专业意见</td></tr>
<tr><td colspan="2">协助引入社会资本</td></tr>
<tr><td rowspan="3">四、项目执行阶段</td><td rowspan="3">项目公司设立</td><td colspan="2">“股东协议”</td></tr>
<tr><td colspan="2">“公司章程”</td></tr>
<tr><td colspan="2">“补充协议”</td></tr>
</table>

（续）

<table>
<tr><th>PPP 阶段</th><th>流程</th><th>核心文件</th></tr>
<tr><td rowspan="3">四、项目执行阶段</td><td rowspan="2">项目公司设立</td><td>“履约保函”</td></tr>
<tr><td>“监管方案”</td></tr>
<tr><td>融资管理</td><td>“融资策略与融资方案”</td></tr>
<tr><td rowspan="2">五、移交阶段</td><td>移交前过渡</td><td>“PPP 资产清单”、其他项目资料</td></tr>
<tr><td>项目移交</td><td>“移交方案”</td></tr>
</table>

（1）项目识别阶段的工作内容

1）协助政府部门从新建、改建或存量项目中遴选出潜在项目，提出专业意见，积极稳妥地发起 PPP 项目。

2）协助地方政府对意向项目全面进行分析，评估财务可行性，形成初步实施方案。

3）协助财政部门及行业主管部门组建专家组，从定性和定量两方面开展物有所值评价，判断项目是否适宜采用 PPP 模式。

4）协助财政部门充分考虑消费物价指数、劳动力市场指数等影响因素，结合财政支出责任的特点、情景和发生概率，统筹处理当前与长远的关系，进行财政承受能力论证，为 PPP 项目财政管理提供依据。

（2）项目准备阶段的工作内容

1）协助政府部门建立 PPP 协调机制，负责项目评估、组织协调和检查督导等工作；协助组建 PPP 项目实施工作组，负责项目准备、采购、监管和移交等工作。

2）协助政府部门（或项目实施机构）实施方案编制，设计 PPP 模式运作的基本交易架构，编制“政府和社会资本合作项目实施方案”，明确项目产出说明、绩效要求，股权结构、运作方式、回报机制、配套安排、采购方式、交易结构、风险分配、合同管理体系、监管架构、违约责任、退出机制和纠纷解决等关键内容。

3）协助地方政府成立专家评审小组，对项目实施方案进行审查验证，提出专业意见。财政部门出具“政府和社会资本合作项目审查意见书”，报经政府批准后，列入财政部门开发计划，启动项目采购程序。

（3）项目采购阶段的工作内容

1）协助项目实施机构确定对社会资本的资格要求、资质及业绩等要求，对项目实施机构准备的资格预审文件（资格预审申请人须知、资格预审申请文件、评价标准、资格预审公告等）提出专业意见。

2）对采购代理机构编制的采购文件提出专业意见；参与采购过程及评审，采购过程关键流程控制，提供专业意见。

3）参与项目实施机构与中标的社会资本协商、谈判，进行合同签署前确认谈判。对政府法律顾问出具“PPP 项目合同”提出专业意见。

（4）项目执行阶段的工作内容

1）对政府法律顾问出具的 PPP 项目“股东协议”“公司章程”“补充协议”“履约保

函”“监管方案”等文件提供专业意见。

2）协助项目公司或社会资本完成项目融资策略与融资方案设计，在资本市场通过银行贷款、信托、基金，公司债券、企业债券、中期票据、项目收益债券、项目收益票据、资产支持票据等市场化方式进行融资，为社会资本或项目公司提供优质的金融服务，多元化满足社会资本或项目公司的融资需求。

2. 实施方案编制要点

实施方案通常包括项目概况、项目运作方式、项目投融资结构、风险分配框架、监管架构、采购方式、回报机制、合同体系、财务测算等内容。

（1）项目运作方式　财政部《关于印发政府和社会资本合作模式操作指南（运行）的通知》中指出 PPP 项目具体运作模式主要包括六种（见表 14-3）：委托运营（O&M）、管理合同（MC）、建设—运营—移交（BOT），建设—拥有—运营（BOO）、转让—运营—移交（TOT）和改建—运营—移交（ROT）。

表 14-3　部分 PPP 模式的比较

比较项		O&M	MC	BOT	BOO	TOT	ROT
投资	私人负责投资			√	√	√	√
	通过向用户收回投资		√	√	√	√	√
	通过政府付费收回工程	√	√				√
建设运营	社会资本方建设工程			√	√		
	社会资本方提供服务	√	√	√	√	√	√

对于有明确的、稳定的收费，并且收费能完全覆盖投资成本和运营费用的经营性项目，可通过政府授予特许经营权，采用建设—运营—移交（BOT）、建设—运营—移交（BOT）等模式推进，如杭州湾大桥、苏州市吴中静脉产业园垃圾焚烧发电项目。

对于经营收费不足以覆盖投资成本和运营费用，需政府补贴部分资金或资源的准经营性项目，可通过政府授予特许经营权附加部分补贴成直接投资参股等措施，采用建设—运营—移交（BOT）、建设—拥有—运营（BOO）等模式，如北京地铁 4 号线和中国国家体育场。

对于以社会效益为目标的非经营性项目，主要采用建设—运营—移交（BOT）的模式，由政府采购 PPP 项目的公共产品、公共服务。

（2）项目投融资结构　PPP 项目融资的核心是资本结构，其核心问题是为项目选择合理的资本结构，明确各项资金来源和规模构成比例，以顺利实现融资及项目正常运转。

1）模式一：由社会资本全资出资资本金，作为项目启动资金（见图 14-8）。合同签署后，项目公司依据项目合同向商业银行、政策性银行或政策性基金申请项目贷款。项目贷款通常会根据项目建设进度或事先约定的时间逐步发放到项目公司。对于涉及运营的 PPP 项目，项目公司在运营期间还可能根据项目合同和运营需要申请短期流动现金贷款。这种融资模式旨在政府通过给予社会资本长期的特许经营权和收益权来换取公共产品加快建设及有效运营。

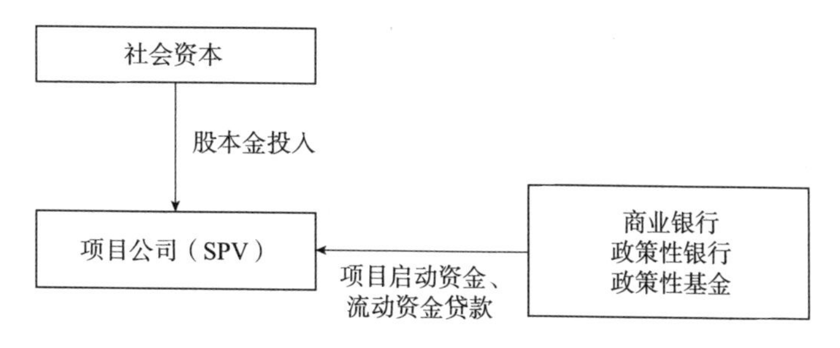

图 14-8　PPP 项目投融资结构模式一

此种模式适用于政府缺乏运营实力，转而寻求在这一领域具有非凡运营能力和资金实力的企业。

2）模式二：由政府指定机构与社会资本共同出资组成项目公司（见图 14-9）。在该融资结构下，双方的出资比例根据签署的合同条款确定。社会资本的出资形式通常是现金出资，用于出资的资金可以是自有资金，也可以是在和政府签署合同后，通过向机构发行者发行专项债券取得的资金。政府授权投资单位的出资可以是政府授权投资单位的自有资金或通过发行政府债券以现金出资，也可以是以政府授权投资单位原有的相关资产设施、政府划拨的土地等实物资产作为出资。其后，项目公司再通过向商业银行、政策性银行等银行性金融机构以及证券公司、基金公司、信托公司等非银行性金融机构贷款或发售债券、信托基金进行融资。

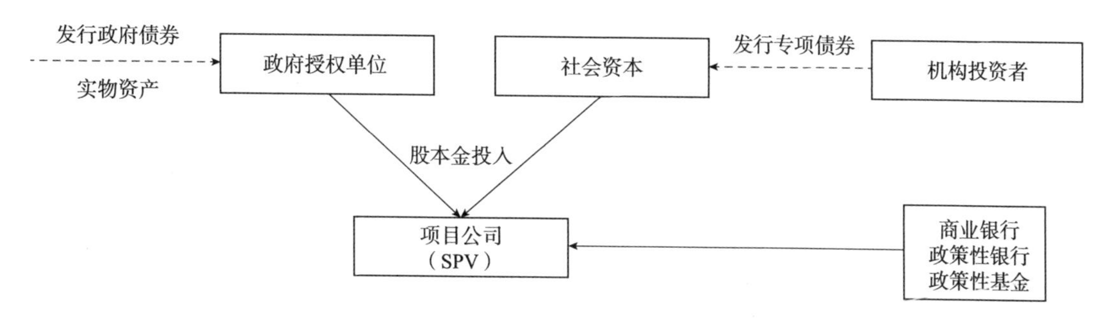

图 14-9　PPP 项目投融资结构模式二

此种模式有利于政府监管，确保项目的正常运转。国内很多的现有 PPP 项目均以此类模式运转，它是使用较多的，也较为容易被地方政府接受的一种模式。

资本金的到位次数及时间要以满足本项目的工程建设、融资要求以及法律规定为原则。PPP 项目公司的注册资本金由合资双方按照各自认缴的持股比例同步缴纳到位。政府方由政府授权国有公司作为政府出资人。

3）模式三：社会资本 100% 控股项目公司，但是权益出资总额由社会资本和政府或政策性基金共同投入（见图 14-10）。

社会资本出资（通常是现金出资）全部作为股本投入，且拥有项目公司 100% 的股份，政府或政策性基金以财政补贴或投资补贴的形式向项目公司投入，通常作为项目公司权益资金（如资本公积）使用，但不拥有项目公司股份（其出资可能以现金形式，也可能以项目建设运营所必需的土地使用权等实物资产形式）。

项目在建设阶段的债务融资可以通对向商业银行、政策性银行或政策性基金贷款实现。

对于在运营阶段存在稳定现金流入的 PPP 项目，也可能通过资产证券化的形式（项目收益债券、项目收益票据、资产支持票据等）融入债务资金以支持运营。

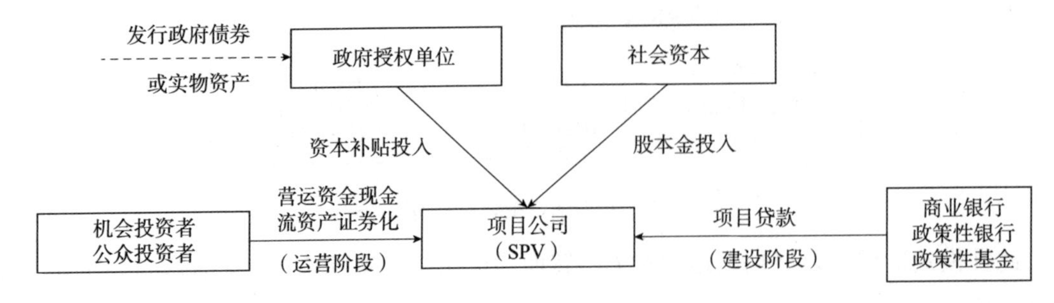

图 14-10 项目投融资结构模式三

此种形式主要适用于后期运营难以在预计内获得相应回报的项目，需要政府提供额外的补贴支持。

4）其他投融资模式。投融资结构也不是一成不变的，而是随着项目的不断进展处于不断优化的过程。一般而言，以项目建设期结束为节点，项目建设期所表现的风险越大，外部投资越谨慎，当基建项目进入运营期。资金来源较为稳定。这一时期原有资本结构可能发生变化。一是股东变化，原有股东可能转让股权，从而释放已沉淀资金，用于投资新项目。二是项目进入运营期后，部分金融机构更容易提供中长期资金，这时期可以通过发行债券等方式替代原有债务资金，降低财务压力，获得再融资好处。

实务中的投融资结构模式根据项目情况的不同可能在前三种投融资结构模式的基础上进行多种变形。例如：投融资结构模式一、二、三是以项目公司作为融资主体从商业银行或政策性银行取得项目贷款的，实务中也可能由社会资本根据项目合同先取得项目贷款，再转贷给项目公司；投融资结构模式二中，社会资本除了通过发行企业债券融集资金作为对项目公司的资本金出资，还可以通过向政策性银行进行软贷款取得的资金作为对项目公司的股本金出资。此外，项目公司也可能会采用优先股、永续债、永续中票、融资租赁等方式进行融资。

（3）回报机制 项目回报机制主要说明社会资本取得投资回报的资金来源。按照《政府和社会资本合作模式操作指南（试行）》（财金〔2014〕113 号），PPP 项目回报机制主要包括三类（见图 14-11）：一是用户付费，即完全依靠项目用户付费，如供水、燃气项目等；二是政府付费，即完全由政府支付服务费用，如市政道路、排水管网、生态环境治理项目等；三是可行性缺口补助，即部分来自项目用户付费并由政府提供缺口补贴，以保障项目财务可行性，如污水处理项目、垃圾处理项目。

（4）合同体系 按照《关于规范政府和社会资本合作合同管理工作的通知》（财金〔2014〕156 号）规定，PPP 项目中，政府、社会资本方、融资方、承包商、供应商、运营商、保险公司等项目参与方通过签订一系列合同来确定和调整彼此之间的权利义务关系。整个合同体系中，PPP 项目合同是基础和核心，政府方与社会资本方的权利义务关系以及 PPP 项目的投融资结构、风险分配机制等均通过 PPP 项目合同确定，并以此作为各方主张权利、履行义务的依据和项目全生命周期顺利实施的保障。

结合《政府和社会资本合作模式操作指南（试行）》（财金〔2014〕113 号）的规定，除

PPP 项目合同外，PPP 合同体系还包括股东协议、履约合同（包括工程承包合同、运营服务合同、原料供应合同、产品和服务购买合同等）、融资合同和保险合同等，各个合同之间紧密联系、相互贯通，存在着一定的“传导关系”。

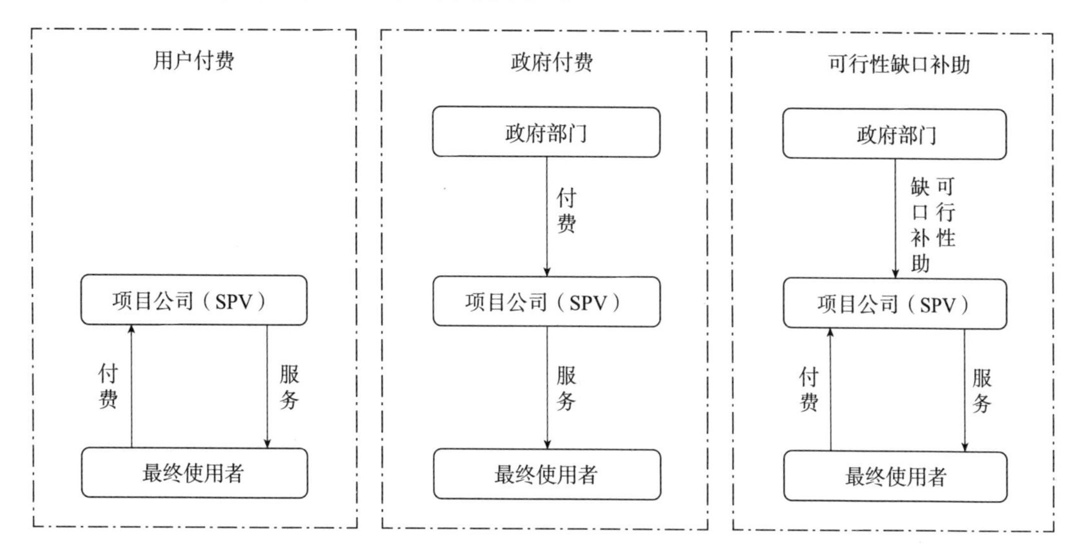

图 14-11　PPP 项目回报机制分类

（5）财务测算　PPP 项目财务测算通常包括项目全生命周期内各年的经济情况及其全部财务收支的有关数据和质量。财务测算的重点是测算、分析和评估项目总投资、运营成本、收入及税金、利润、现金流量、政府补贴、社会资本预期收益等数据。

在财务测算过程中，需要把握数据来源真实性和准确性，对重要的经济数据和参数从不同的方面进行审查核实，避免盲目性和片面性。同时，还应分析某些不确定因素对项目财务数据和参数的影响，根据项目全生命周期内的经济发展趋势，充分考虑对项目经济效益影响大的经济数据和参数的变动趋势，保证预测的准确性。

3. 物有所值评价报告编制要点

（1）物有所值评价操作流程图　物有所值评价操作流程如图 14-12 所示。

（2）物有所值定性评价　定性评价一般通过专家咨询方式进行，侧重于考察项目的潜在发展能力、可能实现的期望值以及项目的可完成能力。根据定性评估的结果判断是否需要进行定量评估。如果定性评估的结果显示项目不适合采用 PPP 模式，则可以直接进行传统模式采购的决策，而不需要转入定量分析。

1）定性评价内容。根据《PPP 物有所值评价指引（试行）》（财金〔2015〕167 号）规定，定性评价的主要内容包括全生命周期整合程度、风险识别与分配、绩效导向与鼓励创新、潜在竞争程度、政府机构能力、可融资性等六项基本评价指标。

全生命周期整合程度指标主要考核在项目全生命周期内，项目设计、投融资、建造、运营和维护等环节能否实现长期、充分整合。

风险识别与分配指标主要考核在项目全生命周期内，各风险因素是否得到充分识别并在政府和社会资本之间进行合理分配。

绩效导向与鼓励创新指标主要考核是否建立以基础设施及公共服务供给数量、质量和效率为导向的绩效标准和监管机制，是否落实节能环保、支持本国产业等政府采购政策，能否鼓励社会资本创新。

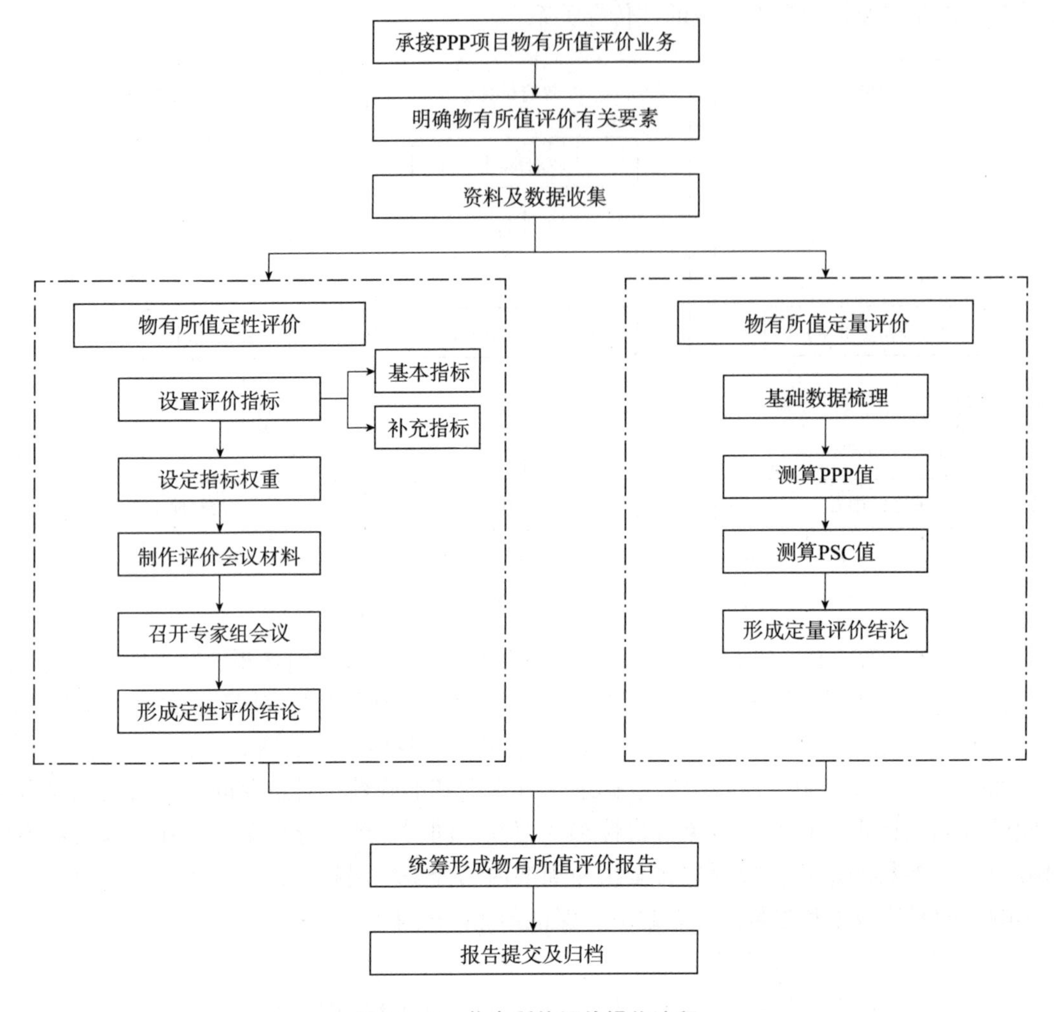

图 14-12 物有所值评价操作流程

潜在竞争程度指标主要考核项目内容对社会资本参与竞争的吸引力。

政府机构能力指标主要考核政府转变职能、优化服务、依法履约、行政监管和项目执行管理等能力。

可融资性指标主要考核项目的市场融资能力。

另外，项目本级财政部门（或 PPP 中心）会同行业主管部门，可根据具体情况设置补充评价指标。补充评价指标主要是六项基本评价指标未涵盖的其他影响因素，包括项目规模大小、预期使用寿命长短、主要固定资产种类、全生命周期成本测算准确性、运营收入增长潜力、行业示范性等。

2）评价要求。

① 指标权重。在各项评价指标中，六项基本评价指标权重为 80%，其中任一指标权重一般不超过 20%；补充评价指标权重为 20%，其中任一指标权重一般不超过 10%。

② 指标评分等级与标准。每项指标评分分为五个等级，即有利、较有利、一般、较不利、不利，对应分值分别为 100～81、80～61、60～41、40～21、20～0 分。

③ 专家要求。定性评价专家组包括财政、资产评估、会计、金融等经济方面专家，涉及行业、工程技术、项目管理和法律方面专家等。

④ 专家组会议。专家组会议基本程序如下：

A. 专家在充分讨论后按评价指标逐项打分。物有所值定性评价专家打分表见表 14-4。

B. 按照指标权重计算加权平均分，得到评分结果，形成专家组意见。

C. 项目本级财政部门（或 PPP 中心）会同行业主管部门根据专家组意见，得出定性评价结论。原则上，评分结果在 60 分（含）以上的，通过定性评价；否则，未通过定性评价。

表 14-4　物有所值定性评价专家打分表

指标		权重	评分
基本指标	① 全生命周期整合程度		
	② 风险识别与分配		
	③ 绩效导向与鼓励创新		
	④ 潜在竞争程度		
	⑤ 政府机构能力		
	⑥ 可融资性		
	基本指标小计	80%	—
补充指标			
	补充指标小计	20%	
合计		100%	—

专家签字：

（3）物有所值定量评价

1）定量评价的概念。物有所值定量评价是在项目个案基础上，比较 PPP 模式的总收益和总成本与传统公共采购模式的总收益和总成本，看哪种采购模式总成本低而总收益高。实践中，在进行物有所值定量评价时，一般假设不管采用何种采购模式，都将得到相同的产出、效果和影响（如社会经济效益和财务效益），即定量评价建立在产出规格相同的基础之上。基于这一假设，只需要比较不同采购模式下的净成本现值，净成本现值小的采购模式物有所值。

2）定量评价标准（计算公式）。

VFM=PSC 值 -PPP 值

3）定量评价的计算要素。

① 公共部门比较值（PSC）：在项目全生命周期内，政府采用传统采购模式提供与 PPP 项目产出说明相同的公共产品和服务的全部成本的现值，计算公式如下：

PSC 值 = 参照项目的建设和运营维护净成本 + 竞争性中立调整值 + 项目全部风险成本

建设净成本主要包括参照项目设计、建造、升级、改造、大修等方面投入的现金以及固定资产、土地使用权等实物和无形资产的价值，并扣除参照项目全生命周期内产生的转让、租赁或处置资产所获的收益。

运营维护净成本主要包括参照项目全生命周期内运营维护所需的原材料、设备、人工等成本，以及管理费用、销售费用和运营期财务费用等，并扣除假设参照项目与 PPP 项目付费机制相同情况下能够获得的使用者付费收入等。

竞争性中立调整值主要是采用政府传统投资方式比采用 PPP 模式实施项目少支出的费用，通常包括少支出的土地费用、行政审批费用、有关税费等。

项目全部风险成本包括可转移给社会资本的风险承担成本和政府自留风险的承担成本。政府自留风险承担成本等同于 PPP 值中的全生命周期风险承担支出责任，两者在 PSC 值与 PPP 值比较时可对等扣除。

PSC 的计算流程如图 14-13 所示。

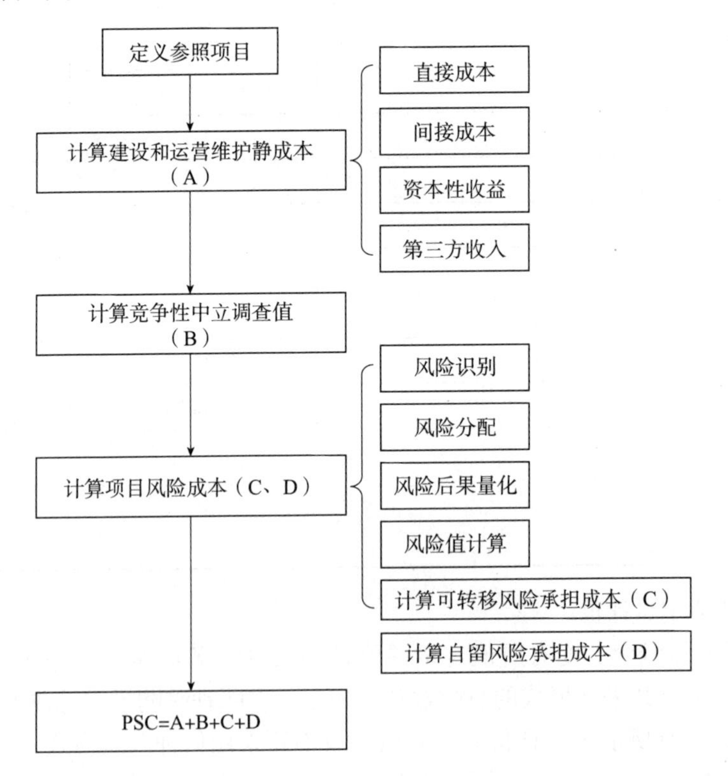

图 14-13 PSC 的计算流程

PSC 值确定的难点在于，传统政府投资运营方式运作的项目数据统计工作不到位，同时竞争性中立调整值和风险成本的定量化测算也需要大量数据支撑，尤其是竞争性中立调整值，还应包括公共服务的提供主体因所有制差异产生的行为差异导致的成本差异，其客观数据基本不可得。

②PPP 值：政府采用 PPP 模式实施项目并达到产出说明要求所应承担的全生命周期净成本和自留风险承担成本之和的净现值。

根据《PPP 物有所值评价指引（试行）》（财金〔2015〕167 号），PPP 值可等同于 PPP 项目全生命周期内股权投资、运营补贴、风险承担和配套投入等各项财政支出责任的现值，参照《政府和社会资本合作项目财政承受能力论证指引》（财金〔2015〕21 号）及有关规定测算。

4）定量评价的结论。

PPP 值≤PSC 值（即 VFM≥0）时，认定为通过定量评价（与《物有所值评价指引（试行）》相比，当 PPP 值 =PSC 值时，也认为通过物有所值定量评价）；PPP 值≥PSC 值（即 VFM<0）时，认定为未通过定量评价。

“通过”物有所值评价为进行财政承受能力论证的前提条件。

4. 财政承受能力论证报告编制要点

（1）财政承受能力论证操作流程　财政承受能力论证操作流程如图 14-14 所示。

（2）财政支出责任测算内容与方法　在论证 PPP 项目财政承受能力时，首先需要考虑对 PPP 项目全生命周期过程的财政支出责任进行认定与测量，财政支出责任主要包括股权投资支出责任、运营补贴支出责任、风险承担支出责任、配套投入支出责任等四部分。

1）股权投资支出责任的测量内容与方法。股权投资支出责任是指在政府与社会资本共同组建项目公司的情况下，政府承担的股权投资支出责任。如果社会资本单独组建项目公司，政府则不承担股权投资支出责任。

股权投资支出责任应当依据项目资本金要求以及项目公司股权结构合理确定。股权投资支出责任中的土地等实物投入或无形资产投入，应依法进行评估，合理确定价值。计算公式为

$$股权投资支出责任 = 项目资本金 \times 政府占项目公司股权比例$$

例如，上海某地区拟采用 PPP 方式建设一体育馆，项目预计总投资 100 亿元，项目资本金比例为 20%，政府出资比例为 10%，则本项目股权投资支出责任 =100 × 20% × 10%= 2（亿元）。

2）运营补贴支出责任的测量内容与方法。运营补贴支出责任是指在项目运营期间，政府承担的直接付费责任，根据 PPP 项目付费模式的不同，政府承担的运营补贴支出责任也不同。目前 PPP 项目有使用者付费、可行性缺口补助以及政府付费三种付费模式，不同付费模式下，政府承担的运营补贴支出责任与测量方法是不同的。政府付费模式下，政府承担全部运营补贴支出责任；可行性缺口补助模式下，政府承担部分运营补贴支出责任；使用者付费模式下，政府不承担运营补贴支出责任。

在计算 PPP 项目实际运营补贴支出时，应当根据项目建设成本、运营成本及利润水平合理确定，并按照不同付费模式分别测算。

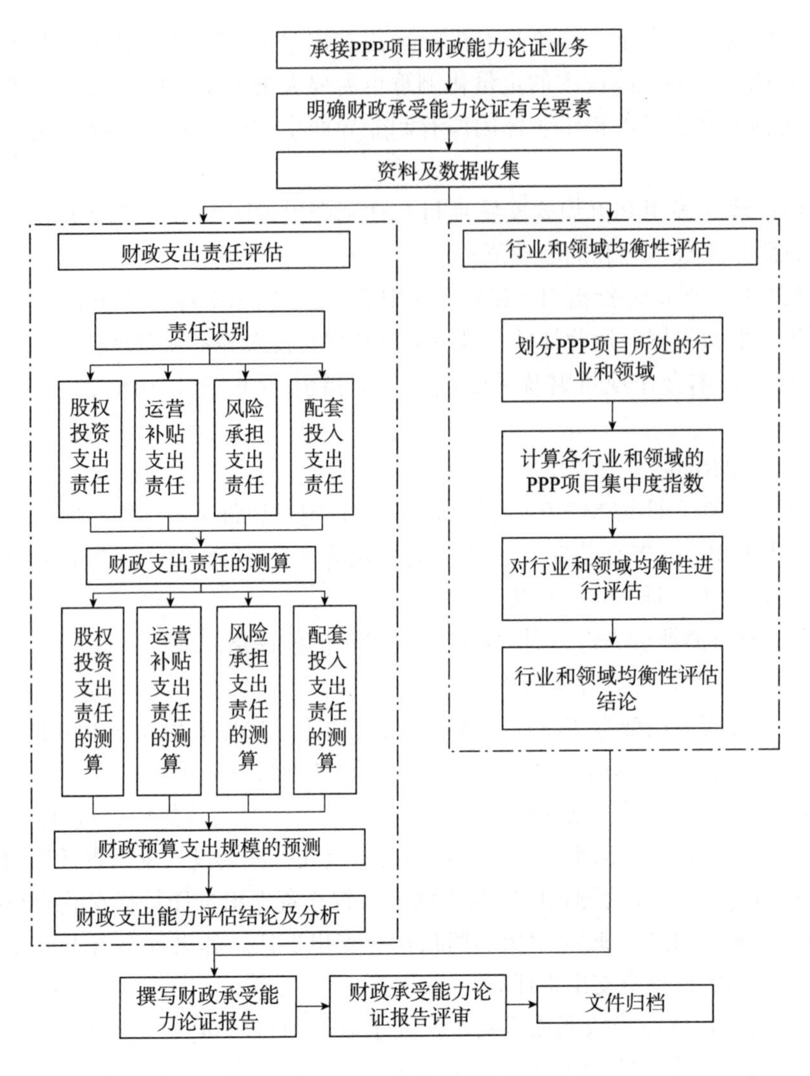

图 14-14 财政承受能力论证操作流程

① 对政府付费模式的项目，在项目运营补贴期间，政府承担全部直接付费责任。政府每年直接付费数额包括：社会资本方承担的年均建设成本（折算成各年度现值）、年度运营成本和合理利润。计算公式为

$$\text{当年运营补贴支出数额}=\frac{\text{项目全部建设成本}\times(1+\text{合理利润率})\times(1+\text{合理折现率})^{n}}{\text{财政运营补贴周期（年）}}+\text{年度运营成本}\times(1+\text{合理利润率})$$

② 对可行性缺口补助模式的项目是指使用者付费不足以满足社会资本或项目公司成本回收和合理回报，由政府以财政补贴、股本投入、优惠贷款和其他优惠政策的形式，给予社会资本或项目公司的经济补助。因此，在项目运营补贴期间，政府承担部分直接付费责任。政府每年直接付费数额包括：社会资本方承担的年均建设成本（折算成各年度现值）、年度运营成本和合理利润，再减去每年使用者付费的数额。计算公式为

$$当年运营补贴支出数额=\frac{项目全部建设成本\times(1+合理利润率)\times(1-合理折现率)^n}{财政运营补贴周期（年）}+年度运营成本\times(1+合理利润率)-当年使用者付费数额$$

式中，n为折现年数，财政运营补贴周期为财政提供运营补贴的年数。

合理的折现率应考虑财政补贴支出发生年份，并参照地方政府同期债券收益率合理确定，在实际计算中一般与项目财务预算中的折现率是相同的。

合理利润率应以商业银行中长期贷款利率水平为基准，并充分考虑PPP项目所属的行业，以及可用性付费、使用量付费、绩效付费的不同情景，结合风险等因素确定。在计算运营补贴支出时，应当充分考虑合理利润率变化对运营补贴支出的影响。在实际运用时，资本金要求的合理利润率一般为8%～12%。

PPP项目特许经营期一般为10a以上，有些市政道路类的项目甚至长达30a，未来不确定性因素过多，因此大部分PPP项目均设计了调价机制。不同类型的项目调价机制所涉及的因素不同，但是大部分项目实施方案中的定价和调价机制通常与消费物价指数、劳动力市场指数等因素挂钩，定价的变化会影响运营补贴支出责任。在可行性缺口补助模式下，运营补贴支出责任受到使用者付费数额的影响，而使用者付费的多少因定价和调价机制变化而变化。在计算运营补贴支出数额时，应当充分考虑定价和调价机制的影响。

3）风险承担支出责任的测量内容与方法。风险承担支出责任是指项目实施方案中政府承担风险带来的财政或有支出责任。通常由政府承担的法律风险、政策风险、最低需求风险以及因政府方原因导致项目合同终止等突发情况，会产生财政或有支出责任。

在计算政府风险承担支出责任时应充分考虑各类风险出现的概率和带来的支出责任，可以采用比例法、情景分析法及概率法等三种方法进行测算。如果PPP合同约定保险赔款的第一受益人为政府，则风险承担支出责任应为扣除该等风险赔款金额的净额。

① 比例法。比例法是PPP项目财政承受能力论证中用于预测政府风险承担支出应用比较广泛的一种方法，是指在各类风险支出数额和概率难以准确测算的情况下，可以按照项目的全部建设成本和一定时期内的运营成本的一定比例确定风险承担支出。风险按照是否可以通过一定措施进行转移，划分为可转移风险、可分担风险以及不可转移分担风险三种。

第一类可转移风险是指事前可以通过一定的合同、保险以及风险交易工具等手段将项目风险转移给其他第三方的风险。在PPP项目中主要包括：项目建设期间可能发生的组织机构、施工技术、工程、投资估算、资金、市场、财务等风险，项目公司通过参加商业保险后，大部分风险可以有效转移。在实际计算中，一般可转移风险占风险承担成本的80%左右，不可转移风险占20%左右，而风险承担成本占项目全部建设成本的5%左右。

第二类可分担风险是指由政府与社会资本共同分担的风险，包括项目建设和运营期间可能发生的法规政治风险、自然灾害等不可抗力风险等，应当在合同事先约定可分担风险的比例以及社会资本与政府各自分担的比例。

第三类不可转移风险是指不能事先通过一定的合同、保险以及风险交易工具等手段将项目风险转移给其他第三方的风险，包括主要项目运营期间受消费物价指数、劳动力市场指数等影响可能发生的价格调整和利润等。

② 情景分析法。在各类风险支出数额可以进行测算，但出现概率难以确定的情况下，可针对影响风险的各类事件和变量进行“基本”“不利”及“最坏”等情景假设，测算各类风险发生带来的风险承担支出。计算公式为

风险承担支出责任 = 基本情况下财政支出数额 × 基本情况出现的概率 +
不利情况下财政支出数额 × 不利情况出现的概率 +
最坏情况下财政支出数额 × 最坏情况出现的概率

③ 概率法。在各类风险支出数额和发生概率均可进行测算的情况下，可将所有可变风险参数作为变量，根据概率分布函数，计算各种风险发生带来的风险承担支出数额。

4）配套投入支出责任的测量内容与方法。配套投入支出责任是指政府提供的项目配套工程等其他投入责任，通常包括土地征收和整理、建设部分项目配套措施、完成项目与现有相关基础设施和公用事业的对接、投资补助、贷款贴息等其他配套投入总成本和社会资本方为此支付的费用。配套投入支出责任应依据项目实施方案合理确定。

配套投入支出责任应综合考虑政府将提供的其他配套投入总成本和社会资本方为此支付的费用。配套投入支出责任中的土地等实物投入或无形资产投入，应依法进行评估，合理确定价值。计算公式为

配套投入支出责任 = 政府拟提供的其他投入总成本 - 社会资本方支付的费用

思考题

1. 什么是绿色建筑？简述其内涵。
2. 绿色建筑设计的原则有哪些？
3. 监理单位如何在施工、验收和运营阶段开展绿色建筑管理？
4. 简述监理单位对建设工程司法鉴定的原则和程序。
5. 简述监理单位开展建设工程质量类鉴定的基本流程。
6. 简述工程质量司法鉴定与施工质量验收的差异。
7. 简述监理单位提供 BIM 咨询服务的价值。
8. 简述监理咨询服务单位制订 BIM 总体方案所包含的内容。
9. 简述监理单位在项目识别阶段和准备阶段提供 PPP 咨询服务的工作内容。
10. 简述安全施工隐患整改处理方案包括的内容。
11. 简述工程建设项目生产安全事故责任分析应当注意的问题。
12. 简述工程建设项目生产安全事故调查与处理应遵循的原则。
13. 什么是应急救援与应急救援预案？简述施工单位生产安全事故应急救援的管理要求。

二维码形式客观题

微信扫描二维码，可自行做客观题，提交后可查看答案。

第 14 章
客观题

参考文献

[1] 中国建设监理协会.建设工程监理概论[M].北京：中国建筑工业出版社，2021.

[2] 李明安.建设工程监理操作指南[M].3版.北京：中国建筑工业出版社，2021.

[3] 巩天真，张泽平.建设工程监理概论[M].4版.北京：北京大学出版社，2018.

[4] 贵州省建设监理协会.建设工程监理文件资料编制与管理指南：T/GAEC 201—2018[S].北京：中国建筑工业出版社，2018.

[5] 刘伊生，中国建设监理协会.建设工程监理相关法规文件汇编[M].北京：中国建筑工业出版社，2021.

[6] 四川省住房和城乡建设厅.四川省房屋建筑和市政基础设施工程监理平行检验标准 DBJ 51/T 179—2021[S].西安：西安交通大学出版社，2021.

[7] 刘晓，齐亚丽.建设工程监理概论[M].3版.北京：北京理工大学出版社有限责任公司，2020.

[8] 广东省建设监理协会.建设工程监理实务[M].2版.北京：中国建筑工业出版社，2017.

[9] 杨正权.建筑工程监理质量控制要点[M].北京：中国建筑工业出版社，2021.

[10] 黄林青.建设工程监理概论[M].6版.重庆：重庆大学出版社，2020.

[11] 山东省建设监理与咨询协会.建设工程监理工作标准：T/SDJZXH 001—2021[S].北京：中国建筑工业出版社，2021.

[12] 北京土木建筑学会，北京筑业志远软件开发有限公司.建设工程监理资料管理与表格填写范例[M].北京：中国建筑工业出版社，2015.

[13] 布晓进，刘振英.建设工程监理[M].北京：化学工业出版社，2018.

[14] 刘涛，方鹏.建设工程监理概论[M].北京：北京理工大学出版社有限责任公司，2017.

[15] 姜晨光.土木工程监理学[M].北京：中国石化出版社，2017.

[16] 王照雯，宋铁成，贺方倩.工程监理概论[M].武汉：华中科技大学出版社，2020.

[17] 中国建筑业协会.工程项目工序质量控制标准：T/CCIAT 0018—2020[S].北京：中国建筑工业出版社，2020.

[18] 黄建文，周宜红，赵春菊. 工程项目进度动态控制与优化理论 [M]. 北京：中国水利水电出版社，2018.

[19] 张江波，周帮荣，刘超磊，等. 全过程工程咨询项目管理 [M]. 北京：化学工业出版社，2022.

[20] 中国招标投标协会. 建设项目全过程工程咨询服务招标文件示范文本 [M]. 北京：中国计划出版社，2021.

[21] 李永福. 建设项目全过程咨询管理 [M]. 北京：中国电力出版社，2021.

[22] 刘玉梅，张凤春. BIM 工程项目管理 [M]. 北京：化学工业出版社，2019.

[23] 朱溢镕，李宁，陈家志. BIM5D 协同项目管理 [M].2 版. 北京：化学工业出版社，2022.